EDA 应用技术

基于 Quartus Prime 的数字系统 Verilog HDL 设计实例详解（第3版）

● 周润景　李　志　张玉光　编著

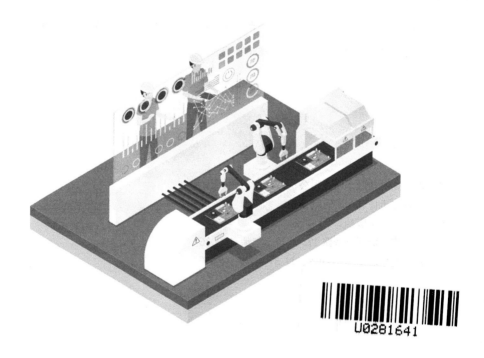

U0281641

电子工业出版社

Publishing House of Electronics Industry

北京·BEIJING

内 容 简 介

本书以语法与实例结合的方式来讲解可编程逻辑器件的设计方法，软件开发平台为 Altera 公司的 Quartus Prime 16.1 FPGA/CPLD 设计软件。本书由浅入深地介绍了利用 Quartus Prime 进行数字系统开发的设计流程、设计思想和设计技巧。书中的例子非常丰富，既有简单的数字逻辑电路实例，也有复杂的数字系统设计实例。

本书适合从事数字系统设计的工程技术人员阅读使用，也可作为高等学校相关专业的 EDA 技术开发、课程设计、毕业设计和电子设计竞赛等的教学用书。

图书在版编目（CIP）数据

基于 Quartus Prime 的数字系统 Verilog HDL 设计实例详解/周润景，李志，张玉光编著．—3 版．—北京：电子工业出版社，2018.9

（EDA 应用技术）

ISBN 978-7-121-34898-3

Ⅰ．①基…　Ⅱ．①周…　②李…　③张…　Ⅲ．①VHDL 语言-程序设计　Ⅳ．①TP301.2

中国版本图书馆 CIP 数据核字（2018）第 188095 号

责任编辑：张　剑

封面设计：徐海燕

印　　刷：北京捷迅佳彩印刷有限公司

装　　订：北京捷迅佳彩印刷有限公司

出版发行：电子工业出版社

　　　　　北京市海淀区万寿路 173 信箱　邮编　100036

开　　本：787×1 092　1/16　印张：29.5　字数：774 千字

版　　次：2010 年 5 月第 1 版
　　　　　2018 年 9 月第 3 版

印　　次：2024 年 7 月第 5 次印刷

定　　价：99.00 元

凡所购买电子工业出版社图书有缺损问题，请向购买书店调换。若书店售缺，请与本社发行部联系，联系及邮购电话：(010) 88254888。

质量投诉请发邮件至 zlts@phei.com.cn，盗版侵权举报请发邮件至 dbqq@phei.com.cn。

本书咨询联系方式：zhang@phei.com.cn。

前　　言

随着电子技术、计算机应用技术和 EDA 技术的不断发展，利用 FPGA/CPLD 进行数字系统的开发已广泛应用于通信、航天、医疗电子、工业控制等领域。与传统电路设计方法相比，FPGA/CPLD 具有功能强大，开发过程投资小、周期短、便于修改以及开发工具智能化等特点。近年来，FPGA/CPLD 市场发展迅速，并且随着电子工艺不断改进，低成本高性能的 FPGA/CPLD 器件不断涌现，FPGA/CPLD 业已成为当今硬件设计的首选方式之一。熟练掌握 FPGA/CPLD 设计技术已经是电子设计工程师的基本要求。

Verilog HDL 语言作为国际标准的硬件描述语言，已经成为相关专业的工程技术人员和高校学生必须掌握的编程语言之一。本书范例中的文本编辑均采用 Verilog HDL 语言编写，并且均已通过仿真和硬件测试。

本书主要以实例为主来介绍以 Quartus Prime 16.1 为设计平台的 FPGA/CPLD 数字系统设计。本书共分为 14 章，其中第 1～2 章主要介绍 Quartus Prime 16.1 的开发流程和设计方法；第 3 章介绍第三方仿真工具 ModelSim 和综合工具 Synplify Premier 的使用；第 4～5 章介绍Verilog HDL 设计的语法基本知识；第 6～10 章以数字电路（包括门电路、组合逻辑电路、触发器、时序逻辑电路）的设计为实例，介绍原理图编辑、文本编辑及混合编辑的设计方法，同时也巩固数字电路的基础知识；第 11 章介绍一些课程设计中所涉及的数字系统设计实例，以便读者更深入地掌握 Quartus Prime 16.1 的设计方法和熟练运用 Verilog HDL 语言；第 12 章介绍宏功能模块及 IP 核的使用方法和简单的范例；第 13～14 章给出两个大型数字系统的设计实例，以便读者更深入地掌握数字系统的设计方法。

本书由周润景、李志和张玉光编著。其中，周润景编写了第 1 章、第 2 章、第 7 章～第 14 章，李志编写了第 3 章和第 4 章，张玉光编写了第 5 章和第 6 章；全书由周润景教授统稿和定稿。另外，参加本书编写的还有刘艳珍、井探亮、邢婧、丁岩、陈萌、任自鑫、崔婧、邵绪晨、邵盟、李楠、李艳和刘波。

本书适合从事数字系统设计的工程技术人员阅读使用，也可作为高等学校相关专业的 EDA 技术开发、课程设计、毕业设计和电子设计竞赛等的教学用书。为便于读者阅读、学习，特提供本书范例的下载资源，请访问 http://yydz. phei. com. cn 网站，到"资源下载"栏目下载。

由于编著者水平有限，书中难免存在错误和不足之处，敬请读者批评指正。

编著者

目　录

第1章 Quartus Prime 开发流程

1.1 Quartus Prime 软件综述

Quartus Prime 是 Altera 公司最新提供的可编程逻辑器件的集成开发软件，包括从设计输入和综合直至优化、验证和仿真各个阶段设计 Altera FPGA、SoC 和 CPLD 所需的一切。Quartus Prime 软件提供3种版本，即专业版、标准版和精简版。该软件采用新的混合布局器，使得 Arria 10 器件提高了1个速率等级，性能无与伦比。采用 Blue-Print 平台设计者工具，设计迭代次数减少为原来的1/10。该软件在特性上实现了突破，进一步提高了设计效能，缩短了编译时间。Quartus Prime 集成开发软件支持可编程逻辑器件开发的整个过程，它提供了一种与器件结构无关的设计环境，使设计者能方便地进行设计输入、设计处理和器件编程。Quartus Prime 软件集成了 Altera 的 FPGA/CPLD 开发流程中所涉及的所有工具和第三方软件接口。利用此开发工具，设计者可以创建、组织和管理自己的设计。Quartus Prime 软件的开发流程如图1-1-1所示。

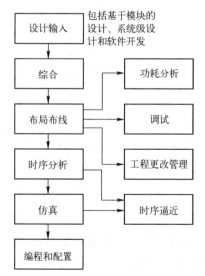

图 1-1-1 Quartus Prime 软件的开发流程

1. Quartus Prime 软件的特点及支持的器件

Quartus Prime 的特点是：支持多时钟定时分析、LogicLock 基于块的设计、SOPC（可编程片上系统）、内嵌 SignalTap II 逻辑分析器、功率估计器等高级工具；易于引脚分配和时序约束；具有强大的 HDL 综合能力；对于 Fmax 的设计具有很好的效果；支持的器件种类众多；支持 Windows 和 Linux 操作系统；支持与第三方工具（如综合、仿真等工具）的链接；提供更多的知识产权模块（Intellectual Property，IP）。

Quartus Prime 软件标准版所支持的器件，主要有 Stratix（V，IV）、Arria（10，V GZ，V，II GZ，II GX）、Cyclone（V，IV E，IV GX）、MAX（10，V，II）。

2. Quartus Prime 软件的工具及功能简介

Altera 的 Quartus Prime 软件提供了完整的多平台设计环境，可以轻松满足特定的设计需求，是 SOPC 设计的综合环境。此外，Quartus Prime 软件允许用户在设计流程的每个阶段使用其软件图形用户界面、EDA 工具界面或命令行方式。图 1-1-2 所示为 Quartus Prime 软件图形用户界面为设计流程的各个阶段所提供的功能。

图 1-1-2 Quartus Prime 软件图形用户界面的功能

设计输入是使用 Quartus Prime 软件的模块输入方式、文本输入方式、Core 输入方式和 EDA 设计输入工具等来表达用户的电路构思，同时使用分配编辑器（Assignment Editor）设定初始设计约束条件。

综合是将 HDL 语言、原理图等设计输入翻译成由与门、或门、非门、RAM、触发器等基本逻辑单元组成的逻辑链接（网络表），并根据目标与要求（约束条件）优化所生成的逻辑链接，输出 .edf 或 .vqm 等标准格式的网络表文件，供布局布线器进行实现。除了可以用 Quartus Prime 软件的"Analysis & Synthesis"命令综合外，也可以使用第三方综合工具生成与 Quartus Prime 软件配合使用的 .edf 网络表文件或 .vqm 文件。

　　布局布线的输入文件是综合后的网络表文件。Quartus Prime 软件中布局布线包含分析布局布线结果、优化布局布线、增量布局布线和通过反向标注分配等。

　　时序分析是允许用户对设计中所有逻辑的时序性能进行分析，并协助引导布局布线满足设计中的时序分析要求。在默认情况下，时序分析作为全编译的一部分自动运行，它观察和报告时序信息，如建立时间、保持时间、时钟至输出延时、最大时钟频率及设计的其他时序特性，可以使用时序分析所生成的信息来分析、调试和验证设计的时序性能。

　　仿真分为功能仿真和时序仿真。功能仿真主要是验证电路功能是否符合设计要求；时序仿真则包含了延时信息，它能较好地反映芯片的设计工作情况。可以使用 Quartus Prime 集成的仿真工具进行仿真，也可以使用第三方工具对设计进行仿真，如 ModelSim 仿真工具。

　　编程和配置是在全编译成功后，对 Altera 器件进行编程或配置，包括 Assembler（生成编程文件）、Programmer（建立包含设计所用器件名称和选项的链式文件）、转换编程文件等。

　　系统级设计包括 SOPC Builder 和 DSP Builder。Quartus Prime 与 SOPC Builder 一起为建立 SOPC 设计提供标准化的图形环境，其中 SOPC 由 CPU、存储器接口、标准外围设备和用户自定义的外围设备等组件组成。SOPC Builder 允许选择和自定义系统模块的各个组件和接口，它将这些组件组合起来，生成对这些组件进行实例化的单个系统模块，并自动生成必要的总线逻辑。DSP Builder 是帮助用户在易于算法应用的开发环境中建立 DSP 设计的硬件表示，缩短了 DSP 设计周期。

　　软件开发中的 Quartus Prime 软件——Software Builder 是集成编程工具，可以将软件源文件转换为用户配置 Excalibur 器件的闪存格式编程文件或无源格式编程文件。Software Builder 在创建编程文件时，自动生成仿真器初始化文件，仿真器初始化文件指定了存储单元的每个地址的初始值。

　　LogicLock 模块化设计流程支持对复杂设计的某个模块独立地进行设计、实现与优化，并将该模块的实现结果约束在规划好的 FPGA 区域内。

　　EDA 界面中的 EDA Netlist Writer 用来生成时序仿真所需的包含延迟信息的文件，如 .vo、.sdo 文件等。

　　时序逼近是通过控制综合和设计的布局布线来达到时序目标。使用时序逼近流程可以对复杂的设计进行更快的时序逼近，减少优化迭代次数，并自动平衡多个设计约束。

　　SignalTap II 逻辑分析器和 SignalProb 功能可以分析内部器件节点和 I/O 引脚，同时在系统内以系统速度运行。SignalTap II 逻辑分析器可以捕获和显示 FPGA 内部的实时信号行为。SignalProbe 可以在不影响设计中现有布局布线的情况下，将内部电路中特定的信号迅速布线到输出引脚，从而无须对整个设计另做一次全编译。

　　工程更改管理是在全编译后对设计所做的少量修改或调整。这种修改是直接在设计数据库上进行的，而不是修改源代码或配置文件，这样就无须重新运行全编译而快速地实施这些更改。

　　除了 Quartus Prime 软件集成的上述工具，Quartus Prime 软件还提供第三方工具的链接，如综合工具 Synplify、SynplifyPro、LeonardoSpectrum，仿真工具 ModelSim、Aldec HDL 等，它们都是业内公认的专业综合/仿真工具，以其功能强大、界面友好、易学易用而得到广泛使用。

3. Quartus Prime 软件的用户界面

启动 Quartus Prime 软件后，其默认用户界面如图 1-1-3 所示。它由标题栏、菜单栏、工具栏、资源管理窗、编译状态显示窗、信息显示窗和工程工作区等部分组成。

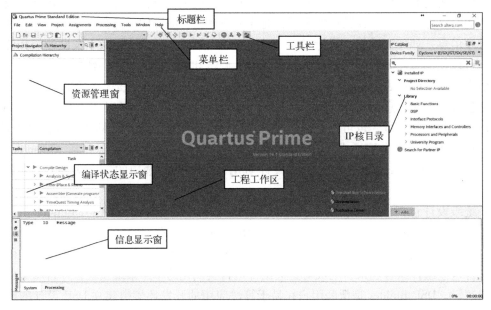

图 1-1-3　Quartus Prime 软件默认用户界面

1）标题栏　标题栏用于显示当前工程的路径和程序的名称，在软件最上方。

2）菜单栏　菜单栏主要由 File（文件）、Edit（编辑）、View（视图）、Project（工程）、Assignments（资源分配）、Processing（操作）、Tools（工具）、Window（窗口）和 Help（帮助）9 个菜单组成。其中 Project、Assignments、Processing、Tools 菜单集中了 Quartus Prime 软件较为核心的全部操作命令。

（1）Project 菜单：主要是对工程的一些操作。

☺ Add Current File to Project：添加当前文件到本工程。

☺ Add/Remove Files in Project：添加或新建资源文件。

☺ Revisions：创建或删除工程。

☺ Archive Project：为工程归档或备份。

☺ Restore Archived Project：恢复工程备份。

☺ Import Database/Export Database…：导入或导出数据库。

☺ Import Design Partition/Export Design Partition：导入或导出设计分区。

☺ Generate Tcl File for Project：生成工程的 Tcl 脚本文件，选择好要生成的文件名及路径后，单击"OK"按钮即可。

☺ Generate PowerPlay Early Power Estimator File：生成估算静态和动态功耗的表单。

☺ Upgrade IP Components…：升级 IP 组件。

☺ Organize Quartus Prime Settings File：管理 Quartus Prime 的设置文件，可以生成一个分组注释的设置文件（.qsf），包括设计文件路径、引脚分配、引脚电平类型和器件类型等一些基本的配置内容。

☺ Set as Top-Level Entity：把工程工作区打开的文件设定为顶层文件。

☺ Hierarchy：打开工程工作区显示的源文件的上一层或下一层的源文件及顶层文件。

（2）Assignments 菜单：主要是对工程的参数进行配置，如引脚分配、时序约束、参数设置等。

☺ Device：设置目标器件型号。

☺ Settings：打开参数设置页面，可以切换到使用 Quartus Prime 软件开发流程的每个步骤所需的参数设置页面。

☺ Assignment Editor：分配编辑器，用于分配引脚、设定引脚电平标准、设置时序约束等。

☺ Pin Planner：打开分配引脚对话框，给设计的信号分配 I/O 引脚。

☺ Remove Assignments：删除所设定的类型的分配，如引脚分配、时序分配、SignalProbe 分配等。

☺ Back-Annotate Assignments：允许用户在工程中反向标注引脚、逻辑单元、LogicLock 区域、节点、布线分配等。

☺ Import Assignments：给当前工程导入分配文件。

☺ Export Assignments：给当前工程导出分配文件。

☺ Assignment Groups：建立引脚分配组。

☺ LogicLock Regions Window：允许用户查看、创建和编辑 LogicLock 区域约束，以及导入/导出 LogicLock 区域约束文件。

☺ Design Partition Window：打开设计分区窗口。

（3）Processing 菜单：包含了对当前工程执行的各种设计流程，如开始综合、开始布局、开始布线、开始时序分析等。

（4）Tools 菜单：调用 Quartus Prime 软件中集成的一些工具，如 Chip Planner、Netlist Viewer、Programmer、IP Catalog（用于生成 IP 核和宏功能模块）等。

3）工具栏（Tool Bar）　工具栏包含了常用命令的快捷图标。将光标移到相应图标时，在光标下方出现此图标对应的含义，而且每种图标在菜单栏中均能找到相应的命令菜单。用户可以根据需要将自己常用的功能定制为工具栏上的图标，方便在 Quartus Prime 软件中灵活、快速地进行各种操作。

4）资源管理窗　资源管理窗用于显示当前工程中所有相关的资源文件。资源管理窗左下角有 3 个选项卡，分别是结构层次（Hierarchy）、文件（File）和设计单元（Design Units）。结构层次窗口在工程编译前只显示顶层模块名；工程编译了一次后，此窗口按层次列出工程中所有的模块，并列出每个源文件所用资源的具体情况；顶层可以是用户产生的文本文件，也可以是图形编辑文件。文件窗口列出了工程编译后的所有文件，文件类型有设计器件文件（Design Device Files）、软件文件（Software Files）和其他文件（Others Files）。设计单元窗口列出了工程编译后的所有单元，如 AHDL 单元、Verilog 单元、VHDL 单元等；一个设计器件文件对应生成一个设计单元，而参数定义文件没有对应设计单元。

5）工程工作区　器件设置、定时约束设置、底层编辑器和编译报告等均显示在工程工作区中。当 Quartus Prime 实现不同功能时，此区域将打开相应的操作窗口，显示不同的内容，可以进行不同的操作。

6）编译状态显示窗　编译状态显示窗主要显示模块综合、布局布线过程及时间。模块

（Module）列出工程模块，过程（Process）显示综合、布局布线进度条，时间（Time）表示综合、布局布线所耗费的时间。

7）信息显示窗 信息显示窗用于显示 Quartus Prime 软件综合、布局布线过程中的信息，如开始综合时调用源文件、库文件、综合布局布线过程中的定时、报警、错误等；如果是报警和错误，则会给出具体的引起报警和错误的原因，方便设计者查找和修改错误。

8）IP 核目录 IP 核目录用于在工程中快速添加和设置所需的 IP 核。

1.2 设计输入

Quartus Prime 软件中的工程由所有设计文件和与设计文件有关的设置组成。用户可以使用 Quartus Prime 原理图输入方式、文本输入方式、模块输入方式和 EDA 设计输入工具等表达自己的电路构思。设计输入的流程如图 1-2-1 所示。

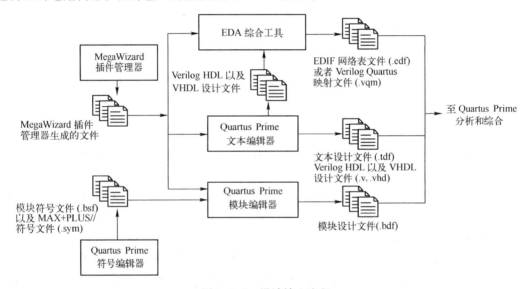

图 1-2-1 设计输入流程

在进行设计前，执行菜单命令"File"→"New Project Wizard"，可以创建新工程。创建工程时，要指定工程工作目录，分配工程名称，指定顶层设计实体的名称。还可以指定在工程中使用的设计文件、其他源文件、用户库、EDA 工具以及目标器件。

1. 设计输入方式

创建好工程后，需要给工程添加设计输入文件。设计输入文件可以使用文本形式的文件（如 VHDL、Verilog、HDL、AHDL 等），存储数据文件（如 HEX、MIF 等），原理图设计输入，以及第三方 EDA 工具产生的文件（如 EDIF、HDL、VQM 等）。同时，还可以混合使用以上多种设计输入方法进行设计。

1）Verilog HDL/VHDL 硬件描述语言设计输入方式 大型设计中一般采用 HDL 语言设计方法。HDL 语言设计方法是大型模块化设计工程中最常用的设计方法。目前较为流行的 HDL 语言有 VHDL、Verilog HDL 等，其共同特点是易于使用自顶向下的设计方法，易于模块划分和复用，移植性强，通用性好，设计不因芯片工艺和结构的改变而变化，利于向

ASIC 的移植。HDL 语言是纯文本文件，用任何编辑器都可以编辑；有些编辑器集成了语言检查、语法辅助模板等功能，这些功能给 HDL 语言的设计和调试带来了很大的便利。

2）AHDL 输入方式　AHDL（Altera Hard Description Language）是完全集成到 Quartus Prime 软件系统中的一种高级模块化语言。可以用 Quartus Prime 软件文本编辑器或其他文本编辑器生成 AHDL 文件。一个工程中可以全部使用 AHDL 语言，也可以和其他类型的设计文件混用。AHDL 语言只能用于使用 Altera 器件的 FPGA/CPLD 设计，其代码不能移植到其他厂商（如 Xilinx、Lattice 等）的器件上使用，通用性不强，所以比较少用。

3）模块/原理图输入方式（Block Diagram/Schematic Files）　原理图输入方式是 FPGA/CPLD 设计的基本方法之一，几乎所有的设计环境都集成有原理图输入法。这种设计方法直观、易用，支撑它的是一个功能强大、分门别类的器件库。然而，由于器件库元件通用性差，导致其移植性差。例如，当更换设计实现的芯片信号或厂商不同时，整个原理图需要做很大修改，甚至全部重新设计。所以，原理图设计方式主要是一种辅助设计方式，多用于混合设计中的个别模块设计。

4）使用 IP Catalog 产生 IP 核/宏功能模块　IP Catalog 工具的使用基本上可以分为以下步骤：工程的创建和管理，查找要使用的 IP 核/宏功能模块，参数设计与生成，IP 核/宏功能模块的仿真与综合。

2. 设计规划

在建立设计时，必须考虑 Quartus Prime 软件所提供的设计法，如 LogicLock 功能提供自顶向下和自底向上的设计方法，以及基于块的设计流程。在自顶向下的设计流程中，整个设计只有一个输出网络表，用户可以对整个设计进行跨设计边界和结构层次的优化处理，且管理容易；在自底向上的设计方法中，每个设计模块具有单独的网络表，允许用户单独编译每个模块，且单个模块的修改不会影响其他模块的优化。基于块的设计流程使用 EDA 设计输入和综合工具分别设计和综合各个模块，然后将各模块整合到 Quartus Prime 软件的最高层设计中。在设计时，用户可根据实际情况灵活使用这些设计方法。

在本书第 2 章中，将以具体实例来详细介绍几种常用的设计方法。

1.3　约束输入

建立好工程和设计后，需要给设计分配引脚和时序约束。可以使用分配编辑器、"Settings" 对话框、TimeQuest 时序分析器、引脚规划器、设计划分窗口和时序逼近平面布局图来指定初始设计约束，如引脚分配、器件选项、逻辑选项和时序约束等。另外，还可以执行菜单命令 "Assignments" "Import Assignments" 或者 "Export Assignments"，进行导入和导出分配。Quartus Prime 软件还提供时序向导，协助用户指定初始标准时序约束。还可以使用 Tcl 命令或脚本从其他 EDA 综合工具中导入分配。图 1-3-1 所示是约束和分配输入流程。

分配引脚是将设计文件的 I/O 信号指定到器件的某个引脚，并设置此引脚的电平标准、电流强度等。

时序约束尤其重要，它是为了使高速数字电路设计满足运行速率方面的要求，在综合、布局布线阶段附加约束。要分析工程是否满足用户的运行速率要求，也需要对工程的设计输

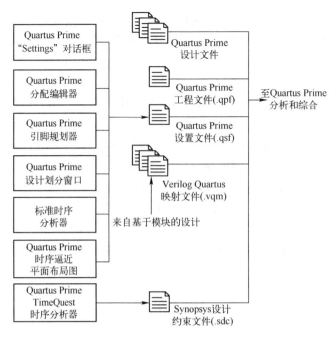

图 1-3-1　约束和分配输入流程

入文件添加时序约束。时序分析工具是以用户的时序约束来判断时序是否满足设计要求标准的，因此要求设计者正确输入约束，以便得到正确的时序分析报告。附加约束还能提高设计的工作速率，这对分析设计的时序是否满足设计要求非常重要，而且时序约束越全面，对分析设计的时序就越有帮助。如果设计中有多个时钟，而其中有一个时钟没有约束，则 Quartus Prime 软件的时序分析工具将不对没有约束的时钟路径做分析，从而使得设计者不知道此部分时序是否满足要求；因此，设计者在约束时序时一定要全面。

引脚分配时序约束的通常做法，是设计者编写约束文件并导入到综合、布局布线工具中，在 FPGA/CPLD 综合、布局布线步骤时指导逻辑映射、布局布线；也可以使用 Quartus Prime 软件中集成的工具，如分配编辑器（Assignment Editor）、引脚规划器（Pin Planner）和 "Settings" 对话框等，进行引脚分配和时序约束。

1. 分配编辑器（Assignments Editor）

分配编辑器界面用于在 Quartus Prime 软件中建立、编辑节点和实体级分配，即在设计中为逻辑指定各种选项和设置，包括位置、I/O 标准、时序、逻辑选项、参数、仿真和引脚的分配。可以使能或禁止单独分配功能，也可以为分配加入注释。使用分配编辑器可以进行标准格式时序分配。对于 Synopsys 设计约束，必须使用 TimeQuest 时序分析器。

下面结合后面章节中的实例来描述使用分配编辑器进行分配的基本流程。

（1）执行菜单命令 "Processing" → "Start" → "Start Analysis & Elaboration"，分析设计，检查设计的语法和语义错误。

（2）执行菜单命令 "Assignments" → "Assignment Editor"，弹出分配编辑器对话框，如图 1-3-2 所示。

（3）在 "Category" 栏选择相应的分配类别。它包含了当前器件所有分配类别，如 Locations、I/O Standard、Logic Options 等。

（4）在 "Category" 栏里选择 "I/O Timing" 进行时序约束，如图 1-3-3 所示。

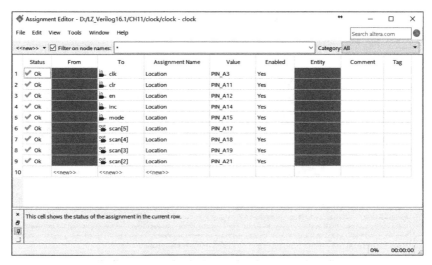

图 1-3-2　分配编辑器对话框

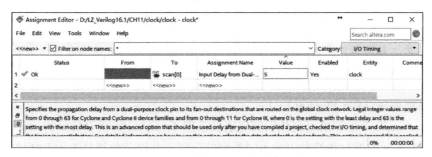

图 1-3-3　分配编辑器的新建时序约束窗口

（5）在"Form"栏和"To"栏中双击"Node Finder…"，弹出"Node Finder"对话框，如图 1-3-4 所示。选择需要约束的信号节点，并将其添加到选定节点中。

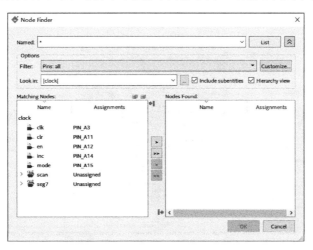

图 1-3-4　"Node Finder"对话框

（6）在"Assignment Name"栏中选择约束类型，在"Value"栏中选择约束值。

（7）依次设置其余的时序约束。

（8）在"Category"栏中选择"All"，显示全部约束信息，如图 1-3-5 所示。

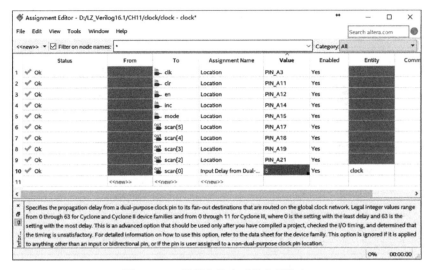

图 1-3-5　设置完约束后的全部信息

> **说明**　在建立和编辑约束时，Quartus Prime 软件对适用的约束信息进行动态验证。如果约束或约束值无效，Quartus Prime 软件不会添加或更新数值，仍然使用当前值。

2. 引脚规划器（Pin Planner）

"Assignments" 菜单下的可视化引脚规划器是用于分配引脚和引脚组的。它包括器件的封装视图，以不同的颜色和符号表示不同类型的引脚，并以其他符号表示 I/O 块。引脚规划器使用的符号与器件数据手册中的符号非常相似。它还包括已分配和未分配引脚的表格。引脚规划器对话框如图 1-3-6 所示。

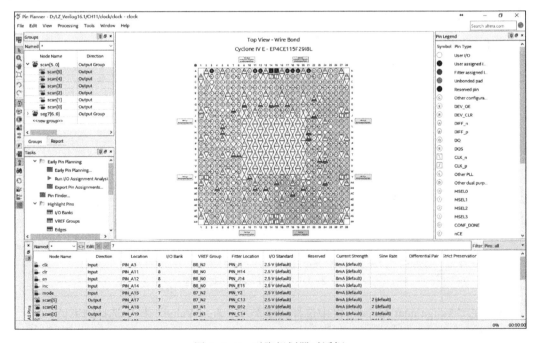

图 1-3-6　引脚规划器对话框

在默认状态下，引脚规划器显示"Groups"列表、"All Pins"列表和器件封装视图。可以通过将"Groups"列表和"All Pins"列表中的引脚拖曳至封装图中的可用引脚或 I/O 块来进行引脚分配，也可以直接在"Location"栏中选择引脚。在"All Pins"表中，可以滤除节点名称，改变 I/O 标准，指定保留引脚的选项；也可以过滤"All Pins"列表，只显示未分配的引脚，改变节点名称和用户加入节点的方向；还可以为保留引脚指定选项。

引脚规划器还可以显示所选引脚的属性和可用资源，而引脚所属的 I/O 块用不同的颜色来区分。

3. "Settings"对话框

执行菜单命令"Assignments"→"Settings"，可使用"Settings"对话框来为工程指定分配和选项。还可以设置一般工程的选项，以及综合、适配、仿真和时序分析等选项，如图 1-3-7 所示。一般使用分配编辑器进行引脚分配和除时钟频率外的其他类型约束，而"Settings"对话框中的时序约束更多地用于全局时序约束和时钟频率约束。

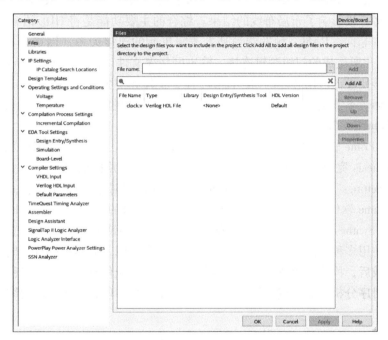

图 1-3-7　"Settings"对话框

在"Settings"对话框中可以执行以下类型的任务：

☺ 修改工程设置（General、Files、Libraries 及图 1-3-7 右上角 Device/Board）：为工程和修订信息指定和查看当前顶层实体；从工程中添加或删除文件；指定自定义的用户库；指定封装、引脚数量和速度等级；指定设计所用器件。

☺ 指定运行条件设置（Operating Settings and Conditions）：进行电压和温度的设置。

☺ 指定编译过程设置（Compilation Process Settings）：可以进行智能编译选项、编译过程中保留节点名称、运行 Assembler 以及渐进式编译或综合等选项的设置。还有保存节点级网络表，导出版本兼容数据库，显示实体名称，使能或禁止 OpenCore Plus 评估功能，以及早期时序估算设置等功能。

☺ 指定 EDA 工具设置（EDA Tool Settings）：为设计输入/综合、仿真、时序分析、板级验证、形式验证、物理综合及相关工具选项指定 EDA 工具。

☺ 指定分析和综合设置（Compiler Settings）：用于 Verilog HDL 和 VHDL 输入时的编译器版本设置。

☺ 指定设计助手和 SignalTap II 设置（Assembler、Design Assistant、SignalTap II Logic Analyzer、Logic Analyzer Interface）：打开设计助手并选择规则；启动 SignalTap II 逻辑分析器，指定 SignalTap II 文件（.stp）名称。

1.4　综合

在工程中添加设计文件并设置引脚锁定后，下一步就是对工程进行综合了。随着 FPGA/CPLD 越来越复杂，对性能要求越来越高，高级综合在设计流程中已成为一个重要的环节，综合结果的优劣直接影响了布局布线的结果。综合的主要功能是将 HDL 语言翻译成最基本的与门、或门、非门、RAM、触发器等基本逻辑单元的连接关系（网络表），并根据要求（约束条件）优化所生成的门级逻辑连接，输出网络表文件，供下一步的布局布线使用。好的综合工具能够使设计占用芯片的物理面积更小，工作频率更快，这也是评定综合工具优劣的两个重要指标。本节主要介绍 Quartus Prime 软件中集成的综合工具的使用方法和特点。

1. 使用 Quartus Prime 软件集成综合

在 Quartus Prime 软件中，可以使用 Analysis & Synthesis 分析综合 VHDL 和 Verilog 设计。Analysis & Synthesis 完全支持 VHDL 和 Verilog HDL 语言，并提供控制综合过程的一些可选项。可以在 "Settings" 对话框中选择适用的语言标准，同时还可以指定 Quartus Prime 软件将非 Quartus Prime 软件函数映射到 Quartus Prime 软件函数的库映射文件（.lmf）上。

Analysis & Synthesis 的分析阶段将检查工程的逻辑完整性和一致性，并检查边界连接和语法错误。它使用多种算法来减少门的数量，删除冗余逻辑，并尽可能有效地利用器件体系结构。分析完成后，构建工程数据库，此数据库中包含完全优化且合适的工程，它们将用于为时序仿真、时序分析、器件编程等建立一个或多个文件。Quartus Prime 的综合设计流程如图 1-4-1 所示。

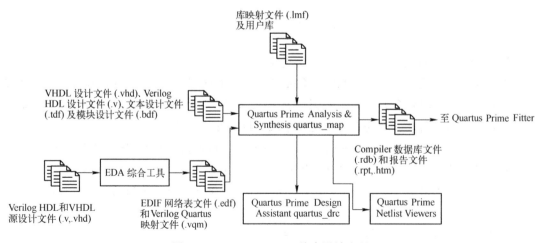

图 1-4-1　Quartus Prime 综合设计流程

2. 控制综合

可以使用编译器指令和属性、Quartus Prime 逻辑选项、Quartus Prime 综合网络表优化选项来控制 Analysis & Synthesis。

1）编译器指令和属性　Quartus Prime 软件的 Analysis & Synthesis 支持编译器指令，这些指令也称为编译指令。在 Verilog HDL 或 VHDL 代码中可以包括 translate_on 和 translate_off 等编译器指令，并将它们作为备注。这些指令不是 Verilog HDL 或 VHDL 的命令，但是综合工具使用它们以特定方式推动综合过程。仿真器等其他工具则忽略这些指令，并将它们作为备注处理。

2）Quartus Prime 逻辑选项　除了支持一些编译器指令外，Quartus Prime 还允许在不编辑源代码的情况下设置属性。在"Settings"对话框中可以指定第三方综合工具，如图 1-4-2 所示。

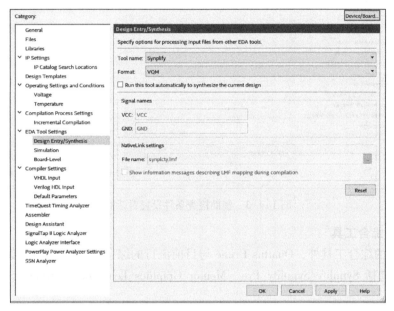

图 1-4-2　使用第三方工具综合

3）Quartus Prime 综合网络表优化选项　利用 Quartus Prime 综合网络表优化选项可以在许多 Altera 系列的综合期间优化网络表。这些优化选项对标准编译期间出现的优化进行补充，并且是在全编译的 Analysis & Synthesis 阶段出现，它们对综合网络表进行更改，通常有利于面积和速度的改善。

不管是用第三方综合工具还是用 Quartus Prime 集成的综合工具，上述参数都将改变综合网络表，从而根据用户选择的优化目标对面积或速度进行改善。综合网络表的优化主要有"Perform WYSIWYG Primitive resynthesis"，表示进行 WYSIWYG 基本单元再综合。它将第三方工具综合结果中的在 atom 网络表中的逻辑单元 LE 解映射成逻辑门，然后重新由 Quartus Prime 软件将逻辑门映射成 Altera 特定原语。由于网络表中的原语被分开再重新映射，因此它使得由第三方工具生成的网络表文件中的节点名称有很大的变化。寄存器会被减少或复制后被删除，但是没有被删除的寄存器在重新映射后的名称不会改变。未被设置成"Never Allow"的节点信号不受此选项的影响。

按照上面的介绍设置好综合逻辑选项后，就可以开始对工程进行综合。在进行综合前，可以使用 Quartus Prime 软件的 Design Assistant（设计辅助，一种检查工具）来帮助检查设计中潜在的问题。选中"Settings"对话框中的"Design Assistant"选项，进入辅助检查条件设置对话框，如图 1-4-3 所示。在此对话框中列出了很多可检查项。

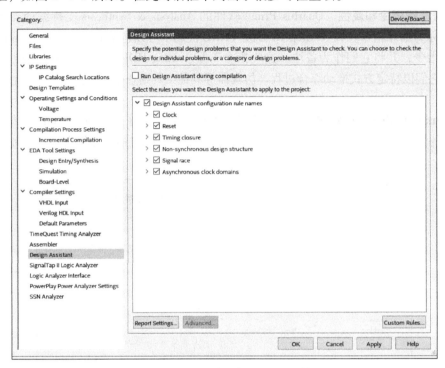

图 1-4-3 辅助检查条件设置对话框

3. 第三方综合工具

除了集成的综合工具外，Quartus Prime 与目前流行的综合工具都有链接接口。这些第三方工具主要包括 Synplify/Synplify Pro、Mentor Graphics LeonardoSpectrum、Synopsys FPGA Complier II 等。

Synplify/Synplify Pro 是 Syplicity 公司出品的综合工具，因其具有综合速度快、优化效果好等特点而成为目前业界最流行的高效综合工具之一。Synplify/Synplify Pro 采用了很多独特的整体性能优化策略和方法，使它们对设计的综合无论在物理面积还是工作频率上都能达到较理想的效果。

LeonardoSpectrum 是 Mentor Graphics 公司出品的综合工具。Synopsys 是最早的 EDA 工具厂商之一，其产品 FPGA Complier II 是一个比较成熟的 FPGA、ASIC 设计平台。

虽然第三方综合工具一般来说功能强大，优化效果好，但是 Quartus Prime 软件自身集成的综合工具也有其自身的优点。因为只有 Altera 自己对其器件的底层设计与内部结构最为了解，所以使用 Quartus Prime 软件集成综合通常会取得意想不到的良好效果。

 # 1.5 布局布线

Quartus Prime 软件中的布局布线，就是使用由综合工具从 Analysis & Synthesis 生成的网络表文件，将工程的逻辑和时序要求与器件的可用资源相匹配。它将每个逻辑功能分配给最好的逻辑单元位置，进行布线和时序设计，并选择相应的互连路径和引脚分配。如果在设计中执行了资源分配功能，则布局布线器将试图使这些资源与器件上的资源相匹配，并努力满足用户设置的任何约束条件，然后优化设计中的其余逻辑。如果没有对设计设置任何约束条件，则布局布线器将自动优化设计。Quartus Prime 软件中的布局布线流程如图 1-5-1 所示。

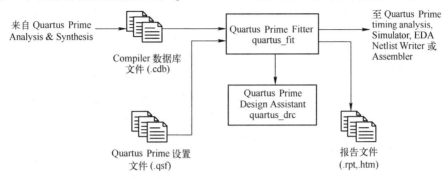

图 1-5-1　Quartus Prime 软件中的布局布线流程

1. 设置布局布线参数

在进行布局布线前，首先需要输入约束和设置布局布线器的参数，以更好地使布局布线结果满足设计要求。传统的布局布线（Fitter）阶段被划分为多个更精细的阶段（如图 1-5-2 所示），可支持对流程进行更出色的控制。

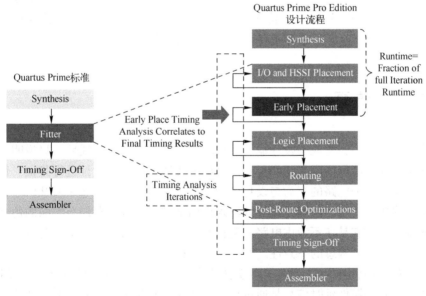

图 1-5-2　布局布线过程

（1）规划阶段（Plan Stage）支持合法的布局和时钟规划，并对初步 I/O 和 HSSI 进行时序分析，以完成 FPGA 结构转移。

（2）进入布线阶段前，可以在布局阶段启用时序分析。目前，布局阶段划分为早期布局阶段和最后布局阶段两部分。在早期布局阶段后实施定时分析，芯片规划器提供早期布局的直观视图。

（3）为了快速实现设计整合，布线分成布线阶段和布线后阶段。布线阶段的三角时序分析和布线后阶段的四角定时分析可缩短编译时间；布线后阶段采用了类似于工程变更命令（ECO）的流程，能够自动修复设置和保持故障，从而缩短编译时间。高速或低功耗平铺优化在布线后阶段执行。

2. 反向标注分配

Quartus Prime 软件可以通过反向标注给任何器件资源的分配保留上次编译的资源分配。可以在工程中反向标注所有资源，也可以反向标注 LogicLock 区域的大小和位置。因为 Quartus Prime 软件数据每次编译时都会将原有设置覆盖，因此反向标注对于保留当前资源和器件分配是非常有用的。

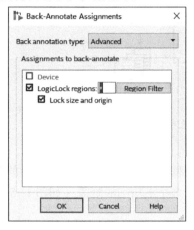

执行菜单命令"Assignment"→"Back-Annotate Assignments"，打开反向标注分配对话框，如图 1-5-3 所示。允许选择的反向标注类型为默认型和高级型。默认型允许将逻辑单元分配降级为具有较少限制的位置分配；高级型除包括默认型允许的操作外，还允许反向标注 LogicLock 区域，以及其中的节点和布线，同时还提供许多用于根据区域、路径、资源类型等进行过滤的选项，并允许使用通配符。

成功布局布线后，不能说整个工程设计就完成了，只能说明当前选用的器件资源满足设计需要，但时序是否满足，还需要进行后续的时序分析和仿真（称之为后仿真）来观察。若时序不满足，需要通过修改代码或时

图 1-5-3　反向标注分配对话框

序约束来满足时序要求，然后重新进行综合和布局布线等。

1.6　仿真

在整个设计流程中，完成了设计输入并成功进行综合、布局布线后，只说明设计符合一定的语法规范，并不能保证满足功能要求，这就需要通过仿真对设计进行验证。仿真的目的就是在软件环境下验证电路的行为与设想中的是否一致。一般在 FPGA/CPLD 中，仿真分为功能仿真和时序仿真。功能仿真是在设计输入后尚未进行综合、布局布线前的仿真，又称为行为仿真或前仿真，它是在不考虑电路的逻辑和门的时间延时的情况下，着重考虑电路在理想环境下的行为和设计构思的一致性。时序仿真又称为后仿真，是在完成综合、布局布线后（即电路已经映射到特定的工艺环境），考虑器件延时的情况下对布局布线的网络表文件进行的一种仿真，其中器件延时信息是通过反向标注时序延时信息来实现的。功能仿真的目的是设计出能工作的电路，这不是一个孤立的过程，它与综合、时序分析等形成一个反馈工作过程，只有过程收敛，之后的综合、布局布线等环节才有意义。如果在设计功能上都不能满足要求，不要说进行时序仿真，就是进行综合也谈不上；所以，首先要保证功能仿真结果是正确的。但孤立的功能仿真即使获得通过也是没有意义的，如果在时序分析中发现时序不满足要求，需要更改代码，此时功能仿真必须重新进行。

Quartus Prime 软件中集成的仿真器可以对工程中的设计或设计的一部分进行功能仿真或时序仿真。它的仿真流程如图 1-6-1 所示。

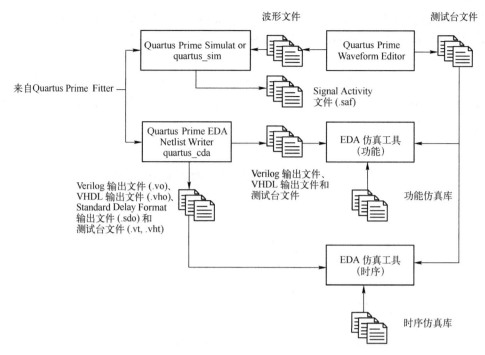

图 1-6-1　Quartus Prime 仿真器的仿真流程

1. 指定仿真器设置

在 Quartus Prime 中，通过建立仿真器设置，指定要仿真的类型、仿真涵盖的时间段、激励向量及其他仿真选项。选中"Settings"对话框中"EDA Tool Settings"下的"Simulations"选项，进入仿真属性设置对话框，如图 1-6-2 所示。

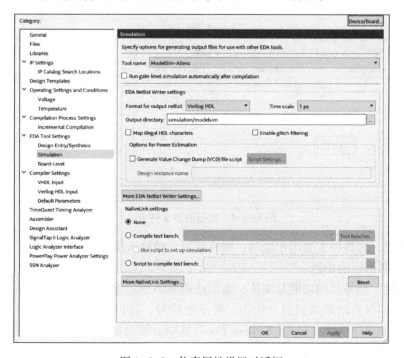

图 1-6-2　仿真属性设置对话框

☺ Tool name：仿真工具名称，使用的是与 Quartus Prime 搭配的 ModelSim-Altera 工具。

☺ EDA Netlist Writer settings：设置输出网络表的语言类型和仿真时延等。

2. 建立矢量源文件

要对设计进行仿真，首先需要设置 ModelSim-Altera 的调用路径，如图 1-6-3 所示。之后利用 Quartus Prime 软件的波形编辑器建立和编辑用于波形格式仿真的输入矢量，激励文件为矢量波形文件（.vwf）。

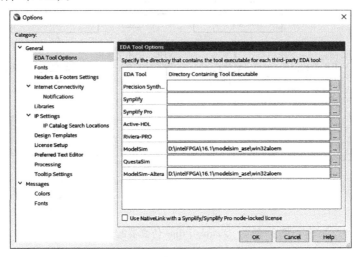

图 1-6-3　仿真工具路径设置

执行菜单命令"File"→"New"，打开"New"对话框，选中"Verification/Debugging Files"选项卡中的"University Program VWF"选项，确定后即可打开如图 1-6-4 所示的矢量波形文件窗口。该窗口主要由工具栏、信号栏和波形栏组成。

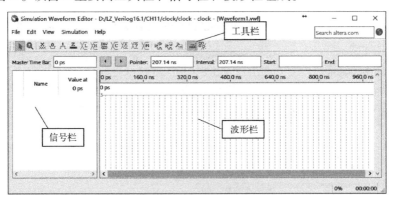

图 1-6-4　矢量波形文件窗口

1）工具栏　工具栏主要用于绘制、编辑波形，给输入信号赋值。表 1-6-1 示出了波形编辑工具栏中各图标的功能。

2）信号栏　信号栏的功能是浏览、添加或删除激励的输入信号以及要观察的信号。仿真过后，输出信号自动添加到信号栏中。要添加信号，可以在信号列表空白处单击鼠标右键，在弹出的菜单中选择"Insert Node or Bus"选项，弹出如图 1-6-5 所示的对话框。在其中单击"Node Finder…"按钮后弹出如图 1-6-6 所示的对话框，选择所要仿真的信号并设置信号类型。

表 1-6-1　波形编辑工具栏中各图标的功能

图标	功　能	图标	功　能
⊕	放大/缩小波形	XH	给选定的信号赋予高电平
XXX	给选定的信号赋予不定状态	INV	给选定的信号赋原值的反相值
0	给选定的信号赋 0 值	XC	专门设置时钟信号
1	给选定的信号赋 1 值	X○	把选定的信号用一个时钟信号或周期性信号来代替
Z	给选定的信号赋予高阻状态	X?	给总线信号赋值
XL	给选定的信号赋予低电平	XR	给选定的信号随机赋值

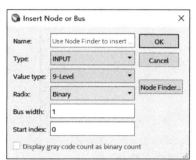

图 1-6-5　插入信号节点或总线的对话框　　　　图 1-6-6　选择待仿真的信号

　　信号添加到信号栏后，选中此信号，再选择工具栏中的信号赋值工具为其赋值。单击鼠标右键，可以选择删除、插入信号及更改信号进制类型等操作。当仿真时，若发现信号时序不满足要求，可以立即修改时序，然后重新仿真，直到功能、时序均满足要求为止。

　　3）波形栏　波形栏用于编辑、显示信号波形。要给选定的总线信号赋值，只需用鼠标选中要赋值的信号区域，在工具栏中选择给信号赋值的图标；或者单击鼠标右键，在弹出的菜单中选择"Value"选项或者双击该区域，选择要赋的值。之后弹出总线信号赋值对话框，如图 1-6-7 所示，在"Radix"下拉列表中选择二进制、八进制、十六进制、十进制无符号数或有符号数等，在"Numeric or named value"下拉列表中输入要赋给信号的值，然后单击"OK"按钮即可。

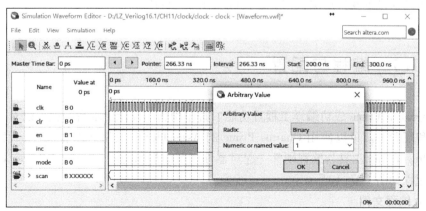

图 1-6-7　总线信号赋值对话框

信号波形生成后，可以对波形进行各种编辑操作。在要编辑的波形上单击鼠标右键，在弹出的菜单中可以对选中的信号波形进行编辑、赋值，或重新设置选中的信号波形值；也可以在"Edit"中重新设置仿真栅格大小以及仿真起始/结束时间等。若在波形中添加时间标志线，可以方便地观察波形跳变时间，计算信号延时。

Quartus Prime 软件还可以将矢量波形文件转换成 VDHL/Verilog HDL 文件。执行菜单命令"Simulation"→"Generate ModelSim Testbench and Script"，若是 VHDL 文件，则生成的文件扩展名为 .vht；若是 Verilog 文件，则扩展名为 .vt。图 1-6-8 所示为导出 Verilog HDL 激励代码。

```
Text Editor - D:/LZ_Verilog16.1/CH11/clock/clock - clock - [Waveform.vwf.vt]

File  Edit  View  Project  Processing  Tools  Window  Help          Search altera.com

25  //
26  // Simulation tool : 3rd Party
27  //
28
29  `timescale 1 ps/ 1 ps
30  module clock_vlg_vec_tst();
31  // constants
32  // general purpose registers
33  reg clk;
34  reg clr;
35  reg en;
36  reg inc;
37  reg mode;
38  // wires
39  wire [5:0] scan;
40  wire [6:0] seg7;
41
42  // assign statements (if any)
43  clock i1 (
44  // port map - connection between master ports and signals/registers
45  .clk(clk),
46  .clr(clr),
47  .en(en),
48  .inc(inc),
49  .mode(mode),
50  .scan(scan),
51  .seg7(seg7)
52  );
53  initial

0%        00:00:00
```

图 1-6-8　仿真波形激励转换成 Verilog HDL 代码

仿真激励除了可以调入波形文件外，还可以调入文本编辑器编辑的激励文件。若在仿真工具栏中选择第三方工具，则可以用 Quartus Prime 软件生成仿真激励模板文件。执行菜单命令"Processing"→"Start"→"Start TestBench Template Writer"可生成模板，然后在模板中添加自己的测试激励即可。

指定仿真器设置及矢量源文件后，就可以开始运行仿真了。

1.7　编程与配置

使用 Quartus Prime 成功编译工程且功能、时序均满足设计要求后，就可以对 Altera 器件进行编程和配置了。可以使用 Quartus Prime 的 Assembler 模块生成编程文件，使用 Quartus Prime 的 Programmer 工具与编程硬件一起对器件进行编程和配置。Quartus Prime 对器件的编程和配置流程如图 1-7-1 所示。

1. 建立编程文件

要配置 Altera 器件，需要设置符合用户配置要求的配置文件类型和参数。Assembler 自

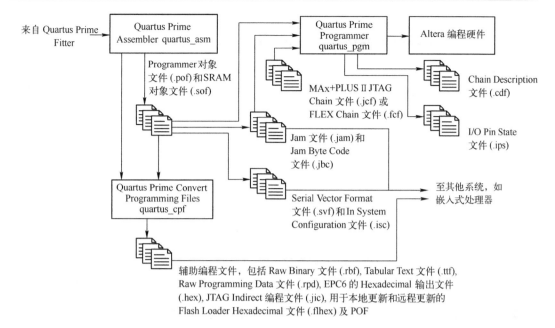

图 1-7-1　Quartus Prime 对器件的编程和配置流程

动生成一个或多个 Programmer 对象文件（.pof）或 SRAM 对象文件（.sof），作为布局布线后的包含器件、逻辑单元和引脚分配的编程文件。可以在包括 Assembler 模块的 Quartus Prime 软件中启动全编译，也可以在完成布局布线后执行菜单命令"Processing"→"Start"→"Start Assembler"来单独运行 Assembler。

除 .sof 和 .pof 文件格式外，还可以通过以下方法生成其他格式的编程文件。

1）设置 Assembler 可以生成的其他格式编程文件　执行菜单命令"Assignments"→"Device"，在弹出的对话框中单击"Device & Pin Options"按钮，弹出"Device and Pin Options-clock"对话框，如图 1-7-2 所示。选择"Programming Files"选项卡，指定可选辅助编程文件格式，如十六进制（Intel 格式）输出文件（.hexout）、表格文本文件（.ttf）、原始二进制文件（.rbf）、JamTM 文件（.jam）、Jam 字节代码文件（.jbc）、串行适量格式文件（.svf）和系统内配置文件（.isc）等。其中对于 .hexout 文件，需要通过设置"Start address"选项来标明该十六进制文件的起始地址，还需要通过设置"Count"选项（可选值为"UP"或"Down"）指出所存储的地址排序是递增还是递减方式，这种十六进制 .hexout 文件可以写入 EPROM 或其他存储器件，通过存储器件向 FPGA/CPLD 器件进行编程配置。

2）创建 Jam 文件、Jam 字节代码文件、串行矢量格式文件或系统内配置文件　在添加完待编程的文件后，执行菜单命令"Tools"→"Programmer"，打开编辑器，将下载模式设置为 JTAG（默认），然后执行菜单命令"File"→"Creat JAM，JBC，SVF，or ISC File"，弹出"Create JAM，JBC，SVF，or ISC File"对话框，如图 1-7-3 所示。

☺ File name：列出目标文件名和存储路径。

☺ File format：选择需要创建的文件类型，包括 Jam 文件、Jam 字节代码文件、串行矢量格式文件或系统内配置文件。这些文件与编程硬件或智能主机配合使用，用以配置 Quartus Prime 所支持的任何 Altera 器件。

☺ Operation：选择是编程还是验证。

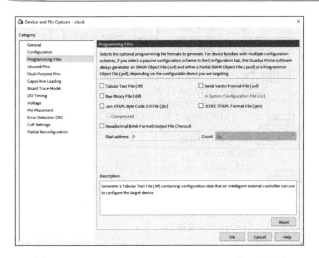

图 1-7-2　"Device and Pin Options-clock" 对话框　　图 1-7-3　"Creat JAM，SVF，or ISC File" 对话框

☺ Programming options：选择是否检查器件为空和是否对编程进行验证。

☺ Clock frequency：设置器件的时钟频率。

☺ Supply voltage：设置工作电压。

3）将一个或多个设计的 SOF 和 POF 组合并转换为其他辅助编程文件格式　执行菜单命令 "File" → "Convert Programming Files"，弹出如图 1-7-4 所示的对话框。

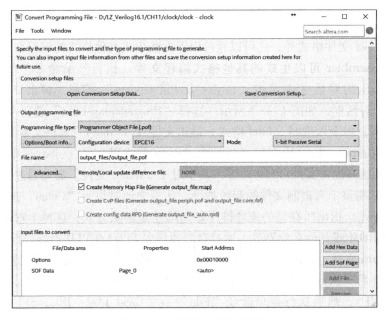

图 1-7-4　编程文件格式转换

☺ Output programming file：设定输出编程文件格式，有原编程数据文件（.rpt），用于 EPCE16 的 HEXOUT 文件，用于本地更新的 SRAM、POF 文件或用于远程更新的二进制文件和表格文件等。

☺ Configuration device：设置 EPROM 器件系列，"Mode" 栏用于设置器件配置模式。

☺ Options/Boot info…：设置 JTAG 用户和配置时钟频率等。

☺ Save Conversion Setup：将指定的设置保存为转换设置文件（.cof）。

☺ Open Conversion Setup Data：打开保存的转换设置文件。

☺ Input files to convert：添加要转换的输入文件。添加的文件也可以删除，或调整其前后顺序。

2. 器件编程和配置

生成编程文件后，即可对器件进行编程和配置，以便进行板级调试。编程器（Programmer）允许建立包含设计所用器件名称和选项的链式描述文件（.cdf）。对于允许对多器件进行编程和配置的一些编程模式，CDF 还指定了 SOF、POF、Jam 文件和设计所用器件的自顶向下顺序及链中器件的顺序。器件编程和配置操作步骤如下所述。

（1）执行菜单命令"Tools"→"Programmer"，弹出器件编程和配置对话框，如图 1-7-5 所示。

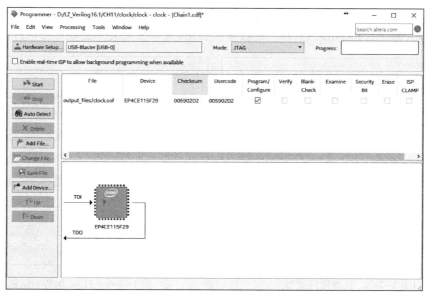

图 1-7-5　器件编程和配置对话框

（2）单击"Hardware Setup"按钮，弹出"Hardware Setup"对话框，如图 1-7-6 所示。

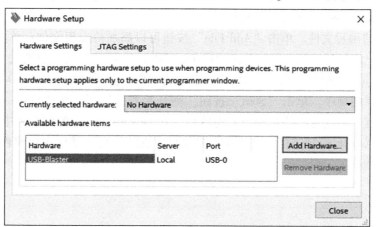

图 1-7-6　"Hardware Setup"对话框

☺ 在"Hardware Settings"选项卡中可以根据使用的编程硬件来设置硬件类型。单击"Add Hardware"按钮可以添加编程硬件类型。按图 1-7-7 所示选择好硬件设置后，单击"OK"按钮，选中的硬件类型就显示在可用硬件列表中。双击要选中的硬件类型后，此硬件类型就显示在"Currently selected hardware"栏中，表示选择这个硬件类型来编程，如图 1-7-8 所示。单击"Remove Hardware"按钮，可以在硬件类型列表中删除所选中的硬件类型。

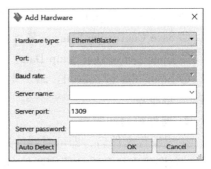

图 1-7-7　编程硬件类型选择

☺ 在"JTAG Settings"选项卡中可设置 JTAG 服务器以进行远程编程，如图 1-7-9 所示。单击"Add Server"按钮，可以添加可联机访问的远程 JTAG 服务器。单击"Configure Local JTAG Server"按钮可以配置本地 JTAG 服务器，选择允许远程客户段链接。单击"Remove Server"按钮可在 JTAG 服务器列表中删除所选中的服务器。

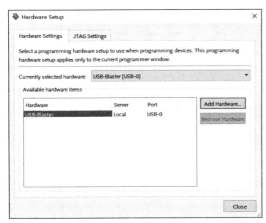

图 1-7-8　选择硬件类型

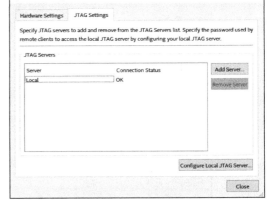

图 1-7-9　JTAG 编程对话框

　　（3）完成编程硬件设置后，返回如图 1-7-5 所示的编程界面。在"Mode"栏中选择相应的编程模式，如被动串行模式（Passive Serial）、JTAG 模式、主动串行编程模式（Active Serial programming）或 In-Socket 编程模式。

　　（4）添加待编程文件。单击"Add File"按钮可以添加待编程文件；单击"Delete"按钮，可以删除已添加的编程文件；单击"Change File…"按钮，可以更改选中的编程文件；单击"Add Device"按钮，可以添加用户自定义的器件；使用"Up"和"Down"按钮，可以更改编程文件的顺序。单击"Start"按钮，则开始器件编程。在"Process"的进度条中显示编程的进度，中途可以停止编译。完成后，在 Quartus Prime 的信息栏中显示器件加载的 JTAG USER CODE 检测信息，以及成功编程和配置的信息。器件成功编程和配置后，就可以进行板级调试了。

第2章 Quartus Prime 的使用

2.1 原理图和图表模块编辑

Quartus Prime 原理图编辑器既可以编辑图表模块，又可以编辑原理图。图表模块编辑是自顶向下设计的主要方法，关于自顶向下的设计方法将在 2.4 节详细论述；而原理图编辑是传统的设计方法，主要是符号的引入与线的连接。Quartus Prime 软件中已包含常用的逻辑函数。在该编辑器中，以符号引入的方式将所需的逻辑函数引入，各设计电路的信号输入引脚与信号输出引脚也需要以符号的方式引入。共有 3 个不同的目录分别存放不同种类的逻辑函数文件。

1. 内附逻辑函数

内附逻辑函数均存放在 \intelFPGA \16.1 \quartus \libraries \的子目录下，分为 design_assistant、megafunctions、others、primitives 和 vhdl。

1）基本逻辑函数（Primitives） 基本逻辑函数都存放在 \intelFPGA \16.1 \quartus \libraries\primitives\的子目录下，分为 buffer、logic、other、pin、storage 五类，如图 2-1-1 所示。其中，buffer 类包含 alt_inbuf、alt_outbuf、wire 等缓冲逻辑单元；logic 类包含 and、or、xor 等基本逻辑单元；other 类包含 vcc、gnd 等；pin 类包含 input、output 等符号；storage 类包含 dff、tff 等存储单元。

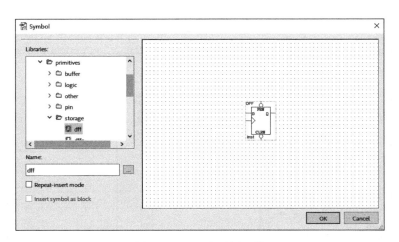

图 2-1-1 基本逻辑函数

2）参数式函数（Megafunctions） 参数式函数也称可参数化宏模块，包括 LPM（Library of Parameterized Modules）函数、MegaCore 函数和 AMPP 函数。这些函数经过严格的测试和优化，用户可以自由设定其功能参数，以适应不同的应用场合。这些函数都放

在 \ intelFPGA \ 16. 1 \ quartus \ libraries \ megafunctions \ 的子目录下，包含 IO、arithmetic、gates、storage 四类，如图 2-1-2 所示。IO 类包括时钟数据恢复（CDR）、锁相环（PLL）、双数据速率（DDR）、千兆位收/发器（GXB）、LVDS 接收器和发送器、PLL 重新配置和远程更新宏模块；arithmetic 类包括累加器、加法器、乘法器和 LPM 算数函数；gates 类包括多路复用器和 LPM 门函数；storage 类包括存储器、移位寄存器宏模块和 LPM 存储器函数。关于参数式函数，可参考菜单"Help"→"Megafunctions/LPM"中的说明。

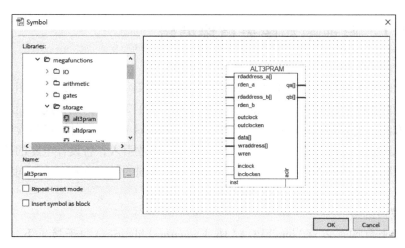

图 2-1-2　参数式函数

3）其他函数（Others）　其他函数收集了 MAX+Plus II 所有的旧式函数（Old-Style Macrofunctions）及 Opencore_plus。这些函数存放在 \intelFPGA\16.1\quartus\libraries\others\ 的子目录下，如图 2-1-3 所示。其中，MAX+Plus II 旧式函数包括很多常用的逻辑电路，如 161mux、7400、7496 等。这些逻辑函数可以直接运用在原理图的设计上，可以简化许多设计的工作。

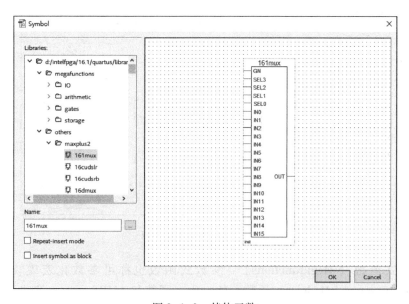

图 2-1-3　其他函数

2. 编辑规则

1）脚位名称　脚位的命名可用英文字母的大写 A ～ Z 或小写 a ～ z，阿拉伯数字 0 ～ 9，或者一些特殊符号"/"、"_"、"-"等。例如，"ab"、"a/b"、"a1"、"a_1"等都可以命名。但是要注意的是，名称所包含的字母长度不可以超过 32 个字符，而英文的大小写的意义是相同的，即"abc"与"aBc"代表相同的脚位名称。另外，在同一个设计文件中不能有重复的脚位名称。I/O 脚位如图 2-1-4 所示。

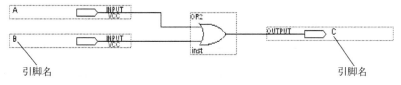

图 2-1-4　I/O 脚位

2）节点名称　节点（Node）在图形编辑窗口是一条直线，如图 2-1-5 所示。它是负责不同逻辑器件间传送信号的标志。其命名方法是，选中要添加节点的直线，单击鼠标右键，从弹出的菜单中选择"properties"选项，出现如图 2-1-6 所示的对话框。在"General"选项卡的"Name"栏中添加节点名称。其命名规则与脚位名称相同，如"ab"、"a/b"、"a1"、"a_1"等都是合法的节点名称。在 Quartus Prime 中，只要器件连接线的节点名称相同，就会被默认为是连接的。

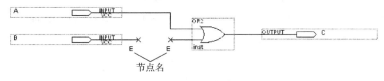

图 2-1-5　节点

图 2-1-6　节点属性对话框

3）总线名称　总线（Bus）在图形编辑窗口是一条粗线，如图 2-1-7 所示。一条总线代表很多节点的组合，也可以同时传递多种信号，最少代表 2 个节点的组合，最多代表 256 个节点。总线命名的方法与节点的相同，但是总线名称的命名规则与脚位名称和节点名称有很大不同，必须在名称的后面加上"[a..b]"表示一条总线内所包含的节点编号，其中"a"和"b"必须是整数，但谁大谁小均可，并无原则性规定，如图 2-1-8 所示。例如，A[3..0]、B[2..4]、C[4..2][2..3]。其中，A[3..0]代表 A3、A2、A1、A0（或者写成 A[3]、A[2]、A[1]、A[0]）4 个节点；B[2..4]代表 B2、B3、B4（或者写成 B[2]、B[3]、B[4]）3 个节点；C[4..2][2..3]较为复杂，代表 6 个节点，分别是 C4_2、C4_3、C3_2、C3_3、C2_2 和 C2_3（或者写成 C[4][2]、C[4][3]、C[3][2]、C[3][3]、C[2][2] 和 C[2][3]）。

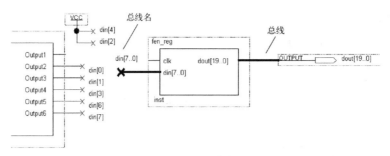

图 2-1-7　总线

图 2-1-8　总线属性对话框

4）文件名称　原理图和图表模块设计的文件名称，其长度不超过 32 个字，而扩展名 ".bdf" 并不包含在这 32 个字的限制内，如图 2-1-9 所示。

5）工程名称　工程名称必须与顶层实体的名称相同，如图 2-1-10 所示。

图 2-1-9　文件名称

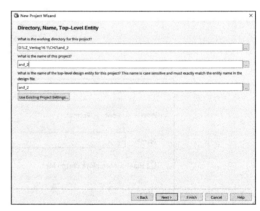

图 2-1-10　工程名称

3. 原理图和图表模块编辑工具

在编辑原理图和图表模块时所用到的工具（图标）如图 2-1-11 所示。熟悉这些工具的基本性能，可以大幅度提高设计速度。

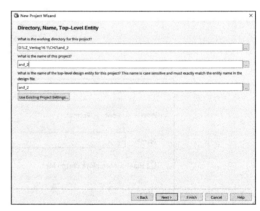

图 2-1-11　编辑工具

☺ **分离窗口工具** 🖼：单击此图标可将当前窗口与 Quartus Prime 主窗口分离。

☺ **选择工具** ▶：可以选取、移动、复制对象，这是最基本且常用的功能。

☺ **放大/缩小工具** 🔍：用于放大或缩小原理图。选中此项后，单击鼠标左键为放大，单击鼠标右键为缩小。

☺ 页面拖动工具 ：用于原理图纸页面的拖动。

☺ 文字工具 **A**：文字编辑工具，通常在制定名称或批注时使用。

☺ 符号工具 ：用于添加工程中所需的各种原理图函数和符号。

☺ 引脚工具 ：用于快速放置输入、输出引脚以及输入/输出双向引脚。

☺ 图标模块工具 ：添加一个图标模块，用户可定义其输入和输出及一些相关参数，用于自顶向下的设计。

☺ 正交节点工具 ：可以绘制垂直和水平的连线，同时可以定义节点名称。

☺ 正交总线工具 ：可以绘制垂直和水平的总线。

☺ 正交管道工具 ：用于模块之间的垂直连接和映射。

☺ 对角节点工具 ：可以绘制斜线方向的连线，同时可以定义节点名称。

☺ 对角总线工具 ：可以绘制斜线方向的总线。

☺ 对角总线工具 ：用于模块之间的对角连接和映射。

☺ 绘图工具 、 、 和 ：分别为绘制矩形、圆形、直线和弧线的工具。

☺ 部分线选择工具 ：选中此项后，可以选择局部连线。

☺ 橡皮筋工具 ：选中此项后，当移动图形元件时，脚位与连线不断开。

☺ 元器件翻转工具 ：用于元器件的翻转，包括水平翻转、垂直翻转和 90° 的逆时针翻转。

4. 原理图编辑流程

下面用一个简单的例子来展示原理图编辑流程。

1）建立新的工程

（1）指定工程名称：执行菜单命令 "File" → "New Project Wizard..."，弹出如图 2-1-12 所示的对话框，在此对话框中从上向下分别输入新工程的文件夹名、工程名和顶层实体的名字（注意：工程名要和顶层实体的名字相同）。在此例中，建立的工程名称为 "and_2"。

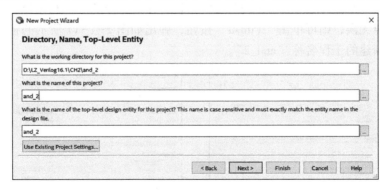

图 2-1-12　指定工程的基本信息

（2）选择需要加入的文件和库：在图 2-1-12 所示对话框中单击 "Next" 按钮（如果文件夹不存在，则系统会提示用户是否创建该文件夹，单击 "Yes" 按钮后会自动建立），弹出工程类型窗口，用于选择工程模板，这里选择 "Empty project"。单击 "Next" 按钮后弹出如图 2-1-13 所示对话框。如果此设计包括其他设计文件，则可以在 "File name" 菜单中选择文件，或者单击 "Add All" 按钮加入在该目录下的所有文件。本例中没有需要添加的文件，直接单击"Next"按钮即可。如果需要用户自定义的库，则单击"User Libraries"按钮来选择，在本例中没有需要添加的文件和库，可以不选。

（3）选择目标器件：在图 2-1-13 所示对话框中单击"Next"按钮后会出现如图 2-1-14 所示的对话框，用来选择目标器件。在"Target device"区域选中"Auto device selected by the Fitter"选项，则系统会自动给所设计的文件分配一个器件；如果选中"Specific device selected in 'Available device' list"选项，用户就要指定目标器件。在右侧的"Show in 'Available device' list"区域中可以选择器件的封装类型（Package）、引脚数量（Pin count）和速度等级（Core Speed grade），以便快速查找用户要指定的器件。

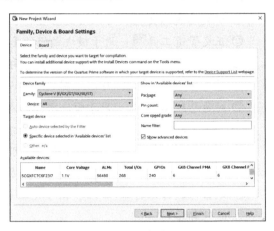

图 2-1-13　添加文件　　　　　　　图 2-1-14　器件类型设置

（4）选择第三方 EDA 工具：在图 2-1-14 所示对话框中单击"Next"按钮，进入第三方工具选择对话框，如图 2-1-15 所示。用户可以选择所用到的第三方工具（如 ModleSim、Synplify 等），在本例中仿真后台调用 ModelSim-Altera。

（5）结束设置：在图 2-1-15 所示对话框中单击"Next"按钮，进入工程信息概要对话框，如图 2-1-16 所示。在此可以看到建立的工程名称、选择的器件和选择的第三方工具等信息；如果信息无误，则可单击"Finish"按钮，弹出如图 2-1-17 所示的窗口，在资源管理窗口会看到新建的工程名称"and_2"。

图 2-1-15　第三方工具选择对话框

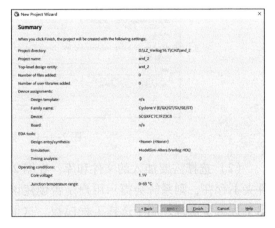

图 2-1-16　工程信息概要对话框

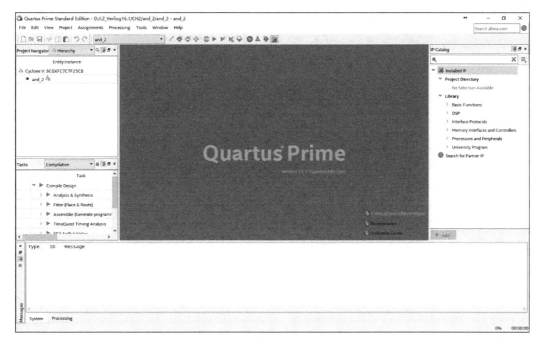

图 2-1-17　完成工程配置后的窗口

2）建立文件　在图 2-1-17 中，执行菜单命令 "File" → "New"，或者按快捷键 "Ctrl" + "N"，弹出 "New" 对话框，如图 2-1-18 所示。在该对话框中，"Design Files" 选项下共有 9 种编辑方式，分别对应不同的编辑器。本例中选择原理图/图表模块文件。双击 "Block Diagram/Schematic File" 选项（或者选中该项后单击 "OK" 按钮）后，出现图形编辑窗口，如图 2-1-19 所示。在此可以看到窗口左侧的垂直工具栏为绘图工具栏。

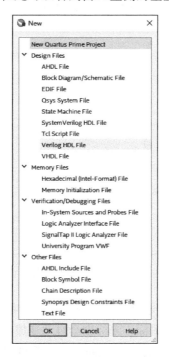

图 2-1-18　"New" 对话框

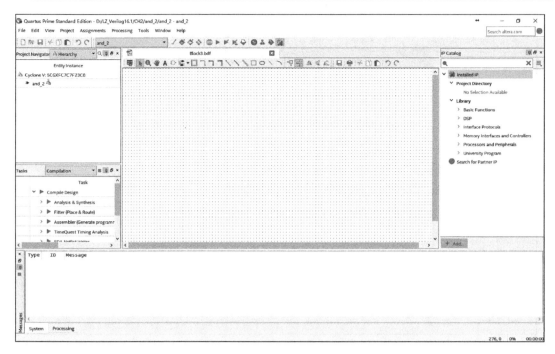

图 2-1-19　图形编辑窗口

3）放置元件符号　在图形编辑窗口的空白处双击鼠标左键，或者在编辑工具栏单击 ⊡ 图标，会弹出如图 2-1-20 所示的电路符号选择窗口。依次选择"primitives"→"Logic"→"and2"（或者在"Name"栏中输入"and2"）后，单击"OK"按钮，可以看到光标上黏着被选中的符号，将其移动到合适的位置，如图 2-1-21 所示。同理，在图中放置两个"input"符号和一个"output"符号，如图 2-1-22 所示。

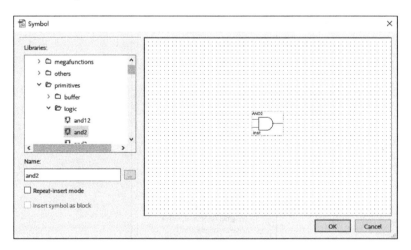

图 2-1-20　电路符号选择窗口

4）连接各元器件并命名　将光标移到"input"符号右侧，待变成十字形光标时按下鼠标左键（或者单击工具栏中的 ⊓ 图标，光标则会自动变成十字形的连线的状态），再移动光标到与门符号的左侧，待连接点上出现蓝色的小方块后再释放鼠标左键，即可看到"input"

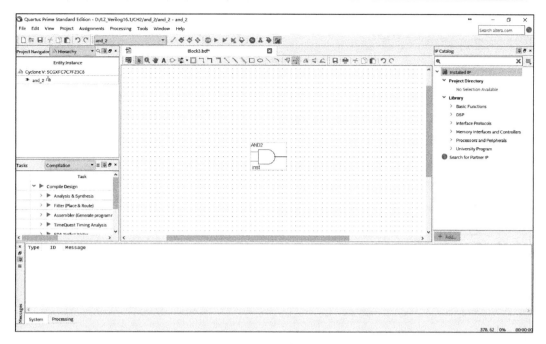

图 2-1-21　摆放与门符号

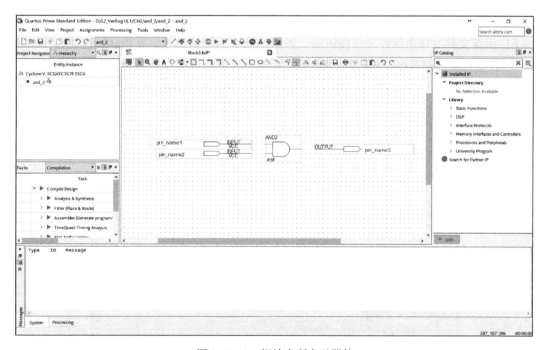

图 2-1-22　摆放完所有元器件

符号和与门符号之间生成了一条连线。重复上述方法，将另一个"input"符号和"output"符号与与门连接起来。双击其中一个 input_name 使其衬底变黑后，再输入"A"（或者双击"input"符号出现"Pin Properties"对话框，在"Pin name"栏中输入"A"）。用相同的方法将另一个输入信号命名为"B"，输出信号命名为"C"，如图 2-1-23 所示。

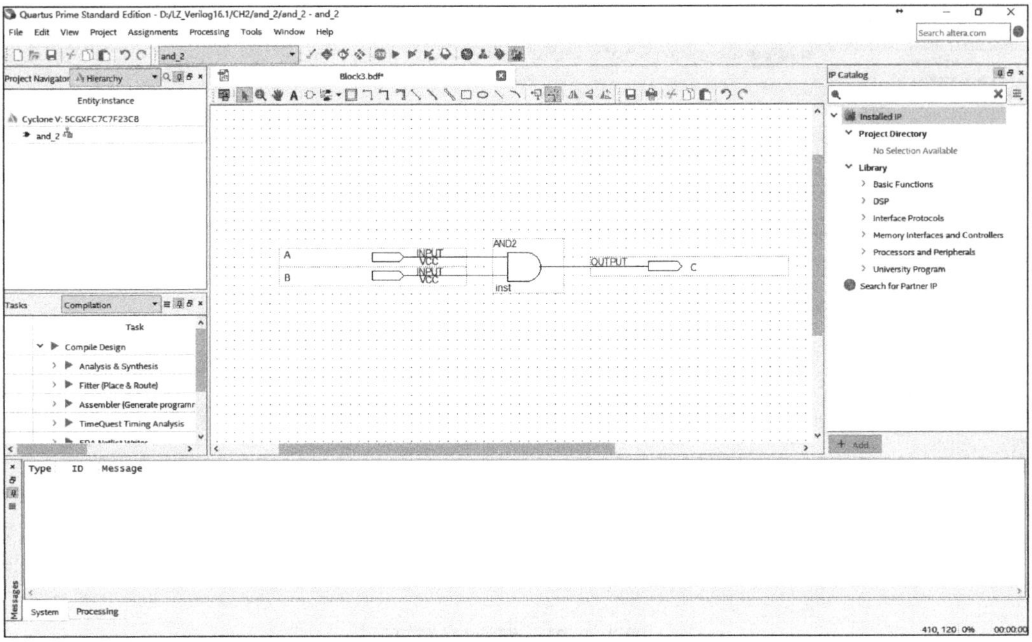

图 2-1-23 连接电路

5）保存文件 单击保存文件按钮，弹出“另存为”对话框。在默认情况下，“文件名（N）”栏中为工程的名称“and_2”，单击“保存”按钮即可保存该设计文件，如图 2-1-24 所示。

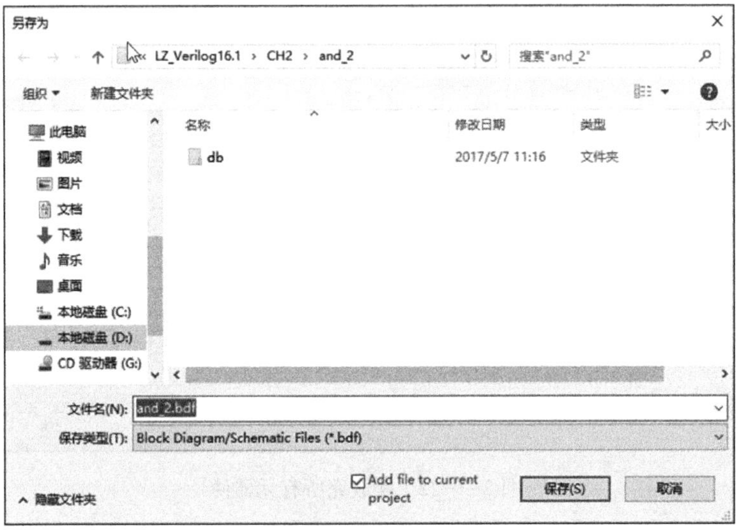

图 2-1-24 保存设计文件

6）编译工程 单击水平工具栏上的编译按钮▶，则开始编译，编译完成后的结果如图 2-1-25 所示。在该图中显示了编译时的各种信息，其中包括警告和出错信息。如果有错，则应根据提示做相应的修改，并重新编译，直到没有错误提示为止。

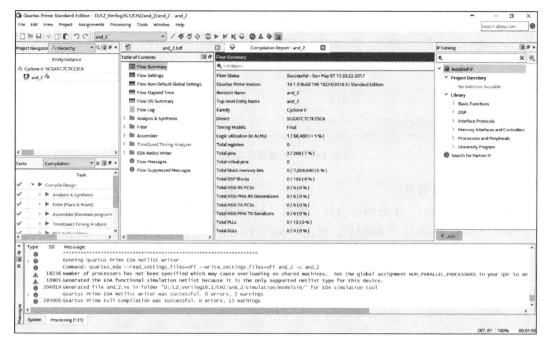

图 2-1-25　编译结果

7）建立矢量波形文件　执行菜单命令"File"→"New"，弹出"New"对话框，如图 2-1-26 所示。选择"Verification/Debugging Files"（验证和调试文件）选项，然后选择"University Program VWF"选项，单击"OK"按钮，弹出如图 2-1-27 所示的矢量波形编辑窗口。

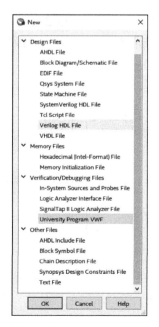

图 2-1-26　"New"对话框

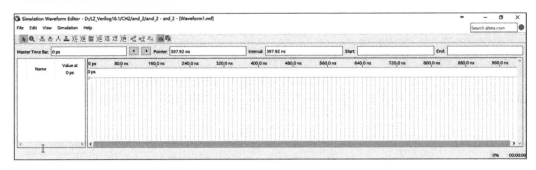

图 2-1-27　矢量波形编辑窗口

8）添加引脚或节点

（1）双击"Name"下方的空白处，弹出"Insert Nod or Bus"对话框，如图 2-1-28 所示。单击"Node Finder…"按钮后，弹出"Node Finder"对话框，如图 2-1-29 所示。

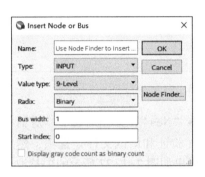

图 2-1-28　"Insert Node or Bus"对话框

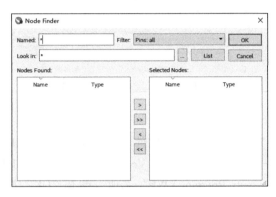

图 2-1-29　"Node Finder"对话框

（2）单击"List"按钮，列出 I/O 节点，如图 2-1-30 所示。

（3）单击">>"按钮，则将所有看到的 I/O 节点都复制到右侧（可以只选中其中的一部分，应根据情况而定），如图 2-1-31 所示。

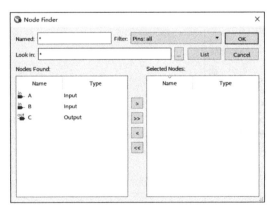

图 2-1-30　列出 I/O 节点

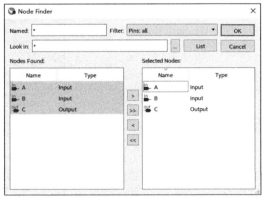

图 2-1-31　选择 I/O 节点

（4）单击"OK"按钮，再次出现"Insert Nod or Bus"对话框，但在"Name"和"Type"栏中出现了"Multiple Items"，如图 2-1-32 所示。

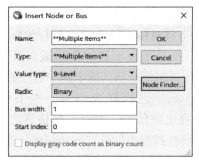

图 2-1-32　"Insert Node or Bus" 对话框

（5）单击"OK"按钮，将选中的 I/O 节点添加到矢量波形编辑窗口中，如图 2-1-33 所示。

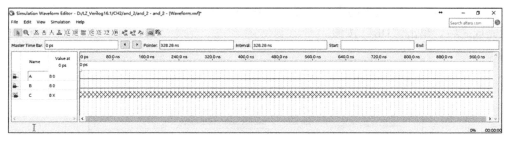

图 2-1-33　添加节点后的矢量波形编辑窗口

9）编辑输入信号并保存文件　单击"Name"下方的"A"，即选中该行的波形。在本例中，将输入信号"A"设置为时钟信号。单击工具栏中的按钮，弹出"Clock"对话框，在其中设置信号的周期、相位和占空比，然后单击"OK"按钮。同理，设置输入信号"B"，最后单击"File"菜单中的保存文件图标，并根据提示完成保存工作，如图 2-1-34 所示。

图 2-1-34　编辑输入信号

10）仿真　在向实验平台上的 FPGA 芯片导入所设计的电路前，最好对其进行仿真，以检测其正确性。使用 ModelSim 工具对所设计电路进行行为级仿真，在电路仿真之前必须先创建必要的波形，这些代表输入信号的波形被称为测试矢量（test vectors）。仿真中同时也有必要指定输出信号，以及设计者期望观测到的电路中的一些可能的内部信号。

Quartus Prime 可以与 ModelSim 进行联合仿真，本书中采用 Quartus Prime 软件对 ModelSim 进行后台的调用来仿真电路信号。所以，在仿真之前，需要安装 ModelSim 软件，其安装步骤是在 Quartus Prime 安装过程中勾选"modelsim"选项即可同步安装。而且这个版本的 ModelSim 不需要破解就可以使用，能够仿真 1 万行可执行代码，满足了大部分用户的需求。安装完毕之后，需要在 Quartus Prime 软件中进行相应的设置，以方便后续仿真的调用。执行菜单命令"Tools"→"Options"，弹出如图 2-1-35 所示的选项窗口。再在"General"类下单击"EDA Tool Options"，对 ModelSim 进行路径设置，其目标路径就是 model-sim. exe 所在的文件夹，这里的安装路径是"D：\intelFPGA\16. 1\modelsim_ase\win32aloem"。设置完成之后，单击"OK"按钮。

图 2-1-35　ModelSim 路径设置

仿真分为功能仿真和时序仿真，又分别称为前仿真和后仿真。功能仿真是忽略延时后的仿真，是理想状态下的仿真；而时序仿真则是加上了一些延时的仿真，是最接近于实际的仿真。通常在设计中，应首先做功能仿真来验证逻辑的正确性，然后做时序仿真来验证时序是否符合要求。

（1）**功能仿真**：在"Simulation Waveform Editor"窗口上，执行命令"Simulation"→"Run Fuctional Simulation"，或者单击 🔧 图标运行仿真。在仿真过程中，Quartus Prime 软件会显示仿真过程信息（如图 2-1-36 所示），直到提示成功完成仿真，并生成一个如图 2-1-37 所示的仿真结果。

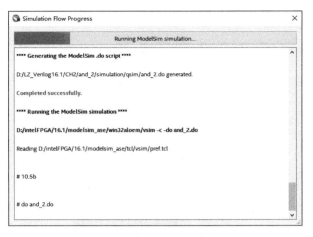

图 2-1-36　仿真过程信息

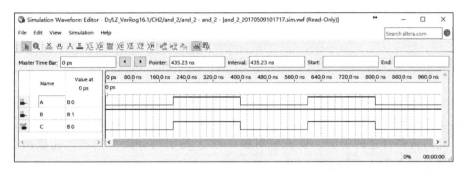

图 2-1-37　功能仿真结果

（2）时序仿真：在验证了所设计的电路在功能上是正确的之后，接下来就将进行时序仿真来验证电路在实际导入所选择的 FPGA 器件后的性能。同样，在"Simulation Waveform Editor"窗口上，执行命令"Simulation"→"Run Timing Simulation"，或者单击 图标运行仿真，此时会产生如图 2-1-38 所示的波形。可见，在输入信号 A 和 B 的逻辑值发生变化时，输出信号 C 在发生变化时会产生延时，这主要是由逻辑器件中的延时和 FPGA 器件中的内部连接所造成的。

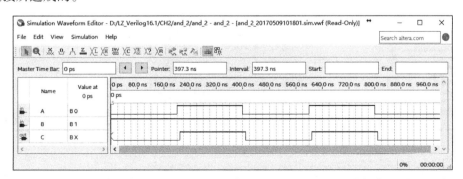

图 2-1-38　时序仿真波形

11）引脚分配　引脚分配是为了能对所设计的工程进行硬件测试，将 I/O 信号锁定在器件确定的引脚上。执行菜单命令"Assignments"→"Pin Planner"，或者单击工具栏中的 图标，弹出如图 2-1-39 所示的对话框，在其下方列表中会出现本工程所有的 I/O 引脚名。

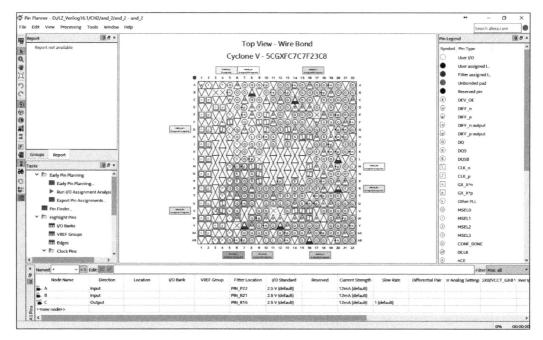

图 2-1-39　选择要分配的引脚

在图 2-1-39 中，双击与输入端"A"处于同一行的"Location"选项后，会弹出引脚列表，此时选择合适的引脚，就完成对输入端 A 的引脚分配。同理，完成所有引脚的分配，其结果如图 2-1-40 所示。

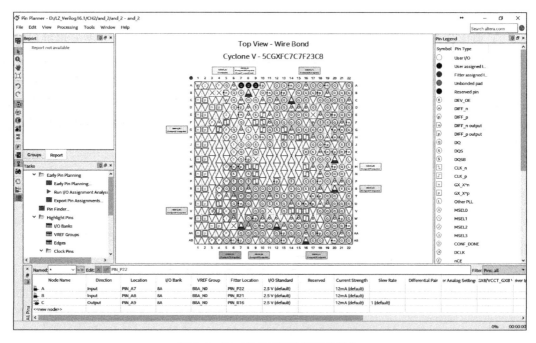

图 2-1-40　完成引脚分配后的结果

12）下载验证　下载验证是将本次设计所生成的文件通过计算机下载到实验箱里，以验证此次设计是否符合要求。下载验证大体上分为以下 4 个步骤。

（1）编译：分配完引脚后，必须再次编译才能存储这些引脚锁定的信息。单击编译图标 ► 后，如果编译器件由于引脚的多重功能而出现，需要执行菜单命令"Assignments"→"Device"，弹出如图 2-1-41 所示的对话框。在该对话框中单击"Device and Pin Options…"按钮后，弹出如图 2-1-42 所示的对话框，在"Dual-Purpose Pins"选项卡下进行设置。还可以根据需要更改其他参数来优化器件的各种参数设置。

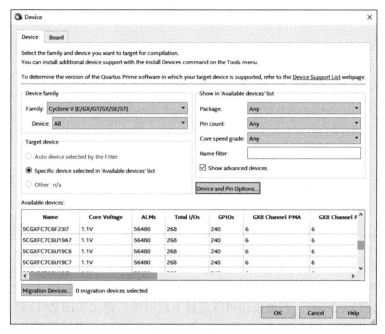

图 2-1-41　器件设置对话框

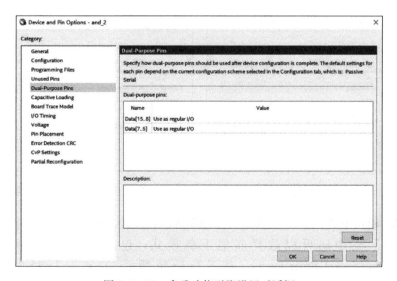

图 2-1-42　多重功能引脚设置对话框

（2）配置下载电缆：执行菜单命令"Tools"→"Programmer"，或者直接单击工具栏上的图标 ，弹出如图 2-1-43 所示的下载窗口。

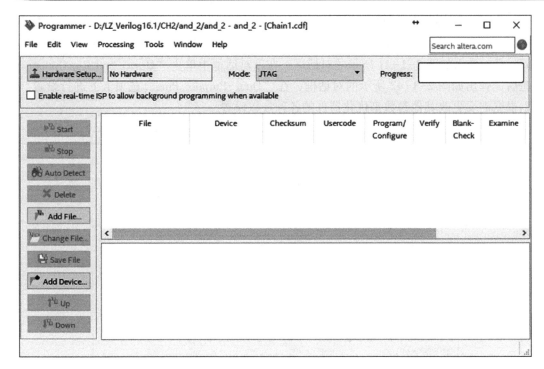

图 2-1-43　未经过配置的下载窗口

在图 2-1-43 中单击"Hardware Setup"按钮来设置编程器，如图 2-1-44 所示。单击"Currently selected hardware"右侧按钮可以选择下载电缆，弹出如图 2-1-45 所示的对话框。在其中选择"USB-Blaster[USB-0]"后，单击"Close"按钮，完成下载电缆配置。一般情况下，如果不更换下载电缆，一次配置就可以长期使用了，并不需要每次都设置。

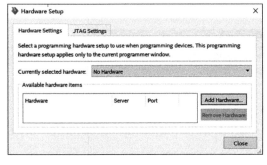

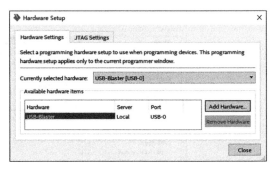

图 2-1-44　设置编程器对话框　　　　　　　图 2-1-45　选择下载电缆对话框

（3）JTAG 模式下载：JTAG 模式是软件的默认下载模式，相应的下载文件为".sof"格式。在"Mode"栏中还可以选择其他下载模式，包括 Passive Serial、Active Serial Programming 和 In-Socket Programming，如图 2-1-46 所示。在图 2-1-46 中勾选下载文件"and_2.sof"右侧的第一个小方框，也可以根据需要勾选其他的小方框。将下载电缆连接好后，单击"Start"按钮，计算机就开始下载编程文件。开始下载后，屏幕上的进度条自左向右移动，并用百分数表示下载进度。下载完成后，该工程的下载过程就完成了，此时的下载窗口如图 2-1-47 所示。可通过观察实验箱来验证此次工程设计的正确性。

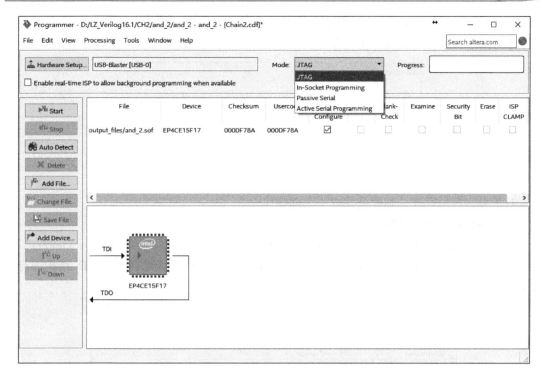

图 2-1-46　下载模式

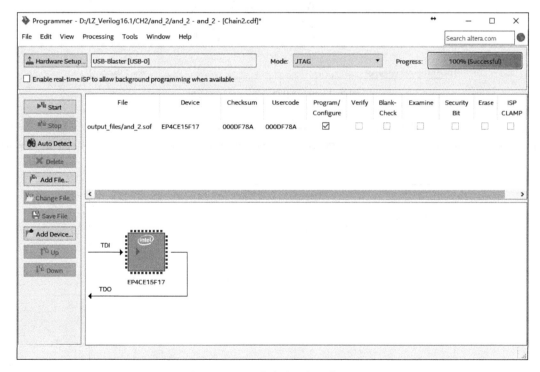

图 2-1-47　下载完成后的下载窗口

（4）Active Serial 模式下载：Active Serial 模式的下载文件为".pof"格式。在"Mode"栏中选择"Active Serial Programming"后，出现如图 2-1-48 所示的更换文件提示框，单击

"是"按钮后，在"Add File"选项里添加下载文件"and_2. pof"，勾选下载文件右侧的第一个小方框后，单击"Start"按钮即可。

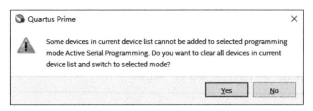

图 2-1-48   更换文件提示框

对于大多数的设计，到此就完成了全部操作。

5. Quartus Prime 常用的 3 个功能

（1）使用 RTL Viewer 分析综合结果：执行菜单命令"Tools"→"Netlist Viewers"→"RTL Viewer"，会出现如图 2-1-49 所示的对话框，在此可以看到综合后的 RTL 结构图与原理图相同。

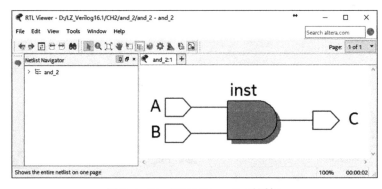

图 2-1-49   "RTL Viewer"对话框

（2）使用 Technology Map Viewer 分析综合结果：执行菜单命令"Tools"→"Netlist Viewers"→"Technology Map Viewer"，弹出"Technology Map Viewer"对话框，如图 2-1-50 所示。

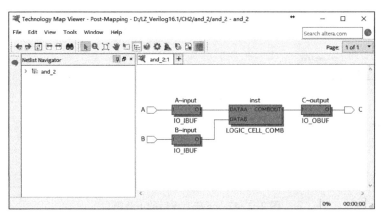

图 2-1-50   "Technology Map Viewer"对话框

（3）创建图元：执行菜单命令"File"→"Create/Update"→"Create Symbol Files for Current File"，生成".bsf"格式的图元文件，如图 2-1-51 所示。可以看出，生成的是只有

输入和输出的元器件。在原理图编辑窗口单击按钮，可以看到在"Project"栏中出现已经生成的元器件 and_2，如图 2-1-52 所示。在以后的原理图设计中，可以将其作为一个模块直接调用。

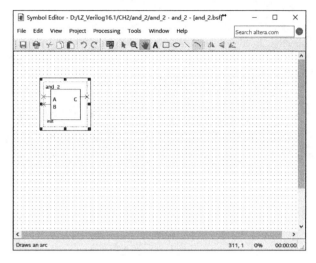

图 2-1-51　生成的图元文件

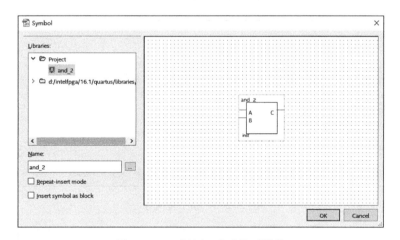

图 2-1-52　调用已生成的元器件

2.2　文本编辑

文本编辑的流程与原理图编辑的流程大体相同，具体如下所述。

1. 建立新工程

1）指定工程名称　如图 2-2-1 所示，执行菜单命令"File"→"New Project Wizard…"后出现如图 2-2-2 所示的向导对话框。单击"Next"按钮后弹出如图 2-2-3 所示的对话框，在此对话框中，从上向下分别输入新工程的文件夹名、工程名和顶层实体的名字（注意：工程名要和顶层实体的名字相同）。在此例中，建立的工程名称为"select_2"。

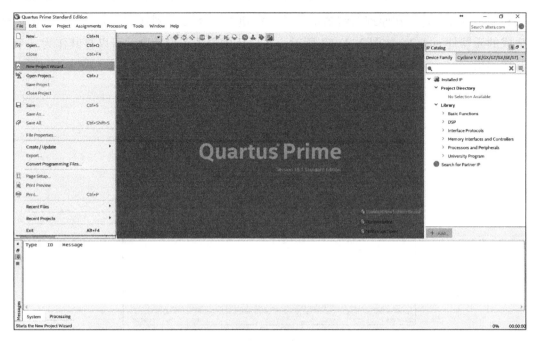

图 2-2-1　建立新工程

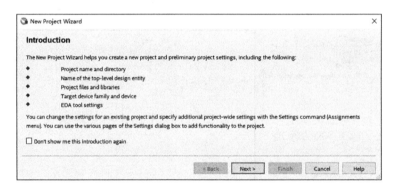

图 2-2-2　新工程向导

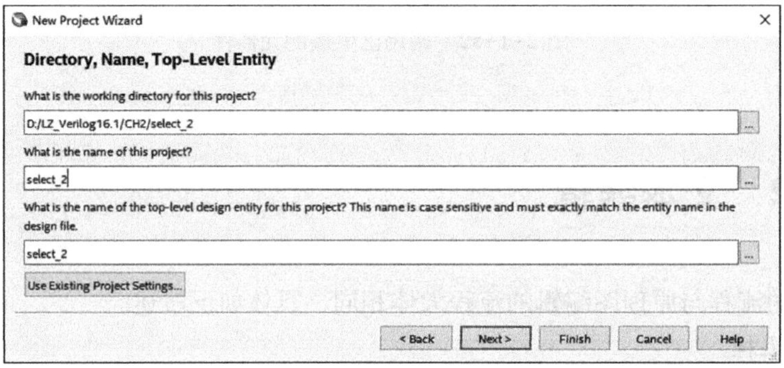

图 2-2-3　指定工程的基本信息

2）选择需要加入的文件和库　单击"Next"按钮（如果文件夹不存在，则系统会提示用户是否创建该文件夹，选择"Yes"按钮后会自动建立），出现如图 2-2-4 所示的对话框，在其中选择要用到的工程模板类型，这里选择空的工程。单击"Next"按钮后出现如图 2-2-5 所示的对话框，如果此设计包括其他设计文件，可以在"File name"栏中选择文件，或者单击"Add All"按钮加入该目录下的所有文件。本例中没有需要添加的文件，直接单击"Next"按钮即可。如果需要用户自定义的库，则单击"User Libraries"按钮来选择。在本例中没有需要添加的文件和库，可以不选。

图 2-2-4　选择工程模板类型对话框　　　　　　　　图 2-2-5　添加文件对话框

3）选择目标器件　单击"Next"按钮，出现如图 2-2-6 所示的对话框，在此可以选择目标器件。在"Target device"区域选中"Auto device selected by the Fitter"选项，系统会自动给所设计的文件分配一个器件；如果选中"Specific device selected in 'Available device' list"选项，用户需指定目标器件。在右侧的"Show in 'Available devices' list"区域可以选择器件的封装类型（Package）、引脚数量（Pin count）和速度等级（Core speed grade），以便快速查找用户需要指定的器件。

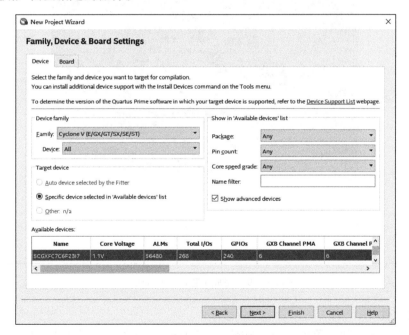

图 2-2-6　器件类型设置

4）选择第三方 EDA 工具　单击"Next"按钮，弹出第三方工具选择对话框，如图 2-2-7 所示。用户可以选择所用到的第三方工具，如 ModleSim、Synplify 等。在本例中仿真使用的是 ModelSim-Altera，使用的语言是 Verilog。

5）结束设置 单击"Next"按钮，弹出工程信息概要窗口，如图 2-2-8 所示。在此可以看到已建立的工程名称，已选择的器件和第三方工具等信息；如果信息无误，则可单击"Finish"按钮，出现如图 2-2-9 所示的窗口，在资源管理窗口会看到新建的工程名称"select_2"。

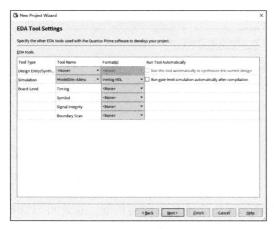

图 2-2-7　第三方工具选择对话框　　　　　　　图 2-2-8　工程信息概要窗口

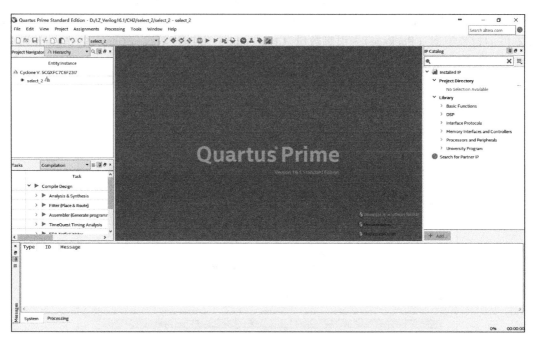

图 2-2-9　完成工程配置后的窗口

2. 建立文件

在图 2-2-9 中，执行菜单命令"File"→"New"，或者用快捷键"Ctrl"+"N"，弹出"New"对话框，如图 2-2-10 所示。选择"Design Files"→"Verilog HDL File"选项，单击"OK"按钮，打开 Verilog HDL 文本编辑窗口，如图 2-2-11 所示。

图 2-2-10　"New"对话框

图 2-2-11　Verilog HDL 文本编辑窗口

3. 输入代码

在 Verilog HDL 文本编辑窗口中输入代码，如图 2-2-12 所示。

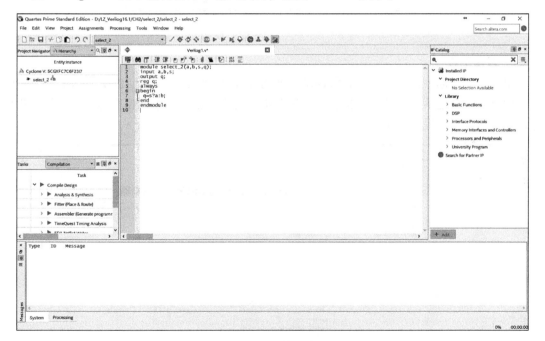

图 2-2-12　输入代码

为了方便输入，下面给出 select_2 的源代码：

```
module select_2(a,b,s,q);
input a,b,s;
output q;
reg q;
always
begin
```

```
        q=s?a:b;
    end
endmodule
```

4. 保存文件

单击保存文件图标，弹出"另存为"对话框，如图 2-2-13 所示。在默认情况下，"文件名(N)"栏中为工程的名称"select_2"，单击"保存"按钮即可保存文件。

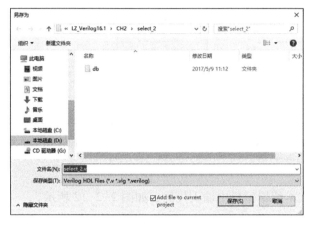

图 2-2-13 "另存为"对话框

5. 编译工程

单击编译图标▶，开始编译，编译结果如图 2-2-14 所示。在该窗口中显示了编译时的各种信息，其中包括警告和出错信息。如果有错，则应根据提示进行相应的修改，并重新编译，直到没有错误提示为止。

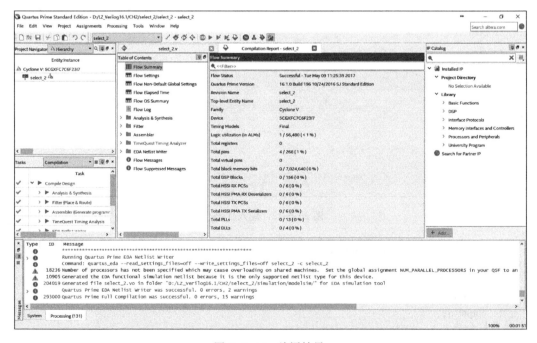

图 2-2-14 编译结果

6. 建立矢量波形文件

执行菜单命令"File"→"New"，弹出"New"对话框，选择"University Program VWF"选项，如图 2-2-15 所示。单击"OK"按钮，弹出矢量波形编辑窗口，如图 2-2-16 所示。

图 2-2-15　建立矢量
波形文件

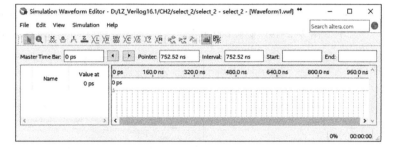

图 2-2-16　矢量波形编辑窗口

7. 添加引脚或节点

（1）在矢量波形编辑窗口中双击"Name"下方的空白处，弹出"Insert Nod or Bus"对话框，如图 2-2-17 所示。单击"Node Finder…"按钮，弹出"Node Finder"对话框，如图 2-2-18 所示。

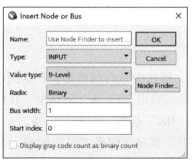

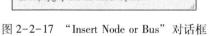

图 2-2-17　"Insert Node or Bus"对话框

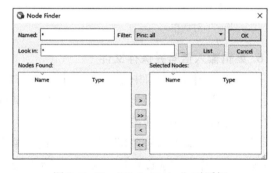

图 2-2-18　"Node Finder"对话框

（2）单击"List"按钮，在"Nodes Found"栏中会出现设计中的引脚号，如图 2-2-19 所示。

（3）单击">>"按钮，将所有 I/O 节点复制到右侧"Selected Nodes"栏中（也可以只选中其中的一部分，根据情况而定），如图 2-2-20 所示。

（4）单击"OK"按钮，返回"Insert Nod or Bus"对话框，此时在"Name"栏和"Type"栏中出现了"Multiple Items"，如图 2-2-21 所示。

（5）单击"OK"按钮，将选中的 I/O 节点添加到矢量波形编辑窗口中，如图 2-2-22 所示。

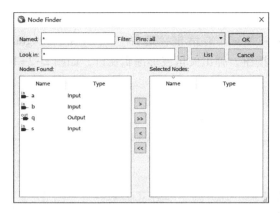

图 2-2-19　显示 I/O 节点

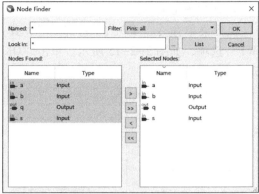

图 2-2-20　选择 I/O 节点

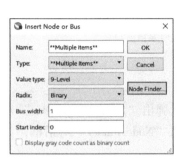

图 2-2-21　"Insert Node or
Bus" 对话框

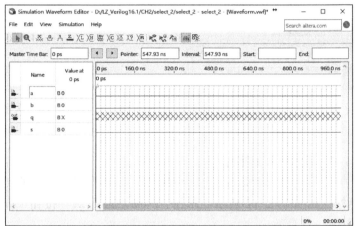

图 2-2-22　添加节点后的矢量波形编辑窗口

8. 编辑输入信号并保存文件

在矢量波形编辑窗口中单击 "Name" 下方的 "a"，即选中该行的波形。在本例中，将输入信号 "a" 设置为时钟信号，单击工具栏中的 图标，弹出 "Clock" 对话框，在此可以修改信号的周期、相位和占空比。设置完成后，单击 "OK" 按钮，完成对信号 "a" 的设置。同理，设置输入信号 "b" 和 "s"，最后单击 "File" 菜单下保存文件图标 ，根据提示完成保存工作。完成设置后的输入信号如图 2-2-23 所示。

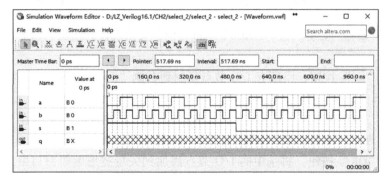

图 2-2-23　完成设置后的输入信号

9. 仿真波形

1）功能仿真　在"Simulation Waveform Editor"窗口中，执行命令"Simulation"→"Run Fuctional Simulation"，或者单击 图标运行仿真。功能仿真结果如图 2-2-24 所示。

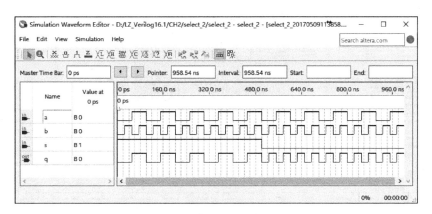

图 2-2-24　功能仿真结果

2）时序仿真　在"Simulation Waveform Editor"窗口中，执行命令"Simulation"→"Run Timing Simulation"，或者单击 图标运行仿真，此时会产生如图 2-2-25 所示的波形。

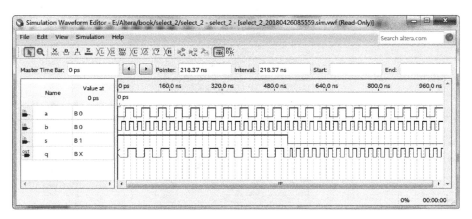

图 2-2-25　时序仿真波形

10. 引脚分配

引脚分配是为了能对所设计的工程进行硬件测试，将 I/O 信号锁定在器件确定的引脚上。执行菜单命令"Assignments"→"Pin Planner"，出现如图 2-2-26 所示的对话框，在其下方的列表中会出现本工程所有的 I/O 引脚名。

双击与输入端"a"处于同一行的"Location"选项，弹出引脚列表，选择合适的引脚，完成对输入 a 的引脚分配。同理，完成所有引脚的分配，其结果如图 2-2-27 所示。

11. 下载验证

下载验证是将本次设计的所生成文件通过计算机下载到实验箱里来验证此次设计是否符合要求，其操作步骤与 2.1 节下载验证步骤一致。

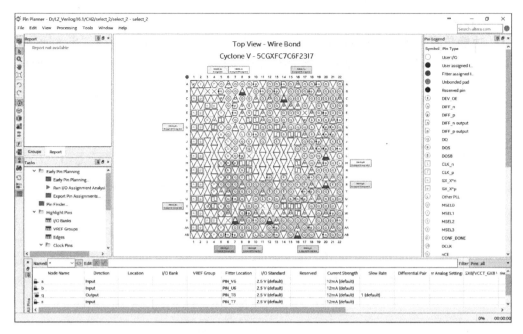

图 2-2-26　选择要分配的引脚

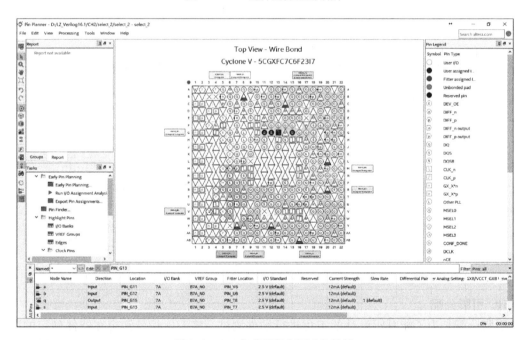

图 2-2-27　完成引脚分配后的结果

 # 2.3　混合编辑（自底向上设计）

　　前面所介绍的设计方法都是用单一描述方法来实现某种电路功能，所实现的功能相对简单。然而在实际应用中，大多数工程都是由多个模块互相关联而构成的，而且有的模块相对很复杂，甚至是由很多模块构成的。另外，参加工程的人所使用的设计语言也不尽相同，如有人喜欢使用 VHDL 语言，有人喜欢使用 Verilog HDL 语言等，还有人可能直接使用别人编写好的功能模块，而所要引用的功能模块又与自己所使用的语言不同。鉴于上述原因，有必要掌握用混合编辑法来进行数字系统设计。

下面以一个十六进制计数器为例来介绍混合编辑（自底向上设计）的流程。

1）建立新工程和文件　建立名为"cnt4_top"的工程。建立两个 Verilog HDL 文本文件，分别命名为"cnt4.v"和"bcd_decoder.v"，并保存，如图 2-3-1 所示。

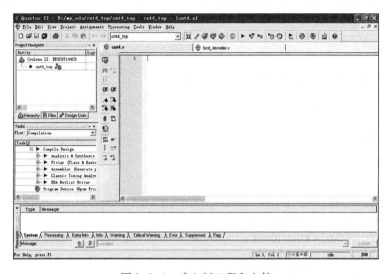

图 2-3-1　建立新工程和文件

2）输入代码　在图 2-3-1 所示窗口中分别输入代码，如图 2-3-2 所示。

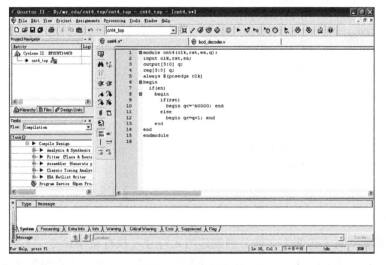

图 2-3-2　输入代码

（1）在 cnt4.v 文件中输入如下代码：

```
module cnt4(clk,rst,en,q);
input clk,rst,en;
output[3:0] q;
```

```verilog
reg[3:0] q;
always @ (posedge clk)
begin
  if(en)
    begin
      if(rst)
        begin q<= 'b0000; end
      else
        begin q<=q+1; end
    end
end
endmodule
```

（2）在 bcd_decoder.v 文件中输入如下代码：

```verilog
module bcd_decoder(i,y);
input[3:0] i;
output[7:0] y;
reg[7:0] y;
always
begin
  case(i)
  4'b0000:y[7:0]=8'b11111100;
  4'b0001:y[7:0]=8'b01100000;
  4'b0010:y[7:0]=8'b11011010;
  4'b0011:y[7:0]=8'b11110010;
  4'b0100:y[7:0]=8'b01100110;
  4'b0101:y[7:0]=8'b10110110;
  4'b0110:y[7:0]=8'b10111110;
  4'b0111:y[7:0]=8'b11100000;
  4'b1000:y[7:0]=8'b11111110;
  4'b1001:y[7:0]=8'b11110110;
  4'b1010:y[7:0]=8'b11101110;
  4'b1011:y[7:0]=8'b00111110;
  4'b1100:y[7:0]=8'b10011100;
  4'b1101:y[7:0]=8'b01111010;
  4'b1110:y[7:0]=8'b10011110;
  4'b1111:y[7:0]=8'b10001110;
  default:y[7:0]=8'b11111111;
  endcase
end
endmodule
```

3）创建图元　对上述两个文件分别创建图元符号（执行菜单命令"File"→"Create / Update"→"Create Symbol Files for Current File"，生成".bsf"格式的图元文件）。生成的图元符号在顶层设计中作为模块使用。

4）建立原理图文件并添加图元符号　建立名为"cnt4_top"的原理图文件，双击鼠标后在弹出的"Symbol"对话框中的"Project"栏中选择所生成的图元符号，如图 2-3-3 所示。将两个图元符号添加到原理图编辑器中，并放置引脚，如图 2-3-4 所示。

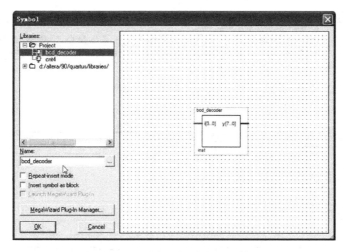

图 2-3-3　选择所生成的图元符号

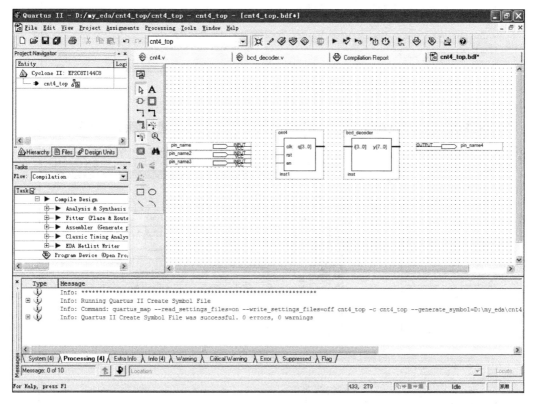

图 2-3-4　放置所用图元和引脚

5）连接各模块并命名　完成如图 2-3-5 所示的电路的连接。

6）编译工程　单击水平工具栏上的编译图标 ▶，对所设计的工程 cnt4_top 进行编译。如果有错，则应根据提示做相应的修改，并重新编译，直到没有错误提示为止。

7）仿真　创建波形矢量文件后，分别进行功能仿真和时序仿真。其中时序仿真结果如图 2-3-6 所示。

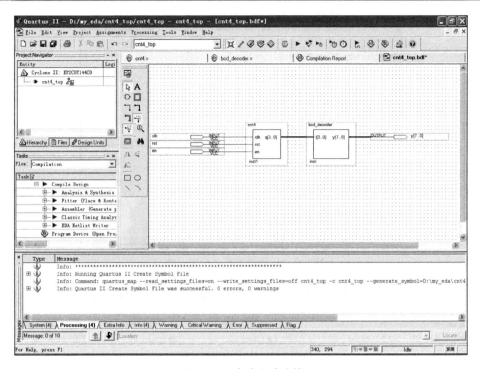

图 2-3-5　完成电路连接

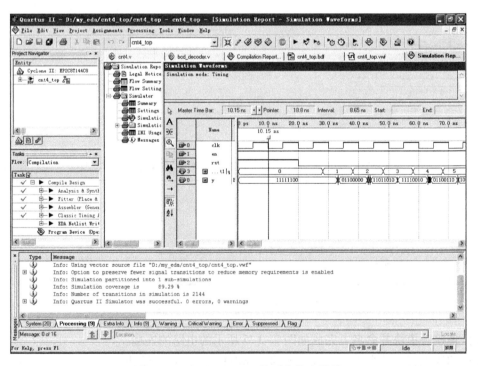

图 2-3-6　工程 cnt4_top 的时序仿真结果

8）引脚分配、下载验证　对本工程分配引脚，如图 2-3-7 所示。在实验板上验证其功能（具体步骤与本章 2.1 节原理图编辑和 2.2 节文本编辑中的步骤相同）。

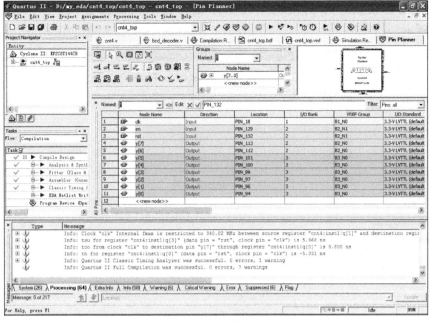

图 2-3-7　引脚分配

2.4　混合编辑（自顶向下设计）

在很多情况下，对于一个工程的设计，通常是由课题负责人首先给出工程的基本构架，然后再由其他人分别完成各个功能模块的设计，这种设计方法称为自顶向下的工程设计。下面还以 2.3 节中的十六进制计数器为例来介绍（混合编辑）自顶向下的设计流程。

1）建立新工程和文件　建立名为"cnt4_top_1"的工程。建立一个空白的原理图文件并命名为"cnt4_top_1"，如图 2-4-1 所示。

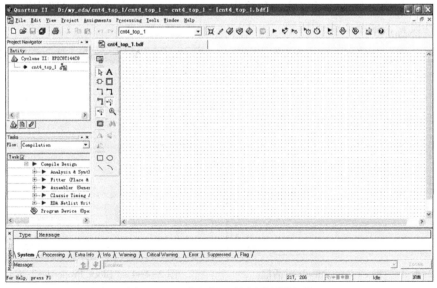

图 2-4-1　建立新工程和原理图文件

2）创建图标模块 单击模块工具图标 ⬜，在适当的位置放置一个符号块，如图 2-4-2 所示。

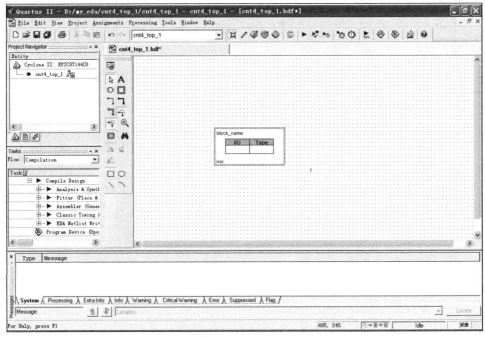

图 2-4-2 放置符号块

3）设置模块

（1）用鼠标右键单击图 2-4-2 所示的符号快，在弹出的对话框中选中"Block Properties"选项，出现如图 2-4-3 所示对话框。在"General"选项卡的"Name"栏中输入设计文件名称，在"Instance name"栏中输入模块名称。本例中设计文件名称为"cnt4"，模块名称为"inst1"。

（2）选择"I/Os"选项卡，如图 2-4-4 所示。在"Name"栏中分别输入输入名和输出名；在"Type"栏中分别选择与输入和输出对应的类型。完成后单击"确定"按钮，完成模块的属性设置，如图 2-4-5 所示。

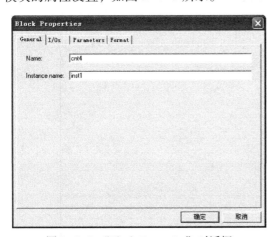

图 2-4-3 "Block Properties"对话框
（"General"选项卡）

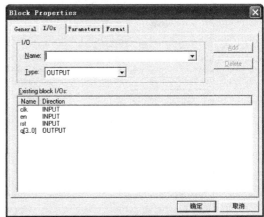

图 2-4-4 "Block Properties"对话框
（"I/Os"选项卡）

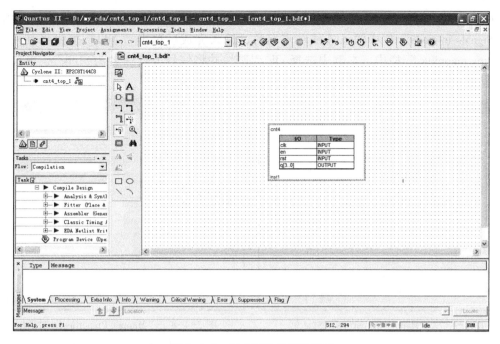

图 2-4-5　完成模块的属性设置

4）添加模块引线并设置其属性

（1）在 cnt4 模块的左右两侧分别用 3 条连线和 1 条总线进行连接，如图 2-4-6 所示。可以看到在每条线靠模块的一侧都有█的图样。双击其中一个样标，弹出"Mapper Properties"对话框，如图 2-4-7 所示。在"General"选项卡的"Type"栏中选择输入、输出类型。

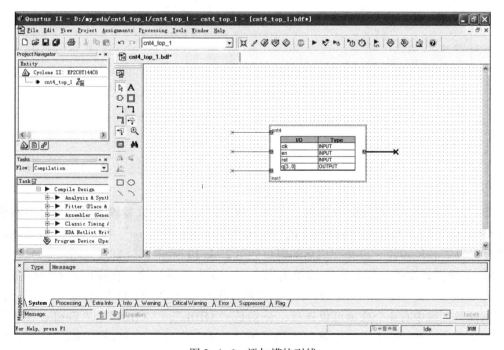

图 2-4-6　添加模块引线

（2）选择"Mappings"选项卡，如图 2-4-8 所示。在"I/O on block"栏中选择引脚，在"Signals in node"栏中输入连线节点名称，输入完成后单击"Add"按钮将其添加到"Existing mappings"栏中。本例中选择 clk 引脚，并将信号节点命名为"clk"，单击"确定"按钮，表示该引脚的引线设置完成，如图 2-4-9 所示。

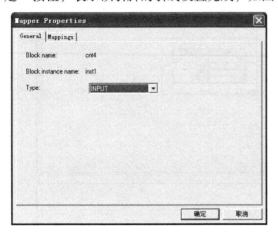

图 2-4-7　"Mapper Properties"对话框　　　　　图 2-4-8　"Mapper Properties"对话框
（"General"选项卡）　　　　　　　　　　　（"Mappings"选项卡）

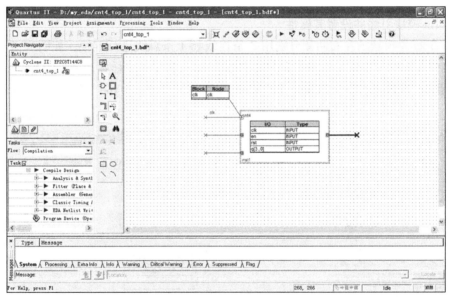

图 2-4-9　完成 clk 引脚的引线设置

（3）同理将其他引线按此方法进行设置，通常模块的左侧放置输入接口信号，右侧放置输出接口信号。本例将左侧的其余两条输入信号分别设置为"rst"和"en"，右侧的输出信号设置为"q[3..0]"，设置完成后的窗口如图 2-4-10 所示。

5）创建设计文件　用鼠标右键单击图 2-4-10 中的符号块，在弹出的对话框中选中"Create Design File form Selected Block …"选项，出现如图 2-4-11 所示的对话框。其中"File type"区域中有 4 个选项可供选择，分别是"AHDL"、"VHDL"、"Verilog HDL"和"Schematic"，分别对应不同的电路行为描述方法。本例中选择"Verilog HDL"，然后单击"OK"按钮。此时会弹出生成模块文件的确认对话框，单击"确定"按钮后，进入 Verilog

HDL 文本编辑窗口，如图 2-4-12 所示。

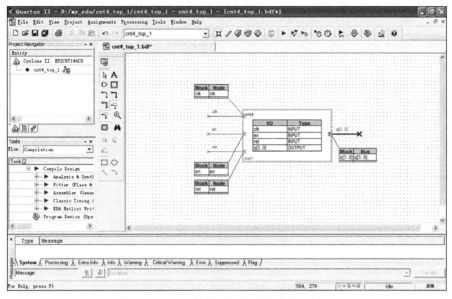

图 2-4-10　完成模块引线设置后的窗口

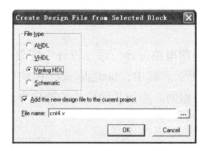

图 2-4-11　创建文件对话框

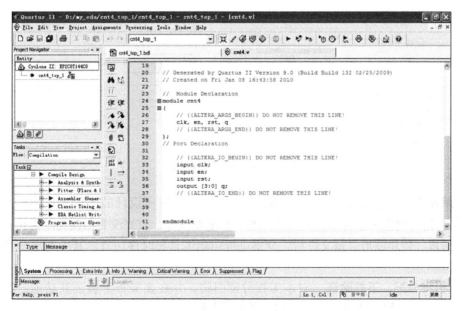

图 2-4-12　Verilog HDL 文本编辑窗口

6) 输入代码　将图 2-4-12 中的代码修改为所要设计的代码。本例修改为 2.3 节中 cnt4.v 文件的代码，如图 2-4-13 所示。到此为止，一个模块的创建和设计基本完成。

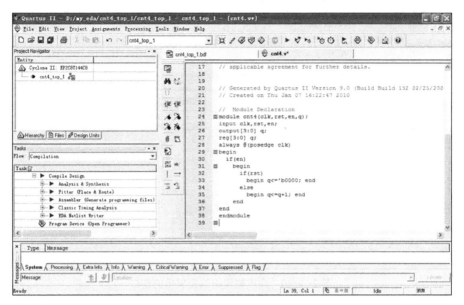

图 2-4-13　修改后的代码

7) 添加其他模块并完成顶层电路设计　添加设计中需要的其他模块和所用引脚，完成顶层电路设计，如图 2-4-14 所示。其中，bcd_decoder 模块创建的 Verilog HDL 代码与 2.3 节中 bcd_decoder.v 文件的代码相同。添加其他模块的操作方法不再赘述。

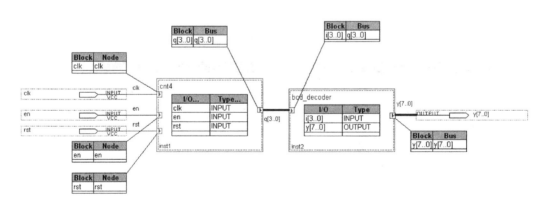

图 2-4-14　顶层电路设计

8) 编译工程　单击水平工具栏中的编译图标 ▶，对所设计的工程 cnt4_top_1 进行编译。如果有错，则应根据提示做相应的修改，并重新编译，直到没有错误提示为止。

9) 仿真　创建波形矢量文件后，分别进行功能仿真和时序仿真。其中时序仿真结果如图 2-4-15 所示。

10) 引脚分配、下载验证　对本工程分配引脚，并在实验板上验证其功能。具体步骤与 2.1 节原理图编辑和 2.2 节文本编辑中的步骤相同。

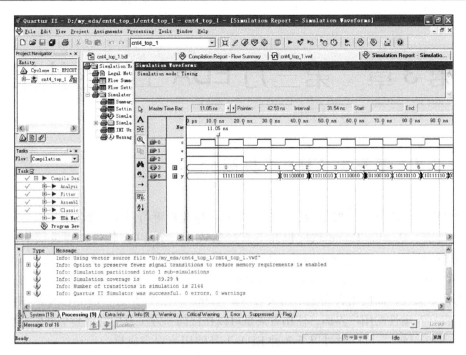

图 2-4-15　工程 cnt4_top_1 的时序仿真结果

第 3 章　第三方 EDA 工具的使用

 ## 3.1　第三方 EDA 工具简介

作为 FPGA/CPLD 的开发平台，Quartus Prime 与业界流行的大多数 EDA 工具都有友好的接口。目前，Quartus Prime 软件包并不直接集成第三方 EDA 软件，而是仅集成与这些 EDA 工具的软件接口。实现 Quartus Prime 与第三方软件接口的工具就是 NativeLink。NativeLink 支持第三方软件工具与 Quartus Prime 的无缝链接，通过 NativeLink，双方在后台进行参数与命令交互，而使用者完全不用关心 NativeLink 的操作细节。NativeLink 提供给使用者的是具有良好互动性的用户界面，使用者甚至可以在任何一方工具中完成整个操作流程。

通过 NativeLink，可以通过以下 3 种 EDA 工具使用流程完成整个设计。

【Quartus Prime 驱动流程】 这是一种最常用的流程，在 Quartus Prime 中完成整个设计流程，Quartus Prime 自动在后台调用第三方工具完成综合或仿真等操作，并在信息显示窗口上报第三方工具的运行情况。

【第三方工具驱动流程】 第三方工具在后台调用 Quartus Prime 完成整个设计流程，如 Synplify Pro 综合后可以直接执行菜单命令 "Options" → "Quartus Prime" → "Run Background Compile" 完成设计的布局布线。

【基于文件控制的流程】 手动编写 EDA 工具控制文件（如 Tcl Scripts），分别运行 Quartus Prime 和第三方工具，二者之间的所有文件与参数传递都是在控制文件指导下完成的。这种设计方法的优势在于 "一劳永逸"，不会因手动单击 GUI 按钮造成操作错误，而且高效灵活。

Quartus Prime 支持的第三方综合工具主要有以下 7 种：

☺ LeonardoSpectrum：Mentor 的子公司 Exemplar Logic 出品的 LeonardoSpectmm 是一款非常流行的综合工具，它的综合优化能力非常强，随着 Exemplar Logic 与 Altera 的合作日趋紧密，LeonardoSpectrum 对 Altera 器件的支持也越来越好。

☺ Precision：Mentor 公司最新推出的高性能 VHDL/VerilogHDL 综合软件。

☺ DesignComplier-FPGA：简称 DC，是业界最著名的 ASIC 综合软件套装，Synopsys 欲通过 DesignComplier-FPGA 在 FPGA 原型验证和综合领域取得突破。

☺ FPGA Complie II：最好的 ASIC/FPGA 设计工具之一。

☺ FPGA Express：Cadence 公司开发的最早的 FPGA 专业综合工具之一。FPGA Express 的综合结果比较忠实于原设计，Synopsys 公司已经停止开发 FPGA Express 软件，而转到 FPGA Complier II 综合工具平台。

☺ Synplify/Synplify Pro：Synplicity 公司的主打产品，作为新兴的综合工具，它们在综合策略和优化手段上有较大幅度的提高，特别是其先进的 Timing Driven（时序驱动）和 B.E.S.T（行为级综合提取技术）算法引擎，使其综合结果往往面积较小，速度较快，在业界口碑很好。

☺ Amplify：Synplicity 公司开发的物理综合优化工具，通过合适的物理约束与综合技术，对很多设计能大幅度地减少面积资源，提高频率。

Quartus Prime 支持的第三方仿真与验证工具主要有以下 11 种：

☺ ModelSim：目前业界最流行的仿真工具之一。其主要特点是仿真速度快、仿真精度高。ModelSim 支持 VHDL、Verilog HDL，以及 VHDL 和 Verilog HDL 混合编程的仿真。ModelSim 的 PC 版的仿真速度也很快，甚至和工作站版不相上下。

☺ Active HDL：Aldec 公司开发的 VHDL/Verilog HDL 仿真软件，人机界面较好，简单易用。

☺ ModelSim-Altera：即 ModelSim AE（Altera Edition）版本，是 ModelSim 专门为 Altera 提供的简装版本仿真软件。与 ModelSim PE 或 SE 版本不同，ModelSim-Altera 软件每次订购只能选择一种单独的 HDL 语言，如 VHDL 或 Verilog，而且仅支持 Altera 的门级仿真库。另外，ModlSim-Altera 软件的仿真性能和速度与 ModelSim PE 和 SE 版本相比较存在一定差距。

☺ Cadence Verilog-XL：最早的 Verilog 时序仿真器之一，其升级版本是 Cadence NC-Verilog，目前其工作版本仍然被使用。

☺ Cadence NC-Verilog/Cadence NC-VHDL：Cadence 公司开发的最早的 Verilog/VHDL 时序仿真器之一，目前其工作站版本仍然流传甚广。

☺ Innoveda BLAST：Innoveda 公司的 Blast 工具主要用于 FPGA 和板级设计，它可支持单层板和多层板结构，能链接板级交叉耦合分析，并从 Chronology 公司的 Timing Designer Pro 引入模型。

☺ PrimeTime：Synopsys 公司的静态时序分析工具，主要用于对 FPGA/ASIC 设计编译后的时序性能分析、调试和验证。

☺ Synopsys VCS & VSS：Synopsys 公司开发的最早的 Verilog/VHDL 时序仿真器之一，目前工作站版本仍然流传甚广。

☺ Mentor Graphics Tau：Mentor 公司开发的板级时序分析工具，用于验证 PLD 系统和整个 PCB 是否满足系统时序要求。

☺ Synopsys Scirocco：Synopsys 公司的 VHDL 功能仿真验证工具。

☺ Synopsys Leda：非常实用的设计规则检查软件，在进行综合或适配（Fitting）前对其设计和编程风格进行检查，预防在综合、仿真或设计移植中可能出现的问题。

随着 EDA 技术的发展，EDA 工具的种类日益丰富，功能日趋强大，而且易学易用。本章仅介绍两个最具代表性与影响力的 EDA 工具，即 ModelSim 仿真工具和 Synplify/Synplify Pro 综合工具。

 # 3.2　ModelSim 仿真工具的使用

本节介绍仿真的概念、仿真的种类以及 ModelSim 仿真工具的使用方法。

3.2.1　仿真简介

仿真是指在软件环境下，验证电路的行为和设计意图是否一致。仿真与验证是一门科学，在逻辑设计领域，仿真与验证是整个设计流程中最重要、最复杂与最耗时的步骤。特别是在 ASIC 设计中，仿真与验证投入的资源与初期逻辑设计的比重约为 10∶1。虽然 FPGA/CPLD 设计灵活，可以反复编程，这种灵活性在一定程度上可以弥补仿真与验证的不足，但是对于大型、高速或复杂的系统设计，仿真和验证仍是整个流程中的最重要的环节，目前国内外知名公司仿真验证和逻辑设计人员的配置比超过 4∶1。

　　简化的仿真验证系统框图如图 3-2-1 所示。待测的系统（DUT）和测试模板（Testbench）从同一个测试向量（TestVector）获得激励，通过仿真系统（可以是软件或硬件环境）运行，然后将 DUT 和 Testbench 的输出结果进行比较，输出并存储判断结果。仿真与验证主要包含 3 个方面的内容：首先是仿真系统组织原则；其次是测试模板与测试向量的设计；最后是仿真工具的使用。

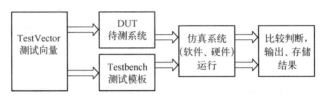

图 3-2-1　仿真验证系统框图

1. 仿真系统组织原则

　　所谓仿真系统的组织原则，主要是指如何有效地测试目标系统的理论与方法。例如，目前开发大型、高速或复杂系统中经常采用"V"字形开发模式等。"V"字形开发模式简单来说就是在系统规划初期就制定一系列完善的设计规范，开发小组和仿真验证小组分别以这个设计规范为基础，独立开展工作，在某些时间和流程节点两个小组进行交流，通过仿真模型验证设计原型，以达到对设计规范的不断完善。这种开发流程的测试覆盖率最高，设计出的系统也最可靠。

2. 测试模板和测试向量的设计

　　测试模板和测试向量的设计关键是要确保以最高的效率达到最高的测试覆盖率，有些系统甚至要求 100%的覆盖率。Testbench 涉及的问题非常广，如对目标系统覆盖的算法、代码的编程风格与设计方法、软件的执行效率等。这里我们不对 Testbench 的语法细节和代码风格进行过多的论述，但是希望提请读者注意以下 3 个问题。

☺ 一般来说，Testbench 应当用行为级（Behavior Level）描述，不要用寄存器传输级（RTL Level）描述。RTL 是可综合的描述硬件结构与寄存器逻辑关系的 HDL 语言层次，如果用传输级描述 Testbench，其复杂度相当于重新设计一个硬件系统。而行为级的描述方式简练、高效得多，特别是在软件仿真系统中，行为级代码的执行效率一般比传输级高很多。有一个例外，即目前出现的硬件仿真加速系统，为了达到最高的仿真速度，其 Testbench 用传输级描述，然后综合、布局布线并编程到仿真加速板中。通过适当的设计，硬件电路的运行速度远比软件仿真系统快得多，所以使用硬件仿真环境可以达到仿真加速的目的。

☺ 写 Test Vector 是一个非常好的习惯，虽然简单系统可以直接在 Testbench 中列写数据，然而将所有激励组成测试向量可以有效地提高仿真效率和 Testbench 的阅读与维护。

☺ Testbench 应该包含对仿真结果的存储与检查部分。很多初学者习惯在图形窗口对比波形，这种方法直观简易，但仅适用于简单系统。对于相对复杂一些的系统，如果仍用肉眼观察波形，其准确度和效率会非常低，更好的方法是使用行为级丰富的监控语法和仿真工具扩展的比较与保存数据功能自动进行仿真结果与预期数据的对比。

3. 仿真工具的使用

目前仿真工具种类繁多，但在业界最流行、影响力最大的就是 ModelSim 仿真工具。本节的重点即为 ModelSim 的使用方法。

一般来说，完整的 FPGA/CPLD 设计流程包括设计与输入、功能仿真、布局布线、时序仿真等主要步骤，其流程如图 3-2-2 所示。

仿真包括 3 种，即功能仿真、综合后仿真和布局布线后仿真。

1）功能仿真 功能仿真的目的是验证电路功能是否符合设计要求，其特点是不考虑电路门延迟与线延迟，考察重点为电路在理想环境下的行为和设计构想是否一致。可综合 FPGA 代码是用 RTL 级代码语言描述的，功能仿真的输入是设计的 RTL 代码与 Testbench（多用 Behavior 级描述），在图 3-2-2 中采用的是 RTL 仿真。功能仿真有时也被称为前仿真。

2）综合后仿真 综合后仿真的主旨在于验证综合后的电路结构是否与设计意图相符，是否存在歧义综合结果。目前主流综合工具日益成熟，对于一般性设计，如果设计者确信没有歧义综合发生，可以省略综合后仿真步骤。但是，如果在布局布线后仿真发现有电路结构与设计意图不符的现象，则常常需要回溯到综合后仿真以确认是否由于综合歧义造成的问题。综合后仿真的输入是从综合得到的一般性逻辑网络表抽象出的仿真模型和综合产生的延时文件，综合延时文件仅能估算门延时，而不含布线延时信息，所以延时信息并不十分准确。图 3-2-2 中忽略了这一步。

3）布局布线后仿真 布局布线后仿真是指电路已经映射到特定的工艺环境后，综合考虑电路的路径延迟与门延迟的影响，验证电路的行为是否能够在一定时序条件下满足设计构想的过程。布局布线后仿真的主要目的在于验证是否存在逻辑违规，其输入为从布局布线结果抽象出的门级网络表、Testbench 以及扩展名为 .SDO 或 .SDF 的标准延时文件。

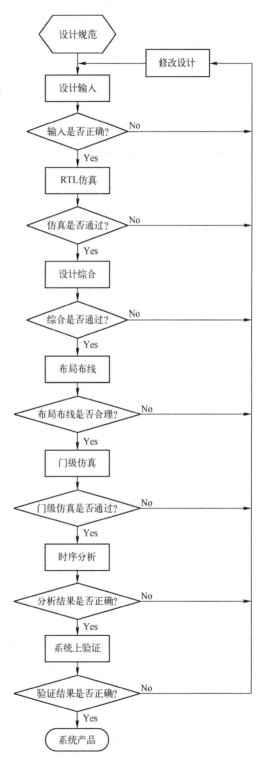

图 3-2-2 FPGA/CPLD 设计流程

对应于图 3-2-2，相当于门级仿真这一步骤。SDO 或 SDF 文件即标准延时格式文件（Standard Delay format Timing Annotation），是由 FPGA 厂商提供的对其物理硬件原语时序特征的表述，这种时序特征包含元器件的最小值、典型值、最大值延时信息。SDO 或 SDF 文件包含的延时信息最全，不仅包含门延时，还包含实际布线延时，布线后仿真最准确，能较好地反映芯片的实际工作情况。一般来说，布局布线后仿真是必选的步骤，通过布局布线后仿真能检查设计时序与 FPGA 实际运行情况是否一致，确保设计的可靠性和稳定性。布局布线后仿真也被称为时序仿真，简称为后仿真。

以上介绍的是仿真最常用的 3 种仿真，其实很多 EDA 工具还提供其他仿真。学习仿真的首要问题是要搞清楚每种不同仿真的目的、功能和 I/O。

3.2.2 ModelSim 简介

ModelSim 仿真工具是由 Model 技术公司开发的目前业界最通用的仿真器之一，它支持 Verilog 和 VHDL 混合仿真，仿真精度高，仿真速度快。

ModelSim 仿真工具的版本非常多，与 Altera 相关的主要有 ModelSim-Altera（即 AE 版本）、ModelSim PE 和 ModelSim SE 版本等。ModelSim-Altera 是一个 OEM 版本，功能有限，而且仿真速度较慢。而 ModelSim SE 则是 ModelSim 的最强专业版，功能最全而且性能最好。ModelSim 的版本特征对比见表 3-2-1。本节将以目前 ModelSim SE 的最新版本 ModelSim SE10.5b 为例来介绍其使用方法。

表 3-2-1　ModelSim 版本特征对比

产 品 特 性	ModelSim SE	ModelSim PE	ModelSim-Altera
支持 100%VHDL、Verilog、混合 HDL 仿真	可选	可选	可选
完整的 HDL 调试环境	√	√	√
已被优化的直接编译架构	√	√	√
业界标准脚本	√	√	√
灵活的许可	√	可选	√
支持 Verilog PLI（编程语言接口），提供 Verilog 设计和用户 C 代码，以及第三方软件的接口	√	√	√
支持 Verilog FLI（外来语言接口），提供 VHDL 设计和用户 C 代码，以及第三方软件的接口	√		
先进的调试特性和中性语言许可	√		
可定制的、用户可更改的用户图形界面（GUI）和集成的仿真性能分析器	√		
集成的代码覆盖分析和 SWIFT 支持	√		
加速 VITAL（VHDL 初始化至 ASIC 库）和 Verilog 基本单元（3 倍速度），以及寄存器输出和（RTL）加速（5 倍速度）	√		
支持的平台	PC、UNIX、Linux	只支持 PC	PC、UNIX、Linux

启动 ModelSim SE 后的主界面如图 3-2-3 所示。ModelSim 的主界面主要包括标题栏、菜单栏、工具栏、工作区（Workspace）、命令窗口（Transcript）和状态栏。在命令窗口中可以输入 ModelSim 的命令（基于 TCL Script），并获得执行信息；在工作区中可以用树状列表的形式来观察 Library（库）、Project（工程源文件）和设计仿真的结构等。在右边中央部分，现在是一个空白区域，只显示了一个 ModelSim 的图标，在仿真时，ModelSim 将在此处

显示源文件内容和其他仿真相关信息。

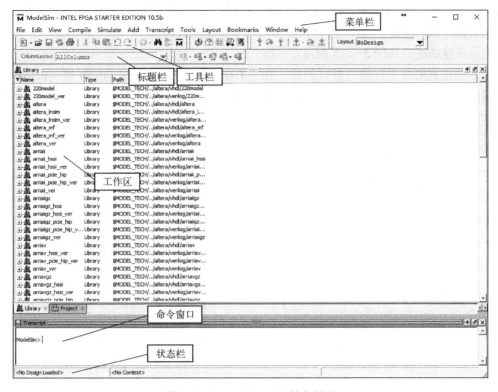

图 3-2-3　ModelSim SE 的主界面

ModelSim 的运行方式有以下 4 种。

【用户图形界面（GUI）模式】ModelSim 的用户界面非常友好，是该软件的主要操作方式之一，而且 GUI 模式支持在主窗口直接输入操作命令，并执行。

【交互式命令行（Cmd）模式】没有图形化的用户界面，仅通过命令控制台输入的命令完成所有工作。

【Tcl 和宏（Macro）模式】可执行扩展名为 DO 的宏文件或 Tcl 语法文件，完成与 GUI 主窗口逐条输入命令等同的功能。

【批处理文件（Batch）模式】在 DOS、UNIX 或 Linux 操作系统下运行批处理文件，完成软件功能。

ModelSim 基本应用的仿真步骤为：①建立库；②映射库到物理目录；③编译源代码，包括所有的 HDL 代码和 Testbench；④启动仿真器并加载设计顶层；⑤执行仿真。

1. 建立库

仿真库是存储已编译设计单元（Design Units）的目录，ModelSim 中有两类仿真库，一种是工作库（Working），默认的库名为 work；另一种是资源库（rcsource）。work 库下包含当前工程下所有已经编译过的文件。所以编译前一定要建一个 work 库，而且只能建一个 work 库。资源库存放 work 库中已经编译文件所要调用的资源，这样的资源可能有很多，它们被放在不同的资源库内。例如，想要对综合在 cyclone 芯片中的设计做后仿真，就需要有一个名为 cyclone_ver 的资源库。

建立仿真库的常用方法有两种：一种是在用户界面模式下，执行菜单命令"File"→

"New"→"Library..."，弹出"Create a New Library"对话框，如图 3-2-4 所示，在"Create"区域选中"a new library and a logical mapping to it"选项，在"Library Name"栏中输入要创建库的名称，然后单击"OK"按钮，可生成一个已经映射的新库。在"Workspace"窗口里可以看到新建的库，如图 3-2-5 所示。

另一种是利用命令行模式进行创建，在"Transcript"窗口执行 vlib 命令（语法格式为 vlib<library_name>），在本例中执行 vlib new_lib 命令即可（注意：命令格式中出现的间隔均为一个空格）。

图 3-2-4　建立新的库　　　　　　图 3-2-5　建立好的新库

2. 映射库到物理目录

映射库用于将已经预编译好的设计单元所在的目录映射为一个 ModelSim 可识别的库，库内的文件应该是已经编译过的，在"Workspace"窗口内展开该库应该能看见这些文件，而未被编译过的文件则在库内是看不见的。映射库有两种常用的操作方法：一种是在用户模式下，执行菜单命令"File"→"New"→"Library..."，弹出"Create a New Library"对话框，选中"a map to an existing library"选项，映射已编译好的库，单击"Browse"按钮，选择已经编译的库。另一种方法是在"Transcript"窗口执行 vmap 命令（语法格式为 vmap <logical_name> <directory_path>），如执行 vmap　new_lib　new_lib 命令后，在"Workspace"窗口的"Library"选项卡中可以查询该库下已编译的所有设计单元，如图 3-2-6 所示。

除了 vlib 命令和 vmap 命令外，关于库常用的操作命令还有 vdir 命令和 vdel 命令。vdir 命令用于显示指定库中的内容（命令格式为 vdir　-lib　<library_name>），如执行命令 vdir　-lib　new_lib 命令即可显示 new_lib 中的设计单元。

vdel 命令用于删除整个库或者库内的设计单元（命令格式为 vdel　-lib　<library_name> <design_unit>），如删除图 3-2-6 中 new_lib 库中的 cnt 文件，则执行 vdel　-lib　new_lib cnt 命令即可。对应于 GUI 操作，可以单击主窗口的"Library"选项卡，选中要删除的库，单击鼠标右键，从弹出的菜单中选择"Delete"命令即可，如图 3-2-7 所示。

3. 编译源代码

VHDL 与 Verilog 的编译方法略有不同。VHDL 源文件的 GUI 模式的编译方法是，执行菜单命令"Compile"→"Compile..."，弹出如图 3-2-8 所示的"Compile Source Files"对话

框，选择文件后单击"Compile"按钮即可进行编译。另外，执行菜单命令"Compile"→"Compile Options"选项，或者单击"Compile Source Files"对话框中的"Default Options"按钮，弹出"Compile Options"对话框，在此可以进行编译选项的设置，如图 3-2-9 所示。

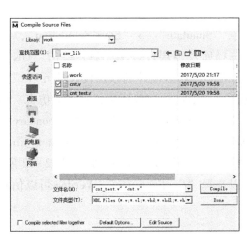

图 3-2-6　查询库操作示意图

图 3-2-7　删除库操作示意图

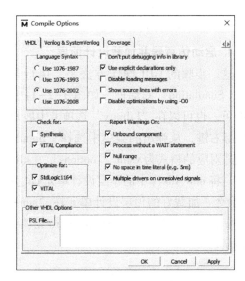

图 3-2-8　"Compile Source Files"对话框

图 3-2-9　编译选项设置

命令行模式的命令格式为 vcom -work <library_name> <file1>. vhd <file2>. vhd。例如，欲将 cnt4. vhd 和 cnt4_test. vhd 文件编译到 new_lib 库中，则执行命令 vcom -work new _lib cnt4. vhd cnt4_ test. vhd 即可。

编译顺序由文件的排列顺序决定。编译顺序为，先 Entity 后 Architecture；先 Package 声明，后 Package 主体；每个设计单元必须在引用前已经编译好；Packages 在被 Entity/Architectures 调用前应该已经编译过；Entities/Configurations 在被 Architectures 引用前应事先编译；最后编译的是 Configurations。默认编译到 work 库中。

Verilog 源文件的 GUI 模式的编译方法也是执行菜单命令"Compile"→"Compile…"进行编译。而其命令行模式的命令格式为 vlog -work <library_name> <file1>. v <file2>. v。

例如，欲将 cnt. v 和 cnt_test. v 文件编译到 new_lib 库中，则执行命令 vlog　-work　new_lib cnt. v　cnt_ test. v 即可。

> 编译顺序由文件出现顺序决定，但文件编译顺序并不重要；支持增量化编译（Incremental Compilation）；默认编译到 work 库中。

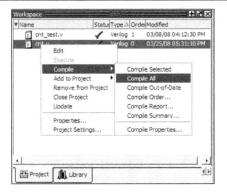

图 3-2-10　编译文件操作示意图

所谓增量编译，是指仅当文件内容改变时才对文件进行重新编译。ModelSim 在编译 Verilog 源代码时，支持手动或自动指定增量模式。

GUI 模式编译文件的快捷方法是，选择"Project"选项卡，然后选择需要操作的文件，单击鼠标右键，从弹出的菜单中选择"Compile"子菜单中的各种操作命令，如图 3-2-10 所示。编译时发生的错误信息会在主窗口的消息显示窗上报给用户，双击编译错误，ModelSim 会自动打开相关的源文件并定位错误。

4. 启动仿真器并加载设计顶层

这一步骤的 GUI 操作方法是，执行菜单命令"Simulate"→"Start Simulation"，弹出"Start Simulation"对话框，如图 3-2-11 所示。选择库及顶层设计单元后，单击"OK"按钮即可。也可以在"Library"选项卡中展开欲仿真的库，双击设计的顶层设计单元（或者单击鼠标右键，从弹出的菜单中选择"Simulate"选项），则自动加载顶层，并启动仿真。命令行模式对应的格式为 vsim　[options]　[<library>.]<top_level_design_unit>　[(<secondary>)]。例如，将 new_lib 库中的顶层设计单元 cnt_test. v 加载并启动仿真器，可执行 vsim new_lib. cnt_test 命令。加载好的顶层设计单元在"sim-Default"选项卡中可以看到，如图 3-2-12 所示。VHDL 的顶层为 Entity 或 Architecture 结构，也可以选择"Configuration"。Verilog 可以仿真多个顶层。

图 3-2-11　仿真顶层设计单元　　　　　　图 3-2-12　加载好的顶层设计单元

5. 执行仿真

在执行仿真前，应该先打开观察窗口。GUI 模式的操作方法是在主界面中执行"View"菜单下的相应窗口命令。常用的窗口有波形窗口、数据流窗口、进程窗口和列表窗口等。

在 GUI 模式下执行仿真时，可以执行菜单命令"Simulate"→"Run"，也可以在工具栏中使用 快捷按钮。命令行模式对应的命令格式为 run　[<timesteps>[<time_units>]]　|　[-all]　|　[-continue]　|　[-finish]　|　[-next]　|　[-step]　|　[-over]。此时设计者就可以根据各个窗口的反馈信息判断结果是否与设计意图一致，进行调试。

3.2.3　使用 ModelSim 进行功能仿真

使用 ModelSim 进行功能仿真有多种流程，下面以一种最常用的流程进行仿真验证。进行功能仿真所需要的文件为 HDL 源文件和 Testbench 文件。

本节以一个三十二进制计数器为例来介绍如何使用 ModelSim 进行功能仿真。本例没有用到 IP Core 或 LPM。为了仿真方便，应事先准备好 HDL 源文件及 Testbench 文件，也可以在 ModelSim 下编辑 HDL 源文件和相应的 Testbench 文件。

待测文件代码如下：

```
module cnt(dout,clk,data,rst,load);
output [4:0]dout;
input [4:0] data;
input clk,rst,load;
reg [4:0] dout;
always@ ( posedge rst or posedge clk)
if( rst)
dout = 0;
else if( load)
dout = data;
else
dout = dout+1;
endmodule
```

相应的 Testbench 代码为：

```
'timescale 10ns/1ps
module cnt_test();
reg [4:0] data;
reg rst,load,clk;
wire [4:0] dout;
'define period 10
cnt c1(.dout(dout),.clk(clk),.data(data),.rst(rst),.load(load));//counter(dout,clk,data,rst,
load);
initial
    clk = 0;
always
begin
    #5 clk = 1'b1;
    #5 clk = 1'b0;
end
```

```
initial
begin
data = 5'h15;
load = 0;
rst = 1;
#'period rst = 0;
#('period * 5) data = 5'h1d;
load = 1;
#'period load = 0;
#('period * 50)
 $finish;
end
endmodule
```

1. 建立仿真工程

执行菜单命令"File"→"New"→"Project"，弹出如图 3-2-13 所示的对话框。在此输入工程名称（Project Name）、工程存放路径（Project Location）和默认库名称（Default Library Name）等。本例的工程名称为"cnt"，工作库为默认的 work 库。设置完成后，单击"OK"按钮，弹出如图 3-2-14 所示的"Add items to the Project"（向工程添加项目）对话框。

图 3-2-13　建立新工程

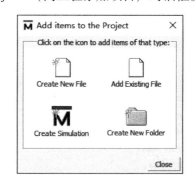

图 3-2-14　向工程添加项目

单击"Add Existing File"图标，弹出如图 3-2-15 所示的"Add file to Project"（向工程添加文件）对话框。单击"Browse"按钮，将待测文件添加到工程中，添加完成后单击"OK"按钮完成工程创建。在工作区的"Project"选项卡中可以看到新加入的文件，如图 3-2-16 所示。

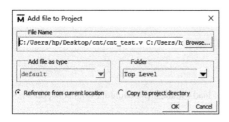

图 3-2-15　向工程添加文件

图 3-2-16　文件添加成功

2. Altera 仿真库的编译与映射

如果设计中没有用到 IP Catalog 生成的 IP Core 或 LPM，则此步骤可以省略。如果设计中包含了 IP Core 或者直接调用了 LPM，则必须进行 Altera 的仿真库的编译与映射。这些仿真库描述了 Megafunction 和 LPM 的功能与时序特性。除了每个器件族的仿真库外，Altera 的常用仿真库还有 220model 与 altera_mf。220model 是对常用的 LPM 硬件原语的描述，aItera_mf 是对常用的 Megafunction 模块的描述。添加的仿真库方法如下所述。

【方法 1】 可以直接在"<Altera_install_dir>\16.1\quartus\eda\sim_lib"目录下将所涉及的 Altera 仿真库的 Verilog 或 VHDL 文件复制到工程目录下，并如前述方法，将 Altera 仿真库的文件直接添加到工程中去。例如，设计中用到 220model 与 altera_mf 这两个库，则将其与设计文件一起添加到工程中，如图 3-2-17 所示。

图 3-2-17　添加仿真库到工程中

【方法 2】 可以访问 Altera 官方网站，下载预编译的仿真库，解压后对 Altera 仿真库进行映射或导入操作（导入操作是指在主界面中执行菜单命令"File"→"Import"→"Library"，将已编译的仿真库导入到指定目录下）。

为了方便以后的仿真，下面介绍如何在 Quartus Prime 的安装目录下提取并创建 Altera 仿真库。仿真库被创建后，在以后的设计中可以直接映射，不用再重新创建。

1）路径选择　启动 ModelSim SE 仿真工具，执行菜单命令"File"→"Change Directory"，将工作目录设置为想存放的仿真库的目录，然后单击"OK"按钮即可，如图 3-1-18 所示。

2）创建仿真库　执行菜单命令"File"→"New"→"Library"，弹出"Create a new Library"对话框，在"Create"区域选中"a new library and a logical mapping to it"选项，在"Library Name"栏中输入要创建库的名称（本例中为"Altera_lib"），如图 3-2-19 所示，然后单击"OK"按钮。

图 3-2-18　选择仿真库存放目录

图 3-2-19　创建仿真库

3）编译库　在"Workspace"窗口的"Library"选项卡中可以看到创建的 Altera_lib 库。执行菜单命令"Compile"→"Compile …"，弹出"Compile Source Files"对话框，在"Library"栏中选择新创建的库名（本例中选择"Altera_ lib"）。在"查找范围"栏中选择<Altera_install_dir>\quartus\eda\sim_lib 文件夹，对其中的 8 个文件进行编译，如图 3-2-20

所示。编译方法有两种：方法一，选中 8 个文件一起编译，单击"Compile"按钮，编译过程中会有出错现象，完成后再单击"Compile"按钮即可编译成功，最后单击"Done"按钮完成编译；方法二，先编译 220pack. vhd，再编译 altera_mf_components. vhd，然后编译其他 6 个文件，完成后单击"Done"按钮即可。编译完成后，在"Workspace"窗口的"Library"选项卡中可以看到创建的 Altera_lib 库中的内容，如图 3-2-21 所示。

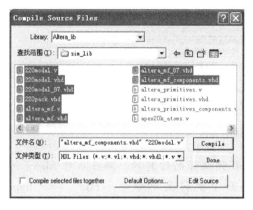

图 3-2-20　编译库文件

图 3-2-21　编译完成

　　说明　220model. v，altera_mf. v 是 Verilog 的库文件。如果待测单元采用 Verilog 设计，那么只需添加这两个库文件一起编译即可。220model. vhd、220model_87. vhd（87 标准）、220pack. vhd、altera_mf. vhd、altera_mf_87. vhd（87 标准）和 altera_mf_components. vhd 是 VHDL 的库文件。如果待测单元采用 VHDL 设计，那么需添加上述 6 个库文件一起进行编译。此次创建的仿真库中既包含 Verilog 的库又包含 VHDL 的库，在以后的设计中不论采用 Verilog 设计还是 VHDL 设计均可采用此库来进行映射。

　　4）配置 ModelSim　将 modelsim 根目录下的配置文件 modelsim. ini 的只读属性改为可写，这样可使软件记录仿真库的路径及映射关系，以后每次启动 ModelSim 时，就会根据 ini 文件寻找仿真库，并且形成映射关系。如果启动时出现"仿真库名（unavailable）"，那么可选中它，单击鼠标右键，从弹出的菜单中选择"Edit"选项来指定路径。

　　到此为止，Altera 的仿真库已经创建完成，以后对 Altera 设计仿真都不需要做库处理了，只需在仿真时添加此库即可。

　　3. 编译 HDL 源代码和 Testbench

　　在"Workspace"窗口中选择"Project"选项卡，然后选择中需要操作的文件，单击鼠标右键，在弹出的菜单中选择"Compile"→"Compile All"命令，对所有文件进行编译，如果该文件编译成功，则状态栏会出现绿色的对勾符号，如图 3-2-22 所示。同时，在"Library"选项卡中单击 work 库前面的"+"符号，展开 work，将会看到已编译的设计单元，如图 3-2-23 所示。

　　如果将 Altera 仿真库文件直接加入工程，而没有将预编译好的仿真库进行映射或导入，则编译过程会多花一些时间。

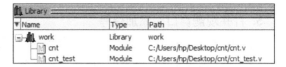

图 3-2-22　编译成功　　　　　　　　　　图 3-2-23　展开 work 库

4. 启动仿真器并加载设计顶层

仿真器启动和加载设计顶层有以下两种方法。

【方法 1】双击 work 库中的顶层设计单元（仿真的顶层单元一般为最外层的测试激励，故在本例中为 cnt_test 单元），自动加载顶层设计，并启动仿真，同时在 Workspace 窗口中出现"sim"选项卡，如图 3-2-24 所示。"sim"选项卡中显示设计单元的结构，"Project"窗口可用于观察待测信号。

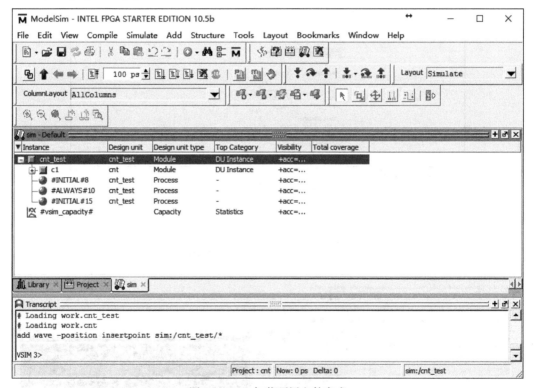

图 3-2-24　加载顶层文件完成

【方法 2】执行菜单命令"Simulate"→"Start Simulation"，弹出"Start Simulation 对话框"，如图 3-2-11 所示。在"Design"选项卡下选择顶层设计单元，单击"OK"按钮即可启动仿真器并加载顶层工作。该对话框共有 6 个选项卡："Design"选项卡用于指定仿真的预层和仿真分辨率；"VHDL"选项卡用于指定 VHDL 版本与语法格式相关参数；"Verilog"选项卡用于指定 Verilog 版本与语法格式相关参数；"Library"选项卡用于指定仿真过程所需的仿真库和优先查找的仿真库；"SDF"选项卡用于在时序仿真时指定 SDF 标准延时文件；"Options"选项卡用于指定一些附加功能参数，如代码覆盖率、wlf 文件、assert 文件等。

如果用到 Altera 仿真库，则需要在"Libraries"选项卡中添加 Altera 仿真库。

5. 打开观测窗口，添加信号

在工作区的"sim"选项卡中选中顶层单元，单击鼠标右键，在弹出的菜单中选择"Add Wave"选项来向"Wave"窗口添加信号，如图 3-2-25 所示。信号添加完成后会弹出已经添加了信号的"Wave"窗口，如图 3-2-26 所示。还可以根据需要观测的对象属性，执行菜单命令"View"，打开观测窗口。

图 3-2-25　向"Wave"窗口添加信号

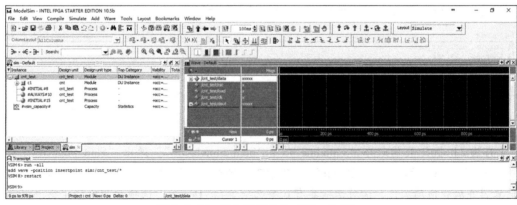

图 3-2-26　添加了信号的"Wave"窗口

6. 执行仿真

执行菜单命令 "Simulate" → "Run" → "Run -All"，或者使用 快捷按钮进行仿真。仿真结束后，在波形窗口可以观察待测信号是否满足设计要求，如图 3-2-27 所示。

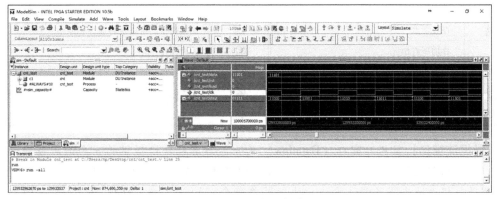

图 3-2-27　仿真结束

单击 "Wave" 窗口右上角的按钮 ，可将 "Wave" 窗口分离出来，如图 3-2-28 所示。通过观察仿真结果可知，波形并没有延时，可见是功能仿真。另外，单击按钮 ，在波形窗口下按住鼠标左键不放，向右下或左下拖曳可以选择一个放大区的域，向左上和右上拖曳可以选择一个缩小的区域。

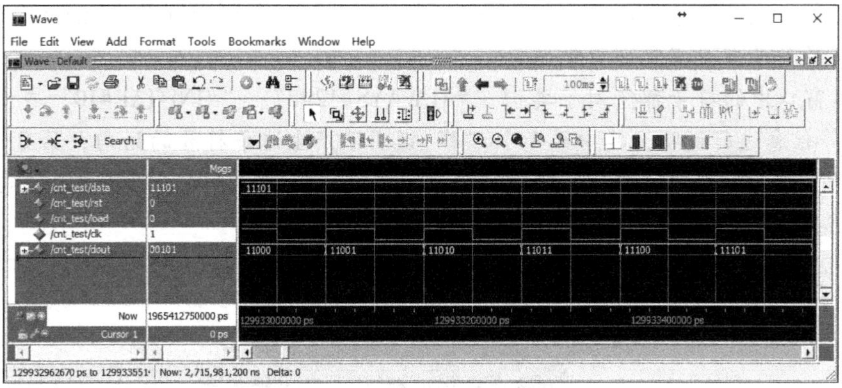

图 3-2-28　功能仿真结果

到此为止，利用 ModelSim 进行功能仿真已经结束。在这里再介绍一些常用的快捷按钮（见表 3-2-2），以及两个常用的仿真窗口（数据流窗口和列表窗口）。

表 3-2-2　常用快捷按钮的功能

图标	功能	图标	功能
	建立新的源文件		开始仿真，可以进行仿真设置
	打开文件对话框		停止仿真，可以中断仿真
	保存		回到上一层
	打印		回到后一层
	剪切		回到前一层
	复制		重新仿真
	粘贴		执行仿真，在该仿真时间长度内仿真

续表

图　　标	功　　能	图　　标	功　　能
↺	撤销操作	▤↕	继续仿真，直到仿真结束或用户停止仿真
↻	重新操作	▤↓	运行所有仿真，直到仿真结束或用户停止仿真
🔭	查找文本	▣	缩放操作，可以进行放大和缩小
⊞	叠加所有单元	🔍	放大操作
⊡	展开所有单元	🔍	缩小操作
⬇	编译选择的 HDL 源文件	🔍	完整缩放，在当前窗口以合适大小显示全部结果
⬛	编译当前工程中的所有文件	🔍	放大光标所在区域

【数据流窗口】数据流窗口（Dataflow）是一般仿真软件均提供的一个通用窗口，通过该窗口可以跟踪设计中的物理连接，跟踪设计中事件的传播，也可以用于跟踪寄存器、网线和进程等，极大地丰富了调试方法。执行菜单命令"View"→"Dataflow"，可以弹出数据流窗口。或者在工作区的"Sim"选项卡中选中设计单元，单击鼠标右键，从弹出的菜单中选择"Add Dataflow"选项，弹出数据流窗口，同时把该单元的模块添加到数据流窗口中，如图 3-2-29 所示。另外，选中设计单元并将其拖曳到数据流窗口也可以完成模块的添加。

数据流窗口可以显示进程（可以是 Verilog 的一个模块）、信号、网线和寄存器等，也可以显示设计中的内部连接。窗口中有一个内置的符号表，映射了所有的 Verilog 基本门，如与门、非门等，这些符号可以在数据流窗口中显示。其他的 Verilog 基本组件可以使用模块或用户定义的符号在数据流窗口中显示。

数据流窗口中的符号都使用了类似"#ALWAYS#12#2"、"#INITIAL#10"或"<module_mname>"等信息进行说明，其中第 1 个"#"说明了产生这个符号的语句，第 2 个"#"后面紧跟了产生这个符号的语句所在的源文件的行号，第 3 个"#"说明了这个语句在源文件中属于当前行的第几个语句。

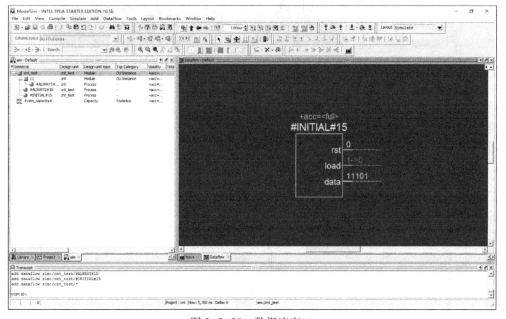

图 3-2-29　数据流窗口

数据流窗口最大的用途是进行追踪，方便查找引起意外输出的原因，在使用这个功能时会用到数据流窗口中内嵌的波形窗口。这个波形窗口中的活动指针与数据流窗口相关联，移动指针将影响在数据流窗口中信号值的变化。

【列表窗口】打开列表窗口的方法与打开数据流窗口的方法类似。执行菜单命令"View"→"List"可以弹出列表窗口。或者在工作区的"sim"选项卡中选中设计单元，单击鼠标右键，从弹出的菜单中选择"Add to"→"List"选项，也可弹出列表窗口，同时把该单元的模块添加到列表窗口中，如图 3-2-30 所示。另外，选中设计单元并将其拖曳到列表窗口也可以完成列表的添加。

列表窗口使用表格的形式显示仿真的结果。窗口被分为两个可调整的部分，右边为信号表，左边为仿真运行时间及仿真的 Delta 时间。可以从主窗口中创建列表窗口的第二个副本，两个列表窗口可以进行不同的设置，便于仿真结果的比较，同时也可以在波形比较时对相应的数据进行列表对比。

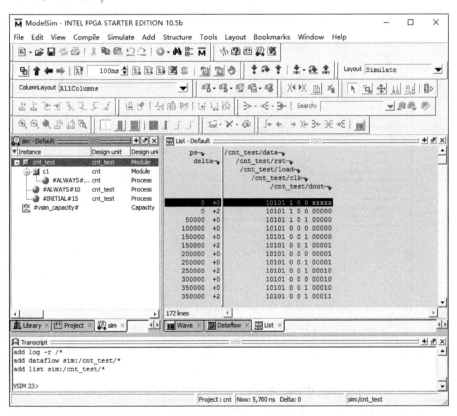

图 3-2-30　列表窗口

3.2.4　使用 ModelSim 进行时序仿真

时序仿真的定义在 3.2.1 节中已经详细介绍，时序仿真不仅包含门延时还包含实际布线延时，能比较真实地反映逻辑的延时与功能。

进行时序仿真所需要的文件如下所述：

☺ 综合布局布线生成的网络表文件。

☺ Testbench 文件（注意仅需要测试文件即可，并不需 HDL 源代码）。

☺ 元器件库。

☺ 综合布局布线生成的具有延时信息的 SDF 文件。

这里以 Quatrus Prime 作为综合软件，需要用 Quartus Prime 生成综合后的网络表文件和 SDF 文件。因此在使用 ModelSim 进行时序仿真前，先介绍一下在 Quartus Prime 中的设置，以及如何用 Quartus Prime 生成网络表与 SDF 文件。

在 Quartus Prime 中建立工程并添加文件后，执行菜单命令 "Assignments" → "Settings..."，弹出 "Settings" 对话框。选中左侧 "EDA Tools Setting" → "Simulation" 选项，进入如图 3-2-31 所示的界面，在 "Tool name" 栏中选择 "ModelSim-Altera"，在 "Format for output netlist" 栏中选择输出网络表的语言类型（本例中选择为 "Verilog HDL"），在 "Output directory" 栏中选择输出网络表的保存路径。

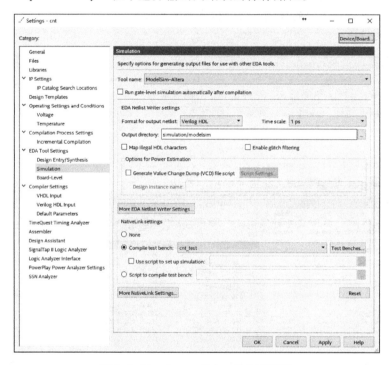

图 3-2-31　Quartus Prime 的仿真设置

　　默认的路径为 <Quartus Prime 工程所在目录>\simulation\modelsim，如果使用默认路径，那么在仿真时需要将 ModelSim 的工作路径也改为 <Quartus Prime 工程所在目录>\simulation\modelsim。或者将 "Output directory" 设置为 ModelSim 的工程存放目录。总之，网络表文件和 SDF 文件一定要在 ModelSim 的工程存放目录下。另外，ModelSim 中的目录分隔符为 "/"，而 Windows 系统中的目录分隔符为 "\"。

其他选项可根据需要设置，值得注意的是单击 "More EDA Netlist Writer Settings" 按钮，进入如图 3-2-32 所示对话框，在 "Name" 栏中的 "Generate functional simulation netlist" 选项必须为 "Off" 状态，如果选为 "On" 状态，那么只能产生综合后功能仿真需要的网络表文件（.VO），而不能产生时序仿真需要的 SDF 延时文件。该选项的默认设置为 "Off"，因此设置时应该注意，不要修改此项。

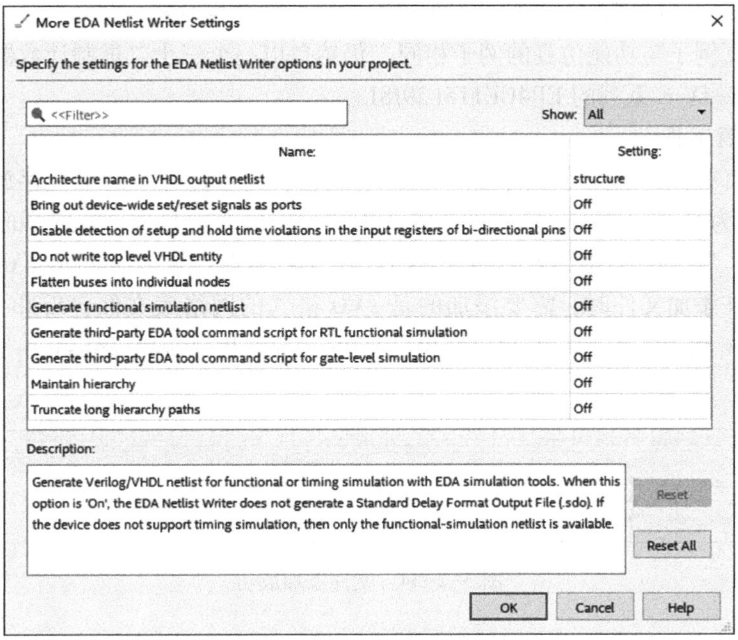

图 3-2-32　更多仿真选项设置

设置完成后，每成功编译一次，Quartus Prime 会自动在当前的工作目录下生成网络表文件及延时文件。如果使用 VHDL 语言，则网络表文件的扩展名是 . VHO，SDF 文件的扩展名是 . SDO；如果使用 Verilog 语言，则网络表文件的扩展名是 . VO，SDF 文件的扩展名也是 . SDO 格式。当工程已经编译通过，只是设置了仿真工具，也可执行菜单命令"Processing"→"Start"→"Start EDA Netlist Writer"来产生网络表文件和延时文件，如图 3-2-33 所示。

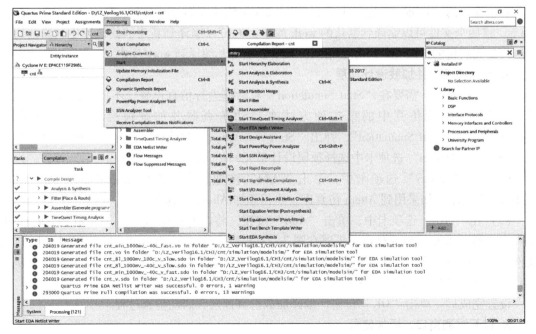

图 3-2-33　产生网络表文件和延时文件

至此在 Quartus Prime 中的设置已经完成，在 ModelSim 中进行时序仿真的步骤与功能仿真的步骤基本相同，区别在于添加的文件和仿真的设置有些不同。

本节的仿真例子与功能仿真的例子相同，仍然是以一个三十二进制计数器为例，器件为 Altera 的 Cyclone IV E 系列的 EP4CE115F29I8L。

1. 建立仿真工程

与功能仿真类似，建立一个名为"cnt"的工程，创建过程中的工程存放路径（Project Location）一定为 Quartus Prime 生成网络表文件和 SDF 文件的目录。如果 Quartus Prime 采用的是默认路径，那么将此路径改为<Quartus Prime 工程所在目录>\simulation\modelsim。完成工程创建后，在添加文件时，需要添加的是 .VO 格式的网络表文件、Testbench 文件和 cycloneive_atoms.v 元器件库文件（此文件可在<Altera_install_dir>\quartus\eda\sim_lib 文件夹里），如图 3-2-34 所示。

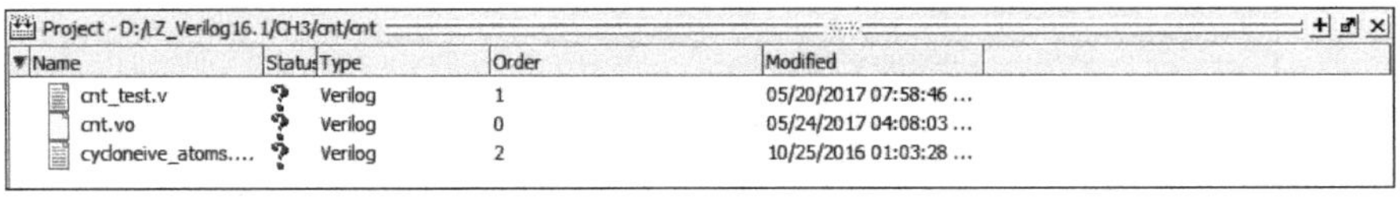

图 3-2-34　文件添加成功

2. Altera 仿真库与元件库的编译与映射

此步骤与功能仿真中的相比只是多了一个元器件库的映射，但是步骤相同。如果设计没用到 IP Catalog 生成的 IP Core 或 LPM，那么仅需要完成元器件库的映射即可。元器件库的编译与映射可以与 Altera 仿真库的编译方法相同，进行一次编译和映射后，在以后设计中可以直接添加而不需重新做库处理。如果仅对于一次设计有用，则将网络表文件和 Testbench 文件一起添加到工程即可。

3. 编译网络表文件和 Testbench

在工作区的"Project"选项卡中，分别编译网络表文件 cnt.vo 和 Testbench 文件 cnt_test.v。这两个文件可以编译到默认的 work 库中，也可以编译到新建的其他库中，修改库的方法与前面所讲的修改元件库方法相同。在本例中将其编译到 work 库中。

4. 启动仿真器并加载设计顶层

在时序仿真中，需要在"Start Simulation"对话框进行仿真设置，不可直接双击顶层单元。应该采用功能仿真中的第二种方法来启动仿真器并加载顶层，执行菜单命令"Simulate"→"Start Simulation"，弹出"Start Simulation"对话框后，具体设置如下所述。

（1）在"Design"选项卡中选择顶层设计单元 cnt_test。

（2）在"Library"选项卡中，单击"Add"按钮，将元器件库 cycloneive 加入，如图 3-2-35 所示。如果用到 Altera 仿真库，也得添加 Altera 仿真库。

（3）在"SDF"选项卡中，单击"Add"按钮，将在 Quartus Prime 下生成的 cnt_v.sdo 文件中找到。加入 .sdo 文件后，需要在图 3-2-36 所示的"Apply to Region"栏中输入延时文件的作用区域，在"/"后面输入被仿真顶层的模块在 Testbench 中的例化名称，本例为"c1"。添加完成后，如图 3-2-37 所示。

设置完成后，单击"OK"按钮，编译加载仿真顶层，启动仿真过程。

5. 打开观测窗口，添加信号

此步骤与功能仿真的第 5 步相同，在工作区的"sim"选项卡中，选中顶层单元 cnt_

test 并单击鼠标右键，从弹出的菜单中选择"Add"→"Add to Wave"选项，向"Wave"窗口添加信号。

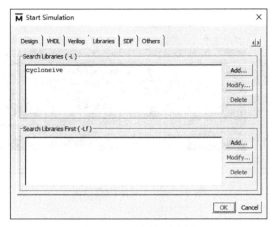

图 3-2-35　添加编译库

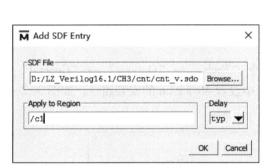

图 3-2-36　添加 SDF 文件

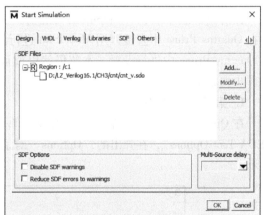

图 3-2-37　添加 SDF 文件完成

6. 执行仿真

此步骤与功能仿真的第 6 步相同，单击快捷图标，时序仿真结束后如图 3-2-38 所示。将时序仿真结果放大后可以看出，计数器的数值与时钟信号的上升延是有一定的延时的，如图 3-2-39 所示。至此，利用 ModelSim 进行时序仿真已经结束。

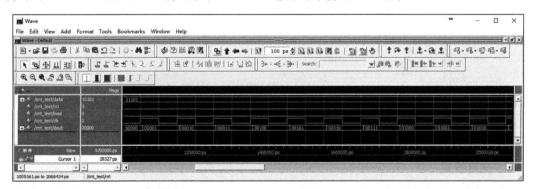

图 3-2-38　时序仿真结束

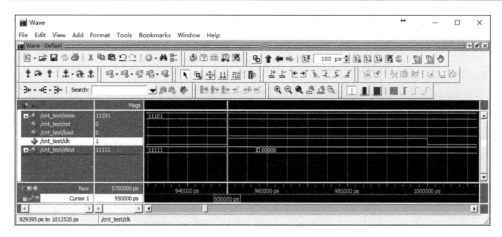

图 3-2-39　时序仿真结果

3.2.5　在 Quartus Prime 中调用 ModelSim 进行仿真

在前面已经介绍了 ModelSim 的功能仿真及时序仿真都是手动进行操作的，本节介绍一种在 Quartus Prime 中直接调用 ModelSim 进行的仿真，而不需手动打开 ModelSim，这就需要在 Quartus Prime 中进行设置。本节仍然以前面用到的三十二进制计数器为例进行仿真，其操作步骤如下所述。

1. 第三方软件路径的设置

在 Quartus Prime 的主界面下，执行菜单命令"Tools"→"Options"→"General"→"EDA Tool Options"，在弹出的"Options"对话框中设置 ModelSim 的安装路径，如图 3-2-40 所示。

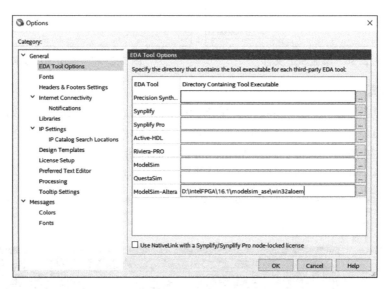

图 3-2-40　设置 ModelSim 的安装路径

2. 仿真设置

建立工程后，打开"Settings"对话框，选中左侧"EDA Tool Settings"栏中的"Simulation"选项，在下方的"Nativelink Settings"栏中选择"Compile testbench"选项，并输入

Testbench 的文件名，如图 3-2-41 所示。然后单击"Test Benches"按钮，打开如图 3-2-42 所示对话框。单击"New…"按钮后，弹出"New Test Benches Settings"对话框，如图 3-2-43 所示。

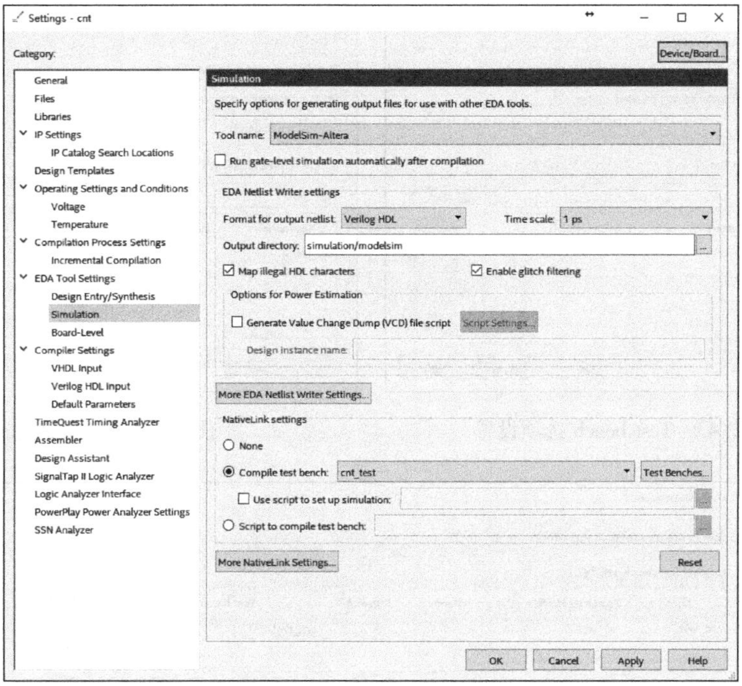

图 3-2-41 仿真设置

图 3-2-42 "Test Benches"对话框

在图 3-2-43 中的标题栏中分别输入 Test bench 名、实体名、调用顶层模块时的例化名和执行仿真的时间。单击"File name"栏右侧的按钮 …，找到 Test bench 文件后，单击"Add"按钮，将 Test bench 文件加入。设置完成后如图 3-2-44 所示，单击"OK"按钮后，在"Test Benches"对话框中可以看到添加的 Test bench 文件，如图 3-2-45 所示。

3. 执行仿真

完成在 Quartus Prime 中调用 ModelSim 的设置后，即可执行仿真。将 Quartus Prime 工程进行完全编译后，执行菜单命令"Tools"→"EDA Simulation Tool"→"Run EDA RTL Simulation"，Quartus Prime 将会调用 ModelSim 进行 RTL 级仿真，也就是功能仿真，同时 ModelSim 会完成编译、添加库、加载顶层等步骤，最后在"Wave"窗口中显示仿真结果，如图 3-2-46 所示。在工作区的"Library"选项卡中可以看到自动编译好的 Altera 仿真库和元器件库。

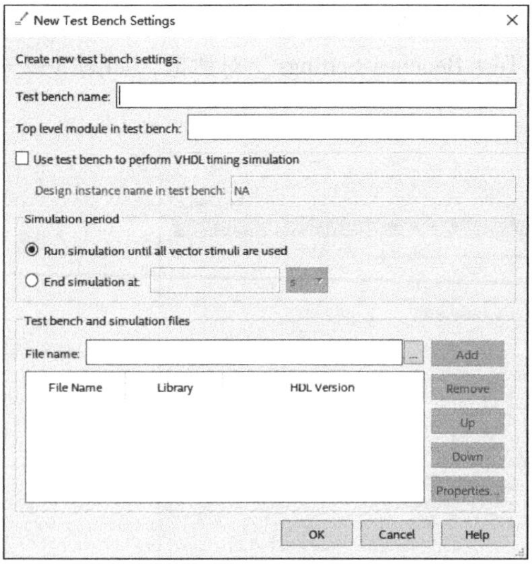

图 3-2-43　Test bench 选项设置　　　　图 3-2-44　设置完成

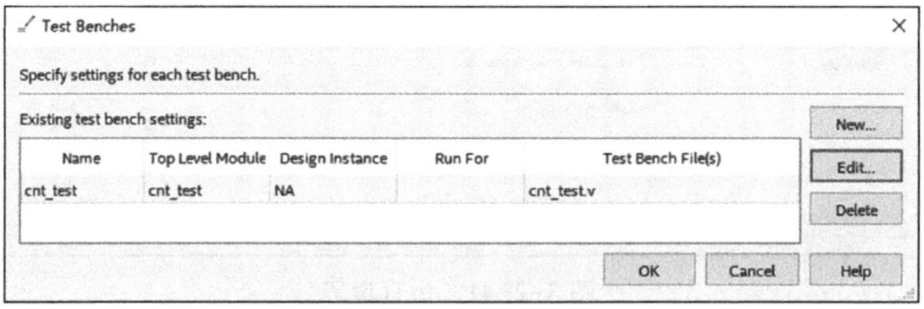

图 3-2-45　已添加的 Test bench 文件

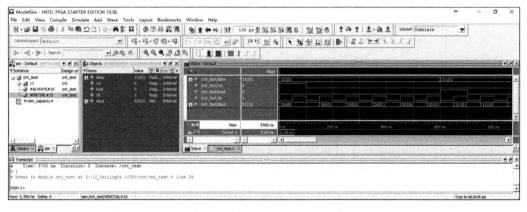

图 3-2-46　功能仿真结果

　　执行菜单命令"Tools"→"EDA Simulation Tool"→"Run EDA Gate Level Simulation"，Quartus Prime 会调用 ModelSim 进行门级仿真，也就是时序仿真，仿真结果如图 3-2-47 所示。另外，如果在图 3-2-41 中选中"Run gate-level simulation automatically after compilation"选项，Quartus Prime 编译完后会自动调用 ModelSim 进行门级仿真。

　　至此，在 Quartus Prime 中调用 ModelSim 进行功能仿真和时序仿真已经结束。

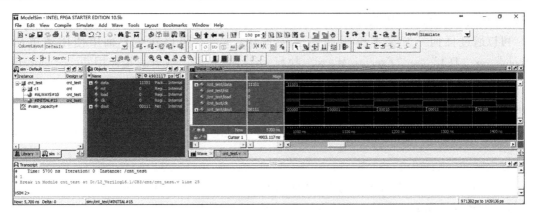

图 3-2-47　时序仿真结果

3.2.6　ModelSim 仿真工具的高级应用

本节将介绍 ModelSim 仿真器的一些常用高级操作，包括 force 命令、DO 文件和波形比较等。利用好这些操作可以有效地提高仿真效率。

1. force 命令

ModelSim 支持使用 force 命令为 VHDL 信号和 Verilog 网线提供激励。force 命令的基本语法格式为 force ＜item_name＞ ＜value＞ ＜time＞，＜value＞ ＜time＞。

使用 force 命令可以方便地驱动组合逻辑和网线，提供特殊需求的仿真，可以在主界面的命令控制台直接输入 force 命令，也可以在扩展名为"do"的宏文件中使用它。在控制台输入完 force 命令后，单击快捷键 📊 📊 📊 可以看到执行命令后的仿真结果。force 命令中进制符号为"#"。为了加深印象，下面举例介绍一些常用 force 命令格式：

force ／clr　0

强制信号"clr"在当前仿真时间为"0"；

force ／bus1　01XZ　100ns

强制信号 bus1 在当前仿真点后 100ns 后为"01XZ"；

force ／bus2　16#4F　@200

强制信号 bus2 在仿真器启动时间点后 200 个时间单位后为十六进制的"4F"；

force ／clk　0　0，1　20　-repeat　50　-cancel　1000

强制信号 clk 在当前仿真时间点后为"0"，在当前仿真时间点后的 20 个时间单位后为"1"，并将这种变化每 50 个时间单位重复执行一次，直到当前时间点后 1000 个时间单位为止。

2. DO 文件

在 GUI 界面下操作仿真流程费时费力，而且容易误操作，但使用 Cmd 流程也只能单步操作，对于大型工程而言，仿真过程相当耗时。如何能将工程师从烦琐的单步操作中解脱出来呢？其实 ModelSim 还提供了类似于批处理文件方式的仿真流程，使用 ModelSim 提供的命令或 Tcl/Tk 语言的语法，将仿真 Cmd 流程的仿真命令依次编写到扩展名为"do"的宏文件中，然后直接执行这个 DO 文件，就可以完成整个仿真流程。通过 DO 文件仿真可谓一劳永逸，编写 DO 文件比较麻烦，但是 DO 文件的执行过程可以将工程师从 GUI 和 Cmd 的单步操作与等待中解脱出来。这种 DO 文件可以在 ModelSim 的 GUI 中执行，也可以不启动 ModelSim 而直接在操作系统的命令行中执行。

可以通过任何一个文本编辑器创建一个 DO 文件。可以在主界面中使用菜单命令"Tools"→"TCL"→"Execute Macro"执行一个 DO 文件，或者直接使用 do　<your_file_name>. do 命令执行 DO 文件。

> 　　do 命令只可以在 ModelSim 的命令控制台中使用，而不能用在操作系统的命令行中。

下面仍以三十二进制计数器为例，使用 DO 文件进行一个简单的仿真。

1）创建目录和 DO 文件　在计算机上创建一个文件夹，在该文件夹中创建一个记事本文件，输入指令后存为 . do 格式。将三十二进制计数器的 HDL 源文件复制到该文件夹中。本例建立文件夹目录为 D:\LZ_Verilog16. 1\CH3\example_do，创建两个 DO 文件，分别为 cnt. do 和 sim. do，HDL 源文件为 cnt. v。

cnt. do 文件用于建立 work 库，编译源代码，加载设计顶层启动仿真器，打开观测窗口，每条指令及注释如下：

```
cd d:/LZ_Verilog16. 1/CH3/example_do    #进入新建的本地工作目录,注意目录分隔符为"/"
vlib work                                #创建本地 work 库
vlog cnt. v                              #编译 cnt. v 源代码
vsim cnt                                 #加载顶层 cnt,并启动仿真器
view wave                                #打开 Wave 窗口
do sim. do                               #调用 sim. do 文件
```

sim. do 文件描述了仿真的激励，每条指令及注释如下：

```
add wave *                       #将所有信号添加到波形窗口
force /clk 0 0, 1 50 -repeat 100  #用 force 命令创建周期为 100 单位的时钟激励
force /rst 1,0 0 200              #用 force 命令设计复位信号的激励
force /data 0 0, 10#20 200        #用 force 命令设计预置数的数据信号激励
force /load 0 0, 1 800, 0 900     #用 force 命令设计置数信号的激励
run 3000                         #运行仿真 3000 个时间单位
```

2）启动 ModelSim，执行 DO 文件　执行菜单命令"Tools"→"TCL"→"Execute Macro"，选择执行"cnt. do"文件，或者直接在命令窗口输入以下命令：

```
cdd:/LZ_Verilog16. 1/CH3/example_do
do cnt. do
```

3）执行仿真，观察波形　执行"cnt. do"文件后，ModelSim 自动运行仿真流程，并打开波形窗口，显示如图 3-2-48 所示的仿真波形。

从上面的示例可以看出，在 DO 文件中可以直接调用其他 DO 文件，这种嵌套执行的特性增强了文件的可读性和易维护性，方面使用者灵活地达到仿真的目的。

3. WLF 文件

在 ModelSim 仿真器运行过程中会自动产生一个波形日志格式文件（Wave Log Format，WLF）。WLF 文件提供了一组仿真的数据集，在这个数据集中记录了指定层次中信号、变量等的仿真数据，可以在仿真结束后使用这个文件对仿真过程进行精确回放，同时可以使用这

个文件与正在进行的仿真数据进行对比，得到不同仿真波形的时序差异。

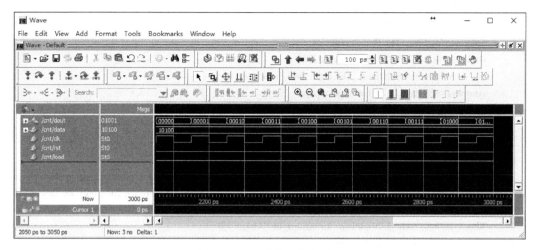

图 3-2-48　计数器仿真波形

在 ModelSim 中可以同时加载很多个这样的数据集合，每个数据集使用一个逻辑前缀来表示，当前活动的仿真数据集使用"sim:"前缀，其他数据集模型使用 WLF 文件的名称作为前缀，同时打开的所有数据集合使用的仿真时间精度要一致。

如果在仿真过程中给数据流窗口、列表窗口或波形窗口中添加了项目，那么在当前的工作目录下会产生一个名称为"vsim. wlf"的 WLF 文件，如果在相同的目录进行了新的仿真，这个文件会被新产生的仿真数据覆盖。执行菜单命令"File"→"Datasets …"，弹出"Dataset Browser"对话框，如图 3-2-49 所示。在此对话框中可以进行 WLF 文件的保存和打开，也可以在命令控制台使用 dataset　save 和 dataset　open 命令实现。另外，在命令行中使用 vsim 命令时给出-wlf 参数也可以将 WLF 文件保存。

图 3-2-49　"Dataset Browser"对话框

4. modelsim. ini 和 startup. do 文件

modelsim. ini 是一个 ASCII 文件，用于存储 ModelSim 编译和仿真的控制信息与参数。默认存放在 ModelSim 的安装目录下。modelsim. ini 文件主要包含的内容如下：

☺ 指明所链接的仿真库的路径；

☺ 指明 startup 文件的路径；

☺ 指明 ModelSim 的环境变量。

有经验的用户可以手动更改 modelsim. ini，如将一些常用的仿真库映射到系统中，但是如果更改不当，容易造成 ModelSim 非法退出。如果用户要修改该文件，需将该文件的只读属性去掉。用记事本可以查看该文件的内容，该文件中较为重要的是〔Library〕、〔vcom〕及〔vsim〕3 部分内容。

在〔Library〕后面是各个库的名字及其存放目录：

```
[Library]
std=$MODEL_TECH/../std
ieee=$MODEL_TECH/../ieee
verilog=$MODEL_TECH/../verilog
vital2000=$MODEL_TECH/../vital2000
std_developerskit=$MODEL_TECH/../std_developerskit
synopsys=$MODEL_TECH/../synopsys
modelsim_lib=$MODEL_TECH/../modelsim_lib
sv_std=$MODEL_TECH/../sv_std
mtiAvm=$MODEL_TECH/../avm
mtiUPF=$MODEL_TECH/../upf_lib
;vhdl_psl_checkers=$MODEL_TECH/../vhdl_psl_checkers      // Source files only for this release
;verilog_psl_checkers=$MODEL_TECH/../verilog_psl_checkers    // Source files only for this release

Altera_lib=G:/eda_3/Modelsim for Altera_lib/Altera_lib
cycloneII=G:/eda_3/cnt/cycloneII
```

在 [vcom] 后面有一些编译时的选项设置，值为 0 表示为 "OFF"，为 1 表示 "ON"。例如，Show_source=1 表示编译出错时将出错的那一行显示出来，可根据注释来了解其含义，部分内容如下：

```
[vcom]
; VHDL93 variable selects language version as the default.
; Default is VHDL-2002.
; Value of 0 or 1987 for VHDL-1987.
; Value of 1 or 1993 for VHDL-1993.
; Default or value of 2 or 2002 for VHDL-2002.
VHDL93=2002

; Show source line containing error. Default is off.
; Show_source=1

; Turn off unbound-component warnings. Default is on.
; Show_Warning1=0

; Turn off process-without-a-wait-statement warnings. Default is on.
; Show_Warning2=0

; Turn off null-range warnings. Default is on.
; Show_Warning3=0

; Turn off no-space-in-time-literal warnings. Default is on.
; Show_Warning4=0

; Turn off multiple-drivers-on-unresolved-signal warnings. Default is on.
; Show_Warning5=0

; Turn off optimization for IEEE std_logic_1164 package. Default is on.
; Optimize_1164=0
```

; Turn on resolving of ambiguous function overloading in favor of the
; "explicit" function declaration (not the one automatically created by
; the compiler for each type declaration). Default is off.
; The .ini file has Explicit enabled so that std_logic_signed/unsigned
; will match the behavior of synthesis tools.
Explicit = 1

在 [vsim] 后是一些仿真的选项,例如,Resolution = ps 表示仿真最小的分辨率为 1ps,UserTimeUnit = default 表示分辨率的单位为默认的单位,而默认的单位为分辨率所使用的单位,RunLength = 100 表示执行一次 Run 所仿真的时间,可以根据文件中的说明来分析其含义,部分内容如下:

[vsim]

; vopt flow
; Set to turn on automatic optimization of a design.
; Default is on
VoptFlow = 0

; vopt automatic SDF
; If automatic design optimization is on, enables automatic compilation
; of SDF files.
; Default is on, uncomment to turn off.
; VoptAutoSDFCompile = 0

; Simulator resolution
; Set to fs, ps, ns, us, ms, or sec with optional prefix of 1, 10, or 100.
Resolution = ps

; Enables certain code coverage exclusions automatically. Set AutoExclusions = none to disable.
AutoExclusions = fsm

; User time unit for run commands
; Set to default, fs, ps, ns, us, ms, or sec. The default is to use the
; unit specified for Resolution. For example, if Resolution is 100ps,
; then UserTimeUnit defaults to ps.
; Should generally be set to default.
UserTimeUnit = default

; Default run length
RunLength = 100

; Maximum iterations that can be run without advancing simulation time
IterationLimit = 5000

所谓 startup. do 文件是一个在 vsim 启动前默认执行的 DO 文件,高级用户可以通过这个文件加载一些常用的工作。modelsim. ini 中默认包含 Startup = do　startup. do 命令。用户可以通过更改上述命令的路径以达到启动自己编写的 startup. do 文件的目的。

5. 波形比较

ModelSim 工具提供了波形比较的功能,使用这个功能可以将当前正在进行的仿真与一个参考数据集合（WLF 文件）进行比较，比较的结果可以在波形窗口或列表窗口中查看，也可以将比较的结果生成一个文本文件。

进行波形比较时，可以指定特定的信号或边界进行比较，也可以定义比较公差，还可以设置比较开始及结束的时间点等。

进行波形比较时，工具提供连续模式和时钟模式两种不同的比较模式。连续模式是在每个参考信号进行跳变时都将测试信号和参考信号进行比较的一种方式；时钟模式是测试信号和参考信号都使用相同的时钟进行采样，然后对二者的采样值进行比较，在这种模式下可以使用时钟的上升沿、下降沿或双沿进行采样。

一般的波形比较大致需要以下 4 个步骤：

☺ 指定需要进行比较的数据集合或者仿真过程；

☺ 指定比较的边界以及信号；

☺ 运行比较过程；

☺ 查看比较结果。

本例将前面所用的三十二进制计数器的功能仿真结果和时序仿真结果进行比较，其操作步骤如下所述。

1）建立参考数据集　将功能仿真的结果作为一个参考数据集合，并将其 WLF 文件保存。进行完功能仿真后，执行菜单命令"File"→"Datasets…"，弹出"Dataset Browser"对话框，选中当前的仿真过程"sim"并单击"Save As…"按钮，命名后保存即可。本例命名为"function"，保存后为 function. wlf 文件，如图 3-2-50 所示。

图 3-2-50　保存 WLF 文件

2）打开待测的数据集　进行时序仿真，观察仿真结果。

> 待测的数据集合与参考数据集合的仿真时间精度要一致，如本例中的 Testbench 代码中有"'timescale 10 ns/1 ps"（时间单位为 10 ns，时间精度为 1 ps，如果设计中多个模块带有自身的 'timescale，则编译时总是定义在所有模块中的最小时间精度上），说明仿真时间精度是 1 ps。在 Quartus Prime 中生成的网络表文件（. vo/. vho）中也有"'timescale 1 ps/1 ps"，若要修改此项，可以直接在文件中修改，也可以在 Quartus Prime 中"Settings"对话框的仿真设置中修改并重新生成网络表文件，从而保证时间精度一致。

在本例中，功能仿真数据集合与时序仿真数据集合的时间精度都是 1ps。

3）进行波形比较　在 ModelSim 中，有一个波形比较向导可以帮助用户逐步地设置波形比较的条件并进行比较。执行菜单命令"Tools"→"Waveform Compare"→"Comparison Wizard…"，打开比较向导，单击"Browse…"按钮，选择"function. wlf"作为参考数据集合，在"Test Dataset"区域选中"Use Current Simulation"选项，如图 3-2-51 所示。单击"Next"按钮后进入下一对话框，在"Comparison Method"区域选中"Compare All Signals"

选项，如图 3-2-52 所示。

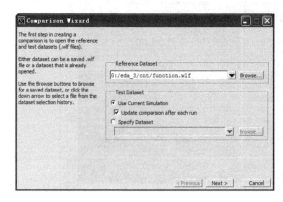

图 3-2-51　波形比较窗口（1）

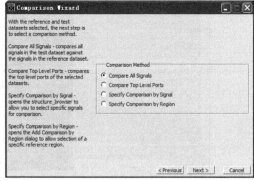

图 3-2-52　波形比较窗口（2）

单击"Next"按钮，在弹出的对话框中将"Would you like to add more signals to the comparison"设置为"No"，如图 3-2-53 所示。单击"Next"按钮，在弹出的对话框中单击"Compute Differences Now"按钮，软件将开始计算数据集合之间的差异，如图 3-2-54 所示。波形比较完成后，在弹出的对话框中单击"Finish"按钮完成比较，如图 3-2-55 所示。

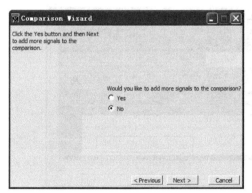

图 3-2-53　波形比较窗口（3）

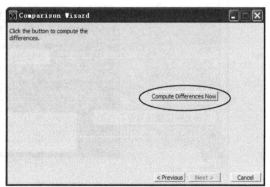

图 3-2-54　波形比较窗口（4）

图 3-2-55　波形比较窗口（5）

4）查看比较结果　波形比较的结果可以在波形窗口和列表窗口中进行查看，也可以在主界面中将结果存储为一个文本文件进行查看。比较结束后，在主界面中将显示波形比较的结果，如图 3-2-56 所示，可以看到在主界面的工作区中多了两个视图，其中"function"视图代表参考数据的集合 function，"compare"视图代表比较边界。同时，在"Transcript"窗口中会反馈波形比较的结果。

在波形窗口中，两个数据集合之间的差异部分用红色表示，如果将光标移动到红色区域，就会弹出一个窗口对这个红色区域进行说明。在波形窗口中还包括多个波形比较专用按钮，利用这些按钮可以快速在不同的信号之间跳动，如图 3-2-57 所示。

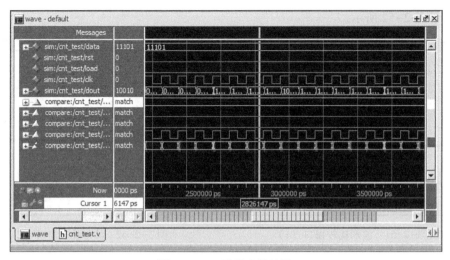

图 3-2-56　波形比较结果

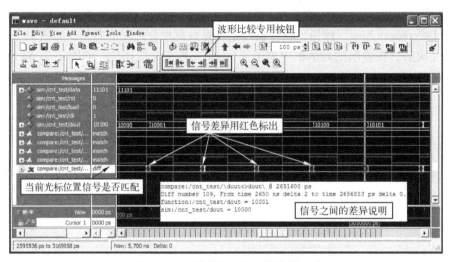

图 3-2-57　波形窗口中比较结果显示

也可以在列表窗口中查看波形比较。在主界面中执行菜单命令 "View" → "List"，打开列表窗口，并从主界面的 "compare" 视图中选择波形比较的层次，按住鼠标左键将其拖曳到列表窗口中，也可以单击鼠标右键，从弹出的菜单中选择 "Add" → "Add to List" 选项进行添加。在列表窗口中，数据集合之间的不同用黄色来表示，如图 3-2-58 所示。

除了可以在这两个窗口中对波形比较的结果进行查看外，还可以将波形比较的结果存储为一个文本文件，在以后需要时重新从 ModelSim 中加载。为了达到这样的目的，必须保存两个文件，一个文件保存信号之间的差异，另一个文件保存比较的规则及配置。下面介绍如何进行文件的存储、加载和设置公差等操作。

（1）在主界面或波形窗口中执行菜单命令 "Tools" → "Waveform Compare" → "Differences" → "Write Report"，在打开的对话框中单击按钮 保存(S)，将存储一个 "compare.txt" 文件到当前目录下。

（2）在 ModelSim 的命令控制台下输入 notepad compare.txt 命令，打开保存的文件，弹出 "Notepad" 对话框，如图 3-2-59 所示。可以看出此文件记录了比较结果的详细信息。

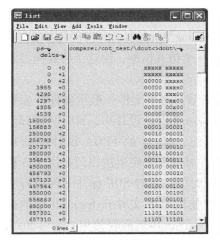

图 3-2-58 列表窗口中的比较结果显示

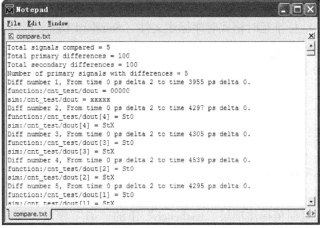

图 3-2-59 compare. txt 文件的内容

（3）在主界面或波形窗口中执行菜单命令 "Tools" → "Waveform Compare" → "Differences" → "Save"，在打开的对话框中单击按钮 保存(S)，将存储一个信号差异文件 "compare. dlf" 到当前目录下。

（4）在主界面或波形窗口中执行菜单命令 "Tools" → "Waveform Compare" → "Rules" → "Save"，在打开的对话框中单击按钮 保存(S)，将存储一个比较规则文件 "compare. rul" 到当前目录下。

（5）在主界面或波形窗口中执行菜单命令 "Tools" → "Waveform Compare" → "End Comparison"，结束波形比较。

（6）通过以上操作保存了波形比较的结果，如果需要重新加载比较文件，必须事先在波形窗口中打开需要用到的数据集合。例如，在本例中进行完时序仿真并打开波形窗口后，再执行菜单命令 "File" → "Datasets…"，弹出 "Dataset Browser" 对话框，并打开参考数据集合 "function. wlf" 文件，然后执行菜单命令 "Tools" → "Waveform Compare" → "Reload"，重新加载波形比较结果。

（7）在波形比较过程中，可以设置比较公差来约束差异到一定的程度时才显示出来。在波形窗口中选中信号 "compare:/cnt _ test/\dout<>dout\"，单击鼠标右键，从弹出的菜单中选择 "Properties" 选项，弹出 "Wave Properties" 对话框，如图 3-2-60 所示。在 "Compare" 选项卡中选中 "Continuous Comparison" 选项，并且在 "Leading Tolerance" 栏中输入 "50"，在其后的下拉列表中选择 "ns" 选项，单击 "OK" 按钮，保存设置并关闭对话框。此时可以看到信号 "compare:/cnt_test/\dout<>dout\" 上的红色高亮显示消失了，这是因为使用了不同的比较公差。

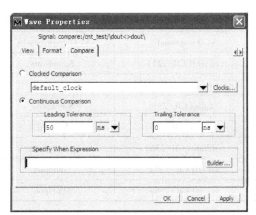

图 3-2-60 比较公差的设置

6. SDF 文件

标准延时格式时序标注文件（Standard Delay Format Timing Annotation，SDF）是在仿真中经常提到的一个名词，时序仿真就是经过延时后产生的一个仿真模型，给这个仿真模型添加了时序标注后的仿真。

对于一般的设计者来说，并不需要知道 SDF 文件的细节，这个文件一般由器件厂家提供一些工具来产生对应于自己器件的时序标注文件。在 FPGA/CPLD 设计中，SDF 时序标注文件都是器件厂家通过自己的开发工具提供给设计者的，Altera 的 FPGA 设计中使用". sdo"作为时序标注文件的扩展名。在 SDF 标注文件中，对每一个底层逻辑门提供了 3 种不同的延时值，分别是典型延时值、最小延时值和最大延时值。在对 SDF 标注文件进行实例化说明时，必须指定使用了哪一种延时值。例如，需要使用 SDF 文件 myfpga. sdf 中的最大延时值标注顶层"testbench"下的"u1"模块，则在 ModelSim 中就需要使用 vsim-sdfmax /testbench/u1 = myfpga. sdf testbench 命令。

一般的设计中都会有很多子模块，而每个模块都可以使用不同的 SDF 标注文件，如 vsim −sdfmax /system/u1 = fpga1. sdf −sdfmin /system/u2 = fpga2. sdf system 命令使用 fpga1. sdf 文件中的最大延时标注"system"系统下的子模块"u1"，并且使用 fpga2. sdf 文件中的最小延时标注"system"系统下的子模块"u2"。

用户也可以在加载仿真时指定时序标注文件，参见 3. 2. 4 节"使用 ModelSim 进行时序仿真"。

7. VCD 文件

VCD 文件是在 IEEE1364 标准中定义的一种 ASCII 文件，在这个文件中包含了头信息、变量的预定义和变量值的变化等信息。在 Verilog 语言中支持 VCD 的系统任务，并可以通过在 Verilog 源代码中使用 VCD 系统任务来生成 VCD 文件。ModelSim 中提供了与 IEEE1364 定义的 VCD 系统任务等效的仿真命令，并且对它进行了扩展，使其可以支持 VHDL 的设计，所以在 ModelSim 中等效的 VCD 命令可以在 VHDL 和 Verilog 设计中使用。

VCD 命令和 IEEE1364 系统任务的映射关系见表 3-2-3。

ModelSim 支持的扩展 VCD 命名与相关的系统任务关系见表 3-2-4。

表 3-2-3 VCD 命令和 IEEE1364 系统任务的映射关系

VCD commands	VCD system tasks
vcd add(CR−221)	$dumpvars
vcd checkpoint(CR−222)	$dumpall
vcd file(CR−231)	$dumpfile
vcd flush(CR−235)	$dumpflush
vcd limit(CR−236)	$dumplimit
vcd off(CR−237)	$dumpoff
vcd on(CR−238)	$dumpon

表 3-2-4 扩展 VCD 命令与相关的系统任务关系

VCD dumpports commands	VCD system tasks
vcd dumpports(CR−224)	$dumpports
vcd dumpportsall(CR−226)	$dumpportsall
vcd dumpportsflush(CR−227)	$dumpportsflush
vcd dumpportslimit(CR−228)	$dumpportslimit
vcd dumpportsoff(CR−229)	$dumpportsof
vcd dumpportson(CR−230)	$dumpportson

在 ModelSim 中，创建 VCD 文件的过程包含两个不同的流程，一个流程可以提供四态的 VCD 文件，参数在 0、1、X、Z 之间变化，没有信号强度的信息；另一个流程提供一个扩展的 VCD 文件，这个文件包括参数的全部状态变化及强度信息。

3.3　Synplify Premier 综合工具的使用

综合是 FPGA/CPLD 设计流程中的重要环节，综合结果的优劣直接影响布局布线结果的最终效能。好的综合器能够使设计占用芯片的物理面积最小，工作频率最快，这也是评定综合器优劣的两个最重要指标。面积和速度这两个要求贯穿 FPGA/CPLD 设计的始终，它们是设计效果的终极评定标准。相比之下，满足时序、工作频率的要求更重要一些，当二者冲突时，一般采用速度优先的准则。

本节重点介绍 Synplify/Synplify Pro/Synplify Premier 特点、使用方法及技巧。除自带综合工具外，Quartus Prime 几乎和所有流行的综合工具都有接口。Synplify/Synplify Pro 是 Synplicity 公司出品的综合工具，因综合速度快、优化效果好而备受关注，成为目前业界最流行的高效综合工具之一。

3.3.1　Synplify/Synplify Pro/Synplify Premier 简介

Synplicity 综合工具的两个最显著的特点是 BEST 和 Timing Driven（时序驱动）综合引擎，这两项核心综合优化技术与系列整体性优化策略和方法相辅相成，使它们对设计的综合无论在物理面积还是工作频率上都能达到较理想的效果。

1. Synplify 在 Quartus Prime 中的作用

Synplify 系列综合工具在 Quartus Prime 中主要完成综合过程。综合过程包括两个内容，一是对 HDL 源代码输入进行编译与逻辑层次上的优化，二是对编译结果进行逻辑映射与结构层次上的优化，最后生成逻辑网络表。另外，Synplify 系列综合工具内嵌了 HDL 编辑器，也可以完成 HDL 语言的源代码编辑与语法检错的功能。

2. Synplify、Synplify Pro 与 Synplify Premier 的异同

Synplify 是 Synplify Pro 的简装版。换句话说，Synplify 功能选项是 Synplify Pro 的功能选项的子集。二者的综合原理与机制是完全相同的，但 Synplify Pro 比 Synplify 功能强大得多，两者的功能比较见表 3-3-1。

表 3-3-1　Synplify 与 Synplify Pro 功能比较

功能 ＼ 项目	Synplify Pro 是否有该项功能	Synplify 是否有该项功能
行为提取综合技术——Behavior Extracting Synthesis Technology（BEST）	有	有
文本编辑框——Text editing Window	有	有
HDL 源代码分析器——HDL Analyst	有	可选功能
有限状态机编译器——FSM Compiler	有	有
综合约束条件编辑器——SCOPE	有	有
新用户界面——New User Interface	有	无
命令执行窗——Tcl Window	有	无
综合报告观察窗——Log Watch Window	有	无
有限状态机观察器——FSM Viewer	有	无
有限状态机探测器——FSM Explorer	有	无

功能 \ 项目	Synplify Pro 是否有该项功能	Synplify 是否有该项功能
时序分析专家——Timing Analyst	有	无
多重实现手段——Multiple Implementations	有	无
探针功能——Probe Point Extraction	有	无
文件互链切换功能——File Cross-Probing	有	无
时序优化功能——Pipelining	有	无
组合逻辑时序优化功能——Retiming	有	无
黑盒子（Black Box）延时定义描述语言——STMAP	有	无
多位置综合增量设计流程——Multipoint Flow	有	无
模块化设计流程——Modular Flow	有	无

Synplify Premier 不仅集成了 Synplify Pro 所有的优化选项，包括 BEST 算法、Resource Sharing、Retiming 和 Cross-Probing 等。更集成了拥有专利的 Graph-Based Physical Synthesis 综合技术，并提供 Floor Plan 选项，是业界领先的 FPGA 物理综合解决方案，能把高端 FPGA 性能发挥到最好，从而可以轻松应对复杂的高端 FPGA 设计和单芯片 ASIC 原型验证。为了能够更全面地了解和掌握 Synplify 系列综合工具，下面以 Synplify Premier 为例，介绍其使用技巧与功能。

3. Synplify Premier 特色工具

目前 Synplify Premier 的主要特色功能如下所述。

【支持混合设计】Synplify Premier 对 Verilog 和 VHDL 混合编程支持得很好。在一个工程中，源程序可以既包含 Verilog 源代码又包含 VHDL 源代码。这个特性加强了模块的再用性，可帮助用户更好地继承以往的工程设计。

【HDL 源代码编辑器】Synplify Premier 内嵌的 HDL 编辑器的语法检错功能十分强大，有语法错误检查（Syntax Check）和综合错误检查（Synesis Check）两个层次。Synplify Premier 内嵌 HDL 编辑器结合 Cross-Problng 功能，能在源代码和寄存器传输级视图（RTL View）及结构视图（Technology View）之间方便地互链切换，是源代码调试的有力工具。

【逻辑优化步骤——编译】编译是综合的第一步。Synplify Premier 将输入的源代码翻译成布尔（Boolean）表达式，并优化逻辑关系。优化的方法和效果与所选择的优化策略密切相关，通过优化可以消除部分冗余设计，并对一些模块复用，使设计在面积和工作速度两方面都得到一定程度的改善。

【逻辑映射步骤——映射】逻辑映射是综合的第二步。Synplify Premier 将编译生成的逻辑关系映射为 FPGA/CPLD 的底层模块和硬件原语，如 Altera 的 IO、LE、Block RAM 和 PLL 等。根据用户设置的综合优化条件，Synplify Premier 会根据优先级对电路的频率、面积进行全面优化。Synplify Premier 采用专用结构映射技术完成逻辑与结构映射，使综合效果更好。

【行为提取综合技术——BEST 算法】BEST（Behavior Extraction Synthesis Technology）即行为级提取技术的缩写，是 Synplify Premier 综合工具高效综合的核心之一。过去，综合技术主要是基于门级的，如 Synopsys 早期的综合工具，它们将用 HDL 代码描述的电路展开到门级，用与、或、非门逻辑和一些最基本的触发器、锁存器等基本单元表示，然后将这些门级网络表适配到不同类型的 FPGA 底层结构上。这种门级综合方式在 ASIC 和早期 FPGA 设计中应用得很广泛，其特点是忠于原设计。但是，现在的 FPGA 的底层结构是由按照固定结构捆绑的触发器和 LUT（基本可编程逻辑单元），加之一些固定结构的硬件原语与底层模块（如 PLL、DLL、Block RAM 等）构成的。所以采用门级综合技术相当于将寄存器传输级（RTL）电路描述打平到门级，然后再组合到 FPGA 的底层硬件原语，由一个从高抽象层次（RTL 级）打平到低抽象层次（门级），然后再返回到一个较高一些的抽象层次（FPGA 的硬件原语描述）的过程。这无疑在综合效率上是不十分合理的。于是新的综合思路——行为级综合技术应运而生。行为级提取技术的核心是将 RTL 级 HDL 语言描述的电路结构并不直接打平到门级去适配 FPGA，而是将综合结构抽象成行为级标准模块，根据 FPGA 厂商（Vendor）提供的大量 FPGA 底层硬件原语和基本可编程逻辑单元的数据库，将行为级提取的模块直接适配到 FPGA 底层单元中去。行为级综合技术适配到 FPGA 的层次不再是门级，而是行为级，更高的综合层次大大节省了综合时间，并有效地提高了综合效率，使优化效果更加显著。

使用 BEST 技术，Synplify Premier 在分析源代码后，抽象出设计的模块化模型，用寄存器传输级视图（RTL View）图像化显示出来。这种高度抽象的视图由功能模块、RAM/ROM、有限状态机等模型组成。使用层次进出（Push）命令还可以进入模块内部观察设计逻辑结构。该算法能将寄存器传输级视图模块映射为结构视图（Technology View）元器件，使工程师对经编译、逻辑映射后生成的综合网络表有更深刻的认识，大大方便了对设计的理解和调试。

BEST 技术结合 CrossProbing 互链切换功能与视图的打平（Flattening）、过滤（Filtering）等命令，将源代码、RTL 视图、结构视图、综合结果报告（log 文件）和有限状态机等有机地结合起来，帮助设计者更有效地分析综合的结果与关键路径等信息。

【整体性的综合策略】Synplify Premier 的综合策略非常重视在整体上对设计的分析与优化。这种综合策略能在更大程度上对设计进行优化，使设计的映射结果占用面积最小。

【快速编译与类推】Synplify Premier 的综合速度非常快，即使是百万门的大规模 FPGA 的综合，也能在相对较短的时间内完成。

【SCOPE 集成化综合约束器】SCOPE（Synthesis Constraints Optimization Environment）采用图形化集成界面，使用户可以方便、全面、有效地对设计进行综合约束。新版 SCOPE 的功能又有一定的增强，如支持多位置综合增量设计流程（Multipoint Synthesis Flow）等。

【DST 直接综合技术】DST（Direct Synthesis Technology）技术是根据 FPGA/CPLD 器件制造商的芯片内部硬件结构，直接将源代码优化、映射为该器件的底层模块和硬件原语。这样既减少了综合时间，提高了综合效果（面积和速度），又使 Synplicity 综合工具能以最快的速度支持芯片制造的新技术和新型芯片。

【自动 RAM 类推】Synplify 对 RAM 的类推支持得很好，可以根据所选器件的型号将设计中的 RAM 自动类推为该 FPGA/CPLD 固有的 RAM 结构。Synplify Premier 的 RAM 类推技术支持的芯片生产商多、器件型号广、RAM 类型全。

【Cross-Probing 功能】Cross-Probing 是一种联系代码、视图、仿真、报告和关键路径的链接指针，使用该功能可以方便在代码、视图、仿真、报告和关键路径等之间互相切换。例如，在有限状态机观察器中双击某一状态，就可以自动切换到相应的源代码段落。在 RTL 视图或 Technology 视图中双击某一模块，同样能自动切换到描述该模块的源代码段落。新版本的 Synplify Premier 甚至支持到第三方工具的 Cross-Probing 功能，可以在 ModelSim 等仿真工具及一些原理图输入工具之间实现互链切换。Cross-Probing 功能大大方便了工程师对设计的理解与调试。

【RTL View】 寄存器传输级视图（RTL View）是 Synplify Premier 在对源代码编译后应用 B. E. S. T 技术再现的设计的寄存器传输级原理图。该图高度抽象为模块化结构，帮助用户理解源代码对应的具体电路结构，检验设计的正确性。

【Technology View】 结构视图（Technology View）是将设计用 FPGA/CPLD 的硬件原语（Primitive）和底层模块描述的门级结构原理图。它与 RTL 视图既相似又不同，结构视图对设计的描述更深刻，可以说结构视图是 RTL 视图向具体器件进行结构映射的结果。Technology 视图结合 RTL 视图能有效地帮助用户对整个综合过程有一个较深刻的认识，也能帮助用户理解设计电路，分析关键路径。

【FSM Compiler】 有限状态机编译器（FSM Compiler）是综合有限状态机的一个强大工具。Synplify Premier 的有限状态机编译器不仅能自动从代码中分析出所使用的有限状态机，而且可以分析出有限状态机是否存在不可到达的状态或歧义状态转移等。综合时可以选用自然码、格雷码（Gray Code）或独热码（One-hot Code）等不同的编码方式进行状态机编码。

【FSM Explorer】 有限状态机探索器（FSM Explorer）比有限状态机编译器功能更加强大。它除了能自动发现状态机，并选用最佳的编码方式描述安全、高效的状态转移功能外，还能结合有限状态机观察器（FSM Viewer）方便地调试有限状态机的状态转移方式。FSM Explorer 的本质是基于 Timing Driven 状态机优化技术。

【FSM Viewer】 有限状态机观察器（FSM Viewer）使用状态转移图描绘有限状态机的编译、优化结果，为状态机调试提供了图形化界面。

【Resource Sharing】 资源共享功能可以提高芯片的利用率，有助于减少设计所占用的物理面积。例如，Case 语句或模块调用时出现互斥条件下的一些运算与操作，如加法器、乘法器、除法器等，Synplify Premier 会在结构上共享同一个运算模块，从而达到节省资源的目的。

【Retiming】 Retiming 可以在不改变逻辑功能的前提下，自动用寄存器分割组合逻辑，在组合电路中插入寄存器平衡延时，提高芯片的工作频率。Synplify Premier 可以改善带有复位/置位端口的寄存器、I/O 单元的寄存器、电平敏感的锁存器和 RAM 等结构的延时。选择 Retiming 参数后，Synplify Premier 对设计整体性使用 Retiming 技术。另外，Retiming 属于一种时域驱动（Timing Driven）优化技术。

【Pipelining】 Pipelining 比 Retiming 相似，都是改善延时、提高芯片工作频率的综合手段。二者的显著区别在于 Retiming 可以运用于整个设计，而 Pipelining 主要运用于一些算法路径，如乘法器、加法器、ROM 的数据通路等。Pipelining 可以将一段较大的逻辑用寄存器分割成若干较小的逻辑，从而使该逻辑从输入到输出的延时减少。Pipelining 能自动优化乘法器、加法树、ROM 等结构，减少输出延时，提高工作频率。

【Probe】 Probe 也称探针功能。使用探针功能无须在 HDL 代码中做任何更改，就能方便地拉出任意信号到输出引脚。使用 Probe 将测试信号拉到测试引脚的最大好处是省掉了添加、删除测试信号时需要由子模块向父模块逐层向上传递的麻烦，保证了代码清晰、干净，简化了 FPGA/CPLD 的调试过程。

【MultiPoint Synthesis Flow】 它使综合工具仅对修改过的模块或新增模块进行增量编译，而对未更改的部分保持原有的综合结果，配合增量式实现工具，可以很好地集成已有的设计成果，更好地支持模块化设计，缩短综合与实现的周期。

【Timing Analyst】时序分析专家能对 Altera 器件进行点到点的路径时序分析，是对结构化视图（Technolofy View）时序分析功能的有益补充。

【Automatic Gate Clock Conversion】自动门控时钟转换在 FPGA 设计中推荐采用同步时序设计方式，时钟的分频、倍频等推荐使用 DLL 或者 PLL 的 IP Core 完成，即使设计用户自己的时钟，也尽量采用寄存器设计同步时钟，一定要避免使用门控时钟。使用门控时钟会带来时钟的抖动、延迟等诸多时序问题，直接影响设计的可靠性和最高频率。而在 IC 设计中却恰恰相反，门控时钟是时钟树的一种常见设计手段，IC 设计中采用门控时钟结构可以在一定程度上节约面积、减少功耗、提高速度，这是由于 IC 和 FPGA 的内部结构和设计方法不同决定的。所以，当有些场合需要将 IC 设计转到 FPGA 平台上时，门控时钟的转换就变得异常重要，甚至有很多专业工具专门完成此项功能。

【Auto Constraints】自动约束通过 Auto Constraints 能为 Altera 和 Xilinx 的某些最新器件族，在默认情况下添加一系列提高综合优化性能的约束属性。需要说明的是，这种自动约束并不能完全取代手动设置约束属性，对于相对复杂一些的设计，在 Synplify Premier 中通过 SCOPE 设置约束属性仍然是最有效的方法。Auto Constraints 在默认条件下，为用户提供了一种一键式约束方法。Auto Constraints 首先自动类推所有设计中的所有时钟，将每个时钟自设为一个时钟组，使用该参数可能会综合优化出在默认条件下的最佳时钟效果。

4. Synplify Premier 的用户界面

Synplify Premier 的界面组织清晰、明了，符合 Windows 界面操作习惯。功能按钮按照综合操作顺序组织，操作简便。本节以 Synplify Premier J-2015.03-SP1 为例来介绍该软件的使用，Synplify Premier 的用户界面如图 3-3-1 所示，它由菜单栏、工具栏、状态显示栏、操作步骤按钮、重要综合优化参数选项设置、工程管理窗、工程文件显示区、消息显示窗和综合报告观察窗等部分组成。

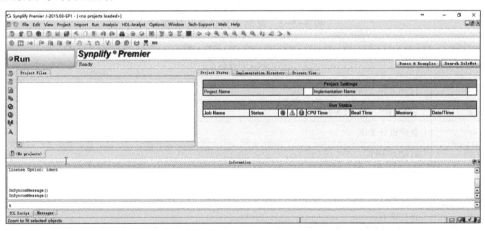

图 3-3-1　Synplify Premier 的用户界面

1）菜单栏　菜单栏包含了常用命令的下拉菜单。

☺ File：包含打开文件、保存文件、建立新工程、关闭工程等通用文件处理选项。

☺ Edit：包含撤销、剪切、复制等通用编辑选项。

☺ View：包含 Synplify Premier 中各个窗口的显示和隐藏控制选项。

☺ Project：包含综合参数设置（Implementation Options）、添加源文件（Add Source File）、从工程中删除源文件（Remove Files From Project）、替换文件（Change File）、

设置 VHDL 库（Set VHDL Library）和新建综合项目（New Implementation）等工程管理和参数设置选项。

☺ Run：包含 Synplify Premier 主要操作步骤的运行命令，如综合（Run）、重新综合所有项目（Resynthesize All）、编译（Compile Only）、有限状态机探测器（FSM Explorer）、语法检查（Syntax Check）、综合检查（Synthesize Check）、运行工具命令语言脚本（Run TCL Script）、工作状态（Job Status）、下一个错误定位（Next Error）和前一个错误定位（Previous Error）等选项。

☺ Analysis：包含时序分析专家（Timing Analyst）和产生时序（Generate Timing）等选项。

☺ HDL-Analyst：包含寄存器传输级（RTL）视图分析和结构级（Technology）视图分析的相关选项。这两种视图是 Synplify Premier 的特色工具，它们以图形方式表达设计编译后的寄存器传输级和综合后的结构级原理图。

☺ Options：包含设置 VHDL 编译参数（Configure VHDL Compiler）、设置 Verilog 编译参数（Configure Verilog Compiler）、工具栏设置（Toolbars）、工程显示设置（Project View Options）、编辑器设置（Editor Options）、HDL 分析设置（HDL Analyst Options）等选项。

☺ Window：包含叠层水平排列显示（Tile Horizontally）、垂直排列显示（Tile Vertically）、显示（Cascade）和全部关闭（Close All）等窗口调整选项。

☺ Tech-Support：包含递交技术支持申请（Submit Support Request）和网上技术支持（Web Support）两个选项。

☺ Web：该菜单命令可以链接 Synplicity 官方网站，并查看一些最新的资源和信息。

☺ Help：集合了 Synplify Premier 在线帮助，使用演示和 license 管理等选项与信息。

2）工具栏 工具栏集合了常用命令的快捷按钮，几乎所有综合操作都可以通过工具栏中的快捷按钮来完成。常用工具栏及其功能见表 3-3-2。

表 3-3-2　常用工具栏及其功能

按　　钮	功　　能
	文件工具栏
	打开工程（Open project）
	启动 HDL 源代码编辑器
	新建设计平面
	启动 SCOPE
	打开文件
	保存文件
	保存所有
	编辑工具栏
	剪切
	复制
	粘贴
	撤销
	返回
	查找

按　钮	功　　能
	寄存器传输级和结构级视图工具栏
	启动 RTL 级视图，该图是 Synplify Premier 采用 BEST 技术再现的设计的寄存器传输级原理图
	启动结构视图，该图是综合优化后的底层视图，试图模块为 FPGA/CPLD 的硬件原语
	启动 Timing Analyst，用于分析点到点之间的路径与延时
	显示设计的关键路径，关键路径是最影响工作速度或时序约束的路径
	将所选结构从繁杂的设计图中滤出，在一张新的结构图上显示，增加了视图的可读性
	视图操作工具栏
	回到上一个视图
	回到下一个视图
	正常视图显示
	放大视图
	缩小视图
	完整视图显示
	放大所选视图
	视图的层次切换，可以进入下一层/上一层视图
	到上一个页面
	到下一个页面
	选择工具
	书签工具栏
	设置/取消书签
	到下一个书签处
	到上一个书签处
	清除所有书签
	有限状态机工具栏
	在状态与转移条件间切换显示
	将所选状态的输出进行跟踪，可以观察状态之间的转移情况
	重新显示 FSM 状态转移图

3）**状态显示栏**　显示综合器当前的工作状态。

4）**操作步骤按钮**　依照综合的实际操作顺序组织，体现 Synplify Premier 综合流程，依次使用操作步骤按钮就可以完成综合的全过程。

5）**重要综合优化参数选项设置**　重要综合优化参数选项设置集中了综合优化过程中最重要的一些参数，包括综合频率设置、FSM Complier、FSM Explorer、Resource Sharing、Pipelining 和 Retiming 等，这些参数的设置将直接决定综合的目标与结果。在频率设置参数栏后新添了一个自动约束（Auto Constraints）选项，通过该选项可以为 Altera 最新器件添加默认条件下的综合优化约束属性，以达到最佳约束效果。另外，单击"Implementation Options"按钮，启动综合参数设置对话框后也可以设置这些参数，而且效果完全一致，只是在外部设置比较方便而已。

6）工程管理窗　显示工程结构和资源文件等信息。

7）工程文件显示区　用于显示工程输入文件和综合结果文件的内容。可通过已打开文件选项卡切换所显示的文件。

8）消息显示窗　显示综合过程的 TCL（Tool Command Language）语言描述和工程信息，如警告（Warning）、错误（Error）和注解（Notes）等信息。

9）综合报告观察窗　这是为了方便观察综合结果的主要参数而设计的，它能显示综合结果的时钟频率、I/O 引脚、寄存器资源、查找表（LUT）资源和所选器件等重要信息。

3.3.2　Synplify Premier 综合流程

在 Quartus Prime 中，使用 Synpliry Premier 综合工具的基本方法有两种：第一种方法是，首先在 Quartus Prime 中执行菜单命令"Tools"→"Options"，弹出如图 3-3-2 所示的对话框，单击左侧"General"栏下的"EDA Tool Options"选项后，将设置右侧的 Synplify 和 Synplify Premier 的安装路径。然后执行菜单命令"Assignments"→"EDA Tool Settings"，设置"Design Entry/Synthesis"为"Synplify Premier"，并选中"Run this tool automatically to synthesize the current design"选项（也可以执行菜单命令"Processing"→"Start"→"Start EDA Synthesis"选项来调用 Synplify Premier），如图 3-3-3 所示，则 Quartus Prime 会自动调用 Synplify Premier 综合工具完成设计的综合过程。第二种方法是单独启动 Synplily Premier 来完成综合过程，输出符合标准格式的 EDIF 或 VQM 网络表文件，在设计输入选择 EDIF 或 VQM 网络表，则 Quartus Prime 仅完成对网络表的映射和布局布线等操作。

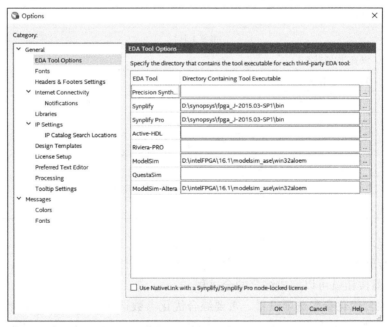

图 3-3-2　设置 Synplify/Synplify Premier 安装路径

第二种使用方法更加灵活，可以充分发挥 Synplify Premier 的强大功能，也是本书介绍的重点。使用 Synplify Premier 进行综合的基本步骤可以细化为创建工程、源代码检错、RTL View 观察、使用 SCOPE 设计综合约束条件、设置综合优化参数、综合和分析综合结果等 7 大步骤。下面结合一个 ALU（算术逻辑单元）的简单例子来介绍 Synplify Premier 综合流程。

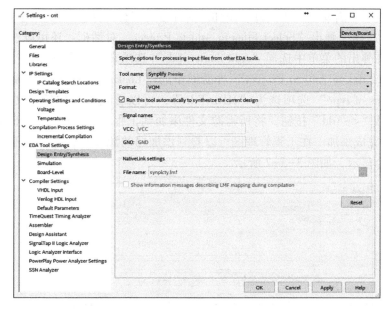

图 3-3-3　将综合工具设置为 Synplify Premier

1. 创建工程

在 Synplify Premier 中工程创建和管理的
方法有多种，一种是单击左侧操作步骤按钮
中的 "Open Project" 按钮或工具栏中的按
钮 ，弹出 "Open Project" 对话框，单击
"New Project" 按钮即可完成新建工程，如
图 3-3-4 所示。还可以在工程管理窗空白
处单击鼠标右键，弹出工程管理命令菜单，

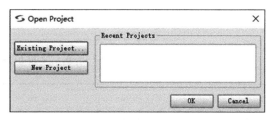

图 3-3-4　创建新工程

选择 "New Project" 选项。新建的工程在保存前默认工程名为 "proj"，如图 3-3-5 所示。

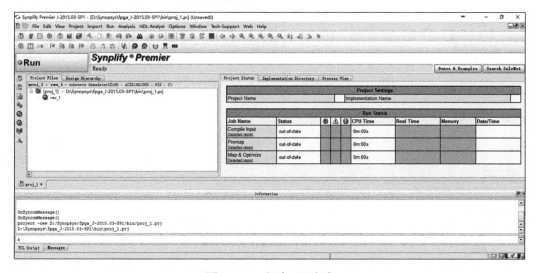

图 3-3-5　新建工程完毕

　　工程创建完后，需要添加源文件。添加源文件也有多种方法，单击左侧操作步骤按钮中的"Add File"按钮，弹出"Select Files to Add to Project"对话框。还可以选中工程后，单击鼠标右键，在弹出的菜单中选择"Add Source File"选项来完成此操作。

　　将"Select Files to Add to Project"对话框中的"Look in"选项选为源文件所在的目录后，将"Files of type"选项选为"HDL Files"，可以看到待添加的源文件，然后单击"<-Add All"或"<-Add"按钮，将所需源文件添加到工程中，如图 3-3-6 所示，最后单击"OK"按钮完成添加。在工程管理区可以看到添加好的源文件，同时在信息观察窗中可以看到操作命令显示，如图 3-3-7 所示。

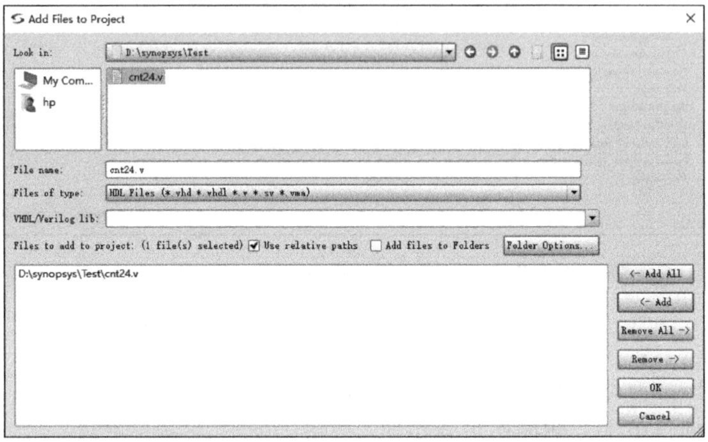

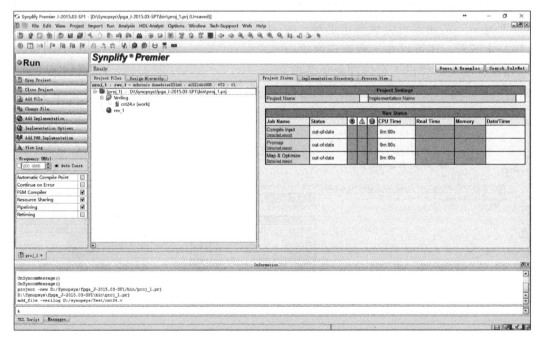

图 3-3-6　"Add Files to Project"对话框

图 3-3-7　添加源文件结束

　　添加完源文件后，需要进行综合参数设置，单击左侧操作步骤按钮中的"Implementation Options"按钮，弹出"Implementation Options"对话框，如图 3-3-8 所示。还可以用选中工程中的综合项目后单击鼠标右键，在弹出的菜单中选择"Implementation Options"选项来完成此操作。在该对话框中上侧的选项卡可以进行目标器件型号、优化参数、综合频率、综合结果文件路径与名称、时序报告、布局布线等选项的设置。另外还可以单击左侧操作步骤按钮中的"Implementation Options"按钮来进行参数修改，弹出的对话框与该对话框的界面完全一致。更全面的设置在将在第 5 步中详细介绍，这里只需对目标器件型号、优化参数和综合频率进行设置即可。

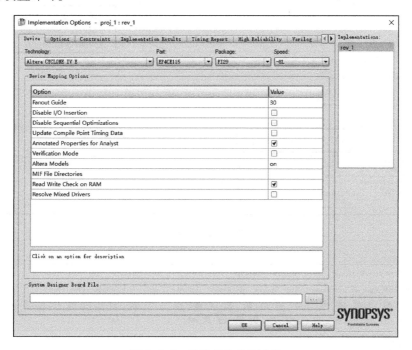

图 3-3-8　综合参数优化设置

设置完成后单击按钮 ，保存工程设置，在保存时会弹出"Save As"对话框，输入合适的工程名称后保存即可。

> 说明　在 Synplify Premier 中，选中操作对象，单击鼠标右键弹出相应的命令菜单的操作很具代表性，几乎所有的命令都可以采用这种方式完成。

2. 源代码错误检查

Synplify Pro 内嵌 HDL 编辑器的语法检错功能十分强大，有语法错误检查（Syntax Check）和综合错误检查（Synthesis Check）两个层次。在工程管理窗中双击源代码图标，Synplify Premier 会自动调用内嵌源代码编辑器编辑该源文件。下面以简单的实例来介绍语法错误检查和综合错误检查的区别。

执行菜单命令"Run"→"Syntax Check"，或者在工程管理窗中选中源文件后单击鼠标右键，从弹出的菜单中选择"Syntax Check"选项，均可以执行语法检查操作。执行完后，在弹出的对话框中单击"Yes"按钮，生成能够显示检查信息的 syntax. log 文件，如图 3-3-9 所示。错误的信息会用红色的字体显示，双击错误信息后，可以自动定位到源代码错误位置，如图 3-3-10 所示。如果出现错误，需要反复修改，直到没有错误为止。

图 3-3-9　语法检查结果

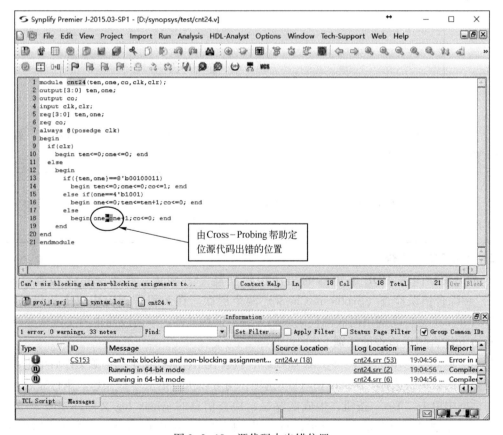

图 3-3-10　源代码中出错位置

修改完本例中的错误后，需要进行综合错误检查，综合检查工具就是分析代码的可综合性、定位综合错误的有力工具。执行菜单命令"Run"→"Synthesis Check"，或者在工程管理窗中选中源文件后单击鼠标右键，从弹出的菜单中选择"Synthesis Check"选项，均可以执行综合检查操作。

有时会出现语法检测完全正确，但仍然无法对设计进行综合，信息中会出现综合错误的情况。比如，将本例中 cnt24.v 文件中的"co"信号的端口声明由"output"改为"input"后，进行语法检查没有任何语法错误。但是运行综合检查后会出现错误提示，并指出"co"应该为"wire"形变量。这是因为输入变量不能为寄存器型"reg"，也就是说不能进行非阻塞式赋值"<="操作，双击错误信息后，同样可以用 Cross-Probing 定位错误位置。如果出现错误，同样需要反复修改，直到没有错误为止。

3. 使用 RTL View 观察编译结果

前面反复强调了 RTL 视图的重要性，下面就对 RTL 视图进行详细阐述。执行菜单命令"Run"→"Compile Only"，对设计进行编译。在工程结果文件显示区中可观察到编译生成的文件，其中扩展名为"srr"的文件是工程报告，包含了工程检错、编译、综合和时序等所有工程信息，在分析综合结果时要用到，扩展名为"tlg"的文件是工程组织结构信息文件，扩展名为"srs"、对应图标为 ⊕ 的文件就是 RTL 视图文件，如图 3-3-11 所示。

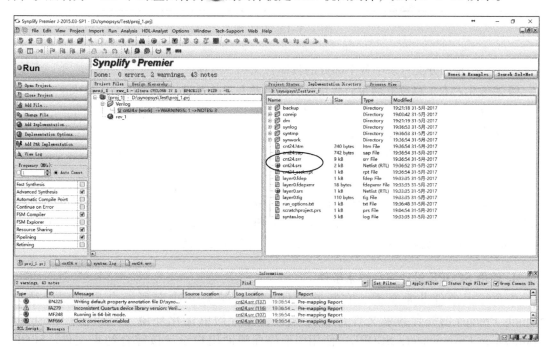

图 3-3-11　预编译后生成的文件

单击工具栏的按钮 ⊕ 或双击 RTL 视图文件，打开 RTL 视图，如图 3-3-12 所示。RTL 视图由两部分组成：左侧区域显示模块、结构的分类目录，包括实例化（Instances）、端口（Ports）、网线（Nets）和时钟树（Clock Tree）等 4 部分内容；右侧区域显示设计的 RTL 视图。

使用工具栏中的 ← → 🔍 🔍 🔍 🔍 🔍 ↕ 等按钮，可以对 RTL 视图完成缩放、进出结构层次等控制，协助用户更好地分析设计的寄存器传输级结构。

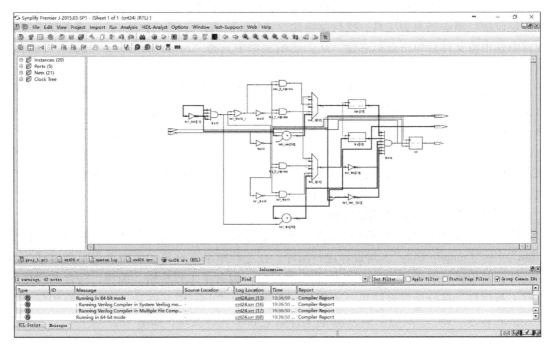

图 3-3-12　RTL 视图

模块、结构的分类目录中各个部分的具体含义如下所述：

☺ 实例化：本工程所有调用的模块的实例名称和硬件原语（Primitives）依次罗列；

☺ 端口：模块各个层次的 I/O 端口组织关系；

☺ 网线：模块中所有连线名称；

☺ 时钟树：以树状结构图显示时钟依赖关系。

> RTL 视图有强大的 Cross-Probing 互链切换功能：用户可以通过双击鼠标方便地在模块、结构分类目录、RTL 原理图、源代码之间进行互链切换。在 RTL 视图使用 Cross-Probing 互链切换功能，能更好地理解源代码，完成对设计的调试。

4. 使用 SCOPE 设计综合约束条件

综合约束条件非常重要，它影响设计的综合结果并决定所综合出的硬件结构。Synplify Premier 的综合约束文件是 SDC 文件，综合约束优化环境（Synthesis Constraints Optimization Environment，SCOPE）使用图形界面辅助用户设计该综合约束文件。SCOPE 在 Synplify Premier 中的地位非常重要，甚至可以说用好 SCOPE 是控制 Synplify Premier 达到预期优化效果的有力保障，掌握 SCOPE 是用好 Synplify Premier 的基本要求。新版的 SCOPE 对模块位置的约束有很大程度的增强，支持多位置综合增量设计流程（Multipoint Synthesis Flow）。

单击工具栏中的按钮 ▦，启动 SCOPE，设计综合约束文件。首先弹出的是新建 SCOPE 文件对话框，如图 3-3-13 所示。该对话框包括两个选项，一是编译器指令，二是 SCOPE。

　　单击"FPGA Constraints（SCOPE）"按钮，进入 SCOPE 主界面，如图 3－3－14 所示。SCOPE 主界面主要由时钟（Clocks）、集合约束（Collections）、输入/输出（Inputs/Outputs）、寄存器（Registers）、约束属性（Attributes）、I/O 标准（I/O Standards）、多位置编译（Compile Points）等约束选项卡组成。时间约束的基本含义如图 3－3－15 所示。

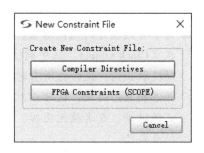

图 3-3-13　新建 SCOPE 文件对话框

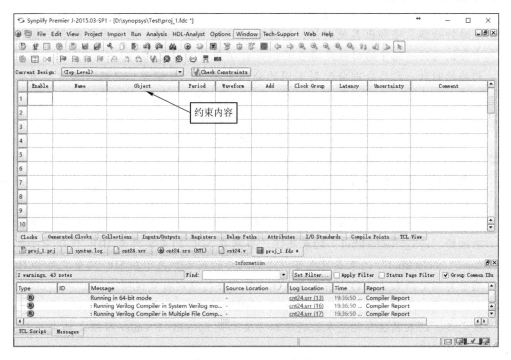

图 3-3-14　SCOPE 主界面

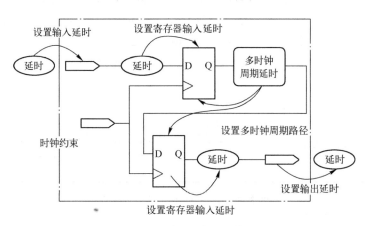

图 3-3-15　时间约束的基本含义

　　1）Clocks 约束选项卡　约束内容主要为时钟周期（Period），时钟波形（Waveform），指定时钟上升沿、下降沿，Add 可以对一个时钟节点进行多个时钟约束，例如时钟分组

（Clock Group）、占空比（Duty Cycle）、延迟（Latency）和时钟余量设置（Uncertainty）等。

☺ 为了得到较好的优化结果，应尽量在时钟约束中对设计中的所有时钟加以约束，即在 "Clock Object" 域中列出所有时钟。有时在预编译后，Synplify Premier 并不能自动提取出用户设计的所有时钟，此时可以手动在 "Clock Object" 域中输入时钟名称，并做相应的约束，也可以双击鼠标在下拉列表中选择时钟名称。如果该信号不是真正的时钟，或者被优化掉，此无效约束并不会对设计产生负面影响，而仅是一个空约束而已。

☺ 准确指定每个时钟的周期（Frequency）域。

☺ 时钟分组（Clock Group）这个约束属性在多个时钟有密切关联时才使用，如从某个基时钟分频、倍频出其他时钟，则最好将它们分成一组，综合器在综合与优化过程中会认为同一组中的时钟是同步的，并自动分析时钟之间的 Cross-Clock。而对于不相关的时钟一定要分别分配到不同的分组中去，此时综合工具将认为这些时钟是异步的，从而默认定义这些时钟域之间的路径为 False Paths 约束路径。

☺ 如果 Synplify Premier 综合结果估算出的时钟频率和实际布局布线后的时钟最高频率相差甚远，可以在 "Latency" 域中输入估算的布线时延，以符合实际布线情况。

☺ Synplify Premier 一般会对扇出（Fanout）最多的时钟自动使用全局时钟资源，以达到更高时钟性能，较小的时钟抖动和延时。如果用户不希望对某个时钟自动使用全局时钟资源，可以在 Attribute 约束属性选项卡中，在 "Object Type" 约束类型下拉列表中选择 "clock"，在 "Object" 域中选择需要约束的时钟，在 "Attribute" 下拉列表中选择 "syn_noclockbuf" 约束属性。当然在 SDC 约束文件或 HDL 代码中手写指定 "syn_noclockbuf" 约束属性也可以达到同样的效果。关于在 SDC 约束文件和 HDL 代码手写指定约束属性的方法参见 3.3.3 节综合约束的补充说明。

☺ 本约束属性选项卡的约束内容也可以在 HDL 代码中直接使用 "define clock" 约束属性完成，约束属性和相关参数的添加方法参见 Synplify Premier 帮助文档中的 Defining clock 的说明。

本例的时钟约束比较简单，如图 3-3-16 所示。除非对于非常简单的或单时钟设计，否则不要使用全局频率域，否则会恶化综合优化结果。对于相当复杂一些的设计，应该使用 SCOPE 显化的约束时钟、路径、I/O 等对象的频率和延时信息。

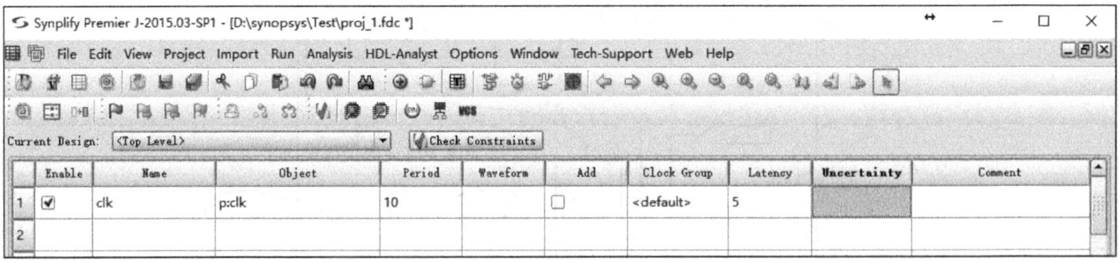

图 3-3-16　SCOPE 中的时钟约束

2）Collections 约束选项卡　如果将一些对象组成一个集合，可以对这个集合进行约束。Collections 约束选项卡就是用于对 Tcl 命令约束的一组对象集进行约束，主要有 Collection Name、Command、Command Arguments 和 Comment 4 个参数域。相关的集合命令参见 Synplify Premier 帮助文档中的 Tcl Collection Commands 说明。

3）I/O 约束选项卡　I/O 约束选项卡主要用于设置输入延迟（Input Delay）与输出延迟（Output Delay），分别对应的约束属性命令为"define_input_delay"和"define_output_delay"。需要说明的是，I/O 延迟属性约束不是一个必须约束属性，如果对芯片的输入和输出没有明确和特别的需求，可以不设置输入延迟与输出延迟。

所谓输入延迟是指芯片外部寄存器到达芯片输入端口的路径延迟（T_{Logic}）加上外部寄存器的固有输出延迟，也就是指寄存器从时钟到输出的固有延迟（T_{CKO}），如图 3-3-17 所示。用公式表示为

$$T_{InDelay} = T_{CKO} + T_{Logic}$$

所谓输出延迟是指从芯片输出引脚到外部寄存器的路径延迟（T_{Logic}）与该外部寄存器的固有建立时间（T_{SU}）之和，如图 3-3-18 所示。用公式表示为

$$T_{OutDelay} = T_{SU} + T_{Logic}$$

I/O 约束选项卡包括 Port（端口）、Type（类型）、Clock Edge（时钟沿）、Value（数值）和 Route（布线延迟）等约束属性域。

☺ Port：用于指定 I/O 端口的名称。最上面两项是"input_default"和"output_default"，分别用于设置非显化指定的 I/O 引脚的默认状态下的 I/O 延迟。

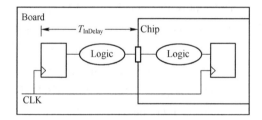

图 3-3-17　输入延迟的含义

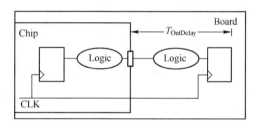

图 3-3-18　输出延迟的含义

☺ Delay Type：用于指定输入延迟（input_delay）或输出延迟（output_delay）。

☺ Rise/Fall/Max/Min：用于参考时钟的上升沿有效或下降沿有效。

☺ Value：用于指定延时的数值，单位是 ns。

4）Registers 约束选项卡　使用此约束属性可以让高级用户指定寄存器 I/O 路径的附加延时，该约束属性对应的约束属性命令为"define_reg_input_delay"和"define_reg_output_delay"。Registers 约束选项卡在通常情况下不属于必选设置项目。双击某个空白的寄存器域，SCOPE 根据编译提炼出的寄存器信息自动罗列出设计所使用的寄存器。SCOPE 中的寄存器约束设置如图 3-3-19 所示。

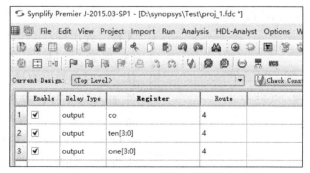

图 3-3-19　SCOPE 中的寄存器约束设置

5）Attributes 约束选项卡　约束属性是指在 Synplify/Synplify Premier 语法中通过约束属性关键字指定的约束条件。约束属性多为"syn_"（代表通用综合约束属性）、"altera_"（代表 Altera 专用约束属性）或"xc_"（代表 Xilinx 专用约束属性）开头的关键字。如果在前面的约束属性选项卡中不能完成用户的约束需求，可以在 Synplify Premier 帮助文件中找到对应的约束命令，在 Attributes 约束选项卡中选择用户需要附加的约束属性。

在 SCOPE 中添加约束属性比较方便。SCOPE 中约束属性根据性质划分为全局（global）、端口（port）、输入（input_port）、输出（output_port）、时钟（clock）、视图（view）、实例化（instance）、寄存器（register）、有限状态机（fsm）和黑盒子（blackbox）10 大类。添加时，先选择添加类型（Object Type），再选择约束对象（Object），然后双击空白处属性栏，在属性下拉列表中选择需要添加的属性，最后选中"Enabled"选项，使新添加的属性生效。

在 SCOPE 的属性页面设置 Synplify Premier 综合属性十分方便，所有综和属性都可以通过 SCOPE 进行设置。而且在 SCOPE 中设置约束属性，仅改变 Synplify Premier 综合约束文件（SDC 文件），并不需要在代码上做任何改动，增加了代码的可维护性。

6）I/O Standards 约束选项卡　I/O Standards 约束选项卡用于设置 I/O 端口的标准，该约束属件对应的约束属性命令为"define_false_path"。在 Synplify Premier 中的 I/O 标准支持器件较多，如 Altera 公司的 Stratix、Stratix-II、Stratix-GX、Cyclone、Cyclone-II、Max-II 系列；Xilinx 公司的 Virtex、Virtex-E、Virtex-II、Virtex-II Pro、Virtex-4、Virtex-5、Spartan-3 系列；Actel 公司的 ProASIC 和 Axcelerator 系列等。在该选项卡中双击"I/O Standard"的空白选项栏，在下拉列表中进行选择。另外，下拉列表中提供的 I/O 标准取决于本设计所选用的器件。各个公司的 I/O 标准参见 Synplify Premier 帮助文档中的 Industry I/O Standards 说明。

7）Compile Points 约束选项卡　多位置编译（Compile Points）与多位置综合增量设计流程（Multipoint Synthesis Flow）相关。当某个模块被设为多位置编译模块并被锁定（locked）后，该模块在增量综合与优化其父模块的过程中，与该模块相关的接口和边界不做任何优化，保持原有接口和层次。将该综合结果导入能够进行增量实现的布局布线器，则该模块的实现结果就可以保证与原有设计完全一致，从而继承了以往综合与实现的成果，提高了综合与实现的效率。如果不使用增量设计方法，本约束选项卡在通常情况下不属于必选设置项目。

Quartus Prime 增强了对增量设计（Incremental Design）的支持。增量设计主要涉及两个工具，即增量综合工具和增量实现工具。使用 Synplify Premier 的"Compile Points"选项可以完成增量综合，将增量综合的逻辑网络表导入到 Quartus Prime 集成的增量实现工具中完成区域锁定与布局布线，这样就能继承以往的设计结果，并支持设计团队并行协作。

设置完以上约束选项卡后，就完成了 SCOPE 中的约束文件设计。单击按钮 保存约束文件，弹出保存对话框，输入约束文件名（扩展名为 .fdc），单击"保存"按钮确认。这时会弹出对话框询问是否将约束文件加入到工程，单击"Yes"按钮确认，将新建约束文件加入到当前工程。退出 SCOPE，可以看到新建的约束已经加入到工程中，如图 3-3-20 所示。

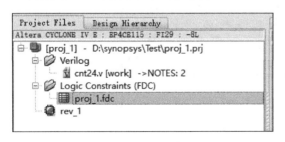

图 3-3-20　添加好的约束文件

5. 设置综合优化参数

在创建工程中已经对综合优化参数进行了部分设置，但在综合前仍需要进行更全面的设置。单击左侧操作步骤按钮中的"Implementation Options"按钮，弹出综合优化参数设置对话框，如图 3-3-21 所示。

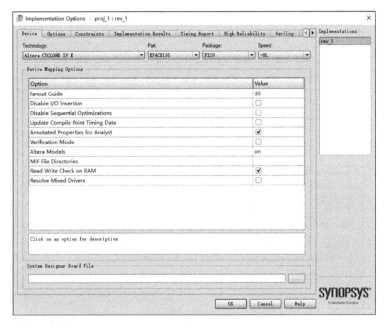

图 3-3-21　综合优化参数设置对话框

综合优化参数设置对话框主要由器件（Device）、优化参数（Options）、综合约束文件（Constraints）、综合结果存储（Implementation Results）、时序报告（Timing Report）、高可靠性（High Reliability）、语言参数（Verilog）、GCC&Prototyping Tools（门控时钟转换和原型工具）、布局布线（Place and Route）和 Identify 等 10 个选项卡组成。

1）器件选项卡　器件选项卡主要完成器件选型及一些综合与优化的参数设置。可以设置的参数有扇出数目（Fanout Guide）、禁用插入 I/O（Disable I/O Insertion）、禁用顺序优化（Disable Sequential Optimizations）、更新多位置综合时序数据（Update Compile Point Timing Data）、分析属性标注（Annotated Properties for Analyst）、模块验证（Verification Mode）等。

2）优化参数选项卡　优化参数选项卡的功能是设置优化参数，如图 3-3-22 所示。需要选择的优化参数包括快速综合（Fast Synthesis）、高级综合（Advanced Sythesis）、有限状态机编译器（FSM Compiler）、有限状态机探索器（FSM Explorer）、资源共享（Resource Sharing）、快速通道时序优化（Pipelining）和时序调整优化（Retiming）等。

3）综合约束文件选项卡　综合约束文件选项卡主要设置全局频率和添加综合约束文件（.fdc 文件）。全局频率是整个设计的默认约束频率，所有未特殊指定的对象都默认通过全局频率约束。由于在 SCOPE 设计综合约束文件后，已经选择综合约束文件有效，所以这里可以直接看到刚才利用 SCOPE 设计的约束文件，如图 3-3-23 所示。

4）综合结果存储选项卡　用于设置综合结果的输出文件名称与格式。Synplify Premier 综合结果的输出根据器件的供应商不同而不同。一般包括综合网络表输出和综合约束传递文件。对于 Altera 设计，其综合输出网络表为 VQM 或 EDIF 文件，其综合约束通过 Tcl 文件传

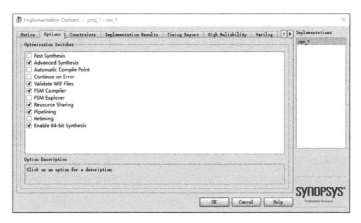

图 3-3-22　优化参数选项卡设置

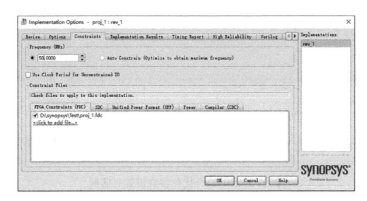

图 3-3-23　综合约束文件选项卡设置

递到 Quartus Prime。

　　Synplify Premier 中的编译（Compile）结果不包含任何延时、器件等具体约束信息，而"综合实现"结果则根据器件和约束条件的不同而相差甚远。为了达到最佳效果，有时需要改变器件速度等级、时序约束和优化参数等条件，做多次"综合实现"的实验。这时可以在一个工程下面建立多个"综合实现"工程名，如图 3-3-24 所示。

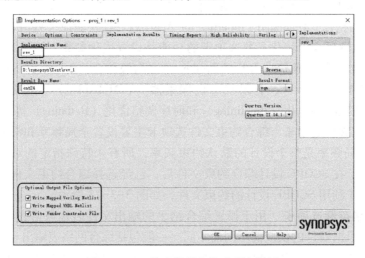

图 3-3-24　综合结果存储选项卡设置

5）时序报告选项卡 主要设置在综合报告（.srr 文件）中报告的关键路径和起点到终点之间路径时序的数目。根据设计的复杂程度和时序要求设置这两个参数，如图 3-3-25 所示。

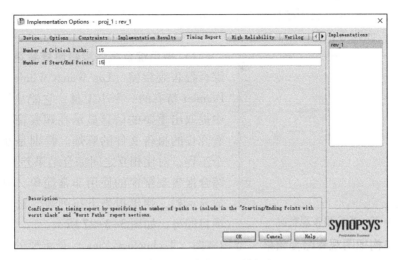

图 3-3-25 时序报告选项卡设置

6）语言参数选项卡 这个选项卡根据工程源文件类型不同而分为 Verilog 和 VHDL 两种类型，主要设置支持语言标准和库文件的引入路径等。

完成以上一系列的综合优化参数设置后，单击"OK"按钮保存参数设置。

6. 综合

完成了综合时序约束文件设计和综合优化参数设置后，进行综合就变得非常简单了。单击 Synplify Premier 主界面中的"Run"按钮，综合器自动根据要求进行综合，这时可以看到状态显示栏依次显示编译（Compiling）和映射（Mapping）。当综合完成后，状态显示栏显示"Done"以及错误、警告和网线等信息，表示已完成综合过程。

7. 分析综合结果

完成综合后，发现综合结果显示窗口多了一些文件，如图 3-3-26 所示。前面已经介绍过扩展名为 .srs、.tlg 和 .srr 的文件，这里不再赘述。扩展名为 .vqm 的文件是综合器输出的网络表文件，该网络表是实现步骤的最重要输入，将该网络表导入到器件商的布局布线

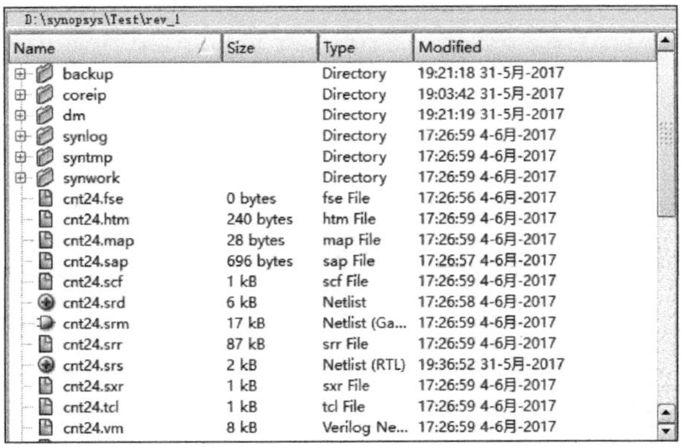

图 3-3-26 综合完成后的结果文件

器，就可以根据综合结果完成映射、布局布线等步骤。扩展名为 .fse 的文件是有限状态机编码文件。Synplify Premier 一般通过 Tcl 文件向 Quartus Prime 传递综合约束属性。扩展名为 .srm 的文件是结构级视图文件。

综合结果分析主要是利用结构视图和综合报告分析综合结果是否满足时序要求，分析综合结果的频率、面积等信息。

1）使用综合报告观察窗查看重要综合结果

综合报告观察窗（Log Watch Window）是 Synplify Premier 特有的一个小工具，它能从综合报告文件中提取出重要的信息显示在观察窗中，省去了查看冗长的报告文件的麻烦。特别是在同时打开多个工程，对比相互之间综合结果差异时尤为方便。综合报告观察窗的使用非常简单，单击空白的参数显示栏，弹出报告下拉列表，选择需要观察的项目即可，如图 3-3-27 所示。

Watch	
Log Parameter	
clk - Estimated Frequency	131.7 MHz
Part	ep4ce115fi29-8l

| Log Watch | |

图 3-3-27 综合报告观察窗

2）使用结构视图观察综合结果 结构视图（Technology View）是重要的综合结果分析工具。与 RTL 视图相比，结构视图对设计的描述更深刻，是 RTL 视图根据器件底层结构进行结构级映射的结果。结构视图结合时序分析专家（Timing Analyst）能较为准确地分析综合结果的时序关系，帮助用户发现设计的关键路径。

双击结构视图文件（.srm 格式）或者单击工具栏中的按钮，打开结构视图。结构视图的基本界面结构和 RTL 视图完全一致，不再赘述。同样可使用视图操作工具对视图进行缩放、进出结构层次等控制。结构视图根 RTL 视图一样也有强大的 Cross-Probing 互链切换功能，可在模块、结构的分类目录、结构视图原理图和源代码之间方便地互链切换，如图 3-3-28 所示。

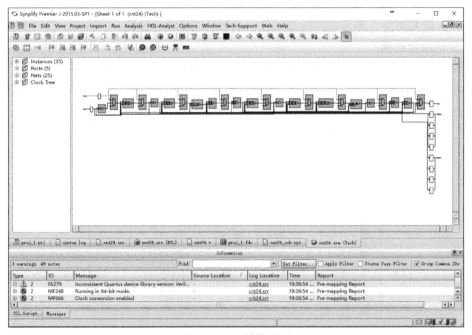

图 3-3-28 结构视图

3）阅读综合报告　Synplify Premier 的综合报告是 srr 文件，这个报告文件的内容十分丰富，从综合器基本信息、工程信息、检错信息、有限状态机编译信息、时序约束信息、I/O 信息、寄存器优化信息、组合电路时序优化信息、路径延时信息到器件综合频率面积总结等，一应俱全。该文件是纯文本文件，可以在综合结果窗口中双击 srr 文件图标打开该文件，如图 3-3-29 所示。

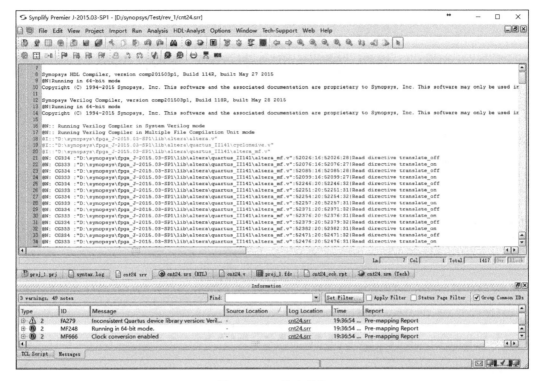

图 3-3-29　综合报告

4）检查时序约束条件是否满足，分析关键路径　检查设计是否满足时序要求可以从 3 个方面入手：先从综合报告观察窗观察每个时钟和整体时序是否满足要求（如果"Slack"时间为负数，则不满足时序要求）；然后打开综合结果 srr 文件，查找不满足时序要求的关键路径的列表信息；最后结合结构视图，分析关键路径。

下面演示如何使用结构视图分析关键路径的方法。

（1）打开结构视图，在结构视图观察窗空白处单击鼠标右键，在弹出的菜单中选择"Flatten Schematic"选项，将原理图打平。

（2）单击按钮 或单击鼠标右键，在弹出的菜单中选择"Show Critical Path"选项，过滤出关键路径，如图 3-3-30 所示。

（3）分析关键路径的过程中，合理运用过滤功能可以加强视图的可读性，简化问题，使用过滤功能首先要选择视图中某些模块（模块、网线、端口等），单击按钮 或单击鼠标右键在弹出的菜单中选择"Filter Schematic"选项，可将对象滤出到另外一张图中，如图 3-3-31 所示。

至此，完整的 Synplify Premier 综合流程已经完成，将综合结果——VQM 网络表和 Tcl 文件描述的约束条件导入 Quartus Prime，用网络表设计流程实现步骤即可。

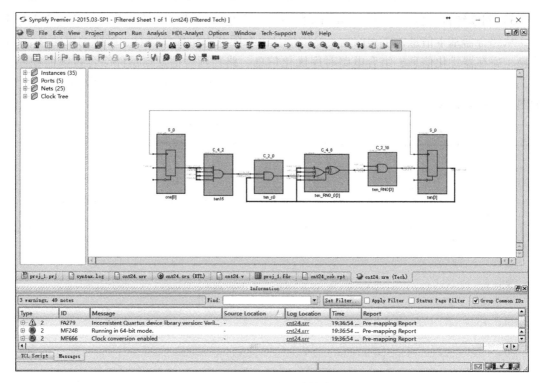

图 3-3-30　过滤出关键路径

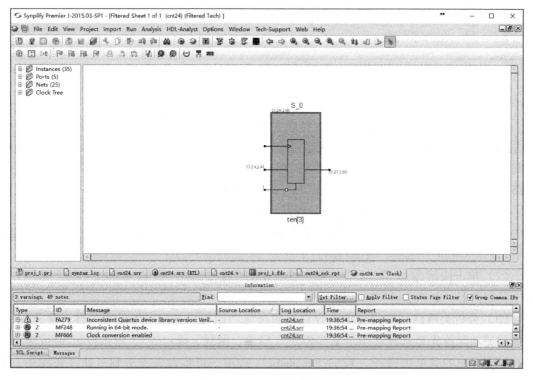

图 3-3-31　过滤后的模块

3.3.3　Synplify Premier 的其他综合技巧

1. 有限状态机的设计技巧

Synplify Premier 提供了 3 个有限状态机设计工具，即 FSM Compiler、FSM Explorer 和 FSMViewer。灵活地使用这 3 个有限状态机工具分析、编译、优化 FSM，可使 FSM 的综合结果达到最优。下面逐一讨论它们的使用方法。

1）有限状态机编译器（FSM Compiler）　一般的综合工具将 FSM 按照普通逻辑综合，而 Synplify Premier 与其不同。Synlify Pro 使用 FSM Compiler，先将 FSM 编译为类似状态转移图的连接图，然后对 FSM 重新编码、优化，以达到更好的综合效果。FSM Compiler 适应于有以下需求的场合：需要优化 FSM 设计，达到更好的综合效果；使用 FSM Viewer 调试状态机；使用 FSM Explorer 进一步优化有限状态机。

FSM Compiler 的使用非常灵活，可以对整个设计的所有状态机都用 FSM Compiler 进行优化，也可以仅对指定的状态机进行优化。对整个设计使用 FSM Compiler 进行优化，只需在主界面重要综合优化参数中选择"FSM Compiler"选项，或者在综合优化参数设置时选中"FSM Compiler"选项即可。如果觉得仅对设计中的某个 FSM 不满意，可以在源代码或综合约束文件中手动添加综合属性，指定对单独状态机的编译与优化。FSM Compiler 综合属性用法见表 3-3-3。

表 3-3-3　FSM Compiler 综合属性用法

语言＼语法	禁止优化指定的 FSM	优化所指定的 FSM
Verilog	reg[3:0] curstate /* synthesis syn_state_machine = 0*/;	reg[3:0] curstate /* synthesis syn_state_machine = 1*/;
VHDL	signal StateName:state_type; attribute syn_state_machine:boolean; attribute syn_state_machine of curstate:signal is flase;	signal StateName:state_type; attribute syn_state_machine:boolean; attribute syn_state_machine of curstate:signal is true;

2）有限状态机探测器（FSM Explorer）　FSM Explorer 使用 FSM Compiler 的编译结果，遴选不同的编码方式进行状态机编码试探，从而达到对 FSM 编码的最佳优化效果。与 FSM Compiler 相比，FSM Explorer 的优化效果往往更好，编译优化所花费的时间也更长。

对设计使用 FSM Explorer 的方法也有两种：一种是对整个设计的所有 FSM 自动运用 FSM Explorer；另一种是对设计中特定的 FSM 使用 FSM Explorer。前一种方法可以在 Synplify Premier 主界面重要综合优化多数中选择"FSM Explorer"有效，或者在综合优化参数设置对话框中选中"FSM Explorer"；后一种方法需要在源代码或综合约束文件中添加使用 FSM Explorer 的综合属性声明。FSM Explorer 综合属性用法见表 3-3-4。

表 3-3-4　FSM Explorer 综合属性用法

语言＼语法	手动指定 FSM 是否优化	手动指定 FSM 编码方式
Verilog	reg [3:0] curstate /* synthesis syn_state_machine*/;	reg [3:0] curstate /* synthesis syn_encoding" gray"*/;
VHDL	signal curstate:state_type; attribute syn_state_machine:boolean; attribute syn_state_machine of curstate:signal is true;	signal curstate:state_type; attribute syn_encoding:string; attribute syn_encoding of curstate:signal is true;

3）有限状态机观察器（FSM Viewer）   在 Synplify Premier 中，除了可以使用 RTL 视图和结构视图观察、分析 FSM 外，还可以使用专用 FSM Viewer 分析 FSM。FSM Viewer 将源代码中描述的 FSM 根据 FSM Complier 和 FSM Explorer 的编译优化结果，用状态转移图显示有限状态机。下面用上一小节中的例子来介绍 FSM Viewer 的用法。

在一个含有状态机的工程中打开 RTL 视图，选择其中的"inst_decode"模块后，点击按钮🔛或单击鼠标右键，从弹出的菜单中选择"Push/Pop Hierarchy"命令来进入下一层视图，如图 3-3-32 所示。进入下一层视图后，选中状态机模块"statemachine"，单击按钮🔛进入状态机层次结构，或者单击鼠标右键，从弹出的菜单中选择"View FSM"命令来启动FSM Viewer，如图 3-3-33 所示。

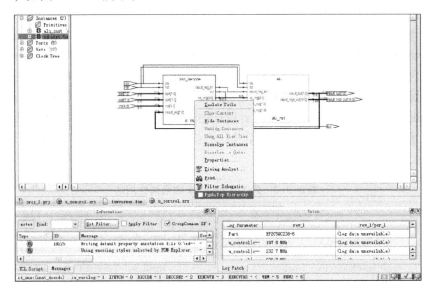

图 3-3-32   进入下一层视图

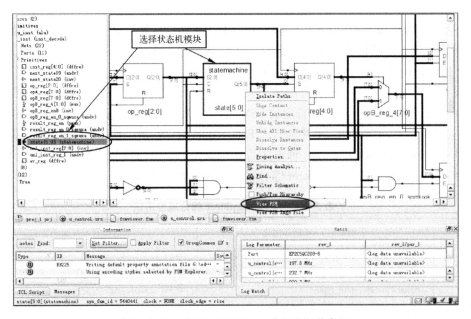

图 3-3-33   启动 FSM Viewer 分析有限状态机

启动后的 FSM Viewer 主界面主要由状态转移图和 FSM 信息显示选项卡组成。状态转移图是源代码经过编译再现的状态机。FSM 信息显示包含转移条件（Transitions）、寄存器传输级状态编码（RTL Encodings）和映射后状态编码（Mapped Encodings）3 个选项卡，如图 3-3-34 所示。在 FSM Viewer 中，状态转移图、转移条件、寄存器传输级状态编码和映射后状态编码等对象之间也能通过 Cross-Probing 互相链接与切换，如图 3-3-35 所示。

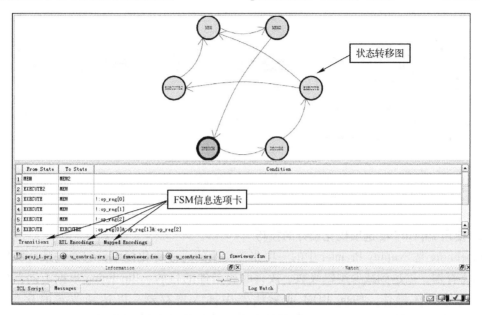

图 3-3-34 FSM Viewer 主界面

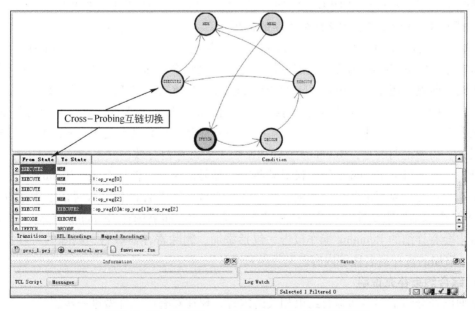

图 3-3-35 FSM Viewer 中的 Cross-Probing 互链切换

在状态转移图中选择相应的对象（转移条件、状态等），单击工具栏中的按钮可对状态转移进行单步跟踪，有利于理解状态之间的关系，增加状态转移图的可读性，如图 3-3-36 所示。

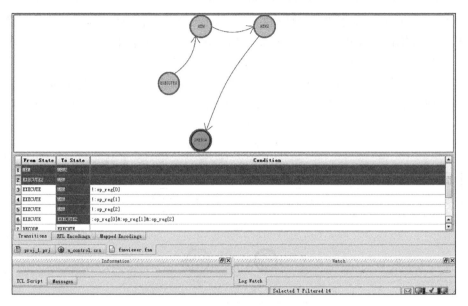

图 3-3-36　对状态转移进行单步跟踪

2. 使用 Pipelining 选项优化设计的技巧

Pipelining 是 Synplify Premier 中的一项非常实用的时序优化技术，它通过某些特殊逻辑中插入寄存器，以达到减少逻辑级数、改善时序条件的目的。Pipelining 根据不同器件型号采用不同的具体操作，如向 ROM 或乘法器中插入寄存器，以达到改善时序的目的。Pipelining 选项的添加方法有 4 种：在主界面重要综合优化参数下选择有效；在综合优化参数对话框中选择有效；在 SCOPE 中添加约束属性；在源代码中添加约束属性。

3. 使用 Retiming 选项优化综合时序的技巧

Retiming 是 Synplify Premier 提供的一个改善时序电路综合频率的强力工具。与 Pipelining 相比，Retiming 的应用范围更加广泛，优化效果更加明显。使用 Retiming，设计者不用更改任何设计逻辑，Retiming 自动向组合逻辑和查找表（LUT, Look Up Table）中插入寄存器，这种寄存器的插入其本质是将组合逻辑和 LUTs 以外的寄存器移入组合逻辑和 LUTs 中，从宏观考虑，被优化部分的输入和输出之间的寄存器级数没有变化，所以并不会破坏设计的时序。需要说明的是，Retiming 仅对边沿触发的寄存器有效，并不能移动对电平敏感的锁存器。另外，目前 Retiming 级数仅对某些特定型号的 Altera 器件有效。Retiming 的添加方法也有 4 种：在主界面重要综合优化参数下选择有效；在综合优化参数对话框中选择有效；在 SCOPE 中添加约束属性；在源代码中添加约束属性。如果选择 Retiming 有效，在综合结果报告中会有详细的 Retiming 操作报告，包括添加、删除寄存器数目，删除的寄存器名称，Retiming 添加的寄存器名称等内容。

4. 综合约束补充说明

前面已经介绍了很多和综合约束相关的内容，现在对有些文件做进一步澄清。

1）多种途径添加约束方法　一般来说，添加综合约束的方法有两种：一种方法是使用 SCOPE 添加，特别是使用属性（Attribute）设置页面添加综合约束属性；另一种方法是从 HDL 源代码中添加综合约束属性。对于重要的综合优化参数添加方法有 4 种，除了上述两种方法外，还可以在主界面的重要综合优化参数选项中选择有效，或者在综合优化参数对话框中选择有效。

2）综合约束与布局布线阶段约束的区别与联系　综合约束和布局布线阶段的约束既有区别又有联系。在 Synplify Premier 中，综合约束文件为 SDC 文件，在 Altera Quartus Prime 中布局布线约束常通过 Tcl 文件传输。二者的联系是，随着综合器与布线器的协调性越来越好，越来越多的布线约束都可以在综合阶段添加。这些约束包括时钟约束、寄存器约束、路径约束、引脚约束和 FPGA/CPLD 底层原语约束等。只是其中有些约束在综合阶段并不起实际作用，仅由综合器传递到布线器中去，在布线阶段才真正发挥作用，这种思路被称为"约束前移"。二者的区别是，综合约束和布线约束的重点及目的不同，所以产生的效果也不同。布线约束与器件底层结构结合得更紧密，直接决定设计在芯片上的实现方式。另外，布线约束的优先等级比综合约束高，当二者发生冲突时，布线时的约束优先。Synplify Premier 综合步骤的约束属性和 Quartus Prime 编译步骤的约束属性的沟通工具是 Tcl 文件。

5. 使用 Crossing-Probing 的技巧

Cross-Probing 是 Synplify Premier 的一个功能强大的调试工具，它联系源代码、RTL 视图、结构视图、FSM Viewer 状态转移图、综合报告和信息显示等，可以说 Cross-Probing 虽然并没有任何命令与图标，但在 Synplify Premier 中无处不在。使用 Cross-Probing 技术明确了设计各个部分之间的对应关系，加深了用户对设计的理解，使设计的调试变得更加轻松。

6. 多位置综合流程（MultiPoint Synthesis Flow）的使用技巧

MultiPoint Synthesis Flow 是 Synplify Premier 的一项重要功能。其本质是对设计运用增量综合与增量实现技术。在综合过程中，通过 SCOPE 在多位置编译（Compile Points）页面设置那些没有改变的模块为锁定状态（Locked），综合器在综合与优化这些锁定模块的父模块和相关设计时，保证与锁定模块相关的接口和边界不做任何优化，从而保证了锁定模块的综合结果与以前的完全一致。

另一方面，Quartus Prime 的布局布线器也支持增量布局布线实现的设计。所以将综合结果导入布线器后，锁定模块的布局布线结果与以前的也完全一致，从而继承了以往综合与实现的成果，提高了综合与实现的效率。

7. 处理不满足时序的设计（Negative Slack）的技巧

如果设计不满足时序约束条件，则在时序报告中可以看到负数的"Slack"。改善时序约束的基本方法有以下 3 种。

1）适当的约束能在一定程度上提高工作频率　分析设计的引脚路径，将关键路径单独约束，而且远远满足设计要求的逻辑性约束，重新综合。另外，可以尝试 Synplify Premier 的一些时序改善工具，如 Pipelining、Retiming、FSM Explorer 等。适当减小关键路径的扇出（Fanout），因为高扇出需要多级缓冲（Buffer）驱动，会影响速度。取消资源共享（Resources Sharing）选项的选择。多做一些不同综合优化参数下的综合实验，找出频率最高的参数组合方式。

2）使用 Amplify 等物理约束综合器　对于某些设计，采用 Synplicity 公司的物理综合器 Amplify 进行关键路径的物理位置约束，可以较大幅度地提高布局布线效率，改善工作频率。

3）采用合理的编码风格（Coding Style）　这是提高设计质量的根本，实际上，提高工作频率的最根本方法还是改善编程代码风格。为了提高设计频率和工作可靠性，一般采用同步时序电路设计。如果工程师对设计的硬件实现方式了然于胸，而且积累了好的编码风格与设计表示技巧，可以使设计在速度和面积上达到最优。

8. 声明黑盒子（Black Box）的综合方法与技巧

综合器一般把与 FPGACPLD 硬件相关的底层模块和硬件原语、IP Core 等都综合成黑盒子。在 Synplify Premier 中将某个模块综合成黑盒子的方法有两种：一是对该模块仅进行模块名称和端口声明，其功能实体为空，则 Synplify Premier 自动将其综合成黑盒子；二是使用综合约束条件，在 SCOPE 中属性（Attribute）设置页面或在 HDL 源代码中添加综合成黑盒子的属性，见表 3-3-5。

表 3-3-5　黑盒子综合属性声明

语言 \ 语法	综合为黑盒子	指定黑盒子引脚
Verilog	/ * synthesis syn_black_box * /；	/ * synthesis syn_black_box black_box_pad_pin ="引脚名" * /；
VHDL	attribute syn_black_box of bbox：component is true；	attribute black _ box _ pad _ pin of 模块名：component is "引脚名"；

1）Altera 模块声明文件　如果在设计中使用了如 Megafunction 和 LPM 等 Altera 的 IP Core 和硬件原语，一般需要综合成黑盒子。除使用上述两种方法声明黑盒子外，Synplify Premier 还专门为 Altera 器件做了模块声明文件，在源程序中直接使用"include"命令包含相应的器件族的模块声明文件，或者将相应器件族的模块声明文件加入到工程中，就可以直接将所用到的底层模块和硬件原语综合成黑盒子。

这些模块声明文件存放在 Synplify 安装目录下的"lib\altera"子目录下，有 Verilog 和 VHDL 两种语言形式，使用非常方便。

2）使用 STAMP 模块定义黑盒子时序　STAMP 即 Synopsys 模块描述语言，该语言为大多数 EDA 软件制造商和器件制造商所支持。使用 STAMP 可以描述黑盒子的时序，如延时、建立保持时间等。在 Synplify Premier 中，对黑盒子使用 STAMP 描述时序关系，可以使 Synplify Premier 综合结果估算出的频率关系与实际初局布线后的频率关系更加接近。

9. 探针（Probe）功能的使用技巧

探针（Probe）是 Synplify Premier 的一个非常有用的测试辅助工具，在设计中通过约束属性插入探针，就能方便地将任何信号作为输出信号，而源代码不用做任何更改。使用探针将测试信号拉到测试引脚的最大好处是省掉了添加、删除测试信号时需要由子模块向父模块一层层向上传递的麻烦，保证了代码清晰、干净。除不能对输出信号和双向信号添加探针外（这两者也没有必要添加探针），可以对设计的任何寄存器和网线信号添加探针属性。

添加探针约束属性的方法有两种，分别为使用 SCOPE 属性（Attribute）设置页面添加探针或从 HDL 源代码添加探针。探针综合约束属性语法见表 3-3-6。

表 3-3-6　探针综合约束属性语法

语言 \ 语法	综合为黑盒子
Verilog	reg[7：0] alu_tmp/ * synthesis syn_probe = 1 * /； 信号声明后面直接加/ * synthesis syn_probe = 1 * /；综合属性
VHDL	signal alu_tmp：std_logic_vector(7 downto 0)； attribute syn_probe：Boolean； Attribute syn_probe of alu_tmp：signal is true；

10. 针对 Altera 器件的一些使用技巧

随着 Synplify Premier 与 Altera 合作日趋密切，Synplify Premier 对 Altera 器件的支持力度也越来越大，主要表现为 Synplify Premier 可以自动将设计类推为 Altera 的底层模块和硬件原语，通过专用硬件结构，提高了设计速度，减少了占用面积。例如，Synplify Premier 可以自动类推 Altera 的嵌入式块 RAM（Block RAM）、PLL 等结构。

通过 NativeLinl 可以直接在 Synplify Premier 下调用 Quartus Prime 完成整个设计流程。在 Synplify Premier 界面下完成综合后，可以直接执行菜单命令"Options"→"Quartus II"→"Run Background Compile"或"Launch Quartus"，在后台编译或直接启动 Quartus Prime，自动将综合输出的 VQM 网络表和 Tcl 文件传递的综合约束属性导入 Quartus Prime，自动建立工程，并完成整个编译与布局布线，简单而方便。

第4章　Verilog HDL 语言概述及基本要素

〖知识目标〗

☺ 了解 Verilog HDL 语言的历史及与其他语言的区别。

☺ 掌握 Verilog HDL 语言的设计流程。

☺ 熟练掌握 Verilog HDL 语言的基本要素。

〖能力目标〗

打好学习 Verilog HDL 语言的基础，熟悉 Verilog HDL 语言的基本要素。

☺ 初级要求：了解 Verilog HDL 语言特点和设计流程，理解模块化设计理念。

☺ 中级要求：理解、掌握 Verilog HDL 语言的 3 种描述形式，熟知 Verilog HDL 的基础知识，打好学习 Verilog HDL 的基础。

4.1　Verilog HDL 语言简介

1. 硬件描述语言的说明

【硬件描述语言的概念】硬件描述语言（Hardware Discription Language，HDL）以文本形式来描述数字系统的硬件结构和行为，是一种用形式化方法来描述数字电路和系统的语言，可以从上层到下层逐渐描述自己的设计思想，即用一系列分层次的模块来表示复杂的数字系统，并逐层进行验证仿真，再把具体的模块组合由综合工具转化成门级网络表，然后再利用布局布线工具把网络表转化为具体电路结构的实现。

【HDL 语言的优势】传统的数字逻辑硬件电路的描述方式是基于原理图设计的，根据设计要求选择器件，绘制原理图，完成输入过程。这种方法的优点是直观、便于理解，但在大型设计中，其维护性很差，不利于设计和复用。当所用芯片停产或升级换代后，相关的设计都需要进行改动甚至是重新开始。HDL 以文本形式来描述数字系统硬件结构和行为，既可以表示逻辑电路图和逻辑表达式，还可以表示数字逻辑系统所完成的功能。HDL 语言设计法利用高级的设计方法，有利于将系统划分为子模块，便于团队开发，通用性和可移植性强。

2. Verilog 的由来

Verilog 是 Verilog HDL 的简称。Verilog 语言最初于 1983 年由 Gateway Design Automation 公司开发，于 1995 年被认证为 IEEE 标准。Verilog 语言不仅定义了语法，而且还对每个语法结构都清晰定义了仿真语义，从而便于仿真调试。Verilog 语言继承了 C 语言的很多操作符和语法结构，对初学者而言易学、易用。

3. Verilog HDL 和 VHDL 语言的比较

Verilog HDL 和 VHDL 作为最流行的 HDL 语言，从设计能力上而言都能胜任数字电路系统的设计任务。VHDL 最初被用作文档来描述数字硬件的行为，因此 VHDL 的描述性和抽象性更强，也就是说 VHDL 更适合描述更高层次（如行为级、系统级等）的硬件电路。

Verilog HDL 最初是为更简捷、更有效地描述数字硬件电路和仿真而设计的，它的许多关键字和语法都继承了 C 语言的传统，因此易学、易懂。前面已经提到，最流行的 HDL 语言是 Verilog 和 VHDL，后来在其基础上又发展出了许多抽象程度更高的硬件描述语言，如 System Verilog、Superlog、System C 和 CoWare C 等。这些高级 HDL 语言的语法结构更加丰富，更适合用于系统级、功能级等高层次的设计描述和仿真。

4. Verilog HDL 和 C 语言的比较

Verilog 语言是根据 C 语言发展而来的，因此 Verilog 语言具备了 C 语言简洁、易用的特点。Verilog 从 C 语言中借鉴了许多语句，如预编译指令和一些高级编程语法结构等。但是它们还是存在许多差别的，主要体现在如下 3 个方面。

【互连（**Connectivity**）】 在硬件系统中，互连是一个非常重要的组成部分，而在 C 语言中，并没有直接可以用于表示模块间互连的变量；而 Verilog HDL 的 wire 型变量配合一些驱动结构，能有效地描述出网线的互连。

【并发（**Concurrency**）】 C 语言天生是串行的，不能描述硬件之间的并发特性。C 语言编译后，其机器指令在 CPU 的高速缓冲队列中基本是顺序执行的；而 Verilog 可以有效地描述并行的硬件系统。

【时间（**Time**）】 运行 C 程序时，没有一个严格的时间概念，程序运行时间的长短主要取决于处理器本身的性能；而 Verilog 语言本身定义了绝对和相对的时间度量，在仿真时可以通过时间度量与周期关系描述信号之间的时间关系。

5. Verilog HDL 的主要能力

☺ 基本逻辑门（如 and、or 和 nand 等）都内置在语言中。

☺ 用户定义原语（UDP）创建的灵活性。用户定义的原语既可以是组合逻辑原语，也可以是时序逻辑原语。

☺ 开关级基本结构模型（如 pmos 和 nmos 等）也被内置在语言中。

☺ 提供显式语言结构指定设计中的端口到端口的延时及路径延时，以及设计的时序检查。

☺ 可采用 3 种不同方式或混合方式对设计进行建模。这些方式包括行为描述方式（使用过程化结构建模）、数据流方式（使用连续赋值语句方式建模）和结构化方式（使用门和模块实例语句描述建模）。

☺ Verilog HDL 中有两类数据类型，即线网数据类型和寄存器数据类型。线网数据类型表示构件间的物理连线，而寄存器数据类型表示抽象的数据存储元件。

☺ 能够描述层次设计，可使用模块实例结构描述任何层次。

☺ 设计的规模可以是任意的，Verilog HDL 语言不对设计的规模（大小）施加任何限制。

☺ Verilog HDL 不再是某些公司的专有语言，而是 IEEE 标准。

☺ 人和机器均可阅读 Verilog 语言，因此它可作为 EDA 的工具与设计者之间的交互语言。

☺ Verilog HDL 语言的描述能力能够通过使用编程语言接口（PLI）机制进一步扩展。PLI 是允许外部函数访问 Verilog 模块内信息、允许设计者与模拟器交互的例程集合。

☺ 设计能够在多个层次上加以描述，从开关级、门级、寄存器传送级（RTL）到算法级，包括进程和队列级。

☺ 能够使用内置开关级原语在开关级对设计进行完整建模。

☺ 同一语言可用于生成模拟激励和指定测试的验证约束条件，如输入值的指定。

☺ Verilog HDL 能够监控模拟验证的执行，即模拟验证执行过程中设计的值能够被监控和显示。这些值也能够用于与期望值比较，在不匹配的情况下，输出报告消息。

☺ 在行为级描述中，Verilog HDL 不仅能够在 RTL 级上进行设计描述，而且能够在体系结构级描述及在算法级行为上进行设计描述。

☺ 能够使用门和模块实例化语句在结构级进行结构描述。

☺ Verilog HDL 具有混合方式建模能力，即在一个设计中每个模块均可以在不同设计层次上进行建模，如图 4-1-1 所示。

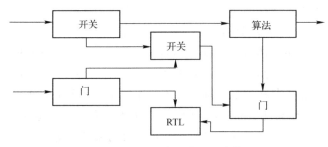

☺ Verilog HDL 还具有内置逻辑函数，如按位与（&）和按位或（|）。

图 4-1-1　混合设计层次建模

☺ 对高级编程语言结构，如条件语句、情况语句和循环语句，语言中都可以使用。

☺ 可以显式地对并发和定时进行建模。

☺ 提供强有力的文件读/写能力。

☺ 语言在特定情况下是非确定性的，即在不同的模拟器上模型可以产生不同的结果，如事件队列上的事件顺序在标准中未被定义。

4.2　Verilog HDL 设计流程

如图 4-2-1 所示是 Verilog HDL 典型的 FPGA/CPLD 设计流程。如果是 ASIC 设计，则不需要 STEP5 环节，而是把综合后的结果交给后端设计组（后端设计主要包括版图、布线等）或直接交给集成电路生产厂家。

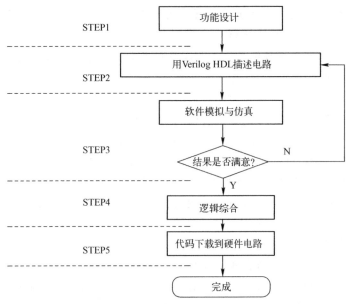

图 4-2-1　Verilog HDL 典型的 FPGA/CPLD 设计流程

4.3　程序模块的说明

1. Verilog HDL 模块的概念

模块是 Verilog HDL 的基本描述单位，用于描述某个设计的功能或结构及其与其他模块通信的外部端口。模块的实际意义是代表硬件电路上的逻辑实体，每个模块实现特定的功能。一个设计的结构可使用开关级原语、门级原语和用户定义的原语方式描述；设计的数据流行为使用连续赋值语句进行描述；时序行为使用过程结构描述。一个模块可以在另一个模块中使用。

例如，一个实现了 2 输入的减法器模块就对应着一个 2 输入的减法电路，可以被需要实现 2 输入减法的模块调用。由此可见，模块对应着的硬件电路，它们之间是并行运行的，也是分层的，高层模块通过调用、链接底层模块的实例来实现复杂的功能。如果要将所有的功能模块链接成一个完整的系统，则需要一个模块将所有的子模块链接起来，这一模块也被称为顶层模块（Top Module）。

类比于 C 语言，一个 .C 文件中可以实现多个函数。一个 Verilog HDL 文件（.v）也可以实现多个模块，但为了便于管理，一般建议一个 .v 文件实现一个模块。

> 无论是面向综合的程序，还是面向仿真的程序，都需要以模块的形式给出，且模块的结构都是一致的，只存在语句上的差别。

2. 模块的基本结构

一个完整的 Verilog HDL 模块结构如下所述：

```
module module_name(port_list)
//声明各种变量、信号
reg                //寄存器
wire               //网线
parameter          //参数
input              //输入信号
output             //输出信号
inout              //输入输出信号
function           //函数
task               //任务
//程序代码
initial assignment
always assignment
module assignment
gate assignment
UDP assignment
continous assignment
endmodule
```

说明部分用于定义不同的项，如模块描述中使用的寄存器和参数。语句用于定义设计的功能和结构。说明部分可以分散于模块的任何地方，但变量、寄存器、线网和参数的说明必须在使用前出现。

在实际运用中，一个 Verilog HDL 模块并不需要具备所有的结构特征，基本的模块结构已经能够满足大多数的设计。以下给出模块的基本结构：

```
module <模块名>  (<端口列表>)
<定义>
<模块条目>
endmodule
```

其中，<模块名>是模块唯一性的标志符；<端口列表>定义了和其余模块进行通信链接的信号，根据数据流方向可以分为输入、输出和双向端口 3 类；<定义>用于指定数据对象为寄存器型、存储器型、网线型及过程块；<模块条目>可以是 initial 结构、always 结构、连续赋值或模块实例。

【例 4-1】实现一个 4 选 1 数据选择器。

```
module mux4(y,d0,d1,d2,d3,g,a);
output y;                    //选择输出端
input d0,d1,d2,d3;           //4 个数据源
input g;                     //使能端
input[1:0] a;                //两位地址码
reg y;
always @ (d0 or d1 or d2 or d3 or g or a)
    begin
            if(g==0) y=0;
else
case(a[1:0])
2'b00:y=d0;
2'b01y=d1;
2'b10:y=d2;
2'b11:y=d3;
default:y=0;
endcase
end
endmodule
```

---

3. 端口说明

模块端口是指模块与外界交互信息的接口，包括以下 3 种类型。

【input】输入端口，模块从外界读取数据的接口，在模块内不可写。

【output】输出端口，模块往外界送出数据的接口，在模块内不可读。

【inout】输入/输出端口，也称为双向端口，可读取数据，也可以送出数据，数据可双向流动。

上述 3 类端口中，input 端口只能是线网型数据类型；output 端口可以为线网型或寄存器数据类型；由于 inout 端口具备输入/输出端口特点，因此也只能申明为线网型数据类型。

端口位宽由［M：N］来定义，M>N，则其为降序排列，［M］位是有效数据的最高位，［N］是有效数据的最低位，其等效位宽为 M−N+1；如果 M<N，则其为升序排列，［M］位是有效数据的最低位，［N］是有效数据的最高位，等效位宽为 N−M+1。例如：

```
output        [15:0]     data;
input         [17:0]     din;
input         wr_en;
output        [0:17] dout;
```

4.4　Verilog HDL 的层次化设计

1. Verilog HDL 层次化设计的表现形式

简单来讲，层次化设计就是在利用 Verilog HDL 语言编写程序实现相应功能时，不需要把所有的程序写在一个模块中。如果将系统中所有功能都放在一个模块中，那么其错误的检查、功能验证和调试的难度和复杂度将是无法想象的。

层次化设计方法的基本思想就是分模块、分层次地进行设计描述。描述系统总功能的设计为顶层设计，描述系统中较小单元的设计为底层设计。整个设计过程可理解为从硬件的顶层抽象描述向最底层结构描述的一系列转换过程，直到最后得到可实现的硬件单元描述为止。层次化设计中所用的模块有两种，一是预先设计好的标准模块，二是由用户设计的具有特定应用功能的模块。在基于 Verilog HDL 的层次化设计中，其最明显的表现特征就是具备多个不同级别的 Verilog HDL 代码模块，除顶层模块外，每个模块完成一项较为独立的功能。

2. 模块例化

Verilog HDL 的模块例化也被称为程序调用，是指将已存在的 Verilog HDL 模块作为当前设计的一个组件，设计人员将其作为黑盒子看待，直接送给输入即可得到相应的输出信号。通过程序例化，可在顶层模块中将各底层元件用 Verilog HDL 语言链接起来即可；逐次封装，形成最终的顶层文件，满足系统要求。

1）程序例化语法　在 Verilog HDL 语言中，有 3 种模块调用的方法，即位置映射法、信号名映射法，以及二者的混合映射法。

（1）位置映射法严格按照模块定义的端口顺序来链接，不用注明原模块定义时规定的端口名，其语法为：

模块名　例化名（链接端口 1 信号名，　链接端口 2 信号名，　链接端口 3 信号名，…）；

【例 4-2】给出利用位置映射法的 Verilog HDL 调用实例。

下面给出一个 4 输入的相等比较器。假设系统具有 4 个输入端口，分别为 a0、a1、b0 和 b1，要求判断 a0 和 b0 是否相等，a1 和 b1 是否相等。通过分析可以发现，a0、b0 和 a1、b1 的比较是相同操作，因此只要实现一个相等比较器，然后调用两次即可达到设计目的。这样在验证时，只需要验证比较器的一个子模块，从而达到简化设计的目的。

首先，给出相等比较器的 Verilog HDL 代码：

```
module compare_core( result, a , b );
input    [7:0] a, b;
output    result;
//判断两输入是否相等,相等输出1,否则输出 0
assign result = (a == b) ? 1 : 0;
endmodule
```

其次，在应用的顶层模块中两次调用比较器子模块，其代码如下：

```
module compare_app0(result0, a0 , b0,    result1, a1 , b1);
input    [7:0] a0, b0, a1, b1;
output    result0, result1;
//第 1 次调用比较器子模块,利用位置映射法
compare_core    inst_compare_core0(result0,    a0,b0);
//第 2 次调用比较器子模块,利用位置映射法
compare_core    inst_compare_core1(result1,    a1,b1);
endmodule
```

（2）信号名映射法，即利用"."符号，表明原模块定义时的端口名，其语法为：

模块名   例化名
(. 端口 1 信号名(链接端口 1 信号名),
. 端口 2 信号名(链接端口 2 信号名),
. 端口 3 信号名(链接端口 3 信号名),…
)；

显然，信号映射法同时将信号名和被引用端口名列出来，不必严格遵守端口顺序，不仅降低了代码易错性，还提高了程序的可读性和可移植性。因此，在良好的代码中，严禁使用位置映射法，全部采用信号名映射法。

【例 4-3】将例 4-2 通过信号名映射法实现。

```
module compare_core( result, a , b );
input   [7:0] a, b;
output        result;
assign result = (a == b) ? 1 : 0;
endmodule
//比较模块
module compare_app1(
result0, a0 , b0,
result1, a1 , b1);
nput       [7:0] a0, b0, a1, b1;
output        result0, result1;
//第 1 次调用比较器子模块,利用信号名映射法
compare_core    inst_compare_core0(
. result(result0),    . a(a0),    .b(b0));
//第 2 次调用比较器子模块,利用信号名映射法
compare_core    inst_compare_core1(
. a(a1),   . b(b1), . result(result1)   );
endmodule
```

2）特殊处理说明　以上给出了基本完整的模块例化方法，但在实际中，还有大量的异常情况需要处理，包括部分 I/O 端口不用，某一端口位宽不匹配等异常情况。

（1）悬空端口处理：在实际例化中，被调用模块的某些引脚可能不需要使用，因此要在例化时进行特殊处理。注意，悬空例化模块端口只能在信号名映射法中来完成，其方法有两种。一种方法是在模块例化时，在相应的端口映射中采用空白处理，其示例代码如下：

```
DFF d1 (
. Q（QS），
. Qbar （ ），              //该引脚悬空
. Data （D），
. Preset （ ），            //该引脚悬空
. Clock （CK） );           //信号名映射法
```

另一方法就是直接在例化时不调用该端口，其示例代码如下：

```
DFF d1 (
. Q（QS），
//. Qbar （ ），            //该引脚悬空
. Data （D），
//. Preset （ ），          //该引脚悬空
. Clock （CK）
 );                        //信号名映射法
```

> **说明**　在模块例化时，如果将输入引脚悬空，则该引脚输入为高阻 Z；如果将输出引脚悬空，则该输出引脚废弃不用。

（2）不同端口位宽的处理：模块例化的另一大类异常就是端口的位宽匹配问题，其处理原则是，当模块例化端口和被例化模块端口的位宽不同时，端口通过无符号数的右对齐截断方式进行匹配。

【例 4-4】 Verilog HDL 模块例化时端口位宽不匹配的处理实例。
被调用的子模块 Child 的代码如下：

```
module Child （Pba, Ppy）;
input       [5:0] Pba;
output      [2:0] Ppy;
assign      Ppy[2] = Pba[5] | Pba[4];
assign      Ppy[1] = Pba[3] && Pba[2];
assign      Ppy[0] = Pba[1] | Pba[0];
endmodule
```

顶层模块 Top 的代码如下：

```
module      Top(Bdl, Mpr);
input       [1;2] Bdl;
output      [2;6] Mpr;
//采用位置映射法例化模块 Child
Child C1 （Bdl, Mpr）;
endmodule
```

在对 Child 模块的实例中，根据位宽不匹配的异常处理原则，将 Bdl[2] 链接到 Pba[0]，Bdl[1] 链接到 Pba[1]，余下的输入端口 Pba[5]、Pba[4] 和 Pba[3] 悬空，因此为高阻态 Z。与之相似，Mpr[6] 链接到 Ppy[0]，Mpr[5] 链接到 Ppy[1]，Mpr[4] 链接到 Ppy[2]，如图 4-4-1 所示。

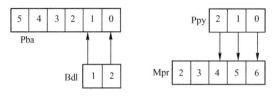

图 4-4-1　端口匹配示意图

3. 参数映射

参数映射的功能就是实现参数化元件。所谓"参数化元件"，是指元件的某些参数是可调整的，通过调整这些参数进而实现一类结构类似而功能不同的电路。在应用中，很多电路都可采用参数映射来达到统一设计，如计数器、分频器、不同位宽的加法器，以及不同刷新频率的 VGA 视频接口驱动电路等。

1）参数定义　在 Verilog HDL 中用 parameter 来定义参数，即用 parameter 来定义一个标志符表示一个固定的参数。采用该类型可以提高程序的可读性和可维护性。parameter 型信号的定义格式如下：

> parameter 参数名 1 =　数据名 1;

下面给出几个例子：

> parameter s1 = 1;
> parameter [3:0] S0 = 4'h0,
> S1 = 4'h1,
> S2 = 4'h2,
> S3 = 4'h3,
> S4 = 4'h4;

参数值的作用域为声明所在的整个 .v 文件，其数值可以在编译时被改变。可以使用参数定义语句改变参数值或在模块初始化语句中定义参数值。

2）参数传递　参数传递就是在编译时对参数重新赋值而改变其值。传递的参数是子模块中定义的 parameter，其传递方法有如下两种。

（1）使用"#"符号，即在同一模块中使用"#"符号。参数赋值的顺序必须与原始模块中进行参数定义的顺序相同，并不是一定要给所有的参数都赋予新值，但不允许跳过任何一个参数，即使是保持不变的值也要写在相应的位置上。格式如下：

> module_name #(parameter1, parameter2) inst_name(port_map);
> module_name #(. parameter_name(para_value), . parameter_name(para_value))
> 　　inst_name（port map）;

> 【例 4-5】通过"#"字符实现一个模值可调的加 1 计数器。
> 顶层模块的代码如下：
>
> ```
> module param_counter(
>     clk_in, reset, cnt_out );
>     input    clk_in;
> ```

```
          input     reset;
          output    [15:0] cnt_out;
          //参数化调用,利用#符号将计数器的模值10传入被调用模块
      cnt #(10) inst_cnt(
          . clk_in(clk_in),
          . reset(reset),
          . cnt_out(cnt_out)
          );
      endmodule
      //被例化的参数化计数器的代码如下:
      module cnt(
          clk_in, reset, cnt_out
          );
          //定义参数化变量
          parameter [15:0]Cmax = 1024;
          input     clk_in;
          input     reset;
          output    [15:0] cnt_out;
          reg       [15:0] cnt_out;
            //完成模值可控的计数器
          always @ (posedge clk_in) begin
            if( ! reset)
            cnt_out <= 0;
          else
            if( cnt_out == Cmax)
              cnt_out <= 0;
          else
              cnt_out <= cnt_out + 1;
        end
      endmodule
```

　　整个程序实现不同模值的计数器,从结构上分为两部分,一部分是计数器本身的功能实现部分,另一部分则是元件定义和参数化调用部分。计数器的实现包含 parameter 语句,在元件定义和调用时,通过"#"符号来传递参数。程序的功能仿真结果如图 4-4-2 所示。观察波形可知,计数器的最大值为 10,达到了参数化调用的要求。

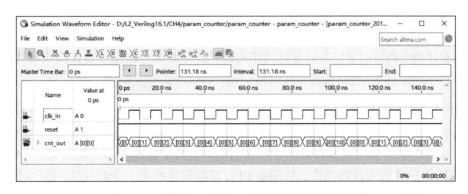

图 4-4-2　模值可调的加 1 计数器的功能仿真结果

（2）使用 defparam 关键字。defparam 关键字可以在上层模块直接修改下层模块的参数值，从而实现参数化调用，其语法格式如下：

> defparam heirarchy_path. parameter_name = value;

这种方法与例化分开，参数需要用绝对路径来指定。参数传递时，各个参数值的排列次序必须与被调用模块中各个参数的次序保持一致，并且参数值和参数的个数也必须相同。如果只希望对被调用模块内的个别参数进行更改，所有不需要更改的参数值也必须按对应参数的顺序在参数值列表中全部列出（原值复制）。使用 defparam 语句进行重新赋值时，必须参照原参数的名字生成分级参数名。

【例 4-6】 通过 defparam 语句实现一个模值可调的加 1 计数器，要求其功能和例 4-5 的一致。

```verilog
module param_counter(
  clk_in, reset, cnt_out     );
  input   clk_in;
  input   reset;
  output  [15:0] cnt_out;
    //调用计数器子模块
cnt inst_cnt(
  . clk_in(clk_in),
  . reset(reset),
  . cnt_out(cnt_out)
);
//通过 defparam 参数指定例化模块的内部参数
defparam inst_cnt. Cmax = 12;
endmodule
```

4.5 时延

Verilog HDL 模型中的所有延时都根据时间单位来定义。下面是带延时的连续赋值语句实例。

> assign #2Sum=A^B;//# 2 是指 2 个时间单位。

使用编译指令将时间单位与物理时间相关联。这样的编译器指令需在模块描述前定义，如下所示：

> 'timescale 1ns /100ps

该语句说明延时时间单位为 1ns，并且时间精度为 100ps（时间精度是指所有延时必须被限定在 0.1ns 内）。如果此编译器指令所在的模块包含上面的连续赋值语句，"#2"代表 2ns。如果没有这样的编译器指令，Verilog HDL 模拟器会指定一个默认的时间单位（IEEE Verilog HDL 标准中没有规定默认的时间单位）。

4.6　Verilog HDL 语言的描述形式

Verilog HDL 可以完成实际电路不同抽象级别的建模，具体有如下 3 种描述形式：①如果从电路结构的角度来描述电路模块，则称为结构描述形式；②如果对线型变量进行操作，就是数据流描述形式；③如果只从功能和行为的角度来描述一个实际电路，就称为行为级描述形式。如前所述，电路具有 5 种不同模型（系统级、算法级、RTL 级、门级和开关级）。系统级、算法级、RTL 级属于行为描述；门级属于结构描述；开关级涉及模拟电路，在数字电路中一般不考虑。其分类关系如图 4-6-1 所示。

行为描述	系统级 算法级 寄存器传送级（RTL）
结构描述	门级
模拟电路领域	开关级

图 4-6-1　Verilog HDL 语言的描述形式分类关系

1. 结构描述形式

Verilog HDL 中定义了 26 个有关门级的关键字，实现了各类简单的门逻辑。结构化描述形式通过门级模块进行描述，将 Verilog HDL 预先定义的基本单元实例嵌入到代码中，通过有机组合形成功能完备的设计实体。在实际工程中，简单的逻辑电路由少数逻辑门和开关组成，通过门原语可以直观地描述其结构，类似于传统的手工设计模式。Verilog HDL 语言提供了 12 个门级原语，分为多输入门、多输出门以及三态门三大类，见表 4-6-1。

表 4-6-1　门原语关键字说明列表

门级单元		
多输入门	多输出门	三态门
and	buf	bufif0
nand	not	bufif1
or		notif0
nor		notif1
xor		
xnor		

结构描述的每句话都是模块例化语句，门原语是 Verilog HDL 本身提供的功能模块。其最常用的调用格式为：

　　门类型 <实例名> (输出,输入 1,输入 2,…,输入 N);

例如：nand na01(na_out, a, b, c);

该语句表示一个名字为 na01 的与非门，输出为 na_out，输入为 a，b，c。基于门原语的设计，要求设计者首先将电路功能转化成逻辑组合，再搭建门原语来实现，这是数字电路中最底层的设计手段。

【例 4-7】 利用 Verilog HDL 设计一个 1 位全加器。

```
module ADD(A, B, Cin, Sum, Cout);
input A, B, Cin;
output Sum, Cout;
//声明变量
wire S1, T1, T2, T3;
//调用两个或非门
xor X1 (S1, A, B),
```

```
        X2 (Sum, S1, Cin);
//调用 3 个与门
and    A1 (T3, A, B),
       A2 (T2, B, Cin),
       A3 (T1, A, Cin);
//调用一个或门
or O1 (Cout, T1, T2, T3);
endmodule
```

在这个实例中，模块包含门的例化语句，也就是包含内置门 xor、and 和 or 的例化语句。图 4-6-2 所示为全加器的连接结构，可以看出门例化由线网型变量 S1、T1、T2 和 T3 互连，和代码语句结构相同。由于未指定顺序，门例化语句可以以任何顺序出现。图 4-6-3 所示的是基于门结构的全加器仿真结果。

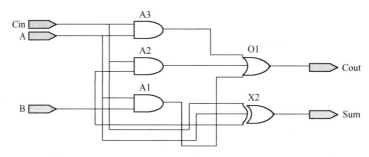

图 4-6-2 全加器的连接结构

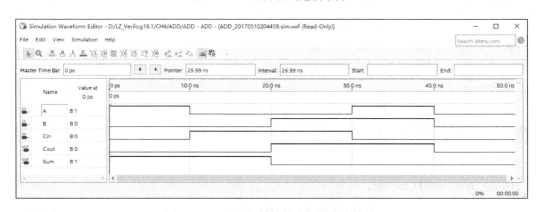

图 4-6-3 基于门结构的全加器仿真结果

门级描述本质上也是一种结构网络表，具备较高的设计性能（资源、速度性能）。读者在实际中的使用方法为，先使用门逻辑构成常用的触发器、选择器、加法器等模块，再利用已经设计的模块构成更高一层的模块，依此多次重复，便可以构成一些结构复杂的电路。其缺点是不易管理，难度较大且需要一定的资源积累。

在 20 世纪 90 年代中期以前，由于可编程逻辑器件的资源很少，大都为目前主流器件的千分之一到百分之一的规模；再加上相关的设计都比较简单，因此结构化描述有着广泛的应用。此后，特别是近 10 年，由于半导体器件规模和系统设计规模的飞速增长，这一传统且古老的设计方式已被彻底弃用。事实上，通过本书后续内容的学习，没有人还愿意书写或阅读类似于例 4-7 的代码。

2. 行为描述形式

行为描述形式主要包括语句/语句块、过程结构、时序控制、流控制等 4 个方面，是目前 Verilog HDL 中最重要的描述形式。

1）语句块　语句就是各条 Verilog HDL 代码。语句块就是位于 begin…end/fork…join 块定义语句之间的一组行为语句，将满足某一条件下的多条语句标志出来，类似于 C 语言中"{ }"符号中的内容。

语句块可以有独立的名字，写在块定义语句的第一个关键字后，即 begin 或 fork 之后，可以唯一地标志出某一语句块。如果有了块名字，则该语句块被称为一个有名块。在有名块内部可以定义内部寄存器变量，且可以使用"disable"中断语句中断。块名提供了唯一标志寄存器的一种方法。

【例 4-8】语句块使用实例。

```
always @ （a or b）
begin : adder1    //adder1 为语句块说明语句
c = a + b;
end
```

这就定义了一个名为"adder1"的语句块，实现输入数据的相加。

语句块按照界定不同分为如下两种。

（1）串行（begin…end）块：用于组合需要顺序执行的语句，例如下面的语句：

```
reg[7:0] r;
begin                          //由一系列延时产生的波形
r = 8'h35;                     //语句 1
r = 8'hE2;                     //语句 2
r = 8'h00;                     //语句 3
r = 8'hF7;                     //语句 4
end
```

其执行顺序是，首先执行语句 1，将 8'h35 赋给变量 r；再执行语句 2，将 8'hE2 再次赋给变量 r，覆盖语句 1 所赋的值；…；最后，将 8'hF7 赋给变量 r，形成其最终的值。串行块的执行特点如下所述。

☺ 串行块内的各条语句是按它们在块内的语句逐次逐条顺序执行的，当前一条执行完成后，才能执行下一条，如上例中语句 1 至语句 4 是顺序执行的。

☺ 块内每条语句中的延时控制都是相对于前一条语句结束时刻的延时控制，如上例中语句 2 的时延为 2d。

☺ 在进行仿真时，整个语句块总的执行时间等于所有语句执行时间之和，如上例中语句块中总的执行时间为 4d。

☺ 在可综合语句中，begin…end 块内的语句在时序逻辑中本质上是并行执行的，和语句的书写顺序无关。不过，读者可以从 EDA 设计的本质去简单理解，可综合 Verilog HDL 语句描述的是硬件电路，数字电路的各个硬件组成部分就是并列工作的。

（2）并行 fork…join 块：用于组合需要并行执行的语句，例如：

```
parameter d = 50;
```

```
reg[7:0] r1, r2, r3, r4;
    fork                        //由一系列延时产生的波形
        r1 = 'h35;              //语句 1
        r2 = 'hE2;              //语句 2
        r3 = 'h00;              //语句 3
        r4 = 'hF7;              //语句 4
    join
```

并行块的执行特点如下所述。

☺ 并行语句块内各条语句是各自独立地同时开始执行的，各条语句的起始执行时间都等于程序流程进入该语句块的时间，如上例中语句 2 并不需要等语句 1 执行完成后才开始执行，它与语句 1 是同时开始的。

☺ 块内每条语句中的延时控制都是相对于程序流程进入该语句块的时间而言的。

☺ 在进行仿真时，整个语句块总的执行时间等于执行时间最长的那条语句所需要的执行时间。

说明　begin…end 块是可综合语句，其串行执行特点是从语法结构上讲的。在实际电路中，各条语句之间并不全是串行的，这一点是 Verilog HDL 设计思想的难点之一。至于 fork…join，则是不可综合的，更多用于仿真代码中。

2）过程结构　过程结构采用 initial 模块、always 模块、任务（task）模块和函数（function）模块 4 种过程模块来实现，具有强的通用型和有效性。

一个程序可以有多个 initial 模块、always 模块、task 模块和 function 模块。initial 模块和 always 模块都是同时并行执行的，区别在于 initial 模块只执行一次，而 always 模块则是不断重复地运行。initial 模块是不可综合的，常用于仿真代码的变量初始化中；always 模块则是可综合的。

（1）initial 模块：在进行仿真时，一个 initial 模块从模拟 0 时刻开始执行，且在仿真过程中只执行一次，在执行完一次后，该 initial 就被挂起，不再执行。如果仿真中有两个 initial 模块，则同时从 0 时刻开始并行执行。

initial 模块是面向仿真的，是不可综合的，通常被用于描述测试模块的初始化、监视、波形生成等功能。其格式为：

```
initial begin/fork
    块内变量说明
    时序控制 1  行为语句 1;
    ……
    时序控制 n  行为语句 n;
end/join
```

其中，begin…end 块定义语句中的语句是串行执行的，而 fork…join 块语句中的语句定义是并行执行的。当块内只有一条语句且不需要定义局部变量时，可以省略 begin…end 或 fork…join。

【例 4-9】 一个 initial 模块的实例。

```
initial begin
```

```
//初始化输入向量
    clk = 0;
    ar = 0;
    ai = 0;
    br = 0;
    bi = 0;
//等待 100 个仿真单位,全局 reset 信号有效
//其中# 为延时控制语句
    #100;
    ar = 20;
    ai = 10;
    br = 10;
    bi = 10;
end
```

（2）always 模块：和 initial 模块不同，always 模块是一直重复执行的，并且可被综合。always 过程块是由 always 过程语句和语句块组成的，其格式为：

```
always @ （敏感事件列表）begin/fork
    块内变量说明
    时序控制 1　行为语句 1;
    …
    时序控制 n　行为语句 n;
end/join
```

其中，begin…end/fork…join 的使用方法和 initial 模块中的一样。敏感事件列表是可选项，但在实际工程中却很常用，而且是比较容易出错的地方。敏感事件表的目的就是触发 always 模块的运行，而 initial 后面是不允许有敏感事件表的。

敏感事件表由一个或多个事件表达式构成，事件表达式就是模块启动的条件。当存在多个事件表达式时，要使用关键词 or 将多个触发条件结合起来。Verilog HDL 的语法规定：对于这些表达式所代表的多个触发条件，只要有一个成立，就可以启动块内语句的执行。例如，在语句

```
always@ （a or b or c）begin
    …
end
```

中，always 过程块的多个事件表达式所代表的触发条件是，只要 a 、b、c 信号的电平有任意一个发生变化，begin…end 语句就会被触发。

always 模块主要是对硬件功能的行为进行描述，可以实现锁存器和触发器等基本数字处理单元，也可以用于实现各类大规模设计。

【例 4-10】一个 always 模块的应用示例。

```
module and3(f, a, b, c);
input a, b, c;
output f;
reg f;
```

```
        always @ ( a or b ) begin
                f = a & b & c;
        end
        endmodule
```

（3）任务（task）模块：一个任务就像一个过程，它可以从描述的不同位置执行共同的代码段。共同的代码段用任务定义编写成任务，这样它就能够从设计描述的不同位置通过任务调用被调用。任务可以包含时序控制（即延时控制），并且任务也能调用其他任何函数。

任务定义的形式如下：

```
        task task_id
        [ declarations ]
        procedural_statement
        endtask
```

其中，关键词 task 和 endtask 将它们之间的内容标志成一个任务定义，task 标志着一个任务定义结构的开始；task_id 是任务名；可选项 declaration 是端口声明语句和变量声明语句，任务接收输入值和返回输出值就是通过此处声明的端口进行的；procedural_statement 是一段用于完成这个任务操作的过程语句，如果过程语句多于一条，应将其放在语句块内；endtask 为任务定义结构体结束标志。

【例 4-11】 定义一个任务。

```
        task task_demo;              //任务定义结构开头,命名为 task_demo
            input   [7:0] x,y;       //输入端口说明
            output [7:0] tmp;        //输出端口说明
            if(x>y)                  //给出任务定义的描述语句
                tmp = x;
            else
                tmp = y;
        endtask
```

上述代码定义了一个名为 "task_ demo" 的任务，求取两个数的最大值。

　　在第一行 "task" 语句中不能列出端口名称；任务的输入端口、输出端口和双向端口数量不受限制，甚至可以没有输入端口、输出端口及双向端口；在任务定义的描述语句中，可以使用不可综合操作符合语句（使用最为频繁的就是延时控制语句），但这样会造成该任务不可综合；在任务中可以调用其他的任务或函数，也可以调用自身；在任务定义结构内不能出现 initial 和 always 过程块；在任务定义中可以出现 "disable 中止语句"，这将中断正在执行的任务，但它是不可综合的，当任务被中断后，程序流程将返回到调用任务的地方继续向下执行。

虽然任务中不能出现 initial 语句和 always 语句，但任务调用语句可以在 initial 语句和 always 语句中使用，其语法形式如下：

```
        task_id[ (端口 1, 端口 2, ……,  端口 N) ];
```

其中，task_id 是要调用的任务名，端口 1、端口 2……是参数列表。参数列表给出传入任务的数据（进入任务的输入端）和接收返回结果的变量（从任务的输出端接收返回结果）。在任务调用语句中，参数列表的顺序必须与任务定义中的端口声明顺序相同。任务调用语句是过程性语句，所以任务调用中接收返回数据的变量必须是寄存器类型。

【例 4-12】 通过 Verilog HDL 的任务调用实现一个 4 位全加器。

```
module EXAMPLE (A, B, CIN, S, COUT);
input [3:0] A, B;
input CIN;
output [3:0] S;
output COUT;
reg [3:0] S;
reg COUT;
reg [1:0] S0, S1, S2, S3;
task ADD;
input A, B, CIN;
output [1:0] C;
reg [1:0] C;
reg S, COUT;
begin
S = A ^ B ^ CIN;
COUT = (A&B) | (A&CIN) | (B&CIN);
C = {COUT, S};
end
endtask
always @ (A or B or CIN) begin
ADD (A[0], B[0], CIN, S0);
ADD (A[1], B[1], S0[1], S1);
ADD (A[2], B[2], S1[1], S2);
ADD (A[3], B[3], S2[1], S3);
S = {S3[0], S2[0], S1[0], S0[0]};
COUT = S3[1];
end
endmodule
```

任务调用语句只能出现在过程块内；任务调用语句和普通的行为描述语句的处理方法一致；当端口被调用时，任务调用语句必须包含端口名列表，且信号端口顺序和类型必须与任务定义结构中的顺序和类型一致（需要说明的是，任务的输出端口必须与寄存器类型的数据变量对应）；可综合任务只能实现组合逻辑，也就是说调用可综合任务的时间为 0，而在面向仿真的任务中可以带有时序控制（如延时），因此面向仿真的任务的调用时间不为 0。

（4）函数（fuction）语句：函数通过关键词 function 和 endfunction 定义，不允许输出端口声明（包括输出端口和双向端口），但可以有多个输入端口。函数定义的语法如下：

```
function [range] function_id;
```

```
            input_declaration
            other_declarations
            procedural_statement
        endfunction
```

其中，function 语句标志着函数定义结构的开始；［range］参数指定函数返回值的类型或位宽，是一个可选项，若没有指定，默认为 1 位寄存器数据；function_id 为所定义函数的名称，对函数的调用也是通过函数名完成的，并在函数结构体内部代表一个内部变量，函数调用的返回值就是通过函数名变量传递给调用语句的；input_declaration 用于对函数各个输入端口的位宽和类型进行说明，在函数定义中至少要有一个输入端口；endfunction 为函数结构体结束标志。

【例 4-13】定义函数实例。

```
function   AND;
//定义输入变量
input A, B;
//定义函数体
begin
    AND = A   && B;
end
endfunction
```

函数定义在函数内部会隐式定义一个寄存器变量，该寄存器变量和函数同名，并且位宽也一致。函数通过在函数定义中对该寄存器的显式赋值来返回函数计算结果。

> 函数定义只能在模块中完成，不能出现在过程块中；函数至少要有一个输入端口，不能包含输出端口和双向端口；在函数结构中，不能使用任何形式的时间控制语句（# 、wait 等），也不能使用 disable 中止语句；函数定义结构体中不能出现过程块语句（always 语句）；函数内部可以调用函数，但不能调用任务。

和任务一样，函数也是在被调用时才被执行的。调用函数的语句形式如下：

　　　　func_id(expr1, expr 2,···, exprn)

其中，func_id 是要调用的函数名，expr1, expr2,···, exprn 是传递给函数的输入参数列表，该输入参数列表的顺序必须与函数定义时声明其输入的顺序相同。

【例 4-14】函数调用实例。

```
module comb15 (A, B, CIN, S, COUT);
input [3:0] A, B;
input CIN;
output [3:0] S;
output COUT;
wire [1:0] S0, S1, S2, S3;
function signed [1:0] ADD;
input A, B, CIN;
```

```
reg S, COUT;
begin
S = A ^ B ^ CIN;
COUT = (A&B) | (A&CIN) | (B&CIN);
ADD = {COUT, S};
end
endfunction
assign S0 = ADD (A[0], B[0], CIN),
S1 = ADD (A[1], B[1], S0[1]),
S2 = ADD (A[2], B[2], S1[1]),
S3 = ADD (A[3], B[3], S2[1]),
S = {S3[0], S2[0], S1[0], S0[0]},
COUT = S3[1];
endmodule
```

函数调用可以在过程块中完成，也可以在 assign 这样的连续赋值语句中出现；函数调用语句不能单独作为一条语句出现，只能作为赋值语句的右端操作数。

3. 混合设计模式

在 Verilog HDL 模块中，结构描述、行为描述可以自由混合使用。也就是说，模块描述中可以包括实例化的门、模块实例化语句、连续赋值语句，以及行为描述语句的混合，它们之间可以相互包含。使用 always 语句和 initial 语句（切记只有寄存器类型数据才可以在这两个模块使用）来驱动门和开关，而来自于门或连续赋值语句（只能驱动线网型）的输出能够反过来用于触发 always 语句和 initial 语句。

【例 4-15】利用 Verilog HDL 语言完成一个与非门混合设计。

```
module hunhe_demo(A, B, C);
input   A, B;
output C;
//定义中间变量
wire   T;
//调用结构化与门
and A1 (T, A, B);
//通过数据流形式对与门输出求反,得到最终的与非门结果
assign C = ~T;
endmodule
```

4.7　Verilog HDL 语言基本要素

4.7.1　标志符

Verilog HDL 中的标志符（identifier）可以是任意一组字母、数字、"$"符号和"_"

（下划线）符号的组合，但标志符的第一个字符必须是字母或下划线。另外，标志符是区分大小写的。以下是标志符的几个例子：

> _R1_R2
> R56_68
> FIVE $

Count COUNT ／／与 Count 不同。

转义标志符（escaped identifier）可以在一条标志符中包含任何可打印字符。转义标志符以"＼"（反斜线）符号开头，以空白结尾（空白可以是一个空格、一个制表字符或换行符）。下面列举了几个转义标志符：

> ＼7400
> ＼.＊.$
> ＼{＊＊＊＊＊＊}
> ＼～Q

＼OutGate 与 OutGate 相同。

最后这个例子解释了在一条转义标志符中，反斜线和结束空格并不是转义标志符的一部分。也就是说，标志符"＼OutGate"和标志符"OutGate"恒等。

Verilog HDL 定义了一系列保留字，称为关键词，它仅用于某些上下文中。注意，只有小写的关键词才是保留字。例如，标志符"always"（这是个关键词）与标志符"ALWAYS"（非关键词）是不同的。另外，转义标志符与关键词并不完全相同。标志符"＼initial"与标志符"initial"（这是个关键词）不同。注意，这一约定与那些转义标志符不同。

4.7.2 注释

在 Verilog HDL 中有两种形式的注释。

> ①／＊第 1 种形式：可以扩展至
> 多行＊／；
> ②／／第 2 种形式：在本行结束。

4.7.3 格式

Verilog HDL 中区分大小写，也就是说，大小写不同的标志符是不同的。此外，Verilog HDL 是自由格式的，即结构可以跨越多行编写，也可以在一行内编写。空白（新行、制表符和空格）没有特殊意义。下面通过实例解释说明。

> initial begin Top = 3 'b001；#2 Top = 3 'b011； end

和下面的指令一样：

> initial
> begin
> Top = 3 'b001；
> #2 Top = 3'b011 ；
> end

4.7.4　系统任务和函数

以 "$" 字符开始的标志符表示系统任务或系统函数。任务提供了一种封装行为的机制，这种机制可在设计的不同部分被调用。任务可以返回 0 个或多个值。除只能返回一个值外，函数与任务相同。此外，函数在 0 时刻执行，即不允许延迟，而任务可以带有延迟。

```
$display ("Hi, you have reached LT today");
/ * $display 系统任务在新的一行中显示。 * /
 $time
//该系统任务返回当前的模拟时间。
```

4.7.5　编译指令

以 " ' " （反引号） 开始的某些标志符是编译器指令。在使用 Verilog HDL 语言编译时，特定的编译器指令在整个编译过程中有效 （编译过程可跨越多个文件），直到遇到其他的不同编译程序指令。

1. 'define 和 'undef

'define 指令用于文本替换，它很像 C 语言中的#define 指令，如：

```
'defineMAX_BUS_ SIZE32
…
reg['MAX_BUS_SIZE-1:0] AddReg;
```

一旦'define 指令被编译，其在整个编译过程中都有效。例如，通过另一个文件中的 'define 指令，MAX_BUS_SIZE 能被多个文件使用。'undef 指令取消前面定义的宏。例如：

```
'defineWORD16//建立一个文本宏替代
…
wire[ 'WORD:1] Bus;
…
'undefWORD//在'undef 编译指令后,WORD 的宏定义不再有效
```

2. 'ifdef、'else 和'endif

这些编译指令用于条件编译，例如：

```
'ifdef WINDOWS
parameter　WORD_SIZE = 16
'else
parameter WORD _ SIZE = 32
'endif
```

在编译过程中，如果已定义了名字为 "WINDOWS" 的文本宏，就选择第一种参数声明；否则选择第二种参数说明。

'else 程序指令对于'ifdef　指令是可选的。

3. 'default_ nettype

该指令用于为隐式线网指定线网类型，也就是将那些没有被说明的连线定义线网类型。'default_nettype wand 定义的默认的线网为线与类型。因此，如果在此指令后面的任何

模块中没有说明的连线，则该线网被假定为线与类型。

4.'include

'include 编译器指令用于嵌入内嵌文件的内容。文件既可以用相对路径名定义，也可以用全路径名定义，例如：

```
'include " . . / . . /primitives. v "
```

编译时，这一行由文件"．．／．．／primitives．v"的内容替代。

5.'resetall

该编译器指令将所有的编译指令重新设置为默认值。例如：

```
'resetall
```

该指令使得默认连线类型为线网类型。

6.'timescale

在 Verilog HDL 模型中，所有延时都用单位时间表述。使用'timescale 编译器指令将时间单位与实际时间相关联。该指令用于定义延时的单位和延时精度。'timescale 编译器指令格式为：

```
'timescaletime_unit/ time_precision
```

time_unit 和 time_pecision 由值 1、10 和 100 以及单位 s、ms、us、ns、ps 和 fs 组成。例如：

```
'timescale1ns/100ps
```

该指令表示延时单位为 1 ns，延时精度为 100 ps。'timescale 编译器指令在模块说明外部出现，并且影响后面所有的延时值。例如：

```
'timescale1ns/100ps
moduleAndFunc(Z,A,B) ;
outputZ;
inputA,B;
and # (5. 22, 6. 17) Al(Z,A,B) ;
//规定了上升及下降延时值。
endmodule
```

编译器指令定义延时以 ns 为单位，并且延时精度为 1/10 ns（100 ps）。因此，延时值 5. 22 对应 5. 2 ns，延时值 6. 17 对应 6. 2 ns。如果用如下的'timescale 程序指令代替上例中的编译器指令，

```
'timescale10ns/1ns
```

那么 5. 22 对应 52 ns，6. 17 对应 62 ns。

在编译过程中，'timescale 指令影响这一编译器指令后面所有模块中的延时值，直至遇到另一个'timescale 指令或'resetall 指令。当一个设计中的多个模块带有自身的'timescale 编译指令时将发生什么情况呢？在这种情况下，模拟器总是定位在所有模块的最小延时精度上，并且所有延时都相应地换算为最小延时精度。例如：

```
'timescale1ns/ 100ps
```

```
module   AndFunc( Z,A,B);
outputZ;
input A,B;
and #(5.22,617) Al( Z,A,B);
endmodule
'timescale 10ns/1ns
module TB;
reg PutA, PutB;
wire Get0;
initial
begin
PutA = 0;
PutB = 0;
#5.21   PutB = 1;
#10.4   PutA = 1;
#15 PutB = 0;
end
And FuncAF1( Get0, PutA, PutB);
endmodule
```

在这个例子中，每个模块都有自身的'timescale 编译器指令。'timescale 编译器指令第一次应用于延时。因此，在第一个模块中，5.22 对应 5.2 ns，6.17 对应 6.2 ns；在第二个模块中，5.21 对应 52 ns，10.4 对应 104 ns，15 对应 150 ns。对于仿真模块 TB，设计中的所有模块最小时间精度为 100 ps。因此，所有延时（特别是模块 TB 中的延时）将换算成精度为 100 ps。延时 52 ns 现在对应 520×100 ps，104 对应 1040×100 ps，150 对应 1500×100 ps。更重要的是，仿真使用 100 ps 为时间精度。如果是仿真模块 AndFunc，由于模块 TB 不是模块 AddFunc 的子模块，模块 TB 中的'timescale 程序指令将不再有效。

7. 'unconnected_ drive 和'nounconnected_ drive

在模块例化中，出现在这两个编译器指令间的任何未连接的输入端口或为正偏电路状态，或为反偏电路状态。

```
'unconnected_drivepull1
…
/ *在这两个程序指令间的所有未连接的输入端口为正偏电路状态(连接到高电平) * /
'nounconnected_drive
'unconnected_drive pull0
…
/ *在这两个程序指令间的所有未连接的输入端口为反偏电路状态(连接到低电平) * /
'nounconnected_drive
```

8. 'celldefine 和'endcelldefine

这两个程序指令用于将模块标志为单元模块。它们表示包含模块定义，例如：

```
'celldefine
module   FD1S3AX(D,CK,Z);
…
endmodule
'endcelldefine
```

某些 PLI 例程使用单元模块。

4.7.6 逻辑数值

Verilog HDL 有下列 4 种基本的逻辑数值：

0：逻辑 0 或 "假"；

1：逻辑 1 或 "真"；

x：未知；

z：高阻。

其中，x、z 是不区分大小写的。Verilog HDL 中的数字由这 4 类基本数值表示。在 Verilog HDL 语言中，表达式和逻辑门输入中的'z'通常解释为'x'。

4.7.7 常量

Verilog HDL 中的常量分为 3 类，即整数型、实数型和字符串型。下划线符号 "_" 可以随意用在整数和实数中，但没有实际意义，只是为了提高可读性。例如，"56" 等效于 "5_6"。

1. 整数

整数型在 Verilog HDL 语言设计中是最常用的一类常量，可以按两种方式书写，即简单的十进制数格式或基数格式。

1）简单的十进制格式 简单的十进制数格式的整数定义为带有一个 "+" 或 "−" 操作符的数字序列。下面是这种简易十进制形式整数的例子：

    45   十进制数 45
    −46   十进制数−46

简单的十进制数格式的整数值代表一个有符号的数，其中负数可使用两种补码形式表示。例如，32 在 6 位二进制形式中表示为 100000，在 7 位二进制形式中为 0100000，这里最高位 0 表示符号位；−15 在 5 位二进制中的形式为 10001，最高位 1 表示符号位，在 6 位二进制中为 110001，最高位 1 为符号扩展位。

2）基数表示格式 基数格式的整数格式为：

    ［长度］'基数   数值

长度是常量的位长，基数可以是二进制、十进制、十六进制之一。数值是基于基数的数字序列，且数值不能为负数。下面是一些具体实例：

    6'b9   6 位二进制数
    5 'o9   5 位八进制数
    9 'd6   9 位十进制数

2. 实数

实数可以用下列两种形式定义。

1）十进制计数法 例如，2.0、16539.236。

2）科学计数法 这种形式的实数举例如下，其中 "e" 与 "E" 相同。

    235.12e2   其值为 23512

| 5e-4 | 其值为 0.0005 |

根据 Verilog HDL 语言的定义，实数通过四舍五入隐式地转换为最相近的整数。

3. 字符串

字符串是双引号内的字符序列。字符串不能分成多行书写。例如：

```
''counter''
```

用 8 位 ASCII 值表示的字符可看作是无符号整数，因此字符串是 8 位 ASCII 值的序列。

```
reg [1 : 8 * 7] Char;
Char = ''counter'';
```

表示存储字符串"counter"，变量需要 8×7 位。

4. 参数

参数是一个特殊的常量，经常用于定义延时和变量的宽度。使用参数说明的参数只被赋值一次。参数说明形式如下：

```
parameter param1 = const_expr1, param2 = const_expr2, … ,
paramN = const_exprN;
```

下面给出一些具体实例：

```
parameter LINELENGTH = 132, ALL_X_S = 16'bx;
parameter BIT = 1, BYTE = 8, PI = 3.14;
parameter STROBE_DELAY = ( BYTE + BIT ) / 2;
parameter TQ_FILE = " /home/bhasker/TEST/add. tq";
```

参数值也可以在编译时被改变。可以使用参数定义语句改变参数值或在模块初始化语句中定义参数值。

4.7.8　数据类型

数据类型用于表示数字电路硬件中的数据存储和传送元素。Verilog HDL 中总共有两大类数据类型，即线网类型和寄存器类型。

线网类型主要表示 Verilog HDL 中结构化元件之间的物理连线，其数值由驱动元件决定；如果没有驱动元件连接到线网上，则其默认值为高阻（'z'）。寄存器类型主要表示数据的存储单元，其默认值为不定（'x'）。二者最大的区别在于，寄存器类型数据保持最后一次的赋值，而线网型数据则需要持续的驱动。

1. 线网类型

线网型数据常用于表示以 assign 关键字指定的组合逻辑信号。在 Verilog 程序模块中，I/O 信号类型默认为 wire 型。wire 型信号可以用作方程式的输入，也可以用作"assign"语句或实例元件的输出。线网数据类型包含下述不同种类的线网子类型，其中只有 wire、tri、supply0 和 supply1 是可综合的，其余都是不可综合的，只能用于仿真语句。需要特别指出的是，wire 是最常用的线网型变量。

☺ wire：标准连线（默认为该类型）；

☺ tri：具备高阻状态的标准连线；

☺ wor：线或类型驱动；

☺ trior：三态线或特性的连线；

☺ wand：线与类型驱动

☺ triand：三态线与特性的连线；

☺ trireg：具有电荷保持特性的连线；

☺ tri1：上拉电阻（Pullup）；

☺ tri0：下拉电阻（Pulldown）；

☺ supply0：地线，逻辑 0；

☺ supply1：电源线，逻辑 1。

线网数据类型的通用说明语法为：

> net_kind [msb:lsb] net1, net2, ⋯ , netn;

其中，net_kind 是上述线网类型的一种。msb 和 lsb 是用于定义线网范围的常量表达式；范围定义是可选的；如果没有定义范围，默认的线网类型为 1 位。下面给出一些线网类型说明实例：

> wire [7:0] data1, data2;   //两个 8 位位宽的线网
> wire   ce;   //一个 1 位位宽的线网

线网类型变量的赋值（也就是驱动）只能通过数据流"assign"操作来完成，不能用于 always 语句中，如 assign ce = 1'b1。

1）wire 和 tri 线网   用于连接单元的连线是最常见的线网类型。连线与三态线（tri）网语法和语义一致；三态线可以用于描述多个驱动源驱动同一根线的线网类型，并且没有其他特殊的意义。

> wireReset;
> wire[3:2]   Cla, Pla, Sla;
> tri[MSB−1 : LSB +1]   Art;

如果多个驱动源驱动一个连线（或三态线网），线网的真值由表 4-7-1 决定。

下面是一个具体实例：

> assign Cla = Pla&Sla;
> …
> assign Cla = Pla^ Sla;

在这个实例中，Cla 有两个驱动源。两个驱动源的值（右侧表达式的值）用于在上表中索引，以便决定 Cla 的有效值。由于 Cla 是一个向量，每位的计算是相关的。例如，如果第一个右侧表达式的值为 01x，并且第二个右测表达式的值为 11z，那么 Cla 的有效值是 x1x（第一位 0 和 1 在表中索引到 x，第二位 1 和 1 在表中索引到 1，第三位 x 和 z 在表中索引到 x）。

2）wor 和 trior 线网   线或是指如果某个驱动源为 1，那么线网的值也为 1。线或和三态线或（trior）在语法和功能上是一致的。

> wor [MSB:LSB]   Art;
> trior [MAX−1: MIN−1]   Rdx, Sdx, Bdx;

如果多个驱动源驱动这类网，线网驱动真值由表 4-7-2 决定。

表 4-7-1　wire 和 tri 线网的真值表

wire 或 tri	0	1	x	z
0	0	x	x	0
1	x	1	x	1
x	x	x	x	x
z	0	1	x	z

表 4-7-2　wor 和 trior 线网驱动真值表

wor 或 trior	0	1	x	z
0	0	1	x	0
1	1	1	1	1
x	x	1	x	x
z	0	1	x	z

3）wand 和 triand 线网　线与（wand）网是指如果某个驱动源为 0，那么线网的值为 0。线与和三态线与（triand）网在语法和功能上是一致的。

```
wand[-7:0]   Dbus;
triand    Reset, Clk;
```

如果这类线网存在多个驱动源，线网的驱动真值由表 4-7-3 决定。

4）trireg 线网　此线网存储数值（类似于寄存器），并且用于电容节点的建模。当三态寄存器（trireg）的所有驱动源都处于高阻态，也就是说，其值为 z 时，三态寄存器线网保存作用在线网上的最后一个值。此外，三态寄存器线网的默认初始值为 x。

```
trireg [1:8]   Dbus, Abus;
```

5）tri0 和 tri1 线网　这类线网可用于线逻辑的建模，即线网有多于一个驱动源。tri0（tri1）线网的特征是，若无驱动源驱动，它的值为 0（tri1 的值为 1）。

```
tri0 [-3:3]   GndBus;
tri1 [ 0 :-5]   OtBus, ItBus;
```

表 4-7-4 显示在多个驱动源情况下 tri0 或 tri1 网的驱动真值。

表 4-7-3　wand 和 triand 线网驱动真值表

wand 或 triand	0	1	x	z
0	0	0	0	0
1	0	1	x	1
x	0	x	x	x
z	0	1	x	z

表 4-7-4　trireg 线网驱动真值表

tri0（tri1）	0	1	x	z
0	0	x	x	0
1	x	1	x	1
x	x	x	x	x
z	0	1	x	0（1）

6）supply0 和 supply1 线网　supply0 用于对"地"建模，即低电平 0；supply1 网用于对电源建模，即高电平 1。其声明示例为：

```
supply0 Gnd_FPGA;
supply1 [2:0] Vcc_Bank;
```

2. 寄存器类型

寄存器型变量都有"寄存"性，即在接受下一次赋值前，将保持原值不变。寄存器型变量没有强度之分，且所有寄存器型变量都必须明确给出类型说明（无默认状态）。寄存器数据类型包含下列 4 类数据类型。

☺ reg：常用的寄存器型变量。用于行为描述中对寄存器类的说明，由过程赋值语句赋值。

☺ integer：32 位带符号整型变量。

☺ time：64 位无符号时间变量。

☺ real：64 位浮点、双精度、带符号实型变量。

☺ realtime：其特征和 real 型变量一致。

1）reg 寄存器类型   寄存器数据类型 reg 是最常见的数据类型。reg 类型使用保留字 reg 加以说明，形式如下：

reg [msb：lsb] reg1, reg2, …, regN;

其中，msb 和 lsb 定义了范围，并且均为常数值表达式。范围定义是可选的；如果没有定义范围，默认为 1 位寄存器。例如：

```
reg [3:0] Sat;        //Sat 为 4 位寄存器
reg Cnt;              //1 位寄存器
reg [1:32] Kisp, Pisp, Lisp;
```

寄存器可以取任意长度。reg 型数据的默认值是未知的，reg 型数据可以为正值或负值。但当一个 reg 型数据是一个表达式中的操作数时，它的值被当作无符号值，即正值。如果一个 4 位的 reg 型数据被写入−1，在表达式中运算时，其值被认为是+15。例如：

```
reg [3:0] Comb;
…
Comb = −2;          //Comb 的值为 14(1110),1110 是 2 的补码
Comb = 5;           //Comb 的值为 15(0101)
```

2）integer 寄存器类型   整数寄存器包含整数值。整数寄存器可以作为普通寄存器使用，典型应用为高层次行为建模。使用整数型寄存器形式如下：

integer integer1, integer2,…, intergerN [msb:1sb] ;

其中，msb 和 lsb 是定义整数数组界限的常量表达式，数组界限的定义是可选的。一个整数最少容纳 32 位，但是具体实现可提供更多的位。下面是整数说明的实例：

```
integer A, B, C;          //3 个整数型寄存器
integer Hist [3:6];       //一组 4 个寄存器
```

一个整数型寄存器可存储有符号数，并且算术操作符提供 2 的补码运算结果。整数不能作为位向量访问。例如，对于上面的整数 B 的说明，B[6] 和 B[20:10] 是非法的。一种截取位值的方法是将整数赋值给一般的 reg 类型变量，然后从中选取相应的位，如下所示：

```
reg [31:0] Breg;
integer Bint;
…
//Bint[6]和 Bint[20:10]是不允许的
…
Breg = Bint;
/* 现在,Breg[6]和 Breg[20:10] 是允许的,并且从整数 Bint 获取相应的位值。*/
```

上例说明了如何通过简单的赋值将整数转换为位向量。类型转换自动完成，不必使用特定的函数。从位向量到整数的转换也可以通过赋值完成。例如：

```
integer J;
reg [3:0] Bcq;
J = 6;              //J 的值为 32'b0000...00110
Bcq = J;            //Bcq 的值为 4'b0110
Bcq = 4'b0101;
J = Bcq;            //J 的值为 32'b0000...00101
J = -6;             //J 的值为 32'b1111...11010
Bcq = J;            //Bcq 的值为 4'b1010
```

　　值总是从最右端的位向最左边的位进行；任何多余的位被截断。由于整数是作为 2 的补码位向量表示的，因而可得到这里的类型转换。

　　3）time 类型　time 类型的寄存器用于存储和处理时间。time 类型的寄存器使用下述方式加以说明：

　　　　time time_id1, time_id2, …, time_idN [msb:lsb];

其中，msb 和 lsb 是表明范围界限的常量表达式。如果未定义界限，每个标志符存储一个至少 64 位的时间值。时间类型的寄存器只存储无符号数。例如：

　　　　time Events [0:31];   //时间值数组
　　　　time CurrTime;   //CurrTime 存储一个时间值

　　4）real 类型　实数寄存器（或实数时间寄存器）使用如下方式说明：

　　　　//实数说明：
　　　　real real_reg1, real_reg2, …, real_regN;
　　　　//实数时间说明：
　　　　realtime realtime_reg1, realtime_reg2, …, realtime_regN;

realtime 与 real 类型完全相同。例如：

　　　　real Swing, Top;
　　　　realtime CurrTime;

　　real 说明的变量默认为 0。不允许对 real 声明值域、位界限或字节界限。当将值 x 和 z 赋予 real 类型寄存器时，这些值作 0 处理。例如：

　　　　real RamCnt;
　　　　...
　　　　RamCnt = 'b01x1Z;

RamCnt 在赋值后的值为'b01010。

　　5）realtime 类型　用于定义实数时间寄存器，其使用方式和 real 型变量一致，这里就不再介绍。

　　6）reg 的扩展类型——memory 型　Verilog HDL 通过对 reg 型变量建立数组来对存储器建模，可以描述 RAM、ROM 存储器和寄存器数组。数组中的每个单元通过一个整数索引进行寻址。memory 型通过扩展 reg 型数据的地址范围来达到二维数组的效果，其定义的格式如下：

reg [n-1:0]　存储器名 [m-1:0];

其中，reg [n-1:0]定义了存储器中每个存储单元的大小，即该存储器单元是一个 n 位位宽的寄存器；存储器后面的[m-1:0]则定义了存储器的大小，即该存储器中有多少个这样的寄存器。注意，存储器属于寄存器数组类型。线网数据类型没有相应的存储器类型。例如：

reg [15:0] ROMA [7:0];

这个例子定义了一个存储位宽为 16 位、存储深度为 8 的一个存储器。该存储器的地址范围是 0 ~ 8。

存储器数组的维数不能大于 2。单个寄存器说明既能够用于说明寄存器类型，也可以用于说明存储器类型，如：

parameter ADDR_SIZE = 16 , WORD_SIZE = 8;
reg [1: WORD_SIZE] RamPar [ADDR_SIZE-1 : 0], DataReg;

其中，RamPar 是存储器，是 16 个 8 位寄存器数组，而 DataReg 是 8 位寄存器。

对存储器进行地址索引的表达式必须是常数表达式。

尽管 memory 型和 reg 型数据的定义比较接近，但二者还是有很大区别的。例如，一个由 n 个 1 位寄存器构成的存储器是不同于一个 n 位寄存器的。

reg [n-1 : 0] rega;　　　//一个 n 位的寄存器
reg memb [n-1 : 0];　　 //一个由 n 个 1 位寄存器构成的存储器组

如果要对 memory 型存储单元进行读写必须要指定地址。例如：

memb[0] = 1;　　　　　//将 memeb 中的第 0 个单元赋值为 1
reg [3:0] Xrom [4:1];
Xrom[1] = 4'h0;
Xrom[2] = 4'ha;
Xrom[3] = 4'h9;
Xrom[4] = 4'hf;

在赋值语句中需要注意如下区别：存储器赋值不能在一条赋值语句中完成，但是寄存器可以。如一个 n 位的寄存器可以在一条赋值语句中直接进行赋值，而一个完整的存储器则不行。

rega = 0;　　　　　　//合法赋值
memb = 0;　　　　　 //非法赋值

在存储器被赋值时，需要定义一个索引。下例说明它们之间的不同。

reg [1:5] Dig; //Dig 为 5 位寄存器
...
Dig = 5'b11011;

上述赋值都是正确的，但下述赋值不正确：

reg BOg[1:5]; //Bog 为 5 个 1 位寄存器的存储器
…
Bog = 5'b11011;

一种存储器赋值的方法是分别对存储器中的每个字赋值。例如：

reg [0:3] Xrom [1:4]
…
Xrom[1] = 4'hA;
Xrom[2] = 4'h8;
Xrom[3] = 4'hF;
Xrom[4] = 4'h2;

另外一种就是通过系统任务读取计算机上的初始化文件来完成，如"$readmemb"用于加载二进制值，"$readmemb"用于加载十六进制值。

4.7.9　运算符和表达式

在 Verilog HDL 语言中，运算符所带的操作数是不同的，按其所带操作数的个数可以分为如下 3 种。

☺ 单目运算符：带一个操作数，且放在运算符的右边。

☺ 双目运算符：带两个操作数，且放在运算符的两边。

☺ 三目运算符：带三个操作数，且被运算符间隔开。

Verilog HDL 语言参考了 C 语言中大多数算符的语法和句义，运算范围很广，其运算符按功能分为 9 类，在下面各节分别进行介绍。

> 运算符和表达式即可以用在数据流语句"assign"中，也可用在 always 块语句中；除了"/"和"%"这两个算术操作符受限外，所有的运算符都是可综合的。

1. 赋值运算符

赋值运算分为连续赋值和过程赋值两种。

1）连续赋值　连续赋值语句和过程块一样，也是一种行为描述语句。连续赋值语句只能用于对线网型变量进行赋值，而不能对寄存器变量进行赋值，其基本的语法格式为：

线网型变量类型 [线网型变量位宽]　线网型变量名；
assign #(延时量)　线网型变量名 =　赋值表达式；

例如：

wire a;
assign a = 1'b1;

一个线网型变量一旦被连续赋值语句赋值后，赋值语句右端赋值表达式的值将持续对被赋值变量产生驱动。只要右端表达式任一个操作数的值发生变化，就会立即触发对被赋值变量的更新操作。

在实际使用中，连续赋值语句有下列 5 种应用。

（1）对标量线网型赋值：

```
wire a, b;
assign a = b;
```

（2）对矢量线网型赋值：

```
wire [7:0] a, b;
assign a = b;
```

（3）对矢量线网型中的某一位赋值：

```
wire [7:0] a, b;
assign a[3] = b[1];
```

（4）对矢量线网型中的某几位赋值：

```
wire [7:0] a, b;
assign a[3:0] = b[3:0];
```

（5）对任意拼接的线网型赋值：

```
wire a, b;
wire [1:0] c;
assign c = {a ,b};
```

2）过程赋值　过程赋值主要用于两种结构化模块（initial 模块和 always 模块）中的赋值语句。在过程块中，只能使用过程赋值语句（不能在过程块中出现连续赋值语句），同时过程赋值语句也只能用在过程赋值模块中。过程赋值语句的基本格式为：

<被赋值变量><赋值操作符><赋值表达式>

其中，<赋值操作符>是"="或"<="，它们分别代表了阻塞赋值和非阻塞赋值类型。

在硬件中，过程赋值语句表示用赋值语句右端表达式所推导出的逻辑来驱动该赋值语句左边表达式的变量。过程赋值语句只能出现在 always 语句和 initial 语句中。在 Verilog HDL 语法中有阻塞赋值和非阻塞赋值这两种过程赋值语句。

【阻塞赋值语句】阻塞赋值由符号"="来完成。"阻塞赋值"由其赋值操作行为而得名，"阻塞"就是说在当前的赋值完成前阻塞其他类型的赋值任务，但是如果右端表达式中含有延时语句，则在延时未结束前，不会阻塞其他赋值任务。

【非阻塞赋值语句】非阻塞赋值由符号"<="来完成。"非阻塞赋值"也由其赋值操作行为而得名，在一个时间步（Time Step）的开始估计右端表达式的值，并在这个时间步结束时用等式右边的值更新取代左端表达式。在估算右端表达式和更新左端表达式的中间时间段，其他的对左端表达式的非阻塞赋值可以被执行，即"非阻塞赋值"从估计右端开始并不阻碍执行其他的赋值任务。

过程赋值语句只能对寄存器类型的变量（reg、integer 、real 和 time ）进行操作，经过赋值后，上述这些变量的取值将保持不变，直到另一条赋值语句对变量重新赋值为止。过程赋值操作的具体目标可以是：

☺ reg、integer 、real 和 time 型变量（矢量和标量）；

☺ 上述变量的一位或几位；

☺ 存储器类型，只能对指定地址单元的整个字进行赋值，不能对其中某些位单独赋值。

【例 4-16】 给出一个过程赋值的例子。

```
reg c;
always @ (a)
begin
    c = 1'b0;
end
```

2. 算术运算符

1）运算符说明　在 Verilog HDL 中，算术运算符又被称为二进制运算符，有下列 5 种：

☺ +：加法运算符或正值运算符，如 s1+s2；+5；

☺ －：减法运算符或负值运算符，如 s4-s2；-5；

☺ ＊：乘法运算符，如 s1＊5；

☺ ／：除法运算符，如 s1/5；

☺ ％：模运算符，如 s1%2。

在上述操作符中，+、－、＊三种操作符都是可综合的，而对于／和％这两种操作只有当除数或模值为 2 的幂次方时（2、4、8、16……）才是可综合的，其余情况都是不可综合的。

在进行整数除法时，结果值要略去小数部分。在取模运算时，结果的符号位和模运算第一个操作数的符号位保持一致。例如：

运算表达式	结果	说明
12.5/3	4	结果为 4，小数部分省去
12%4	0	整除，余数为 0
−15%2	−1	结果取第一个数的符号，所以余数为−1
13/−3	1	结果取第一个数的符号，所以余数为 1

　在进行基本算术运算时，若某一操作数有不确定的值，则运算结果也是不确定值。

2）算术操作结果的位宽　算术表达式结果的位宽由位宽最大的操作数决定。在赋值语句下，算术操作结果的位宽由操作符左端目标位宽决定。

【例 4-17】 以加法操作符为例，说明算术操作符操作结果的位宽保留规则。

```
module opea_demo(a_in, b_in, q0_out, q1_out);
input  [3:0] a_in, b_in;
output [3:0] q0_out;
output [4:0] q1_out;
//同位宽操作，会造成数据溢出
assign q0_out = a_in + b_in;
//扩位操作，可保证计算结果正确
assign q1_out = a_in + b_in;
endmodule
```

上述程序在 Quartus Prime 中的仿真结果如图 4-7-1 所示。可以发现，如果加法两端的数据位宽相同，可能会造成溢出，因此在实际中应当让赋值语句左端和的数据位宽比右端加数的位宽大一位，如程序中的 q1_out。

图 4-7-1 例 4-17 的仿真结果

从图 4-7-1 可以看出，例 4-14 中第一个加法的结果位宽由 ain 、bin 和 q0_out 位宽决定，位宽为 4 位。第二个加法操作的位宽同样由 q1_out 的位宽决定（q1_out 的位宽最大），位宽为 6 位。在第一个赋值中，加法操作的溢出部分被丢弃，因此在 80 ns 标度处，7 和 10 相加的结果 10001 的最高位被丢弃，q0_out 的数值为 1。而在第二个赋值中，由于任何溢出的位存储在结果位 q1_out[4] 中，在 80 ns 标度处，7 和 10 相加的结果为 17。

那么在较长的表达式中，中间结果的位宽如何确定呢？在 Verilog HDL 中定义了如下规则：表达式中的所有中间结果应取最大操作数的位宽（赋值时，此规则也包括左端目标）。

【例 4-18】以加法操作符为例，说明算术操作符中间结果的位宽保留规则。

```
wire [4:1] Box, Drt;
wire [5:1] Cfg;
wire [6:1] Peg;
wire [8:1] Adt;
…
assign Adt = (Box + Cfg) + (Drt + Peg);
```

表达式右端的操作数最大位宽为 6，但是将左端包含在内时，最大位宽为 8，因此所有的加操作使用 8 位进行。例如，Box 和 Cfg 相加的结果位宽为 8 位。

表 4-7-5 逻辑运算符的真值表

a	b	! a	! b	a&&b	a ‖ b
1	1	0	0	1	1
1	0	0	1	0	1
0	1	1	0	0	1
0	0	1	1	0	0
x	x				
x	z				
z	z				

3）逻辑运算符 Verilog HDL 中有 3 类逻辑运算符。

☺ &&：逻辑与；

☺ ‖：逻辑或；

☺ !：逻辑非。

其中，"&&" 和 " ‖ " 是二目运算符，要求有两个操作数；而 "!" 是单目运算符，只要求有一个操作数。"&&" 和 " ‖ " 的优先级高于算术运算符。逻辑运算符的真值表见表 4-7-5。

【例 4-19】逻辑运算符的应用示例。

```
module logic_demo(
    a_in, b_in, q0_out, q1_out, q2_out
    );
    input    a_in, b_in;
    output   q0_out, q1_out, q2_out;
    reg      q0_out, q1_out, q2_out;
    always @ (a_in or b_in) begin
        q0_out = ! a_in;
        q1_out = a_in && b_in;
    q2_out = a_in │ │ b_in;
    end
endmodule
```

3. 关系运算符

关系运算符总共有以下 8 种。

☺ >：大于；

☺ >=：大于等于；

☺ <：小于；

☺ <=：小于等于；

☺ ==：逻辑相等；

☺ !=：逻辑不相等；

☺ ===：全等；

☺ !==：全不等。

在进行关系运算时，如果操作数之间的关系成立，返回值为 1；若关系不成立，则返回值为 0；若某一个操作数的值不定，则关系是模糊的，返回的是不定值 x。实例算子"==="和"!=="可以比较含有 x 和 z 的操作数，在模块的功能仿真中有着广泛的应用。所有的关系运算符有着相同优先级，但低于算术运算符的优先级。

【例 4-20】关系运算符的应用示例。

```
module rela_demo(
    a_in, b_in, q_out
    );

    input  [7:0] a_in, b_in;
    output [7:0] q_out;
    reg    [7:0] q_out;
    always @ (a_in or b_in) begin
        q_out[0] = (a_in > b_in) ? 1 : 0;
        q_out[1] = (a_in >= b_in) ? 1 : 0;
        q_out[2] = (a_in < b_in) ? 1 : 0;
        q_out[3] = (a_in <= b_in) ? 1 : 0;
        q_out[4] = (a_in ! = b_in) ? 1 : 0;
        q_out[5] = (a_in == b_in) ? 1 : 0;
```

```
                q_out[6] = (a_in === b_in) ? 1 : 0;
                q_out[7] = (a_in ! == b_in) ? 1 : 0;
        end
    endmodule
```

上述程序的仿真结果如图 4-7-2 所示，可以看出，其运算规则和传统的 C 语言等软件语言是一致的。

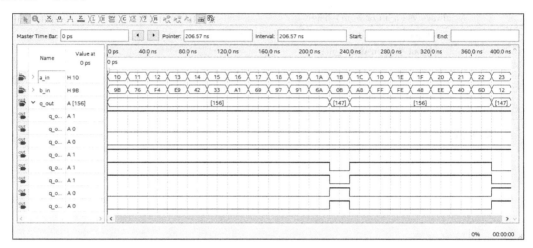

图 4-7-2　例 4-20 的仿真结果

其中，"＝＝＝"和"！＝＝"仅用于仿真，在综合时将其按照"＝＝"和"！＝"来对待，这是因为在实际硬件系统中不存在"x"和"z"状态。

4. 条件运算符

条件运算符"?："有 3 个操作数，若第 1 个操作数是 TRUE，算子返回第 2 个操作数；否则返回第 3 个操作数，条件算子可以用于实现一个选择器，格式如下：

y = x ? a : b;

如果第 1 个操作数 y = x 是 TRUE，算子返回第 2 个操作数 a；否则返回第 3 个操作数 b。条件运算符"?："可以应用于数据流描述形式中，例如：

```
wire y;
assign y = (s1 == 1) ? a : b;
```

此外，"?："可通过嵌套的操作实现多路选择，如：

```
wire [1:0] s;
assign s = (a >=2 ) ? 1 : (a < 0) ? 2 : 0;//当 a >=2 时,s=1;当 a <0 时,s=2;在其余情况下,
s=0。
```

同样，"?："可以用在 always 块中，下面给出完整的示例。

【**例 4-21**】条件运算符的示例。

```
module conditional(x, y);
    input [2:0]  x;
```

```
        output [2:0]  y;
        reg [2:0]  y;
        parameter xzero = 3'b000;
        parameter xout = 3'b111;

    always @ (x)
        y = (x ! = xout) ? x +1 : xzero;
    endmodule
```

例 4-21 的程序在 Quartus Prime 中的仿真结果如图 4-7-3 所示，可以看出正确实现了加 1 加法器，且模值为 8。

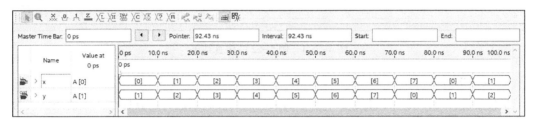

图 4-7-3 例 4-21 的仿真结果

5. 位运算符

作为一种针对数字电路的硬件描述语言，Verilog HDL 用位运算来描述电路信号中的与、或、非操作。总共有如下 5 种位逻辑运算符。

☺ ～：非；

☺ &：与；

☺ |：或；

☺ ^：异或；

☺ ^～：同或。

在位运算符中除了"～"，其余都是二目运算符，其操作实例如下：

```
    s1 = ~s1;
    var = ce1 & ce2;
```

位运算对其自变量的每一位进行操作，如"s1&s2"的含义就是 s1 和 s2 的对应位相与。如果两个操作数的长度不相等，将会对较短的数高位补零，然后进行对应位运算，使输出结果的长度与位宽较长的操作数长度保持一致。

【例 4-22】位运算符的示例。

```
    module bit_demo(    a, b, c1, c2, c3, c4, c5  );
        input  [1:0] a, b;
        output [1:0] c1, c2, c3, c4, c5;
        assign c1 = ~a;
        assign c2 = a & b;
        assign c3 = a | b;
        assign c4 = a ^ b;
```

```
        assign c5 = a ~ b;
    endmodule
```

上述程序在 Quartus Prime 中的仿真结果如图 4-7-4 所示。

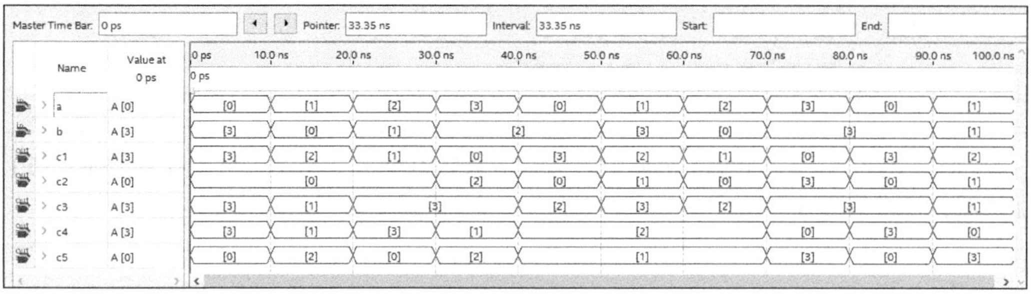

图 4-7-4 例 4-22 的仿真结果

6. 拼接运算符

拼接运算符可以将两个或更多个信号的某些位拼接起来进行运算操作。其使用格式为：

$$\{s1, s2, \cdots, sn\}$$

将某些信号的某些位详细地列出来，中间用逗号隔开，最后用一个大括号表示一个整体信号。

在工程实际中，拼接运算得到了广泛使用，特别是在描述移位寄存器时。

【例 4-23】拼接运算符的 Verilog HDL 应用实例。

```
reg [15:0] shiftreg;
always @ ( posedge clk)
    shiftreg [15:0] <= {shiftreg [14:0], data_in};
```

此外，在 Verilog HDL 语言中还有一种重复操作符 {{}}，即将一个表达式放入双重花括号中，复制因子放在第一层括号中，为复制一个常量或变量提供一种简便记法。例如，{3{2 'b01}} = 6 'b010101。

7. 移位运算符

移位运算符只有两种，即 "<<"（左移）和 ">>"（右移），左移一位相当于乘 2，右移一位相当于除 2。其使用格式为：

$$s1 <<N; \quad 或 s1 >>N;$$

其含义是将第一个操作数 s1 向左（右）移位，所移动的位数由第二个操作数 N 来决定，且都用 0 来填补移出的空位。在进行移位运算时，应注意移位前后变量的位数，下面给出几个例子：

4'b1001<<1 = 5 'b10010;   4'b1001<<2 = 6 'b100100;
1<<6 = 32'b1000000 ;   4'b1001>> 1 = 4 'b0100;
4'b1001>>4 = 4 'b0000;

在实际运算中，经常通过不同移位数的组合来计算简单的乘法和除法。例如 "s1 *

20"，因为 20＝16+4，所以可以通过 s1<<4+s1<<2 来实现。

【例 4-24】通过移位运算符实现将输入数据放大 19 倍。

```
module amp19(
    clk, din, dout      );
        input        clk;
        input    [7:0]  din;
        output   [11:0] dout;
        reg      [11:0] dint16;
        reg      [11:0] dint2;
        reg      [11:0] dint;
    //将放大倍数 19 分解为 16+2+1
    always @ ( posedge clk ) begin
        dint16 <= din << 4;
        dint2 <= din << 1;
        dint <= din;
    end
        //将 2 的各次幂值加起来
    assign dout = dint16 + dint2 + dint;
endmodule
```

上述程序的仿真结果如图 4-7-5 所示。

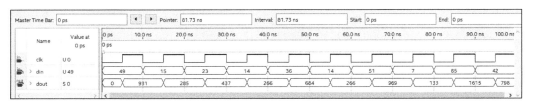

图 4-7-5　例 4-24 的仿真结果

8. 一元约简运算符

一元约简运算符是单目运算符，其运算规则类似于位运算符中的与、或、非，但其运算过程不同。约简运算符对单个操作数进行运算，最后返回一位数。其运算过程为，首先将操作数的第 1 位和第 2 位进行与、或、非运算；然后再将运算结果和第 3 位进行与、或、非运算；依次类推，直至最后一位。

常用的约简运算符与位操作符关键字一样，仅有单目运算和双目运算的区别。

【例 4-25】给出包含所有一元简约运算符的 Verilog HDL 代码实例。

```
module reduction(a, out1, out2, out3, out4, out5, out6);
        input [3:0] a;
        output out1, out2, out3, out4, out5, out6;
        reg out1, out2, out3, out4, out5, out6;
    always @ ( a ) begin
        out1 = & a;            //与约简运算
        out2 = | a;            //或约简运算
        out3 = ~ & a;          //与非约简运算
```

```
        out4 = ~ | a;              //或非约简运算
        out5 = ^ a;                //异或约简运算
        out6 = ~^ a;               //同或约简运算
    end
endmodule
```

上述程序的仿真结果如图 4-7-6 所示。

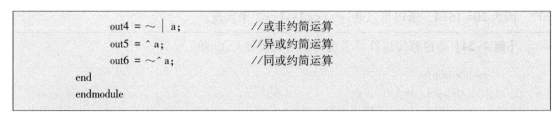

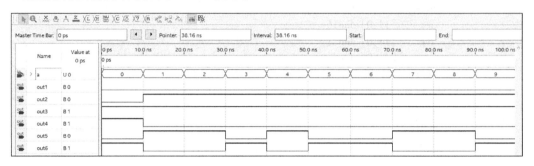

图 4-7-6　例 4-25 的仿真结果

第5章 行为描述语句

〖**知识目标**〗
☺ 掌握条件语句和循环语句的写法，注意其和 C 语言的不同。
☺ 学习编写 Testbench 进行逻辑验证。
☺ 掌握 Moore 和 Mealy 状态机设计的理念。

〖**能力目标**〗
在掌握 Verilog 基础知识的基础上，学习 Verilog 的描述方式。
☺ 初级要求：掌握基本的 if、while、for 等常用描述语句的使用方法。
☺ 中级要求：理解 Testbench 语句，熟悉典型的测试验证程序的编写方法，看懂本章的测试验证实例。
☺ 高级要求：掌握状态机的编写，并且利用 Quartus Prime 和 ModelSim 联合仿真。

 ## 5.1 触发事件控制

1. 信号电平事件语句

电平敏感事件是指指定信号的电平发生变化时发生指定的行为。下面是电平触发事件控制的语法和实例：

☺ @（<电平触发事件>）行为语句；
☺ @（<电平触发事件 1> or <电平触发事件 2> or …or<电平触发事件 *n*>）行为语句。

【**例 5-1**】电平沿触发计数器的实例。

```
module counter1(clk, reset, cnt);
        input        clk, reset;
        output [4:0] cnt;
reg [4:0] cnt;
always @ (reset or clk) begin
    if (reset)
        cnt = 0;
    else
        cnt = cnt +1;
end
endmodule
```

其中，只要信号 a 的电平有变化，信号 cnt 的值就会加 1，这可以用于记录信号 a 变化的次数。关键字"or"表明事件之间是"或"的关系，在 Verilog HDL2001 规范中，可以用标号"，"来表示"或"的关系，其相应的语法格式为：

always @（<电平触发事件1>，<电平触发事件2>，…，<电平触发事件n>）　行为语句；

因此，也可以将上述程序修改为：

```
reg [4:0] cnt;
always @ (reset, clk) begin
    if (reset)
        cnt = 0;
    else
        cnt = cnt +1;
end
```

上述程序的仿真结果如图 5-1-1 所示。由图可见，在 reset 信号电平为低时，只要 clk 的电平发生变化，cnt 的数值就会累加 1。这就表明了电平触发事件以触发信号的电平变化为触发事件，无论信号电平由高变低，还是由低变高，一律同等对待。

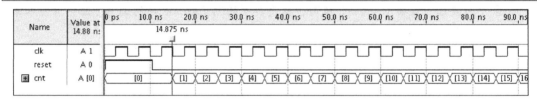

图 5-1-1　组合逻辑计数器的仿真结果

2. 信号沿跳变事件语句

边沿触发事件是指指定信号的边沿信号跳变时发生指定的行为，分为信号的上升沿（x→1 or z→1 or 0→1）和下降沿（x→0 or z→0 or 1→0）控制。上升沿用 posedge 关键字来描述，下降沿用 negedge 关键字描述。边沿触发事件控制的语法格式为：

☺ @（<边沿触发事件>）行为语句；

☺ @（<边沿触发事件1> or <边沿触发事件2> or…or <边沿触发事件n>）行为语句；

【例5-2】 基于边沿触发事件的加 1 计数器。

```
module counter2(
    clk, reset, cnt   );
input       clk, reset;
output [4:0] cnt;
reg    [4:0] cnt;
always @ (negedge clk) begin
    if (reset)
        cnt <= 0;
    else
        cnt <= cnt +1;
end
endmodule
```

上面这个例子表明，只要 clk 信号出现下降沿，cnt 信号就会加 1，从而完成计数的功能。这种边沿计数器在同步分频电路中有着广泛的应用。同样，在 Verilog HDL2001 规范中，信号沿跳变事件语句中的"or"也可以用标号"，"来代替。

上述程序的仿真结果如图 5-1-2 所示。通过和例 5-1 的仿真结果比较，可以看出，信号跳变沿触发电路对信号的某一跳变沿敏感，不过在一个时钟周期内，只有一个下降沿和一个跳变沿，因此计算结果在一个周期内保持不变，而电平触发电路则会引起数据在一个时钟周期内变化一次或多次。

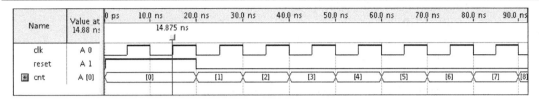

图 5-1-2　时序逻辑计数器的仿真结果

5.2　条件语句

Verilog HDL 语言含有丰富的条件语句，包括 if 语句和 case 语句，在语法上与 C 语言相似。

> 条件语句只能用于过程块中，包括 initial 结构块和 always 结构块这两类。由于 initial 语句块主要面向仿真应用，因此本节主要介绍在 always 块中的应用。

1. if 语句

Verilog HDL 语言中的 if 语句与 C 语言中的十分相似，使用起来也很简单，其使用方法有以下 3 种。

☺ if（条件 1）　　　语句块 1；

☺ if（条件 1）　　　语句块 1；
　else　语句块 2；

☺ if（条件 1）　　　语句块 1；
　else if（条件 2）　语句块 2；
　…
　else if（条件 n）　语句块 n；
　else　　　　　　　语句块 n+1；

在上述 3 种方式中，"条件"一般为逻辑表达式或关系表达式，也可以是一位的变量。如果表达式的值出现 0 、x 、z ，则全部按照"假"来处理；若为 1 ，则按"真"来处理。对于第 3 种形式，如果条件 1 的表达式为真（或非 0 值），那么语句块 1 被执行，否则语句块 1 不被执行，然后依次判断条件 2 至条件 n 是否满足，如果满足就执行相应的语句块，最后跳出 if 语句，整个模块结束。如果所有的条件都不满足，则执行最后一个 else 分支。语句块若为单句，直接书写即可；若为多句，则需要使用"begin end"块将其括起来。建议读者无论是单句还是多句，都通过"begin end"块括起来，这样便于检查 if 和 else 的匹配，特别是在多重 if 语句嵌套的情况下。在应用中，else if 分支的语句数目由实际情况决定；

else 分支也可以缺省，但在组合逻辑中会产生一些不可预料的逻辑单元，导致设计功能失败，因此应该尽量保持 if 语句分支的完整性。

【例 5-3】 通过 if 语句实现一个多路数据选择器。

```
module sel(
sel_in, a_in, b_in, c_in, d_in, q_out);
   input   [1:0] sel_in;
   input   [4:0] a_in, b_in, c_in, d_in;
   output  [4:0] q_out;
   reg     [4:0] q_out;
      always @ (a_in or b_in or c_in or d_in or sel_in) begin
      if( sel_in == 2'b00)
   q_out <= a_in;
      else if ( sel_in == 2'b01)
   q_out <= b_in;
      else if ( sel_in == 2'b10)
   q_out <= c_in;
   else
      q_out <= d_in;
   end
endmodule
```

当 sel_in 的值为 2'b00 时，将 a_in 的值赋给 q_out；当 sel_in 的值为 2'b01 时，将 b_in 的值赋给 q_out；当 sel_in 的值为 2'b10 时，将 c_in 的值赋给 q_out；当 sel_in 的值为 2'b11 时，将 d_in 的值赋给 q_out。上述程序在 Quartus Prime 中的仿真结果如图 5-2-1 所示，验证了设计的正确性。

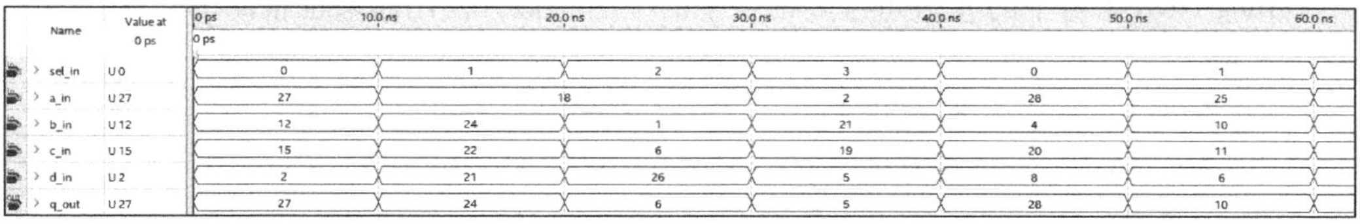

Name	Value at 0 ps	0 ps	10.0 ns	20.0 ns	30.0 ns	40.0 ns	50.0 ns	60.0 ns
sel_in	U 0	0	1	2	3	0	1	
a_in	U 27	27	18	2	28	25		
b_in	U 12	12	24	1	21	4	10	
c_in	U 15	15	22	6	19	20	11	
d_in	U 2	2	21	26	5	8	6	
q_out	U 27	27	24	6	5	28	10	

图 5-2-1 例 5-3 的仿真结果

2. case 语句

case 语句是一个多路条件分支语句，常用于多路译码、状态机和微处理器的指令译码等场合，有 case 、casez 和 casex 这 3 种形式。

1）case 语句 case 语句的语法格式为：

```
case  (<条件表达式>)
    <分支 1>:< 语句块 1>;
    <分支 2>:< 语句块 1>;
    …
default:< 语句块 n>
endcase
```

其中，<分支 n>通常都是一些常量表达式。case 语句首先对条件表达式求值，然后同时并行对各分支项求值并进行比较，这是与 if 语句最大的不同。比较完成后，与条件表达式值相匹配的分支中的语句被执行。可以在一个分支中定义多个分支项，但这些值需要互斥，否则会出现逻辑矛盾。缺省分支 default 将覆盖所有没有被分支表达式覆盖的其他分支。此外，当 case 语句跳转到某一分支后，控制指针将转移到 endcase 语句后，其余分支将不再遍历比较，因此不需要类似 C 语言中的 break 语句。

如果多个分支都对应着同一操作，则可以通过逗号将这个不同分支的取值隔开，再将这些情况下需要执行的语句放在这几个分支值后，其格式为：

　　　　　<分支 1>，<分支 2>，…，<分支 n>；
　　　　　　　　<语句块>；

下面给出一个 case 语句的例子，随着 cnt 的取值，q 和不同的数相加，其功能等效于 q＝cnt+q+1。

```
reg [2:0] cnt;
case (cnt)
3 'b000: q = q + 1;
3 'b001: q = q + 2;
3 'b010: q = q + 3;
3 'b011: q = q + 4;
3 'b100: q = q + 5;
3 'b101: q = q + 6;
3 'b110: q = q + 7;
3 'b111: q = q + 8;
default: q <= q + 1;
endcase
```

> **说明**　case 语句的 default 分支虽然可以缺省，但是一般不要缺省，否则在组合逻辑中，会和 if 语句中缺少 else 分支一样，生成锁存器。

case 语句在执行时，条件表达式和分支之间进行的比较是一种按位进行的全等比较，也就是说，只有在分支项表达式和条件表达式的每一位都彼此相等的情况下，才会认为二者是"相等"的。在进行对应位的比较时，x、z 这两种逻辑状态也作为合法状态参与比较。

case 语句的比较规则见表 5-2-1。其中，"Ture"表示比较结果相等，"False"表示比较结果不相等。

表 5-2-1　case 语句的比较规则

case	0	1	x	z
0	Ture	False	False	False
1	False	Ture	False	False
x	False	False	Ture	False
z	False	False	False	Ture

由于 case 语句有按位进行全等比较的特点，因此 case 语句的条件表示式和分支值必须具备同样的位宽，只有这样才能进行对应位的比较。当各分支取值以常数形式给出时，必须显式地表明其位宽，否则 Verilog HDL 编译器会默认其具有与 PC 字长相等的位宽。

【例 5-4】 使用 case 语句实现操作码译码。

```verilog
module decode_opmode(    a_in, b_in, opmode, q_out    );
    input    [7:0] a_in;
    input    [7:0] b_in;
    input    [1:0] opmode;
    output   [7:0] q_out;
    reg      [7:0] q_out;
    always @ ( a_in or b_in or opmode ) begin
        case( opmode )
            2'b00: q_out = a_in + b_in;
            2'b01: q_out = a_in + b_in;
            2'b10: q_out = (~a_in) + 1;
            2'b11: q_out = (~b_in) + 1;
        endcase
    end
endmodule
```

上述程序中的输入信号 opmode 是宽度为两位的操作码，用于指定输入 a_in 和 b_in 执行的运算类型。当操作码为 2'b00 时，取值为 a_in 和 b_in 的和；当操作码为 2'b01 时，取值为 a_in 和 b_in 的差；当操作码为 2'b10 时，取值为 a_in 的补码；当操作码为 2'b11 时，取值为 b_in 的补码。上述程序在 Quartus Prime 中的仿真结果如图 5-2-2 所示，验证了设计的正确性。

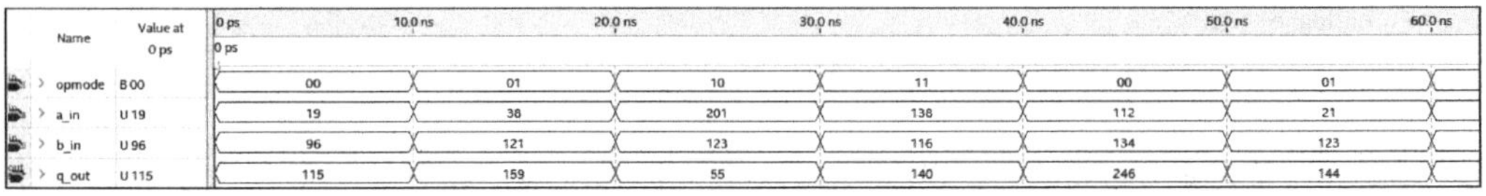

图 5-2-2   例 5-4 的仿真结果

2）**casez 和 casex 语句**   casez 和 casex 语句是 case 语句的变体。在 casez 语句中，如果分支取值的某些位为高阻 z，则这些位的比较就不予以考虑，只关注其他位的比较结果；casex 语句则把这种处理方式扩展到对 x 的处理，即如果比较双方有一方的某些位为 x 或 z，那么这些位的比较就不予以考虑。表 5-2-2、表 5-2-3 分别给出 casez 语句和 casex 语句的比较规则。

表 5-2-2   casez 语句的比较规则

casez	0	1	x	z
0	Ture	False	False	Ture
1	False	Ture	False	Ture
x	False	False	Ture	Ture
z	Ture	Ture	Ture	Ture

表 5-2-3   casex 语句的比较规则

casex	0	1	x	z
0	Ture	False	Ture	Ture
1	False	Ture	Ture	Ture
x	Ture	Ture	Ture	Ture
z	Ture	Ture	Ture	Ture

在 casez 和 casex 语句中，分支取值的 z 也可以用符号"？"代替，例如：

```verilog
reg [1:0] a, b;
casez(b)
```

```
        2'b1? : a = 2'b00;
        2'b? 1 : a = 2'b11;
    endcase
```

它与下面的代码是等效的，只要 b 的高位为 1，则 a 的值为 2'b00；若 b 的低位为 1，则 a 的值为 2'b11。

```
    reg [1:0] a, b;
    casez(b)
        2'b1z : a = 2'b00;
        2'bz1 : a = 2'b11;
    endcase
```

从上述内容可以看出，casez 和 casex 的唯一不同之处就在于对 x 逻辑的处理，其语法规则是完全一致的。

【例 5-5】使用 casex 语句实现操作码译码。

```
    module decode_opmodex(a_in, b_in, opmode, q_out);
        input    [7:0] a_in;
        input    [7:0] b_in;
        input    [3:0] opmode;
        output   [7:0] q_out;
        reg      [7:0] q_out;
        always @ ( a_in or b_in or opmode) begin
            casex(opmode)
                4'b0001: q_out = a_in + b_in;
                4'b001x: q_out = a_in- b_in;
                4'b01xx: q_out = (~a_in) + 1;
                4'b1zx?: q_out = (~b_in) + 1;
                default: q_out = a_in + b_in;
            endcase
        end
    endmodule
```

上述代码在比较 opmode 和 casex 分支数值时，将分别忽略其中取值为 z 、x 及 "?" 的位。只要操作码 opmode 的取值为 4'b0001，q_out 的数值为两个数相加的和；若高 3 位取值为 1，q_out 的值为 a_in-b_in；若高两位为 2'b01，q_out 的值为 a_in 的补码；当最高位为 1 时，q_out 的值为 b_in 的补码。上述程序在 Quartus Prime 中的仿真结果如图 5-2-3 所示，验证了设计的正确性。

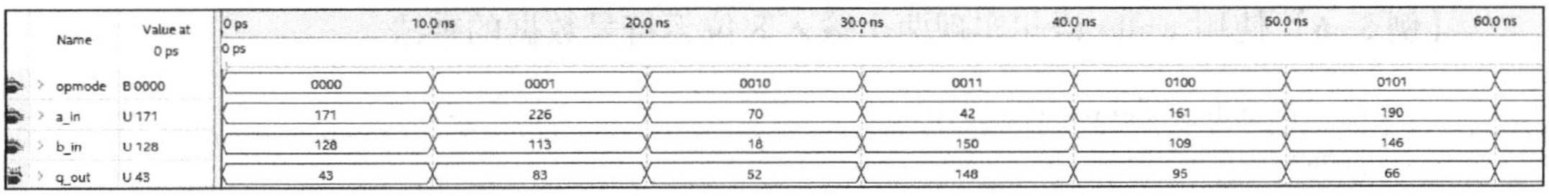

Name	Value at 0 ps	0 ps	10.0 ns	20.0 ns	30.0 ns	40.0 ns	50.0 ns	60.0 ns
opmode	B 0000	0000	0001	0010	0011	0100	0101	
a_in	U 171	171	226	70	42	161	190	
b_in	U 128	128	113	18	150	109	146	
q_out	U 43	43	83	52	148	95	66	

图 5-2-3 例 5-5 的仿真结果

3. if 和 case 语句比较

if 语句指定了一个有优先级的编码逻辑，而 case 语句生成的逻辑是并行的，不具有优先级。if 语句可以包含一系列不同的表达式，而 case 语句比较的是一个公共的控制表达式。

通常 if-else 结构速度较慢，但占用的面积小，如果对速度没有特殊要求而对面积有较高要求，则可用 if-else 语句完成编解码。case 结构速度较快，但占用面积较大，所以用 case 语句实现对速度要求较高的编解码电路。如果嵌套的 if 语句使用不当，就会导致设计存在更大延时，为了避免较大的路径延时，最好不要使用特别长的嵌套 if 结构。如想利用 if 语句来实现那些对延时要求苛刻的路径，应将最高优先级给最迟到达的关键信号。有时为了兼顾面积和速度，可以将 if 和 case 语句合用。

5.3 循环语句

Verilog HDL 提供了如下 4 种循环语句，可用于控制语句的执行次数。

☺ while：执行语句直到某个条件不满足；

☺ for：执行给定的循环次数；

☺ repeat：连续执行语句 N 次；

☺ forever：连续执行某条语句。

其中，for、while 和 repeat 是"可综合"的，但循环的次数需要在编译前就确定下来，动态改变循环次数的语句则是不可综合的；forever 语句是不可综合的，常用于产生各类仿真激励。

1. while 语句

while 语句实现的是一种"条件循环"，只有在指定的循环条件为真时，才会重复执行循环体，如果表达式条件在开始时不为真（包括假、x 及 z），那么过程语句将永远不会被执行。while 循环的语法为：

```
while（循环执行条件表达式）begin
    语句块
end
```

在上述格式中，"循环执行条件表达式"代表了循环体得到继续重复执行时必须满足的条件，通常是一个逻辑表达式。在每次执行循环体前，都需要对这个表达式是否成立进行判断。"语句块"代表了被重复执行的部分，可以为单句或多句。

while 语句在执行时，首先判断循环执行条件表达式是否为真，如果为真，执行后面的语句块，然后再重新判断循环执行条件表达式是否为真，若为真，再执行一遍后面的语句块，如此不断，直到条件表达式不为真为止。因此，在执行语句中，必须有改变循环执行条件表达式的值的语句，否则循环就变成死循环。

【例 5-6】使用 while 语句实现两个输入 8 位无符号数据的乘法。

```
module mult_while(outcome,a,b);
parameter size=8;
input[size:1] a,b;
output[2*size:1] outcome;
reg[2*size:1] outcome;
integer i;
always @ (a or b)
```

```
        begin
        outcome = 0;
        i = 1;
        while( i <= size )
          begin
        if( b[i] ) begin
        outcome = outcome+( a<<(i-1) );
        end
          i = i+1;
          end
          end
        endmodule
```

　　在上述程序中，while 语句开始执行时，i 的初始值为 1，条件表达式成立，循环体语句开始执行，判断 b[i] 是否为真，若为真，就将 a 左移（i-1）位，再与 outcome 相加，不管 b[i] 是否为真，都必须将 i+1；再次判断执行条件，执行循环语句，直到经过 8 次循环后，i 的值为 9，这时条件表达式不再成立，循环结束。例 5-6 的仿真结果如图 5-3-1 所示。

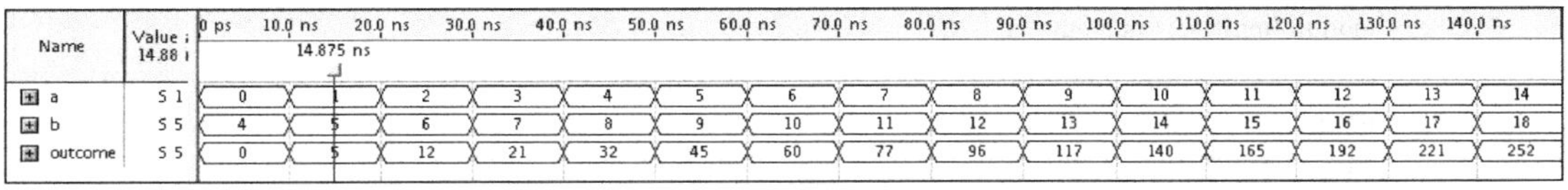

Name	Value 14.88 i	0 ps	10.0 ns	20.0 ns	30.0 ns	40.0 ns	50.0 ns	60.0 ns	70.0 ns	80.0 ns	90.0 ns	100.0 ns	110.0 ns	120.0 ns	130.0 ns	140.0 ns
			14.875 ns													
⊞ a	S 1	0	1	2	3	4	5	6	7	8	9	10	11	12	13	14
⊞ b	S 5	4	5	6	7	8	9	10	11	12	13	14	15	16	17	18
⊞ outcome	S 5	0	5	12	21	32	45	60	77	96	117	140	165	192	221	252

图 5-3-1　例 5-6 的仿真结果

2. for 循环语句

　　和 while 循环语句一样，for 循环语句实现的循环也是一种"条件循环"，按照指定的次数重复执行过程赋值语句，其语法格式为：

　　　　for(表达式 1; 表达式 2; 表达式 3) 语句块;

　　for 循环语句最简单的应用形式是很容易理解的，其形式为：

　　　　for(循环变量赋初值;　循环执行条件;　循环变量增值)
　　　　循环体语句的语句块;

其中，"循环变量赋初值"和"循环变量增值"语句是两条过程赋值语句；"循环执行条件"代表着循环继续执行的条件，通常是一个逻辑表达式，在每次执行循环体前，都要对这个条件表达式是否成立进行判断；"循环体语句的语句块"是要被重复执行的循环体部分，如果超过多条语句，需要使用"begin…end"语句块将循环体语句括起来。

　　for 循环语句的执行过程可以分为以下 3 个步骤：

　　① 执行"循环变量赋初值"语句。

　　② 执行"循环执行条件"语句，判断循环变量的值是否满足循环执行条件。若结果为真，执行循环体语句，然后继续执行下面的步骤③；否则，结束循环语句。

　　③ 执行"循环变量增值"语句，并跳转到步骤②。

　　从上面的说明可以看出，"循环变量赋初值"语句只在第一次循环开始前被执行一次，"循环执行条件"在每次循环开始前都会被执行，而"循环变量增值"语句在每次循环结束后被执行。可以发现，如果"循环变量增值"语句不改变循环变量的值，则 for 语句会进入无限次循环的死循环状态，这种情况在程序设计中是要避免的。

事实上，for 语句等价于由 while 循环语句构建的如下循环结构：

```
begin
    循环变量赋初值;
    while( 循环执行条件 ) begin
        循环体语句的语句块;
        循环变量增值;
    end
end
```

> **说明** 虽然从表面上看来，while 语句需要 3 条语句才能完成一个循环控制，for 循环只需要一条语句就可以实现，但二者对应的逻辑本质是一样的。在代码书写时，由于 for 语句的表述比 while 语句更清晰、简洁，便于阅读，因此推荐使用 for 语句。

【例 5-7】 用 for 语句实现两个 8 位数相乘，其仿真结果如图 5-3-2 所示。

```
module mult_for( outcome,a,b);
parameter size = 8;
input[ size:1] a,b;
output[ 2 * size:1] outcome;
reg[ 2 * size:1] outcome;
integer i;
always @ ( a or b)
begin
outcome = 0;
for( i = 1;i<size;i = i+1)
if( b[ i]) outcome = outcome+( a<<( i-1));
end
endmodule
```

Name	Value 10.38	0 ps	20.0 ns	40.0 ns	60.0 ns	80.0 ns	100.0 ns	120.0 ns
a	S 1	0	1	2	3	4	5	6	7	8	9	10	11	12	13
b	S 7	6	7	8	9	10	11	12	13	14	15	16	17	18	19
outcome	S 7	0	7	16	27	40	55	72	91	112	135	160	187	216	247

图 5-3-2　例 5-7 的仿真结果

3. repeat 语句

repeat 循环语句执行指定循环数，如果循环计数表达式的值不确定，即为 x 或 z 时，那么循环次数按 0 处理。repeat 循环语句的语法为：

```
repeat( 循环次数表达式) begin
    语句块;
end
```

其中，"循环次数表达式"用于指定循环次数，可以是一个整数、变量或数值表达式。如果是变量或数值表达式，其数值只在第一次循环时得到计算，从而得以事先确定循环次数；

"语句块"为重复执行的循环体。在可综合设计中，"循环次数表达式"必须在程序编译过程中保持不变。

【例 5-8】利用 repeat 语句实现两个 8 位二进制数的乘法，其仿真结果如图 5-3-3 所示。

```
module mult_repeat(outcome,a,b);
parameter size=8;
input[size:1] a,b;
output[2*size:1] outcome;
reg[2*size:1] outcome,temp_a;
reg[size:1] temp_b;
always@(a or b)
begin
outcome=0;
temp_a=a;
temp_b=b;
repeat(size)
begin
if(temp_b[1])
outcome=outcome+temp_a;
temp_a=temp_a<<1;
temp_b=temp_b>>1;
end
end
endmodule
```

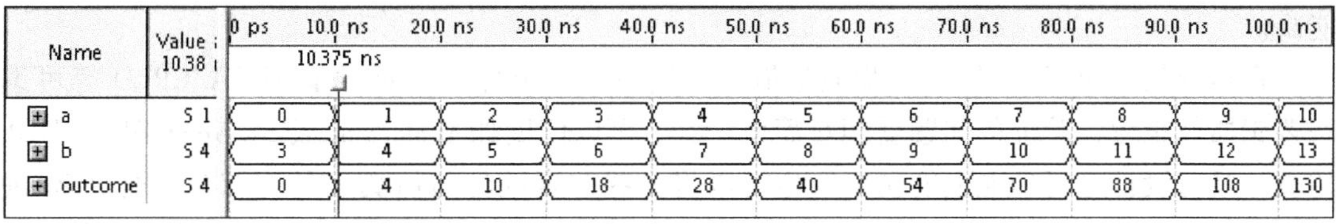

Name	Value : 10.38	0 ps	10.0 ns	20.0 ns	30.0 ns	40.0 ns	50.0 ns	60.0 ns	70.0 ns	80.0 ns	90.0 ns	100.0 ns
			10.375 ns									
± a	S 1	0	1	2	3	4	5	6	7	8	9	10
± b	S 4	3	4	5	6	7	8	9	10	11	12	13
± outcome	S 4	0	4	10	18	28	40	54	70	88	108	130

图 5-3-3　例 5-8 仿真结果

4. forever 循环

forever 语句的语法格式为：

```
foever
begin
语句;
end
```

foever 是一种无穷循环控制语句，它不断执行其后的语句或语句块，永远不会结束。forever 语句常用来产生周期性的波形，形成仿真激励信号。例如，产生时钟 clk 的语句为：

```
initial
begin
Clock=0;
#5  forever
```

```
        #10 Clock = ～Clock;
    end
```

这一实例产生时钟波形。时钟首先初始化为 0，并一直保持到第 5 个时间单位。此后，每隔 10 个时间单位，Clock 反相一次。

 ## 5.4 逻辑验证与 Testbench 编写

1. 仿真和验证

验证是保证设计在功能上正确的一个过程。通常，设计和验证都有一个起点和一个终点。设计的过程实际上是从一种形式到另一种形式的转换，如从设计规格（也就是通常所讲的 Specification 或 SPEC）到 RTL 代码，从 RTL 代码到门级网络表，从网络表到版图 Layout）等。验证则是要保证每一步骤的设计转换过程准确无误。图 5-4-1 所示为设计与验证的关系。

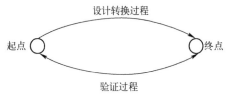

图 5-4-1　设计与验证的关系

仿真的一般性含义是使用 EDA 工具，通过对实际情况的模拟，验证设计的正确性。由此可见，仿真的重点在于使用 EDA 软件工具模拟设计的实际工作情况。在 FPGA/CPLD 设计领域，最常用的仿真工具是 ModelSim。

目前，业界主流的功能验证方法是对 RTL 级代码的仿真，给设计增加一定的激励，观察响应结果。当然，这些仿真激励必须能够完整地体现设计规格，验证的覆盖率要尽可能高。

在传统的 ASIC 设计领域，验证是最费时耗力的一个环节，而对于 FPGA/CPLD 等可编程逻辑器件来说，验证的问题就相对简单一些。可以使用如 ModelSim 或 Active-HDL 等 HDL 仿真工具对设计进行功能上的仿真，也可以将一些仿真硬件与仿真工具相结合，通过软/硬件联合仿真，加快仿真速度。还可以在硬件上直接使用逻辑分析仪、示波器等测量手段，直接观察设计的工作情况。

2. 编写测试验证程序（test_bench）

测试验证程序有如下 3 个主要目的：

☺ 产生模拟激励（波形）；

☺ 将输入激励加入到测试模块，并收集其输出响应；

☺ 将响应输出与期望值进行比较。

Verilog HDL 提供了大量的方法以编写测试验证程序。典型的测试验证程序形式如下：

```
module Test_Bench;
//通常测试验证程序没有输入和输出端口
Local_reg_and_net_declarations
Generate_waveforms_using_initial_&_always_statements
Instantiate_module_under_test
Monitor_output_and_compare_with_expected_values
endmodule
```

进行测试时，通过在测试验证程序中进行例化将激励自动加载于测试模块。

在激励的产生中，一般使用 always 语句和 initial 语句。一般来说，被动的检测响应应使用 always 语句，而主动产生激励的使用 initial 语句。二者的区别是，initial 语句只执行一次，而 always 语句不断地重复执行。但是，如果希望在 initial 语句中多次运行一个语句块，可以在 initial 语句中嵌入循环语句（如 while、repeat、for 和 forever 等），例如：

```
initial
begin
forever   /＊永远执行/
begin
…
end
end
```

而 always 语句通常只有在一些条件发生时才能执行，例如：

```
always @（posedge   Clock）
begin
SigA   Sig   B;
…
end
```

当发生 Clock 上升沿时，执行 always 操作，按 begin…end 中的语句顺序执行。

3. 波形产生

有如下两种产生激励值的方法：

☺ 产生波形，并在确定的离散时间间隔加载激励；

☺ 根据模块状态产生激励，即根据模块的输出响应产生激励。

通常需要两类波形，一类是具有重复模式的波形（如时钟波形），另一类是一组指定的值确定的波形。

产生值序列的最佳方法是使用 initial 语句。例如：

```
initial
begin
Reset = 0;
#100   Reset = 1;
#80 Reset = 0;
#30 Reset = 1;
end
```

产生的波形如图 5-4-2 所示。initial 语句中的赋值语句用延时控制产生波形。此外，语句内延时能够按如下实例产生波形。

```
initial
begin
Reset = 0;
Reset = #100 1;
Reset = #800;
Res et = #30 1;
end
```

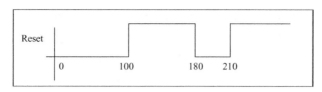

图 5-4-2   使用 initial 语句产生的波形

因为使用的是阻塞性过程赋值，上面语句中的延时是相对延时。如果使用绝对延时，可用带有语句内延时的非阻塞性过程性赋值，例如：

```
initial
begin
Reset<=0;
Reset<=#100 1;
Reset<=#180 0;
Reset<=#210 1;
end
```

这 3 个 initial 语句产生的波形与图 5-4-2 所示的波形一致。为了重复产生一个值序列，可以使用 always 语句替代 initial 语句，这是因为 initial 语句只执行一次，而 always 语句会重复执行。下例的 always 语句所产生的重复序列如图 5-4-3 所示。

```
parameter REPEAT_DELAY = 35;
integer CoinValue ;
always
begin
CoinValue = 0;
#7 CoinValue=25;
#2 CoinValue=5;
#8 CoinValue=10;
#6 CoinValue=5;
#REEAT_ DELAY;
end
```

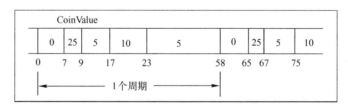

图 5-4-3   使用 always 语句产生的重复序列

4. 重复模式

重复模式的生成通过使用如下形式的连续赋值形式加以简化：

```
assign # (PERIOD/2)    Clock = ~Clock;
```

但是这种做法并不完全正确。问题在于 Clock 是一个线网（只有线网能够在连续赋值中被赋值），它的初始值是 z，并且 z 等于 x，～ x 等于 x。因此 Clock 的值永远固定为值 x。

现在需要一种初始化 Clock 的方法，可以用 initial 语句来实现。

```
initial
Clock = 0;
```

但是，现在 Clock 必须是寄存器数据类型（因为只有寄存器数据类型能够在 initial 语句中被赋值），因此连续赋值语句需要更换为 always 语句。下面是一个完整的时钟产生器模块。

```
module Gen_Clk_A (Clk _ A);
output Clk _ A;
reg Clk _ A;
parametert PERIOD = 10;
initial
Clk _ A = 0;
always
# (tPERIOD/2)    Clk_A = ~Clk _ A;
endmodule
```

图 5-4-4 所示的是该模块产生的周期性的时钟波形。

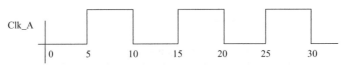

图 5-4-4　周期性的时钟波形

下面给出了产生周期性时钟波形的另一种可选方式。

```
module Gen_Clk_B (Clk_ B);
output Clk _ B;
reg Start;
initial
begin
Start = 1;
#5 Start = 0;
end
nor #2 (Clk_B, Start, Clk_B);
endmodule
//产生一个高低电平宽度均为 2 的时钟
```

initial 语句将 Start 置为 1，这促使或非门的输出为 0（从 x 值中获得）。5 个时间单位后，在 Start 变为 0 时，或非门反转，产生带有周期为 4 个时间单位的时钟波形。产生的波形如图 5-4-5 所示。

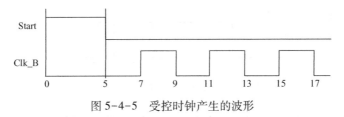

图 5-4-5　受控时钟产生的波形

如果要产生高低电平持续时间不同的时钟波形，可用 always 语句建立模型，如下所示：

```
module Gen_Clk_C (Clk _ C) ;
paramete rt ON = 5, t OFF = 10;
output Clk_C ;
reg Clk_C ;
always
begin
#   tON      Clk_C = 0;
#   tOFF     Clk_C= 1;
end
endmodule
```

因为值 0 和 1 被显式地赋值，在这种情况下不必使用 initial 语句。图 5-4-6 所示的是这一模块生成的波形。为在初始延时后产生高低电平持续时间不同的时钟，可以在 initial 语句中使用 forever 循环语句。

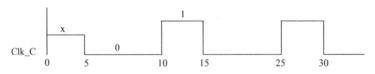

图 5-4-6　高低电平持续时间不同的时钟波形

```
module Gen_Clk_D (Clk_D);
output Clk _ D ;
reg Clk _ D ;
parameter START_DELAY = 5, LOW_TIME = 2, HIGH_TIME = 3;
initial
begin
Clk_D = 0;
# START _DELAY ;
forever
begin
# LOW_TIME ;
Clk_D = 1;
# HIGH_TIME;
Clk_D = 0;
end
end
endmodule
```

上述模块所产生的波形如图 5-4-7 所示。

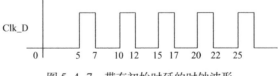

图 5-4-7　带有初始时延的时钟波形

为产生确定数目的时钟脉冲，可以使用 repeat 循环语句。下述带参数的时钟模块产生一定数目的时钟脉冲数列，时钟脉冲的高低电平持续时间也是用参数表示的。

```
module Gen_Clk_E (C l k _ E) ;
output Clk_ E ;
reg Clk _ E ;
parameter Tburst = 10, Ton = 2, Toff = 5;
initial
begin
Clk_ E = 1'b0;
repeat(Tburst)
begin
# Toff Clk_E= 1'b1;
#TonClk_E = 1'b0;
end
end
endmodule
```

模块 Gen_Clk_E 在具体应用时，参数 Tburst、Ton 和 Toff 可带不同的值。

```
module Test;
wire Clk_Ea, Clk_Eb, Clk_Ec;
Gen_Clk_E G1 lk_Ea) ;
//产生 10 个时钟脉冲,高、低电平持续时间分别为 2 个和 5 个时间单位
Gen_Clk_E #  (5, 1, 3) (Clk_Eb);
//产生 5 个时钟脉冲,高、低电平持续时间分别为 1 个和 3 个时间单位
Gen_Clk_E # (25, 8, 10)  (Clk_Ec);
//产生 25 个时钟脉冲,高、低电平持续时间分别为 8 个和 10 个时间单位
endmodule
```

Clk_E 的波形如图 5-4-8 所示。

图 5-4-8　确定数目的时钟脉冲

可用连续赋值语句产生一个时钟的相移时钟。下述模块产生的两个时钟波形如图 5-4-9 所示。一个时钟是另一个时钟的相移时钟。

```
module Phase (Master_Clk, Slave_Clk);
output Master_Clk, Slave_Clk;
reg Master_Clk;
wire Slave_Clk;
parameter tON = 2, tOFF = 3, tPHASE_DELAY = 1;
always
begin
#t ON Master_Clk = 0;
#t OFF Master_Clk = 1;
end
assign #tPHASE_DELAY Slave_Clk Master_Clk; =
endmodule
```

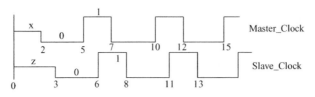

图 5-4-9　相移时钟波形

5. 测试验证程序实例

1）解码器　下面是解码器及其测试验证程序。任何时候只要输入或输出信号的值发生变化，输出信号的值都会被显示输出。

```
'timescale 1ns / 1ns
module Dec2x4 (A, B, Enable, Z);
input A, B, Enable;
output [0:3] Z;
wire Abar, Bbar;
not # (1, 2)
V0 (Abar, A);
V1 (Bar, B);
nand      # (4, 3)
N0 (Z [0], Enable, Abar, Bbar);
N1 (Z [1], Enable, Abar, B);
N2 (Z [2], Enable, A, Bbar);
N3 (Z [3], Enable, A, B);
endmodule
module      Dec_Test;
reg        Da, Db, Dena;
wire [0:3] Dz;
//被测试的模块；
Dec2x4    D1(Da, Db, Dena, Dz);
//产生输入激励；
initial
begin
Dena = 0;
Da = 0;
Db = 0;
#10 Dena = 1;
#10 Da = 1;
#10 Db = 1;
#10 Da = 0;
    #10 Db = 0;
    #10 $stop;
end
//输出模拟结果：
always
@ (Dena or Da or Db or Dz)
    $display ("At time %t, input is %b%b%b, output is ,%b"
          $time, Da, Db, Dena, Dz);
endmodule
```

下面是测试模块执行时产生的输出。

```
At time            4, input is 000, output is 1111
At time           10, input is 001, output is 1111
At time           13, input is 001, output is 0111
At time           20, input is 101, output is 0111
At time           23, input is 101, output is 0101
At time           26, input is 101, output is 1101
At time           30, input is 111, output is 1101
At time           33, input is 111, output is 1100
At time           36, input is 111, output is 1110
At time           40, input is 011, output is 1110
At time           44, input is 011, output is 1011
At time           50, input is 001, output is 1011
At time           54, input is 001, output is 0111
```

2) 触发器 下例是主从 D 触发器及其测试模块。

```
module MSDFF (D, C, Q, Qbar);
input   D, C;
output Q, Qbar ;
not
   NT1 (NotD, D);
   NT2 (NotC, C);
   NT3 (NotY, Y);
nand
ND1 (D1, D, C);
ND2 (D2, C, NotD);
ND3 (Y, D1, Ybar);
ND4 (Ybar, Y, D2);
ND5 (Y1, Y, NotC);
ND6 (Y2, NotY, NotC);
ND7 (Q, Qbar, Y1);
ND8 (Qbar, Y2, Q);
endmodule
module Test;
   reg D, C;
   wire Q, Qb;
MSDFF M1 (D, C, Q, Qb);
always
   #5 C = ~C;
initial
   begin
     D = 0;
C = 0;
#40     D = 1;
#40     D = 0;
#40     D = 1;
#40     D = 0;
 $stop;
end
```

```
initial
monitor("Time = %t ::", time,"C=%b, D=%b, Q=%b, Qb=%b", C,D, Q, Qb);
endmodule
```

在此测试验证模块中，触发器的两个输入和两个输出结果均设置了监控，因此只要其中任何值发生变化，就输出指定变量的值。下面是执行产生的输出结果。

```
Time =      0:: C=0, D=0, Q=x, Qb=x
Time =      5:: C=1, D=0, Q=x, Qb=x
Time =     10:: C=0, D=0, Q=0, Qb=1
Time =     15:: C=1, D=0, Q=0, Qb=1
Time =     20:: C=0, D=0, Q=0, Qb=1
Time =     25:: C=1, D=0, Q=0, Qb=1
Time =     30:: C=0, D=0, Q=0, Qb=1
Time =     35:: C=1, D=0, Q=0, Qb=1
Time =     40:: C=0, D=1, Q=0, Qb=1
Time =     45:: C=1, D=1, Q=0, Qb=1
Time =     45:: C=1, D=1, Q=0, Qb=1
Time =     50:: C=0, D=1, Q=1, Qb=0
Time =     55:: C=1, D=1, Q=1, Qb=0
Time =     60:: C=0, D=1, Q=1, Qb=0
Time =     65:: C=1, D=1, Q=1, Qb=0
Time =     70:: C=0, D=1, Q=1, Qb=0
Time =     75:: C=1, D=1, Q=1, Qb=0
Time =     80:: C=0, D=0, Q=1, Qb=0
Time =     85:: C=1, D=0, Q=1, Qb=0
Time =     90:: C=0, D=0, Q=0, Qb=1
Time =     95:: C=1, D=0, Q=0, Qb=1
Time =    100:: C=0, D=0, Q=0, Qb=1
Time =    105:: C=1, D=0, Q=0, Qb=1
Time =    110:: C=0, D=0, Q=0, Qb=1
Time =    115:: C=1, D=0, Q=0, Qb=1
Time =    120:: C=0, D=1, Q=0, Qb=1
Time =    125:: C=1, D=1, Q=0, Qb=1
Time =    130:: C=0, D=1, Q=1, Qb=0
Time =    135:: C=1, D=1, Q=1, Qb=0
Time =    140:: C=0, D=1, Q=1, Qb=0
Time =    145:: C=1, D=1, Q=1, Qb=0
Time =    150:: C=0, D=1, Q=1, Qb=0
Time =    155:: C=1, D=1, Q=1, Qb=0
```

6. 从文本文件中读取向量

可用 $readmemb 系统任务从文本文件中读取向量（可能包含输入激励和输出期望值）。下面为测试 3 位全加器电路的例子。假定文件"test. vec"包含如下两个向量。

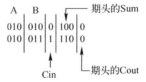

向量的前 3 位对应于输入 A，接下来的 3 位对应于输入 B，再接下来的 1 位是进位，

8 ~ 10 位是期望的求和结果，最后 1 位是期望进位值的输出结果。下面是全加器模块和相应的测试验证程序。

```
module Adder1Bit (A, B, Cin, Sum, Cout);
input A, B, Cin;
output Sum, Cout;
assign Sum = (A ^ B) ^ Cin;
assign Cout = (A ^ B) | (A & Cin) | (B & Cin);
endmodule
module Adder3Bit (First, Second, Carry_In, Sum_Out, Carry_Out);
  input [0:2] First, Second;
  input Carry_In;
  output [0:2] Sum_Out;
  output Carry_Out;
  wire [0:1] Car;
  Adder1Bit
    A1 (First[2], Second[2], Carry_In, Sum_Out[2], Car[1]);
    A2 (First[1], Second[1], Car[1], Sum_Out [1], Car[0]);
    A3 (First[0], Second[0], Car[0], Sum_Out [0], Carry_Out);
endmodule
module TestBench;
parameterBITS = 11, WORDS = 2;
reg [1:BITS]  Vmem [1:WORDS];
reg[0:2]A,B,Sum_Ex;
reg Cin, Cout_Ex;
integer J;
wire [0:2] Sum;
wire Cout;
//被测试验证的模块实例
Adder3BitF1 (A, B, Cin, Sum, Cout);
initial
  begin
 $readmemb ("test. vec", Vmem);
for (J = 1; J <= WORDS; J = J + 1)
begin
  {A, B, Cin, Sum_Ex, Cout_Ex = Vmem [J];}
  #5;//延迟 5 个时间单位,等待电路稳定
if ((Sum ! = = Sum_Ex) || (Cout ! = = Cout_Ex))
  $display (" **** Mismatch on vector %b *****", Vmem[J])
  else
     $display ("No mismatch on vector %b",Vmem [J]);
end
    end
endmodule
```

在测试模块中首先定义存储器 Vmem，字长对应于每个向量的位数，存储器字数对应于文件中的向量数。系统任务 $readmemb 从文件"test. vec"中将向量读入存储器 Vmem 中。for 循环通过存储器中的每个字（即每个向量）将这些向量应用于待测试的模块中，等待模块稳定并探测模块输出。条件语句用于比较期望输出值和监测到的输出值。如果发生不匹配

的情况，则输出不匹配消息。下面是以上测试验证模块模拟执行时产生的输出。因为模型中不存在错误，因此没有报告不匹配情形。

```
No mismatch on vector 01001001000
No mismatch on vector 01001111100
```

7. 向文本文件中写入向量

在上节的模拟验证模块实例中，可以看到值如何被打印输出。设计中的信号值也能通过如 $f display、$fmonitor 和 $ftrobe 等具有写文件功能的系统任务输出到文件中。下面是与前一节相同的测试验证模块实例，本例中的验证模块将所有输入向量和观察到的输出结果输出到文件"mon. Out"中。

```
moduleF_Test_Bench;
parameter BITS = 11, WORD = 2;
reg [1:BITS]  Vmem[1:WORDS];
reg [0:2]   A, B, Sum_Ex;
reg Cin , Cout_Ex
integer J;
wire [0:2] Sum;
wire Cout;
//待测试验证模块的实例
Adder3Bit   F1 (A, B, Cin, Sum, Cout);
initial
      begin: INIT_LABLE
    integer Mon_Out_File;
Mon_Out_File = $fopen ("mon. out");
 $readmemb ("test. vec", Vmem);
for (J = 1; J <= WORDS; J = J + 1)
  begin
{A, B, Cin, Sum_Ex, Cout_Ex = Vmem [J];}
#5;//延迟 5 个时间单位,等待电路稳定
if ((Sum != = Sum_Ex||(Cout != = Cout_Ex)))
   $display (" ****Mismatch on vector %b *****", Vmem[J]);
else
 $display ("No mismatch on vector %b",Vmem[J]);
//将输入向量和输出结果输入到文件
   $fdisplay (Mon_Out_File,"Input = %b%b%b, Output = %b%b",
        A, B, Cin, Sum, Cout);
end
      $fclose (Mon_Out_File);
    end
  endmodule
```

下面是模拟执行后文件"mon. out"包含的内容。

```
Input = 0100100, Output = 1000
Input = 0100111, Output = 1100
```

8. 其他实例

1) 时钟分频器   下面是应用波形方法的完整测试验证程序。待测试的模块名为

"Div"。输出响应写入文件，以便于以后进行比较。

```verilog
module Div (Ck, Reset, TestN, Ena);
  input Ck, Reset, TestN;
  output Ena;
reg [0:3] Counter;
always
  @ (posedge Ck) begin
if (~Reset)
Counter = 0;
else
  begin
    if (~TestN)
  Counter = 15;
else
  Counter = Counter + 1
      end
    end
assign Ena = (Counter = = 15) ? 1: 0;
endmodule
module Div_TB;
integer Out_File;
reg Clock, Reset, TestN;
wire Enable;
initial
  Out_File = $fopen ("out. vec");
always
  begin
    #5 Clock = 0;
  #3 Clock = 1;
end
Div D1 (Clock, Reset, TestN, Enable);
initial
  begin
    Reset = 0;
  #50 Reset = 1;
end
initial
  begin
    TestN = 0;
#100 TestN = 1;
#50 TestN = 0;
#50 $fclose (Out_File);
    $finish;//模拟结束
  end
//将使能输出信号上的每个事件写入文件
initial
 $f monitor (Out_File,"Enable changed to %b at time %t",  Enable, $time);
endmodule
```

模拟执行后，文件"out. vec"所包含的输出结果如下：

Enable changed to x at time	0
Enable changed to 0 at time	8
Enable changed to 1 at time	56
Enable changed to 0 at time	104
Enable changed to 1 at time	152

2）阶乘设计　本例介绍产生输入激励的另一种方式。在该方式中，根据待测模块的状态产生相应的输出激励。该输出激励的产生方式对有限状态机（FSM）的模拟验证非常有效，因为状态机的模拟验证需根据各个不同的状态产生不同的输入激励。设想一个用于计算输入数据阶乘（Factorial）的设计。测试验证模块与待测试模块之间的握手机制如图 5-4-10 所示。

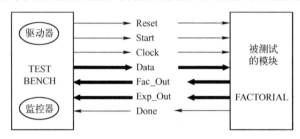

图 5-4-10　测试验证模块与待测试模块之间的握手机制

模块的输入信号 Reset 将阶乘模型复位到初始状态，在加载输入数据 Data 后，Start 信号被置位；计算完成时，对输出 Done 置位，表明计算结果出现在输出 Fac_Out 和 Exp_Out 上。阶乘结果值为 Fat_Out×2Exp_Out，测试验证模块在 Data 上提供从值 1 开始递增到 20 的输入数据。测试验证模块加载数据，对 Start 信号置位并等待 Done 信号有效，然后加载下一个输入数据。若输出结果不正确，即打印错误信息。阶乘模块及其测试验证模块描述如下：

```verilog
'timescale 1ns / 1ns
module FACTORIAL (Reset, StartSig, Clk, Data, Done,FacOut, ExpOut;)
input Reset, StartSig, Clk,
input [4:0] Data;
output Done;
output [7:0] FacOut, ExpOut;
reg Stop;
reg [4 : 0] InLatch;
reg [7:0] Exponent, Result;
integer I;
initial Stop = 1;
always
    @ (posedge Clk) begin
      if ((StartSig = = 1) && (Stop = = 1) && (Reset = = 1))
          begin
Result = 1;
Exponent = 0;
InLatch = Data;

Stop = 0;
    end
else
    begin
```

```verilog
if ( ( InLatch > 1 ) && ( Stop = = 0 )
   begin
      Result = Result * InLatch;
   InLatch = InLatch- 1;
end
   if ( InLatch < 1 )
      Stop = 1;
//标准化
for ( I = 1; I < = 5; I = I + 1 )
   if ( Result >256 )
      begin
   Result = Result / 2;
   Exponent = Exponent 1;+
end
end
end
assign Done = Stop;
assign FacOut = Result;
assign ExpOut = Exponent;
endmodule
module FAC_TB;
parameter     IN_MAX=5,OUT_MAX=8;
parameter     RESET_ST=0, START_ST=1, APPL_DATA_ST=2,
WAIT_RESULT_ST=3;
reg      Clk, Reset, Start;
wire     Done;
reg [IN_MAX-1:0]     Fac_Out, Exp_Out;
i nteger    Next_State;
parameter     MAX_APPLY=20;
integer      Num_Applied;
initial
Num_Applied = 1;
always
begin : CLK_P
#6     Clk = 1;
#4     Clk = 0;
end
always
@ ( negedge    Clk )    //时钟下跳边沿触发
case ( Next_State )
RESET_ST:
begin
   Reset = 1;
   Start = 0;
   Next_State = APPL_DATA_ST;
   end
APPL_DATA_ST:
begin
   Data = Num_Applied;
   Next_State = START_ST;
```

```
        end
    START_ST：
      begin
      Start = 1；
      Next_State = WAIT_RESULT_ST；
    end
    WAIT_RESULT_ST：
      begin
    Reset = 0；
    Start = 0；
    wait（Done == 1）；
    if（Num_Applied == Fac_Out * （'h0001 << Exp_Out））
     $display（"Incorrect result from factorial"，
    "model for input value %d"，Data）；
    Num_Applied = Num_Applied+1；
    if（Num_Applied < MAX_APPLY）
      Next_State = APPL_DATA_ST；
    else
      begin
        $display（"Test completed successfully；"）
        $finish；      //模拟结束
      end
    end
    default：
      Next_State = START_ST；
    endcase
    //将输入激励加载到待测试模块
    FACRORIAL F1（Reset，Start，Clk，Data，Done，
    Fac_Out，Exp_Out；）
    endmodule
```

3）时序检测器　下面是时序检测器的模型。模型用于检测数据线上连续 3 个 1 的序列。在时钟的每个下降沿检查数据。图 5-4-11 所示为相应的状态图。带有测试验证模块的模型描述如下：

```
    module Count3_ls（Data，Clock，Detect3_ls）；
    input Data，Clock；
    output Detect3_ls；
    integer Count；
    reg Detect3_1s；
    initial
    begin
      Count = 0；
      Detect3_ls = 0；
    end
    always
    @（negedge Clock）begin
      if（Data == 1）
        Count = Count + 1；
    else
      Count = 0；
```

```
if ( Count >= 3 )
    Detect3_ls = 1;
else
    Detect3_ls = 0;
    end
endmodule
module Top;
    reg Data, Clock;
integer Out_File;
//待测试模块的应用实例
Count3_ls
initial
    begin
Clock = 0;
forever
    #5 Clock = ~Clock;
end
initial
    begin
Data = 0;
    #5 Data = 1;
    #40 Data = 0;
    #10 Data = 1;
    #40 Data = 0;
    #20 $stop;//模拟结束
end
initial
begin
//在文件中保存监控信息
Out_File = $fopen ( "results . vectors" ) ;
 $fmonitor ( Out_File ,"Clock = %b, Data = %b, Detect=%b",
Clock, Data, Detect);
end
endmodule
```

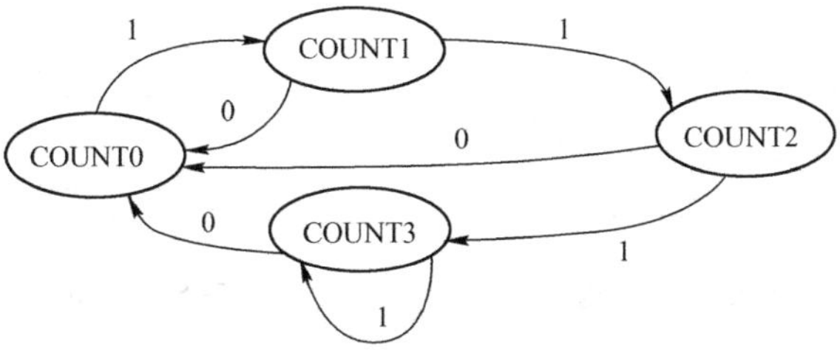

图 5-4-11 时序检测器状态图

5.5 状态机

1. 状态机的工作原理以及分类

1) 状态机的工作原理基础 状态机是组合逻辑和寄存器逻辑的特殊组合，一般包括两个部分：组合逻辑部分和寄存器逻辑部分。寄存器用于存储状态，组合电路用于状态译码和产生输出信号。状态机的下一个状态及输出不仅与输入信号有关，还与寄存器当前状态有关，其基本要素有 3 个，即状态、输入和输出。

【状态】状态也叫作状态变量。在逻辑设计中，使用状态划分逻辑顺序和时序规律。例如，要设计一个交通灯控制器，可以用允许通行、慢行和禁止通行作为状态；设计一个电梯控制器，每层就是一个状态等。

【输入】输入是指状态机中进入每个状态的条件。有的状态机没有输入条件，其中的状态转移较为简单；有的状态机有输入条件，当某个输入条件存在时，才能转移到相应的状态。例如，交通灯控制器就没有输入条件，状态随着时间的改变而自动跳转；电梯控制器是存在输入的，每层的上、下按键，以及电梯内的层数选择按键都是输入，会对电梯的下一个状态产生影响。

【输出】输出是指在某一个状态时特定发生的事件。例如，交通灯控制器在允许通行状态输出绿色，缓行状态输出黄色，禁止通行状态输出红色；电梯控制器在运行时一直会输出当前所在层数及当前运行方向（上升或下降）。

2）Moore 型和 Mealy 型状态机　根据输出是否与输入信号有关，状态机可以划分为 Moore 型状态机和 Mealy 型状态机两种；根据输出是否与输入信号同步，状态机可以划分为异步状态机和同步状态机两种。由于目前电路设计以同步设计为主，因此本书主要介绍同步的 Moore 型状态机和 Mealy 型状态机。

【Moore 型状态机】Moore 型状态机的输出仅依赖于当前状态（Current State），其逻辑结构如图 5-5-1 所示。组合逻辑块将输入和当前状态映射为适当的次态（Next State），作为触发器的输入，并在下一个时钟周期的上升沿覆盖当前状态，使得状态机状态发生变化。输出是通过组合逻辑块计算得到的，本质上是当前状态的函数。其中，输出的变化和状态的变化都与时钟信号变化沿保持同步。在实际应用中，大多数 Moore 状态机的输出逻辑都非常简单。

【Mealy 型状态机】Mealy 型状态机的输出同时依赖于当前状态和输入信号，其逻辑结构如图 5-5-2 所示。输出可以在输入发生改变后立即改变，而与时钟信号无关。因此，Mealy 型状态机具有异步输出特性。在实际中，Mealy 型状态机应用更加广泛，该类型常常能够减少状态机的状态数。

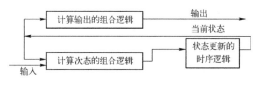

图 5-5-1　Moore 型状态机的逻辑结构

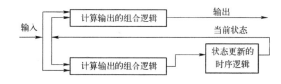

图 5-5-2　Mealy 型状态机的逻辑结构

由于 Mealy 型状态机的输出和状态转换有关，因此和 Moore 型状态机相比，只需要更少的状态就可以产生同样的输出序列。此外，还需要注意 Mealy 型状态机的输出与时钟是异步的，而 Moore 型状态机输出却与时钟保持同步。

2. 状态机的描述方式

状态机有 3 种表示方法，即状态转移图、状态转移表和编程语言描述。这 3 种表示方法是等价的，相互之间可以转换。

1）状态转移图　状态转移图是状态机描述的最自然的方式。状态转移图经常在设计规划阶段定义逻辑功能时使用，也可以在分析代码中的状态机时使用，通过图形化的方式非常有助于理解设计意图。

下面考虑这样的有限状态机，它具有单个输出，并且任何时候只要输入序列中含有连续的两个 1 时，输出为 1，否则输出为 0，则其最简单的 Moore 型和 Mealy 型状态机如图 5-5-3 所示。其中，圆圈表示状态，状态之间的箭头连线表示转移方向，也称为分支；对于 Moore 型状态机，分支上括号内的数字表示输入，状态内 "[ ]" 中的数值表示输出；对于 Mealy 型状态机，分支上的数字表示由一个状态转移到另外一个状态的输出信号，而括号中的数字表示相应的输入信号。

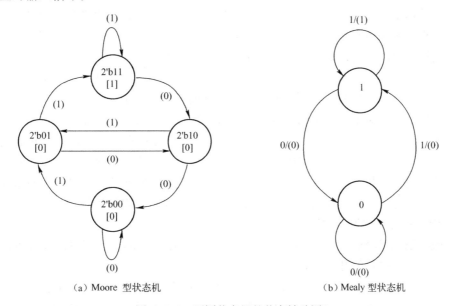

（a）Moore 型状态机　　　　　　　（b）Mealy 型状态机

图 5-5-3　不同状态机的状态转移图

对于 Moore 型状态机，以当前接收到的位和上一位的组合作为状态，共有 4 个状态，在不同状态输出不同的数值。而对于 Mealy 型状态机，由于可以直接利用输入信号来产生输出信号，则直接以上一次接收到的位为状态，以当前接收到的位为输入，因此只需要两个状态。

2）状态转移表　状态转移表用列表的方式描述状态机，是数字逻辑电路常用的设计方法之一，经常用于对状态进行化简。从表面上看来，状态转移表类似于真值表，下面给出一个简单的状态转移表表述实例。表 5-5-1 给出了和图 5-5-3 中 Moore 型状态机对应的状态转移表，读者可以自己完成 Mealy 型状态机的状态转移表。

表 5-5-1　Moore 状态机的状态转移表

当前状态	输　　入	次　状　态	输　　出	当前状态	输　　入	次　状　态	输　　出
2'b00	0	2'b00	0	2'b10	0	2'b00	0
2'b00	1	2'b01	0	2'b10	1	2'b01	0
2'b01	0	2'b10	0	2'b11	0	2'b10	1
2'b01	1	2'b11	0	2'b11	1	2'b11	1

基于 EDA 的 Verilog HDL 语言程序设计主要采用 RTL 级的行为建模，且目前的主流 PLD 器件的可用逻辑资源比较丰富，再加上设计效率、稳定性及安全性等方面的考虑，所

以并不需要通过状态转移表来手工简化、优化状态。

3. 状态机的设计思想

状态机是一类简单的电路，在数字电路及逻辑设计等课程中属于必修内容，因此大多数读者都了解其概念。但状态机不仅是一种电路，而且是一种设计思想，贯穿于数字系统设计中。

从电路上讲，状态机可以说是一个广义时序电路，触发器、计数器、移位寄存器等都算是它特殊功能的一种。从功能上讲，状态机可以有效管理系统的各个步骤，类似于 PC 中的 CPU，包括实现一些非常先进的设计理念。例如，流水线技术、逻辑复用技术等处理方法在实现时都是基于状态机设计思想来完成的。以逻辑复用为例，假设系统处理时钟是数据速率的 4 倍，那么其中就有一个具备 4 状态的状态机。在每个状态，设计人员都将不同的数据送给复用模块。简而言之，状态机就是数字设计的"大脑"。

事实上，很多初学者不明白如何应用状态机，这是因为不理解状态机的本质。其实，状态机就是一种能够描述具有逻辑顺序和时序的事件的方法，特别适合描述那些存在先后顺序及其他规律性事件。对于要解决的问题，首先按照事件逻辑关系划分出状态；其次，明确各状态的输入、输出及其相互之间的关系；最后得到系统的抽象状态转移图，并通过 Verilog HDL 语言实现。对于基于 Verilog HDL 语言的设计而言，小到一个简单的时序逻辑，大到整个系统设计都适合用状态机描述。此外，对于设计者而言，状态机的设计水平直接反映了逻辑设计功底，因此读者应该在阅读及实践过程中注意状态机的设计思想。

4. 可综合状态机的设计原则

1）状态机开发流程　目前，无论是教育界还是工业界，都在状态机的设计方面积累了丰富的经验。本书推荐的开发流程如下所述。

（1）理解问题背景。有限状态机的需求常常通过文字来描述，准确理解这些描述是明白状态机行为规范的基础。例如，对于最简单的状态机——计数器，简单的枚举状态序列就足够了；而对于复杂的状态机，如无人自动售货机，则需要理解人机交易的所有细节，以及可能出现的种种问题。

（2）得到状态机的抽象表达。一旦读者了解了问题，必须将其变成实现有限状态机过程中更容易处理的抽象形式。最好通过状态转移图将状态机表达出来。这一步是状态机设计的关键。

（3）进行状态简化。由步骤（2）得到的抽象表达往往具备很多冗余状态，其中某些特定的状态变化路径可以被清除掉。其中，冗余与否的判断准则是，输入/输出行为和其他功能等价的变化路径是否重复。

（4）状态分配。在简单的状态机中，如计数器，其输出和状态是等价的，因此不需要对状态编码进行讨论。但对于一般的状态机，输出并不直接就是状态值，而等同于存储在状态触发器中的位（也有可能是某些输入值），因此选择良好的状态编码可以有更好的性能。

（5）有限状态机的 Verilog HDL 语言实现。

2）状态编码原则　状态编码又称状态分配。通常有多种编码方法，如果编码方案选择得当，设计的电路可以很简单；反之，电路会占用过多的逻辑或降低速度。设计时，必须综合考虑电路复杂度和电路性能这两个因素。下面主要介绍二进制编码、格雷编码和独热码。

【二进制编码】二进制编码和格雷码都是压缩状态编码。二进制编码的优点是使用的状态向量最少，但从一个状态转换到相邻状态时，可能有多个位发生变化，瞬变次数多，易产生毛刺。二进制编码的表示形式比较通用，这里就不再给出。

【格雷码】格雷码在相邻状态的转换中，每次只有 1 位发生变化，虽减少了产生毛刺和一些暂态的可能，但不适用于有很多状态跳转的情况。表 5-5-2 给出了十进制数字 0 ～ 9 的格雷码表示形式。

表 5-5-2　格雷码数据列表

十进制数字码	格　雷　码	十进制数字码	格　雷　码
0	0010	5	1100
1	0110	6	1101
2	0111	7	1111
3	0101	8	1110
4	0100	9	1010

由于在有限状态机中，输出信号经常是通过状态的组合逻辑电路来驱动的，因此有可能由于输入信号的不同时到达而产生毛刺。如果状态机的所有状态是一个顺序序列，则可通过格雷码编码来消除毛刺，但对于时序逻辑状态机中的复杂分支，格雷编码也不能达到消除毛刺的目的。

【独热码（One Hot）】独热码是指对任意给定的状态，状态向量中只有 1 位为 1，其余位都为 0。n 状态的状态机需要 n 个触发器。这种状态机的速度与状态的数量无关，仅取决于到某特定状态的转移数量，速度很快。当状态机的状态增加时，如果使用二进制编码，那么状态机速度会明显下降。而采用独热码，虽然多用了触发器，但由于状态译码简单，节省和简化了组合逻辑电路。独热编码还具有设计简单、修改灵活、易于综合和调试等优点。表 5-5-3 给出了十进制数字 0 ～ 9 的独热码表示形式。

表 5-5-3　独热码数据列表

十进制数字码	独　热　码	十进制数字码	独　热　码
0	000_0000_00	5	000_0100_00
1	000_0000_01	6	000_1000_00
2	000_0000_10	7	001_0000_00
3	000_0001_00	8	010_0000_00
4	000_0010_00	9	100_0000_00

对于寄存器数量多而门逻辑相对缺乏的 FPGA 器件，采用独热编码可以有效提高电路的速度和可靠性，也有利于提高器件资源的利用率。独热编码有很多无效状态，应该确保状态机一旦进入无效状态时，可以立即跳转到确定的已知状态。

5. 状态机的容错处理

在状态机设计中，不可避免地会出现大量剩余状态，所谓的容错处理就是对剩余状态进行处理。若不对剩余状态进行合理的处理，状态机可能进入不可预测的状态（由毛刺及外界环境的不确定性所致），出现短暂失控或始终无法摆脱剩余状态，以至于失去正常功能。因此，状态机中的容错技术是设计人员应该考虑的问题。

当然，对剩余状态的处理要不同程度地耗用逻辑资源，因此设计人员需要在状态机结构、状态编码方式、容错技术及系统的工作速度与资源利用率等诸多方面进行权衡，以得到最佳的状态机。常用的剩余状态处理方法如下所述。

☺ 转入空闲状态，等待下一个工作任务的到来。

☺ 转入指定的状态，去执行特定任务。

☺ 转入预定义的专门处理错误的状态，如预警状态。

在程序编写时，如果通过 if 语句来实现状态调转或下一状态的计算，不要漏掉 else 分支；如果使用 case 语句则不要漏掉 default 分支。

6. 常用的设计准则

1）基本的设计要求　评价状态机设计的标准很多，下面给出其中最关键的 4 条准则。

【状态机设计要稳定】所谓稳定就是指状态机不会进入死循环，不会进入一些未知状态，即使由于某些不可抗拒原因（如系统故障、干扰等）进入不正常状态，也能够很快恢复正常。

【工作速度快】由于在设计中，状态机大都面向电路级进行设计，因此状态机必须满足电路的频率要求。应尽可能用 case 语句来代替 if 语句。

【所占资源少】在满足工作频率要求的前提下，使用尽可能少的逻辑资源。

【代码清晰易懂、易维护】这里面有两个层次的要求：首先，代码书写要规范；其次，要做好文档维护，注重注释语句的添加。

> 说明　前 3 项要求不是绝对独立的，它们之间存在相互转化的关系。例如，安全性高就意味着必须处理所有条件判断的分支语句，但这必然导致所用逻辑资源增多；至于面积和速度，二者的互换更是逻辑设计的关键思想。因此，各条要求要综合考虑，但无论如何，稳定性总是第一位的。

2）设计的注意事项　有限状态机的设计准则很多，下面给出常用的注意事项。

☺ 单独用一个 Verilog HDL 模块来描述一个有限状态机。这样不仅可以简化状态的定义、修改和调试，还可以利用 EDA 工具来进行优化和综合，以达到更优化的效果。

☺ 使用代表状态名的参数 parameter 来给状态赋值，而不是用宏定义（'define）。因为宏定义产生的是一个全局的定义，而参数则定义了一个模块内的局部常量。这样当一个设计具有多个有重复状态名的状态机时也不会发生冲突。

☺ 在组合 always 块中使用阻塞赋值，在时序 always 块中使用非阻塞赋值，这样可以使软件仿真的结果和真实硬件的结果相一致。

7. 状态机的 Verilog HDL 实现

基于 Verilog HDL 语言的状态机设计方法非常灵活，按代码描述方法的不同，可分为一段式描述、二段式描述和三段式描述等。不同的描述所对应的电路是不同的，因此最终的性能也是不同的。为了保证代码的规范性与可靠性，提高代码可读性，下面介绍 3 种常用的描述模板。

1）"一段式"模板　这种方式是将当前状态向量和输出向量用同一个时序 always 块进行描述，其结构如图 5-5-4 所示。这样，由于是寄存器输出，输出向量不会产生毛刺，也有利于综合。但是，这种方式有很多缺点，如代码冗长，不易修改和调试，可维护性差且占用资源多；通过 case 语句对输出向量的赋值应是下一个状态的输出，这点较易出错。状态向量和输出向量都由寄存器逻辑来实现，面积较大；不能实现异步 Mealy 有限状态机。

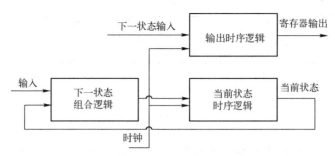

图 5-5-4   单进程式 Moore 型 FSM 描述结构

"一段式"状态机的 Verilog HDL 代码模板如下：

```
always @ ( posedge clk ) begin
    if ( !rst_n ) begin
     //
   state <=
   //
   out1 <=
   out2 <=
   …
 end
 else begin
   case ( state )
     s0： begin
      //
      state <=
      //
      out1 <=
      out2 <=
      …
     end
     s1： begin
      //
      state <=
      //
      out1 <=
      out2 <=
      …
     end
       …
   endcase
  end
end
```

2）"两段式"模板   在这种方式中，一个时序 always 块给当前状态向量赋值，一个组合 always 块给下一状态和输出向量赋值，通常用于描述组合输出的 Moore 状态机或异步 Mealy 状态机，其结构如图 5-5-5 所示。

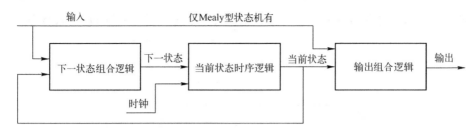

图 5-5-5　两段式有限状态机结构

与一个 always 块模板和 3 个 always 块模板相比，这种方式具有最优的面积和时序性能，但缺点是其输出为当前状态的组合函数，因此存在以下 3 个问题。

☺ 组合逻辑输出会使输出向量产生毛刺。一般情况下，输出向量的毛刺对电路的影响可以忽略不计。但是，当输出向量作为三态使能控制或时钟信号使用时，就必须消除毛刺，否则会对后面的电路产生致命的影响。

☺ 从速度角度来看，由于这种状态机的输出向量必须由状态向量经译码得到，因此加大了从状态向量到输出向量的延时。

☺ 从综合角度来看，组合输出消耗了一部分时钟周期，即增加了由它驱动的下一个模块的输入延时，这样不利于综合脚本的编写和综合优化算法的实现。综合的基本技巧是将一个设计划分成只有寄存器输出，且所有的组合逻辑仅存在于模块输入端及内部寄存器之间的各个子模块，这样不仅能在综合脚本中使用统一的输入延时，还能得到更优化的综合结果。

"二段式"状态机的 Verilog HDL 代码模板如下：

```verilog
//状态调转
always @ ( posedge clk ) begin
    if ( !rst_n )
        state <= idle;
    else
        state <= next_state;
end
//下一状态的计算及输出逻辑
always @ ( state ) begin
    case( state )
      s0: begin
       //
      next_state = ;
       //
      out1     = ;
      out2     = ;
        ..
    end
    s1: begin
       //
      next_state = ;
       //
      out1     = ;
      out2     = ;
```

```
    end
    …
      endcase
end
```

3）"三段式"模板 "三段式"包含用两个时序 always 模块，分别用于产生当前状态向量和输出向量，一个组合 always 模块用于产生下一状态向量，其结构如图 5-5-6 所示。

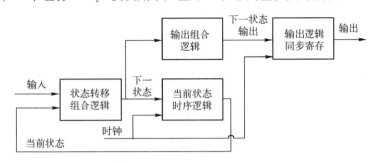

图 5-5-6 三进程式 Moore 型 FSM 描述结构

"三段式"代码主要包括以下 3 个部分。

【状态转移部分】 这部分定义了基于时钟的寄存器，对状态值进行不同的编码可以得到不同的寄存器组类型。例如，独热码可以简化输出组合逻辑，但消耗了更多寄存器资源；而采用格雷码，由于每次状态变化时只改变一位，因此可以降低功耗。

【状态转移条件部分】 此部分是纯组合逻辑，实现了状态转移的条件判断。在这部分中，如果某一状态下通过不同条件进入不同状态，则应仔细考虑这些条件之间的优先级。

【输出逻辑部分】 根据不同需要可以有多种实现方式。如处于某状态时，输出一个时钟周期的信号或多个时钟周期的信号；也可以在进入某状态时，输出一个或多个时钟周期的信号。这个模板与一个 always 块模板风格相比，同样是寄存器输出，但面积较小，代码可读性强；与两个 always 块模板风格相比面积稍大，但具有无毛刺的输出，且有利于综合，因此推荐读者使用 3 个 always 块模板。

"三段式"状态机的 Verilog HDL 代码模板如下：

```
//状态调转
always @ ( posedge clk ) begin
    if ( !rst_n )
        state <= idle;
    else
        state <= next_state;
end
//下一状态的计算
always @ ( state ) begin
    case( state )
        s0 : next_state = ;
        s1 : next_state = ;
     …
    endcase
end
//输出逻辑的处理
```

```
always @ (posedge clk) begin
    case(state)
      s0: begin
        out1 <= ;
    out2 <= ;
    …
    end
      s1: begin
        out1 <= ;
    out2 <= ;
    …
        end
        …
    end
end
```

8. Moore 状态机开发实例

本节给出一个典型的 Moore 状态机的应用实例——交通灯控制的完整开发，其基本要求如下所述。

（1）交通灯控制器工作在十字路口交叉处，如图 5-5-7 所示。由于南北通路为人行道，东西方向为机动车道，因此只需要考虑南北方向和东西方向的指示灯，不涉及南北通道和东西通路之间的交叉转向指示。

（2）每条通路的红灯、绿灯的持续时间都为 15s。

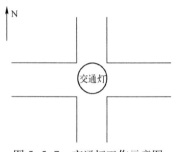

图 5-5-7　交通灯工作示意图

【例 5-9】使用 Verilog HDL 语言实现上述交通灯控制器，并给出功能仿真结果。

```
module jtd(
    clk_1Hz, rst_n,
    red_ew, green_ew,
    red_ns, green_ns
    );
    input    clk_1Hz, rst_n;
    output   red_ew,green_ew;
    output   red_ns, green_ns;
    reg      red_ew, green_ew;
    reg      red_ns, green_ns;
      reg      state, next_state = 0;
    reg  [4:0] cnt;
//
    always @ (posedge clk_1Hz) begin
      if( !rst_n)
        cnt <= 0;
      else
        if( cnt = = 29)
      cnt <= 0;
    else
      cnt <= cnt + 1;
  end
    always @ (posedge clk_1Hz) begin
```

```
                    if( !rst_n)
                      state <= 1'b0;
                    else
                      state <= next_state;
              end
            always @ ( state, cnt) begin
              case( state)
              1'b0: begin
                if( cnt == 14)
              next_state = 1'b1;
                  else
                    next_state = 1'b0;
          end
            1'b1: begin
              if( cnt == 29)
            next_state = 1'b0;
                else
                  next_state = 1'b1;
              end
              endcase
          end
            always @ ( posedge clk_1Hz) begin
              case( next_state)
              1'b0: begin
                  red_ew    <= 1;
            green_ew <= 0;
            red_ns    <= 0;
            green_ns <= 1;
          end
            1'b1: begin
                red_ew    <= 0;
          green_ew <= 1;
          red_ns    <= 1;
          green_ns <= 0;
          end
          endcase
        end
      endmodule
```

为了完成上述程序的仿真，应新建“Verilog Test Fixture”类型的源文件来创建 Test-bench，并添加下列内容。

```
module tb_jtd;
//Inputs
reg clk_1Hz;
reg rst_n;
//Outputs
wire red_ew;
wire green_ew;
```

```
        wire red_ns;
        wire green_ns;
         //Instantiate the Unit Under Test (UUT)
         jtd uut (
         . clk_1Hz(clk_1Hz),
         . rst_n(rst_n),
         . red_ew(red_ew),
         . green_ew(green_ew),
         . red_ns(red_ns),
         . green_ns(green_ns)
        );
        initial begin
         //Initialize Inputs
         clk_1Hz = 0;
         rst_n = 0;
          //Wait 100 ns for global reset to finish
         #100;
             rst_n = 1;
        end
           always    #1 clk_1Hz = !clk_1Hz;
      endmodule
```

交通灯控制器的仿真结果如图 5-5-8 所示。

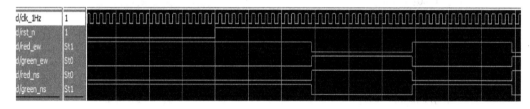

图 5-5-8   交通灯控制器的仿真结果

9. Mealy 状态机开发实例

【例 5-10】利用 Verilog HDL 语言实现一个基于一段式 Mealy 状态机的序列检测器，当输入数据依次为 10010 时，输出一个脉冲。

本例的实现代码如下：

```
module xljcq(clk,reset,din,signalout);
    input clk,din,reset;
    output signalout;
    reg [2:0] state;
    parameter
     idle = 3'd0,
       a = 3'd1, //5'b1xxxx
       b = 3'd2, //5'b10xxx
       c = 3'd3, //5'b100xx
       d = 3'd4, //5'b1001x
```

```
        e = 3'd5; //5'b10010
    //根据状态机判断输出
        assign signalout = (state == e)? 1:0;
always@(posedge clk)
    if(!reset)
    begin
        state <= idle;
    end
    else
    begin
        casex(state)
            idle:
            begin
                if(din == 1)
                    state <= a;
                else
                    state <= idle;
            end
            a: begin
                if(din == 0)
                    state <= b;
                else
                    state <= a;
            end
            b:
            begin
            if(din == 0)
                state <= c;
            else
                state <= a;
        end
        c:
        begin
            if(din == 1)
                state <= d;
            else
                state <= idle;
        end
        d:
        begin
            if(din == 0)
                state <= e;
            else
                state <= a;
        end
        e:
            begin
                if(din == 0)
                    state <= c;
```

```
                else
                    state <= a;
            end
            default：
                state <= idle；
            endcase
        end
    endmodule
```

自动售货机的仿真结果如图 5-5-9 所示。

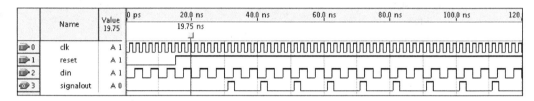

图 5-5-9   自动售货机的仿真结果

第6章　门电路设计范例

〖知识目标〗

深入学习利用原理图编辑法、文本编辑法及混合编辑法描述硬件的方法。

〖能力目标〗

掌握与非门、或非门、异或门、反相器、总线缓冲器的设计方法。

☺ 初级要求：能读懂本章的门电路设计实例，会使用原理图编辑法，完成设计。

☺ 中级要求：在掌握原理图编辑法的基础上，学会如何把真值表转化为 Verilog HDL 描述，熟练掌握 case、always 等语句的描述方式。

6.1　与非门电路

与非门电路包括 2 输入与非门、3 输入与非门、4 输入与非门、多输入与非门等。下面介绍 2 输入与非门电路的设计方法，3 输入与非门、4 输入与非门及多输入与非门的设计方法均与 2 输入与非门的设计方法类似，在这里不再赘述。2 输入与非门电路的逻辑方程式为 $Y=\overline{AB}$，其真值表见表 6-1-1。

1. 电路符号

2 输入与非门的电路符号如图 6-1-1 所示。

表 6-1-1　2 输入与非门的真值表

输入		输出
A	*B*	*Y*
0	0	1
0	1	1
1	0	1
1	1	0

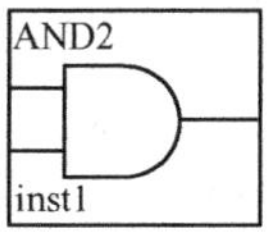

图 6-1-1　2 输入与非门的电路符号

2. 设计方法

【方法 1】 采用原理图编辑法，在基本逻辑函数（Primitives）里直接调用即可，如图 6-1-2 所示。

【方法 2】 采用文本编辑法，利用 Verilog HDL 语言描述 2 输入与非门，下面给出两种代码来描述 2 输入与非门。

（1）代码 1：

```
module nand_2(y,a,b);
output y;
input a,b;
nand(y,a,b);
endmodule
```

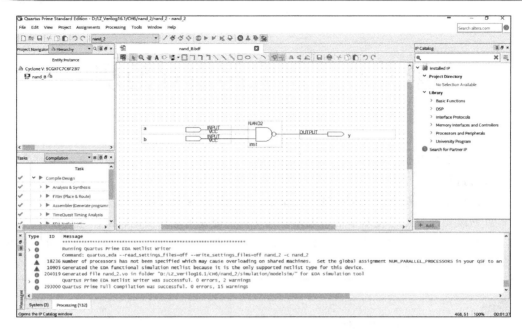

图 6-1-2　2 输入与非门的原理图编辑法

（2）代码 2：

```
module nand_2(y,a,b);
output y;
input a,b;
reg y;
always @ (a,b)
  begin
    case({a,b})
    2'b00:y=1;
    2'b01:y=1;
    2'b10:y=1;
    2'b11:y=0;
    default:y='bx;
    endcase
  end
endmodule
```

3. 仿真结果

2 输入与非门的功能仿真结果如图 6-1-3 所示，其时序仿真结果如图 6-1-4 所示。观察波形可知，输入为 a 与 b，输出为 y，且逻辑关系满足真值表。

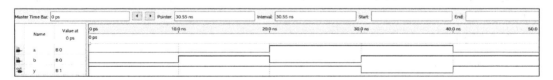

图 6-1-3　2 输入与非门的功能仿真结果

图 6-1-4　2 输入与非门的时序仿真结果

6.2　或非门电路

本节介绍 2 输入或非门电路的设计方法，多输入或非门电路的设计方法与其类似，暂不作论述。2 输入或非门的逻辑方程式为 $Y=\overline{A+B}$，其真值表见 6-2-1。

1. 电路符号

2 输入或非门的电路符号如图 6-2-1 所示。

表 6-2-1　2 输入或非门的真值表

输　　入		输　　出
A	B	Y
0	0	1
0	1	0
1	0	0
1	1	0

图 6-2-1　2 输入或非门的电路符号

2. 设计方法

【方法 1】 采用原理图编辑法，在基本逻辑函数（Primitives）里直接调用即可，如图 6-2-2 所示。

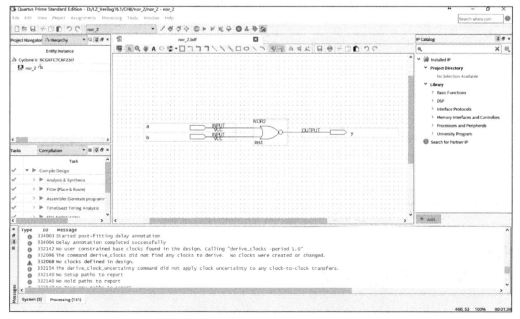

图 6-2-2　2 输入或非门的原理图编辑法

【**方法 2**】采用文本编辑法，利用 Verilog HDL 语言描述 2 输入或非门，下面给出两种代码来描述 2 输入或非门。

（1）代码 1：

```
module nor_2(y,a,b);
output y;
input a,b;
    nor(y,a,b);
endmodule
```

（2）代码 2：

```
module nor_2(y,a,b);
output y;
input a,b;
reg y;
always @(a,b)
begin
  case({a,b})
  2'b00:y<=1;
  2'b01:y<=0;
  2'b10:y<=0;
  2'b11:y<=0;
  default:y<='bx;
  endcase
end
endmodule
```

3. 仿真结果

2 输入或非门的功能仿真结果如图 6-2-3 所示，其时序仿真结果如图 6-2-4 所示。观察波形可知，输入为 a 与 b，输出为 y，且逻辑关系满足真值表。

图 6-2-3　2 输入或非门功能仿真结果

图 6-2-4　2 输入或非门的时序仿真结果

6.3　异或门电路

本节介绍 2 输入异或门电路的设计方法，2 输入异或门逻辑方程式为 $Y=A\overline{B}+\overline{A}B$，其真值表见表6-3-1。

1. 电路符号

2 输入异或门的电路符号如图 6-3-1 所示。

表 6-3-1　2 输入异或门的真值表

输　　入		输　出
A	B	Y
0	0	0
0	1	1
1	0	1
1	1	0

图 6-3-1　2 输入异或门的电路符号

2. 设计方法

【方法 1】采用原理图编辑法，在基本逻辑函数（Primitives）里直接调用即可，如图 6-3-2 所示。

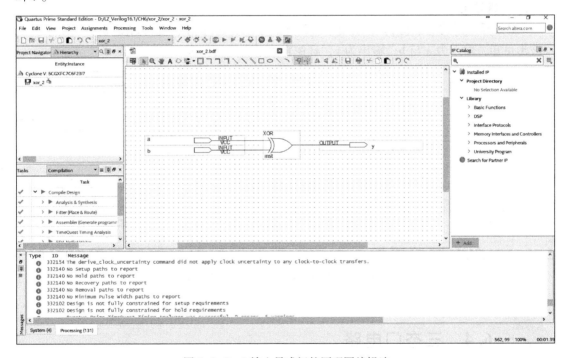

图 6-3-2　2 输入异或门的原理图编辑法

【方法 2】采用文本编辑法，利用 Verilog HDL 语言描述 2 输入异或门。下面给出两种代码来描述 2 输入或非门。

（1）代码 1：

```
module xor_2(y,a,b);
output y;
input a,b;
    xor(y,a,b);
endmodule
```

（2）代码 2：

```verilog
module xor_2(y,a,b);
output y;
input a,b;
reg y;
always @ (a,b)
begin
  case({a,b})
  2'b00:y<=0;
  2'b01:y<=1;
  2'b10:y<=1;
  2'b11:y<=0;
  default:y<='bx;
  endcase
end
endmodule
```

3. 仿真结果

2 输入异或门的功能仿真结果如图 6-3-3 所示，其时序仿真结果如图 6-3-4 所示。观察波形可知，输入为 a 与 b，输出为 y，且逻辑关系满足真值表。

图 6-3-3　2 输入异或门的功能仿真结果

图 6-3-4　2 输入异或门的时序仿真结果

6.4　三态门电路

三态门是指逻辑门的输出除有高、低电平两种状态外，还有第 3 种状态——高阻状态的门电路。高阻态相当于隔断状态。三态门都有一个 EN 控制使能端来控制门电路的通/断。

1. 电路符号

三态门的电路符号如图 6-4-1 所示。图中，输入信号为信号输入端 din 和使能端 en；输出信号为信号输出端 dout。

2. 设计方法

采用文本编辑法，利用 Verilog HDL 语言描述三态门。下面给出两种 Verilog HDL 代码来描述三态门。

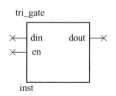

图 6-4-1　三态门的电路符号

（1）代码 1：

```
module tri_gate(dout,din,en);
output dout;           //信号输出端
input din,en;          //信号输入端,使能端
    assign dout=en? din:'bz;
endmodule
```

（2）代码 2：

```
module tri_gate(dout,din,en);
output dout;
input din,en;
reg dout;
always
    if(en) dout<=din;
    else dout<='bz;
endmodule
```

3. 仿真结果

三态门的功能仿真结果如图 6-4-2 所示，其时序仿真如图 6-4-3 所示。观察波形可知，当 en=1 时，执行 dout<=din；当 en=0 时，dout 为高阻状态。

图 6-4-2　三态门的功能仿真结果

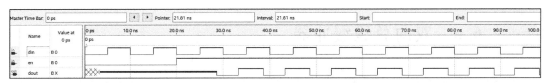

图 6-4-3　三态门的时序仿真结果

6.5　单向总线缓冲器

单向总线缓冲器与三态门类似，除有高、低电平两种状态外，还有包括高阻状态，并且输入与输出均为总线。

1. 电路符号

单向总线缓冲器的电路符号如图 6-5-1 所示。图中，输入信号为数据输入端 din[7..0] 和使能端 en；输出信号为数据输出端 dout[7..0]。

2. 设计方法

采用文本编辑法，利用 Verilog HDL 语言描述单向总线缓冲器，其代码如下。

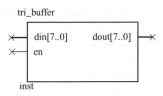

图 6-5-1　单向总线缓冲器的电路符号

```
module tri_buffer(dout,din,en);
output[7:0] dout;        //数据输出端
input[7:0] din;          //数据输入端
input en;                //使能端
reg[7:0] dout;
always
    if(en) dout<=din;
    else dout<=8'bz;
endmodule
```

3. 仿真结果

单向总线缓冲器的功能仿真如图 6-5-2 所示，其时序仿真如图 6-5-3 所示。观察波形可知，当 en=1 时，执行 dout<=din；当 en=0 时，dout 为高阻状态（图中的"ZZZZZZZZ"代表高阻状态）。

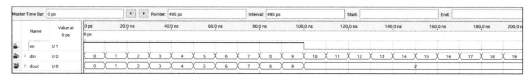

图 6-5-2　单向总线缓冲器的功能仿真结果

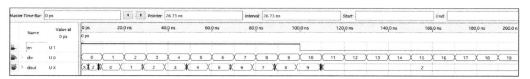

图 6-5-3　单向总线缓冲器的时序仿真结果

6.6　双向总线缓冲器

双向总线缓冲器中的两个数据端口均为双向端口（inout），既可以作为输入端口，也可以作为输出端口。它也与三态门类似，除有高、低电平两种状态外，还包括高阻状态。

图 6-6-1　双向总线缓冲器的
电路符号

1. 电路符号

双向总线缓冲器的电路符号如图 6-6-1 所示。图中，输入信号为使能端 en 和数据传输方向控制端 dr；双向数据端口为 a[7.0]和 b[7..0]。

2. 设计方法

采用文本编辑法，利用 Verilog HDL 语言来描述双向总线缓冲器，其代码如下。

```
module tri_bibuffer(en,dr,a,b);
inout[7:0] a,b;          //双向数据端口
input en,dr;             //使能端,数据方向控制端
reg[7:0] a,b;
always @ ( * )
begin
    if(dr)
```

```
            begin
                if(en) begin b＝a; end
                else begin b＝'bz; end
            end
        else
            begin
                if(en＝＝1) begin a＝b; end
                else begin a＝'bz; end
            end
    end
    endmodule
```

3. 仿真结果

双向总线缓冲器的功能仿真结果如图 6-6-2 所示，其时序仿真结果如图 6-6-3 所示。观察波形可知，当 en＝1 且 dr＝1 时，a 为输入端口，b 为输出端口；当 en＝1 且 dr＝0 时，b 为输入端口，a 为输出端口。图中，a～result 与 b～result 为 a 与 b 的输出观察端。

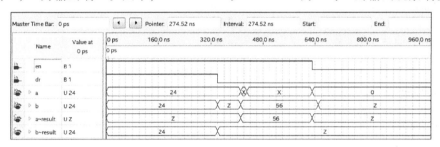

图 6-6-2　双向总线缓冲器的功能仿真结果

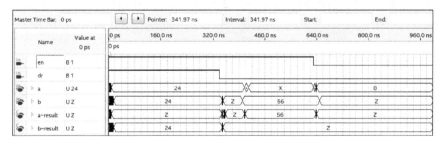

图 6-6-3　双向总线缓冲器的时序仿真结果

6.7　使用 always 过程语句描述的简单算术逻辑单元

1. 电路符号

简单算术逻辑单元的电路符号如图 6-7-1 所示。图中，输入信号为操作码输入端 opcode[2..0] 和操作数输入端 a[7..0]，b[7..0]；输出信号为数据输出端 out[7..0]。

2. 设计方法

采用文本编辑法，利用 Verilog HDL 语言描述

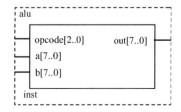

图 6-7-1　简单算术逻辑单元的电路符号

简单算术逻辑单元，其代码如下。

```
'define add 3'd0
'define minus 3'd1
'define band 3'd2
'define bor 3'd3
'define bnot 3'd4
module alu(out,opcode,a,b);
output[7:0] out;
reg[7:0] out;
input[2:0] opcode;                    //操作码
input[7:0] a,b;                       //操作数
always@(opcode or a or b)             //电平敏感的 always 块
begin
case(opcode)
'add: out = a+b;                      //加操作
'minus: out = a-b;                    //减操作
'band: out = a&b;                     //求与
'bor: out = a|b;                      //求或
'bnot: out =~a;                       //求反
default: out=8'hx;                    //未收到指令时,输出任意态
endcase
end
endmodule
```

3. 仿真结果

简单算术逻辑单元的功能仿真如图 6-7-2 所示，其时序仿真如图 6-7-3 所示。

图 6-7-2　简单算术逻辑单元的功能仿真结果

图 6-7-3　简单算术逻辑单元的时序仿真结果

第7章 组合逻辑电路设计范例

〖知识目标〗
 掌握组合逻辑电路包括编码器、译码器、数据选择器、数据分配器、数值比较器和一些简单的逻辑运算电路的 Verilog HDL 设计。

〖能力目标〗
 学习组合逻辑电路的 Verilog HDL 设计，学习多元化的描述方式。
☺ 初级要求：至少会用一种方法描述组合逻辑电路，熟练掌握 case 语句对真值表的描述。
☺ 中级要求：理解行为描述、数据流描述、混合描述等描述方式，体会各种描述方式之间的异同。

7.1 编码器

在数字系统里，常常需要将某一信息变换为某一特定的代码。把二进制码按一定的规律编排，如 8421 码、格雷码等，使每组代码具有一特定的含义，这一过程称为编码。具有编码功能的逻辑电路称为编码器。

7.1.1 8线—3线编码器

编码器是将 2^n 个分离的信息代码以 n 个二进制码来表示。例如，8线—3线编码器有8位输入、3位二进制的输出，其真值表见表 7-1-1。

表 7-1-1　8线—3线编码器真值表

输　　入								输　　出		
I_0	I_1	I_2	I_3	I_4	I_5	I_6	I_7	Y_2	Y_1	Y_0
1	0	0	0	0	0	0	0	0	0	0
0	1	0	0	0	0	0	0	0	0	1
0	0	1	0	0	0	0	0	0	1	0
0	0	0	1	0	0	0	0	0	1	1
0	0	0	0	1	0	0	0	1	0	0
0	0	0	0	0	1	0	0	1	0	1
0	0	0	0	0	0	1	0	1	1	0
0	0	0	0	0	0	0	1	1	1	1

1. 电路符号

8 线—3 线编码器的电路符号如图 7-1-1 所示。图中，输入信号为信号输入端 i[7..0]；
输出信号为 3 位二进制编码 y[2..0]。

2. 设计方法

采用文本编辑法，利用 Verilog HDL 语言描述 8 线—3 线编码器，
代码如下。

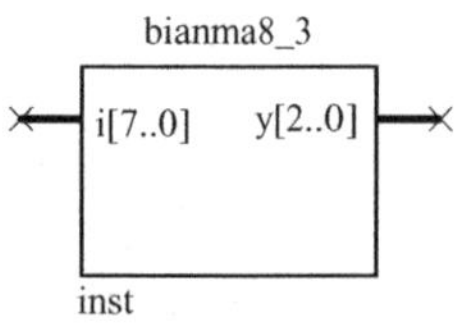

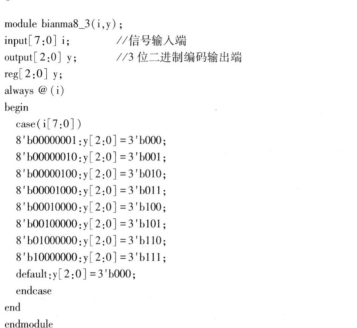

图 7-1-1　8 线—3 线
编码器的电路符号

```verilog
module bianma8_3(i,y);
input[7:0] i;              //信号输入端
output[2:0] y;             //3 位二进制编码输出端
reg[2:0] y;
always @ (i)
begin
  case(i[7:0])
  8'b00000001:y[2:0]=3'b000;
  8'b00000010:y[2:0]=3'b001;
  8'b00000100:y[2:0]=3'b010;
  8'b00001000:y[2:0]=3'b011;
  8'b00010000:y[2:0]=3'b100;
  8'b00100000:y[2:0]=3'b101;
  8'b01000000:y[2:0]=3'b110;
  8'b10000000:y[2:0]=3'b111;
  default:y[2:0]=3'b000;
  endcase
end
endmodule
```

3. 仿真结果

8 线—3 线编码器的功能仿真结果如图 7-1-2 所示，其时序仿真结果如图 7-1-3 所示。
观察波形可知，8 个输入信号中，某一时刻只有一个有效的输入信号，这样才能将输入信号
码转换为二进制码。

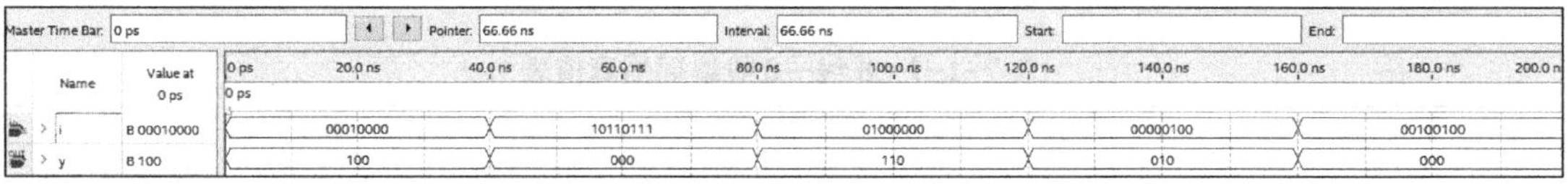

图 7-1-2　8 线—3 线编码器功能仿真结果

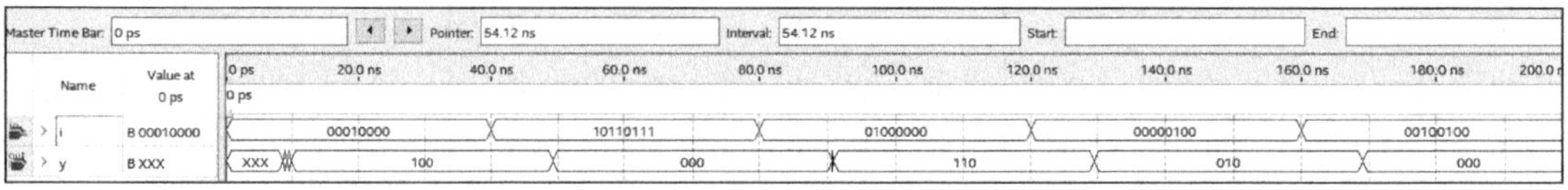

图 7-1-3　8 线—3 线编码器时序仿真结果

7.1.2　8 线—3 线优先编码器

普通编码器有一个缺点，即在某一时刻只允许有一个有效的输入信号，如果同时有两个

或两个以上的输入信号要求编码，输出端一定会发生混乱而出现错误。为了解决这一问题，人们设计了优先编码器。优先编码器的功能是允许同时在多个输入端有输入信号，编码器按输入信号预先排定的优先顺序，只对同时输入的多个信号中优先权最高的一个信号进行编码。下面以 8 线—3 线优先编码器为例，来介绍优先编码器的设计方法。8 线—3 线优先编码器的真值表见表 7-1-2。

表 7-1-2 8 线—3 线优先编码器真值表

输　　　　入									输　　出				
EI	I_0	I_1	I_2	I_3	I_4	I_5	I_6	I_7	Y_2	Y_1	Y_0	EO	GS
1	×	×	×	×	×	×	×	×	1	1	1	1	1
0	1	1	1	1	1	1	1	1	1	1	1	0	1
0	×	×	×	×	×	×	×	0	0	0	0	1	0
0	×	×	×	×	×	×	0	1	0	0	1	1	0
0	×	×	×	×	×	0	1	1	0	1	0	1	0
0	×	×	×	×	0	1	1	1	0	1	1	1	0
0	×	×	×	0	1	1	1	1	1	0	0	1	0
0	×	×	0	1	1	1	1	1	1	0	1	1	0
0	×	0	1	1	1	1	1	1	1	1	0	1	0
0	0	1	1	1	1	1	1	1	1	1	1	1	0

1. 电路符号

8 线—3 线优先编码器的电路符号如图 7-1-4 所示。图中，输入信号为信号输入端 i[7..0] 和输入使能端 ei；输出信号为 3 位二进制编码 y[2..0]、输出使能端 eo 和优先标志端 gs。

2. 设计方法

【方法 1】采用原理图编辑方法，在 others 函数中的 maxplus2 里调用 74148（8 线—3 线优先编码器）器件，如图 7-1-5 所示。添加 I/O 引脚后，如图 7-1-6 所示。

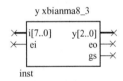

图 7-1-4　8 线—3 线优先编码器的电路符号

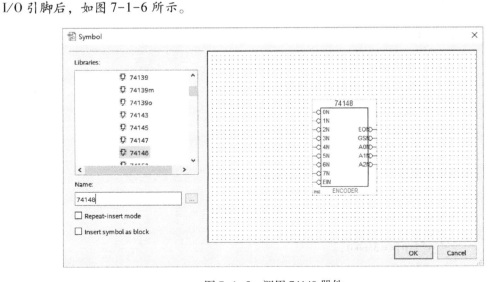

图 7-1-5　调用 74148 器件

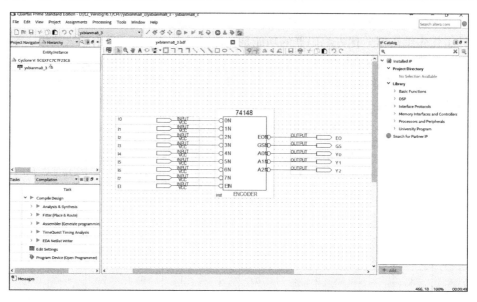

图 7-1-6　8 线—3 线优先编码器的原理图编辑

【方法 2】 采用文本编辑法，利用 Verilog HDL 语言描述 8 线—3 线优先编码器，代码如下。

```
module yxbianma8_3(y,eo,gs,i,ei);
input[7:0] i;              //信号输入端
input ei;                  //输入使能端
output[2:0] y;             //3 位二进制编码输出端
output eo,gs;              //输出使能端 eo 和优先标志端 gs
reg[2:0] y;
reg eo,gs;
always @ (i,ei)
begin
  if(ei==1)
    begin
      y[2:0]<=3'b111;
      gs<=1;
      eo<=1;
    end
  else
    begin
      if(i[7]==0)
        begin
          y[2:0]<=3'b000;
          gs<=0;
          eo<=1;
        end
      else if(i[6]==0)
        begin
          y[2:0]<=3'b001;
          gs<=0;
          eo<=1;
```

```
                          end
                    else if(i[5]==0)
                       begin
                          y[2:0]<=3'b010;
                          gs<=0;
                          eo<=1;
                       end
                    else if(i[4]==0)
                       begin
                          y[2:0]<=3'b011;
                          gs<=0;
                          eo<=1;
                       end
                    else if(i[3]==0)
                       begin
                          y[2:0]<=3'b100;
                          gs<=0;
                          eo<=1;
                       end
                    else if(i[2]==0)
                       begin
                          y[2:0]<=3'b101;
                          gs<=0;
                          eo<=1;
                       end
                    else if(i[1]==0)
                       begin
                          y[2:0]<=3'b110;
                          gs<=0;
                          eo<=1;
                       end
                    else if(i[0]==0)
                       begin
                          y[2:0]<=3'b111;
                          gs<=0;
                          eo<=1;
                       end
                    else if(i[7:0]=='b11111111)
                       begin
                          y[2:0]<=3'b111;
                          gs<=1;
                          eo<=0;
                       end
              end
         end
      endmodule
```

3. 仿真结果

8 线—3 线优先编码器的功能仿真结果如图 7-1-7 所示，其时序仿真结果如图 7-1-8 所示。观察波形可知，输入端 i 与输出端 y 均为低电平有效。当 ei=0 时，编码器工作；当 ei=

1 时，则不论 8 个输入端为何种状态，3 个输出端均为高电平，且优先标志端 gs 和输出使能端 eo 均为高电平，编码器处于非工作状态。当 ei＝0，且至少有一个输入端有编码请求信号（逻辑 0）时，优先编码工作状态标志 gs 为 0，表明编码处于工作状态，否则为 1。eo 只有在 ei 为 0 且所有输入端都为 1 时，输出为 0。

图 7-1-7　8 线—3 线优先编码器功能仿真结果

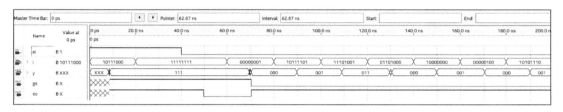

图 7-1-8　8 线—3 线优先编码器时序仿真结果

7.2　译码器

译码是编码的逆过程，它的功能是对具有特定含义的二进制码进行辨别，并将其转换成控制信号，具有译码功能的逻辑电路称为译码器。译码器分为两种类型，一种是将一系列代码转换成与之一一对应的有效信号，这种译码器可称为唯一地址译码器，通常用于计算机中对存储单元的地址的译码；另一种是将一种代码转换成另一种代码，也称代码变换器，如 BCD—七段显示译码器执行的动作就是把一个 4 位 BCD 码转换为 7 个码的输出，以便在七段显示器上显示出这个十进制数。

7.2.1　3 线—8 线译码器

如果有 n 个二进制选择线，则最多可译码转换成 2^n 个数据。下面以 3 线—8 线译码器为例来介绍译码器的设计方法，3 线—8 线译码器的真值表见表 7-2-1。

表 7-2-1　3 线—8 线译码器真值表

输　入						输　出							
G_1	G_2	G_3	A_2	A_1	A_0	Y_7	Y_6	Y_5	Y_4	Y_3	Y_2	Y_1	Y_0
×	1	×	×	×	×	1	1	1	1	1	1	1	1
×	×	1	×	×	×	1	1	1	1	1	1	1	1
0	×	×	×	×	×	1	1	1	1	1	1	1	1
1	0	0	0	0	0	1	1	1	1	1	1	1	0

续表

输　入						输　出							
G_1	G_2	G_3	A_2	A_1	A_0	Y_7	Y_6	Y_5	Y_4	Y_3	Y_2	Y_1	Y_0
1	0	0	0	0	1	1	1	1	1	1	1	0	1
1	0	0	0	1	0	1	1	1	1	1	0	1	1
1	0	0	0	1	1	1	1	1	1	0	1	1	1
1	0	0	1	0	0	1	1	1	0	1	1	1	1
1	0	0	1	0	1	1	1	0	1	1	1	1	1
1	0	0	1	1	0	1	0	1	1	1	1	1	1
1	0	0	1	1	1	0	1	1	1	1	1	1	1

1. 电路符号

3 线—8 线译码器的电路符号如图 7-2-1 所示。图中，输入信号为 3 位二进制码输入端 a[2..0] 和 3 个使能端 g1、g2 和 g3；输出信号为编码输出端 y[7..0]。

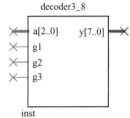

图 7-2-1　3 线—8 线译码器的电路符号

2. 设计方法

【方法 1】利用原理图编辑法，在 others 函数中的 masplus2 里面调用 74138 器件（3 线—8 线译码器），如图 7-2-2 所示。添加 I/O 引脚后，如图 7-2-3 所示。

【方法 2】采用文本编辑法，利用 Verilog HDL 语言描述 3 线—8 线译码器，代码如下。

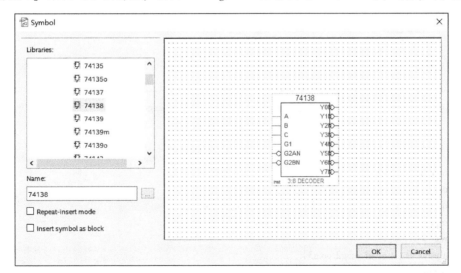

图 7-2-2　调用 74138 器件

（1）代码 1：

```
module decoder3_8(y,a,g1,g2,g3);
output[7:0] y;          //编码输出端
input[2:0] a;           //3 位二进制编码输入端
input g1,g2,g3;         //3 个使能端
reg[7:0] y;
```

```
always @ ( a or g1 or g2 or g3)
  begin
    if( g1 = = 0 )  y = 8'b11111111;
    else if( g2 = = 1 )  y = 8'b11111111;
    else if( g3 = = 1 )  y = 8'b11111111;
    else
      begin
        y = 8'b00000001<<a;
        y = ~ y;
        end
  end
endmodule
```

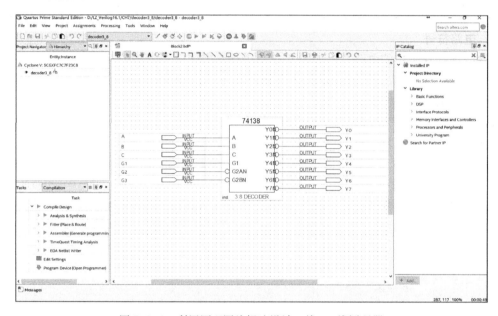

图 7-2-3　利用原理图编辑法设计 3 线—8 线译码器

（2）代码 2：

```
module decoder3_8( y, a, g1, g2, g3);
output[7:0] y;          //编码输出端
input[2:0] a;           //3 位二进制编码输入端
input g1, g2, g3;       //3 个使能端
reg[7:0] y;
always @ ( a or g1 or g2 or g3)
begin
  if( g1 = = 0 )  y = 8'b11111111;
  else if( g2 = = 1 )  y = 8'b11111111;
  else if( g3 = = 1 )  y = 8'b11111111;
  else
    case( a[2:0])
    3'b000:y[7:0] = 8'b11111110;
    3'b001:y[7:0] = 8'b11111101;
    3'b010:y[7:0] = 8'b11111011;
    3'b011:y[7:0] = 8'b11110111;
```

```
            3'b100:y[7:0] = 8'b11101111;
            3'b101:y[7:0] = 8'b11011111;
            3'b110:y[7:0] = 8'b10111111;
            3'b111:y[7:0] = 8'b01111111;
            default:y[7:0] = 8'b11111111;
        endcase
    end
endmodule
```

3. 仿真结果

　　3 线—8 线译码器的功能仿真结果如图 7-2-4 所示，其时序仿真结果如图 7-2-5 所示。观察波形可知，当 g1 为 1，且 g2 和 g3 均为 0 时，译码器处于工作状态。

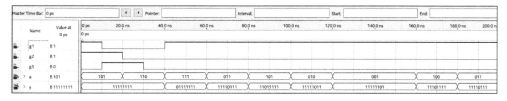

图 7-2-4　3 线—8 线译码器的功能仿真结果

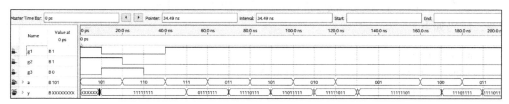

图 7-2-5　3 线—8 线译码器的时序仿真结果

7.2.2　BCD—七段显示译码器

　　BCD—七段显示译码器是 7.2.1 节所提到的代码转换器中的一种。在数字测量仪表和各种数字系统中，都需要将数字量直观地显示出来，因此数字显示电路是许多数字设备不可缺少的一部分。而数字显示电路的译码器则是将 BCD 码或其他码转换为七段显示码，来表示十进制数。下面介绍一种显示十六进制的 BCD—七段显示译码器，其真值表见表 7-2-2。

表 7-2-2　BCD—七段显示译码器真值表

输　　入					输　　出							
数字	A_3	A_2	A_1	A_0	Y_a	Y_b	Y_c	Y_d	Y_e	Y_f	Y_g	字形
0	0	0	0	0	1	1	1	1	1	1	0	0
1	0	0	0	1	0	1	1	0	0	0	0	1
2	0	0	1	0	1	1	0	1	1	0	1	2
3	0	0	1	1	1	1	1	1	0	0	1	3
4	0	1	0	0	0	1	1	0	0	1	1	4
5	0	1	0	1	1	0	1	1	0	1	1	5
6	0	1	1	0	1	0	1	1	1	1	1	6
7	0	1	1	1	1	1	1	0	0	0	0	7

续表

输 入					输 出							
数字	A_3	A_2	A_1	A_0	Y_a	Y_b	Y_c	Y_d	Y_e	Y_f	Y_g	字形
8	1	0	0	0	1	1	1	1	1	1	1	8
9	1	0	0	1	1	1	1	1	0	1	1	9
10	1	0	1	0	1	1	1	0	1	1	1	A
11	1	0	1	1	0	0	1	1	1	1	1	B
12	1	1	0	0	1	0	0	1	1	1	0	C
13	1	1	0	1	0	1	1	1	1	0	1	D
14	1	1	1	0	1	0	0	1	1	1	1	E
15	1	1	1	1	1	0	0	0	1	1	1	F

1. 电路符号

BCD—七段显示译码器的电路符号如图 7-2-6 所示。图中，输入信号为 BCD 码 a[3..0]；输出信号为七段显示译码输出 y[6..0]。

2. 设计方法

采用文本编辑法，利用 Verilog HDL 语言描述 BCD—七段显示译码器，代码如下。

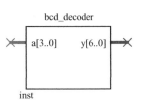

图 7-2-6　BCD—七段显示译码器的电路符号

```verilog
module bcd_decorder(y,a);
output[6:0] y;          //七段显示译码器输出端
input[3:0] a;           //BCD 码输入端
reg[6:0] y;
always @ (a)
  begin
    case(a[3:0])
    4'b0000:y[6:0]=7'b1111110;
    4'b0001:y[6:0]=7'b0110000;
    4'b0010:y[6:0]=7'b1101101;
    4'b0011:y[6:0]=7'b1111001;
    4'b0100:y[6:0]=7'b0110011;
    4'b0101:y[6:0]=7'b1011011;
    4'b0110:y[6:0]=7'b1011111;
    4'b0111:y[6:0]=7'b1110000;
    4'b1000:y[6:0]=7'b1111111;
    4'b1001:y[6:0]=7'b1111011;
    4'b1010:y[6:0]=7'b1110111;
    4'b1011:y[6:0]=7'b0011111;
    4'b1100:y[6:0]=7'b1001110;
    4'b1101:y[6:0]=7'b0111101;
    4'b1110:y[6:0]=7'b1001111;
    4'b1111:y[6:0]=7'b1000111;
    endcase
  end
endmodule
```

3. 仿真结果

BCD—七段显示译码器的功能仿真结果如图 7-2-7 所示，其时序仿真结果如图 7-2-8 所示。

图 7-2-7　BCD—七段显示译码器的功能仿真结果

图 7-2-8　BCD—七段显示译码器的时序仿真结果

7.3　数据选择器

数据选择器是指经过选择，把多个通道的数据传到唯一的公共数据通道上去，实现数据选择功能的逻辑电路，它的作用相当于多个输入的单刀多掷开关。

7.3.1　4 选 1 数据选择器

4 选 1 数据选择器是对 4 个数据源进行选择，使用两位地址码 A_1A_0 产生 4 个地址信号，由 A_1A_0 等于 00、01、10、11 来选择，其真值表见表 7-3-1。

1. 电路符号

4 选 1 数据选择器的电路符号如图 7-3-1 所示。图中，输入信号为 4 个数据源 d0、d1、d2 和 d3，以及两位地址码 a[1..0] 和使能端 g；输出信号为选择输出端 y。

表 7-3-1　4 选 1 数据选择器真值表

输　　入			输　出
使能	地址		
G	A_1	A_0	Y
0	×	×	0
1	0	0	D_0
1	0	1	D_1
1	1	0	D_2
1	1	1	D_3

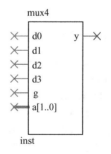

图 7-3-1　4 选 1 数据选择器的电路符号

2. 设计方法

采用文本编辑法，利用 Verilog HDL 语言描述 4 选 1 数据选择器，代码如下。

（1）代码 1：用 case 语句描述的 4 选 1 数据选择器（MUX）。

```
module mux4(y,d0,d1,d2,d3,g,a);
output y;                    //选择输出端
input d0,d1,d2,d3;           //4 个数据源
input g;                     //使能端
```

```
input[1:0] a;                    //2 位地址码
reg y;
always @ (d0 or d1 or d2 or d3 or g or a)
    begin
      if(g==0) y=0;
      else
      case(a[1:0])
      2'b00:y=d0;
      2'b01:y=d1;
      2'b10:y=d2;
      2'b11:y=d3;
      default:y=0;
      endcase
    end
endmodule
```

（2）代码 2：调用门元件实现的 4 选 1 数据选择器（MUX）。

```
module mux4(y,d0,d1,d2,d3,g,a);
output y;
input d0,d1,d2,d3;
input g;
input[1:0] a;
wire nota1,nota0,x1,x2,x3,x4;
not (nota1,a[1]),
    (nota0,a[0]);
and (x1,d0,nota1,nota0),
    (x2,d1,nota1,a[0]),
    (x3,d2,a[1],nota0),
    (x4,d3,a[1],a[0]);
or (y1,x1,x2,x3,x4);
and (y,y1,g);
endmodule
```

（3）代码 3：用数据流方式描述的 4 选 1 数据选择器（MUX）。

```
module mux4_1a(y,d0,d1,d2,d3,a,g);
output y;
input d0,d1,d2,d3,g;
input[1:0] a;
assign y=((d0&~a[1]&~a[0])|(d1&~a[1]&a[0])|(d2&a[1]&~a[0])|(d3&a[1]&a
[0]))&g;
endmodule
```

（4）代码 4：用条件运算符描述的 4 选 1 数据选择器（MUX）。

```
module mux4_1a(y,d0,d1,d2,d3,a,g);
output y;
input d0,d1,d2,d3;
input[1:0] a;
input g;
assign y=g?(a[1]?(a[0]?d3:d2):(a[0]?d1:d0)):0;
```

endmodule

3. 仿真结果

4 选 1 数据选择器的功能仿真结果如图 7-3-2 所示，其时序仿真结果如图 7-3-3 所示。观察波形可知，对 d0 ～ d3 端口赋予不同频率的时钟信号，当地址信号的取值变化时，输出端 y 的值也相应改变，从而实现了 4 选 1 数据选择器的功能。

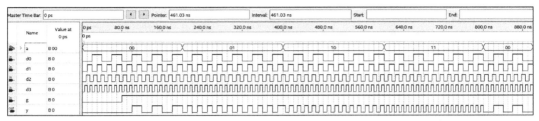

图 7-3-2　4 选 1 数据选择器的功能仿真结果

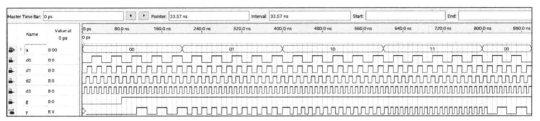

图 7-3-3　4 选 1 数据选择器的时序仿真结果

7.3.2　8 选 1 数据选择器

8 选 1 数据选择器真值表见表 7-3-2，其中 $D_0 \sim D_7$ 通过 Y 输出。

1. 电路符号

8 选 1 数据选择器的电路符号如图 7-3-4 所示。图中，输入信号为 8 个数据源 d0、d1、d2、…、d7，以及 3 位地址码 a[2..0] 和使能端 g；输出信号为选择输出端 y。

表 7-3-2　8 选 1 数据选择器真值表

输　入				输　出
使能	地址			Y
G	A_2	A_1	A_0	
0	×	×	×	0
1	0	0	0	D_0
1	0	0	1	D_1
1	0	1	0	D_2
1	0	1	1	D_3
1	1	0	0	D_4
1	1	0	1	D_5
1	1	1	0	D_6
1	1	1	1	D_7

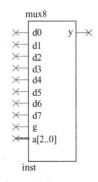

图 7-3-4　8 选 1 数据选择器的电路符号

2. 设计方法

采用文本编辑法，利用 Verilog HDL 语言描述 8 选 1 数据选择器，代码如下。

```
module mux8(y,d0,d1,d2,d3,d4,d5,d6,d7,g,a);
output y;                    //选择输出端
input d0,d1,d2,d3,d4,d5,d6,d7;  //8 个数据源
input g;                     //使能端
input[2:0] a;                //3 位地址码
reg y;
always @ ( * )
   begin
     if(g==0) y=0;
     else
     case(a[2:0])
     3'b000:y=d0;
     3'b001:y=d1;
     3'b010:y=d2;
     3'b011:y=d3;
     3'b100:y=d4;
     3'b101:y=d5;
     3'b110:y=d6;
     3'b111:y=d7;
     default:y=0;
     endcase
   end
endmodule
```

3. 仿真结果

8 选 1 数据选择器的功能仿真结果如图 7-3-5 所示，其时序仿真结果如图 7-3-6 所示。观察波形可知，对 d0 ～ d7 端口赋予不同频率的时钟信号，当地址信号的取值变化时，输出端 y 的值也相应改变，从而实现了 8 选 1 数据选择器的功能。

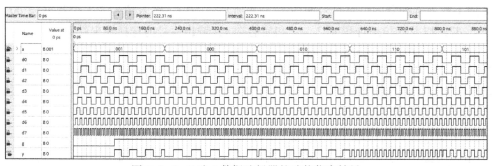

图 7-3-5　8 选 1 数据选择器的功能仿真结果

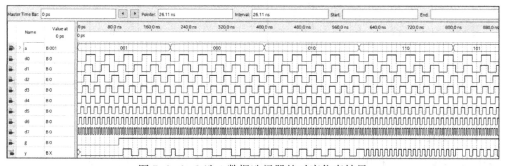

图 7-3-6　8 选 1 数据选择器的时序仿真结果

7.3.3　2 选 1 数据选择器

1. 电路符号

2 选 1 数据选择器的电路符号如图 7-3-7 所示。图中，输入信号为两个数据源 a 和 b，以及选择端 sel；输出信号为选择输出端 out。

2. 设计方法

采用文本编辑法，利用 Verilog HDL 语言描述 2 选 1 数据选择器，代码如下。

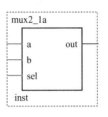

图 7-3-7　2 选 1 数据
选择器的电路符号

（1）代码 1：门级结构描述的 2 选 1 数据选择器（MUX）。

```
module mux2_1(out,a,b,sel);
output out;
input a,b,sel;
not (sel_,sel);
and (a1,a,sel_),
    (a2,b,sel);
or (out,a1,a2);
endmodule
```

（2）代码 2：行为描述的 2 选 1 数据选择器（MUX）。

```
module mux2_1(out,a,b,sel);
output out;
input a,b,sel;
reg out;
always @ (a or b or sel)
begin
if(sel) out=b;
else out=a;
end
endmodule
```

（3）代码 3：数据流描述的 2 选 1 数据选择器（MUX）。

```
module mux2_1a(out,a,b,sel);
output out;
input a,b,sel;
assign out=sel?b:a;
endmodule
```

3. 仿真结果

2 选 1 数据选择器的功能仿真结果如图 7-3-8 所示，其时序仿真结果如图 7-3-9 所示。

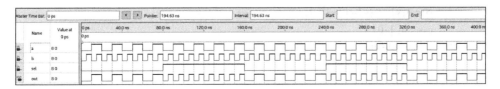

图 7-3-8　2 选 1 数据选择器的功能仿真结果

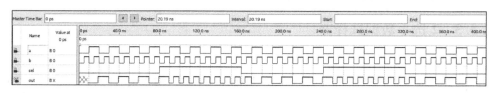

图 7-3-9　2 选 1 数据选择器的时序仿真结果

 ## 7.4　数据分配器

数据分配器的功能与数据选择器相反。数据分配是将一个数据源的数据根据需要送到多个不同的通道上去，实现数据分配功能的逻辑电路称为数据分配器，它的作用相当于多个输出的单刀多掷开关。下面以 1 对 4 数据分配器为例来介绍数据分配器的设计方法，1 对 4 数据分配器的真值表见表 7-4-1。

1. 电路符号

1 对 4 数据分配器的电路符号如图 7-4-1 所示。图中，输入信号为数据输入端 din 和 2 位地址码 a[1..0]；输出信号为 4 个数据通道 y0、y1、y2 和 y3。

表 7-4-1　1 对 4 数据分配器真值表

输　　入		输　　出			
地址选择					
A_1	A_0	Y_3	Y_2	Y_1	Y_0
0	0	0	0	0	D_{in}
0	1	0	0	D_{in}	0
1	0	0	D_{in}	0	0
1	1	D_{in}	0	0	0

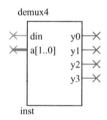

图 7-4-1　1 对 4 数据分配器的电路符号

2. 设计方法

采用文本编辑法，利用 Verilog HDL 语言描述 1 对 4 数据分配器，代码如下。

```
module demux4(y0,y1,y2,y3,din,a);
output y0,y1,y2,y3;          //4 个数据通道
input din;                   //数据输入端
input[1:0] a;                //2 位地址码
reg y0,y1,y2,y3;
always @ (din,a)
    begin
        y0=0;y1=0;y2=0;y3=0;
        case(a[1:0])
        2'b00:y0=din;
        2'b01:y1=din;
        2'b10:y2=din;
        2'b11:y3=din;
        default:  ;
```

```
        endcase
      end
    endmodule
```

3. 仿真结果

1 对 4 数据分配器的功能仿真结果如图 7-4-2 所示，其时序仿真结果如图 7-4-3 所示。观察波形可知，当地址码取不同的值时，选通相应的数据通道。

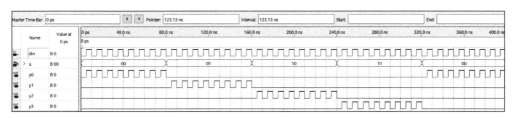

图 7-4-2 1 对 4 数据分配器的功能仿真结果

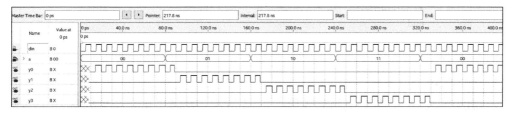

图 7-4-3 1 对 4 数据分配器的时序仿真结果

7.5 数值比较器

在数字系统中，数值比较器就是对两个数 A、B 进行比较，以判断其大小的逻辑电路。比较结果有 $A>B$、$A=B$、$A<B$ 三种情况，这 3 种情况仅有一种其值为真。下面以 4 位数值比较器为例来介绍数值比较器的设计方法。4 位数值比较器的真值表见表 7-5-1。

1. 电路符号

4 位数值比较器的电路符号如图 7-5-1 所示。图中，输入信号为数据输入端 a[3..0] 和 b[3..0]；输出信号为比较结果 y1、y2 和 y3。

表 7-5-1 4 位数值比较器的真值表

输　　入	输　　　出		
A、B	Y_1	Y_2	Y_3
$A>B$	1	0	0
$A=B$	0	1	0
$A<B$	0	0	1

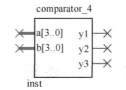

图 7-5-1 4 位数值比较器的电路符号

2. 设计方法

采用文本编辑法，利用 Verilog HDL 语言描述 4 位数值比较器，代码如下。

```
module comparator_4(y1,y2,y3,a,b);
output y1,y2,y3;                    //比较结果
input[3:0] a,b;                     //数据输入端
reg y1,y2,y3;
always @ (a,b)
    begin
      if(a>b)
          begin
          y1 = 1;y2 = 0;y3 = 0;
          end
        else if(a = = b)
          begin
          y1 = 0;y2 = 1;y3 = 0;
          end
        else if(a<b)
          begin
          y1 = 0;y2 = 0;y3 = 1;
          end
    end
endmodule
```

3. 仿真结果

4 位数值比较器的功能仿真结果如图 7-5-2 所示，其时序仿真结果如图 7-5-3 所示。观察波形可知，对 a、b 分别取不同的值时，y1、y2、y3 会有相应的比较结果输出。

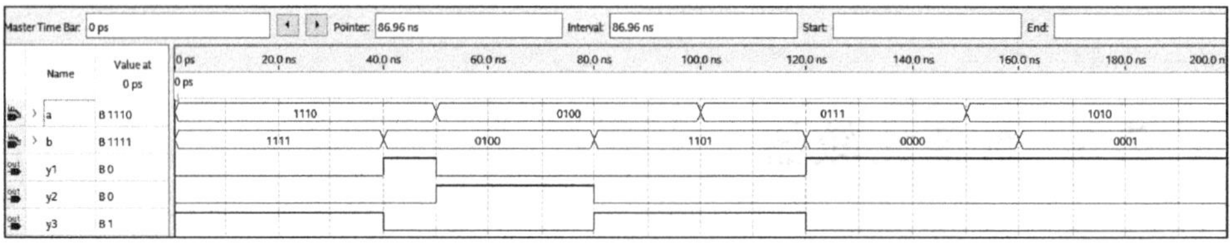

图 7-5-2　4 位数值比较器的功能仿真结果

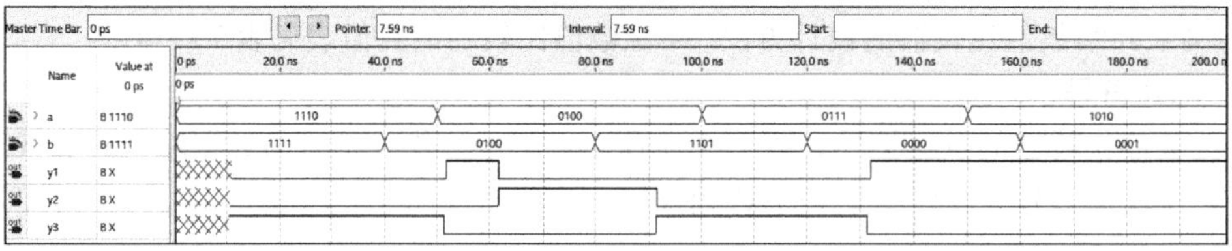

图 7-5-3　4 位数值比较器的时序仿真结果

7.6　加法器

算术运算电路是组合逻辑电路中的一种，具有算术运算的功能，包括加法器、减法器、乘法器、除法器等。而加法器是一种较为常见的算术运算电路，更是计算机中不可或缺的组成部分，包括半加器、全加器、多位全加器等。本节将介绍半加器、全加器、4 位全加器和

16 位加法器的设计方法。

7.6.1 半加器

半加器是较为简单的加法器，仅考虑两个需要相加的数字，将两个输入的二进制数相加时，得到的输出为和（sum）及进位（carry）。半加器只考虑了两个加数本身，而没有考虑由低位来的进位，所以称为半加。半加器的真值表见表 7-6-1。

1. 电路符号

半加器的电路符号如图 7-6-1 所示。图中，输入信号为被加数 a 和加数 b；输出信号为和数 s 和进位 c。

表 7-6-1 半加器真值表

输　　入		输　　出	
被加数 A	加数 B	和数 S	进位 C
0	0	0	0
0	1	1	0
1	0	1	0
1	1	0	1

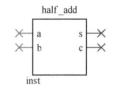

图 7-6-1 半加器的电路符号

2. 设计方法

【方法 1】采用原理图编辑法，在原理图编辑器中绘制电路图，如图 7-6-2 所示。

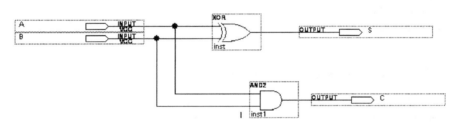

图 7-6-2 半加器的原理图编辑

【方法 2】采用文本编辑法，利用 Verilog HDL 语言描述半加器，下面给出 5 种描述方法。

（1）代码 1：采用行为描述的 1 位半加器。

```
module half_add(s,c,a,b);
output s,c;
input a,b;
reg s,c;
always @ ( a or b)
    begin
      s=a^b;
      c=a&b;
    end
endmodule
```

（2）代码 2：采用行为描述的 1 位半加器。

```
module half_add(s,c,a,b);
output s,c;
input a,b;
reg s,c;
always @ (a or b)
    begin
        {c,s} =a+b;
    end
endmodule
```

（3）代码 3：调用门元件实现的 1 位半加器。

```
module half_add(a,b,s,c);
input a,b;
output s,c;
and (c,a,b);
xor (s,a,b);
endmodule
```

（4）代码 4：采用数据流方式描述的 1 位半加器。

```
module half_add(a,b,sum,cout);
input a,b;
output sum,cout;
assign sum=a^b;
assign cout=a&b;
endmodule
```

（5）代码 5：采用行为描述的 1 位半加器。

```
module half_add1(a,b,sum,cout);
input a,b;
output sum,cout;
reg sum,cout;
always @ (a or b)
begin
case ({a,b})          //真值表描述
2'b00: begin sum=0; cout=0; end
2'b01: begin sum=1; cout=0; end
2'b10: begin sum=1; cout=0; end
2'b11: begin sum=0; cout=1; end
endcase
end
endmodule
```

3. 仿真结果

半加器的功能仿真结果如图 7-6-3 所示，其时序仿真结果如图 7-6-4 所示。图中，s 为和数信号，c 为进位信号。当被加数 a 和加数 b 取不同的值时，执行 a+b 操作后，和数 s 和进位 c 输出的值满足半加器的功能。

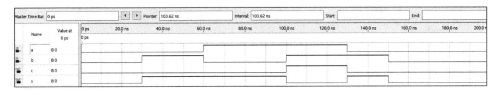

图 7-6-3 半加器的功能仿真结果

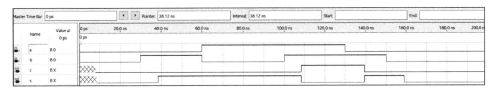

图 7-6-4 半加器的时序仿真结果

7.6.2 全加器

全加器能将加数、被加数和低位来的进位信号相加，并根据求和结果给出该进位的信号。全加器的真值表见表 7-6-2。

1. 电路符号

全加器的电路符号如图 7-6-5 所示。图中，输入信号为被加数 a、加数 b 和低位进位 ci；输出信号为和数 s 和进位 co。

表 7-6-2 全加器真值表

输 入			输 出	
A	B	C_i	S	C_o
0	0	0	0	0
0	0	1	1	0
0	1	0	1	0
0	1	1	0	1
1	0	0	1	0
1	0	1	0	1
1	1	0	0	1
1	1	1	1	1

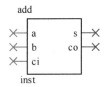

图 7-6-5 全加器的电路符号

2. 设计方法

采用文本编辑法，利用 Verilog HDL 语言描述全加器，代码如下。

（1）代码 1：行为描述的 1 位全加器。

```
module add(s,co,a,b,ci);
output s,co;          //和数、进位
input a,b,ci;         //被加数、加数、低位进位
reg s,co;
always @ (a,b,ci)
    begin
```

```
        {co,s} = a+b+ci;
      end
  endmodule
```

（2）代码 2：行为描述的 1 位全加器。

```
module add(s,co,a,b,ci);
output s,co;            //和数、进位
input a,b,ci;           //被加数、加数、低位进位
reg s,co;
always @ (a,b,ci)
    begin
      s = (a^b)^ci;
      co = (a&b) | (a&ci) | (b&ci);
    end
endmodule
```

（3）代码 3：调用门元件实现的 1 位全加器。

```
module add(a,b,ci,s,co);
input a,b,ci;
output s,co;
wire s1,m1,m2,m3;
and (m1,a,b),
    (m2,b,ci),
    (m3,a,ci);
xor (s1,a,b),
    (s,s1,ci);
or (co,m1,m2,m3);
endmodule
```

（4）代码 4：数据流描述的 1 位全加器。

```
module add(a,b,ci,s,co);
input a,b,ci;
output s,co;
assign s = a^b^ci;
assign co = (a&b) | (b&ci) | (ci&a);
endmodule
```

（5）代码 5：数据流描述的 1 位全加器的另一种写法。

```
module add(a,b,ci,s,co);
input a,b,ci;
output s,co;
assign {co,s} = a+b+ci;
endmodule
```

（6）代码 6：混合描述的 1 位全加器。

```
module add(a,b,ci,s,co);
input a,b,ci;
output s,co;
```

```
reg co,m1,m2,m3;          //在 always 块中被赋值的变量应定义为 reg 型
wire s1;
xor x1(s1,a,b);           //调用门元件
always @ ( a or b or ci )  //always 块语句
begin
m1 = a&b;
m2 = b&ci;
m3 = a&ci;
co = ( m1 | m2 ) | m3;
end
assign s = s1^ci;         //assign 持续赋值语句
endmodule
```

3. 仿真结果

全加器的功能仿真结果如图 7-6-6 所示，其时序仿真结果如图 7-6-7 所示。观察波形可知，当被加数 a、加数 b 和进位 ci 取不同的值时，执行 a+b+ci 操作后，和数 s 和进位 co 输出的值满足全加器的功能。

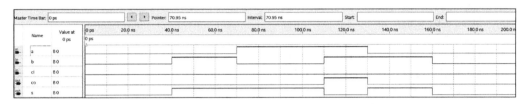

图 7-6-6　全加器的功能仿真结果

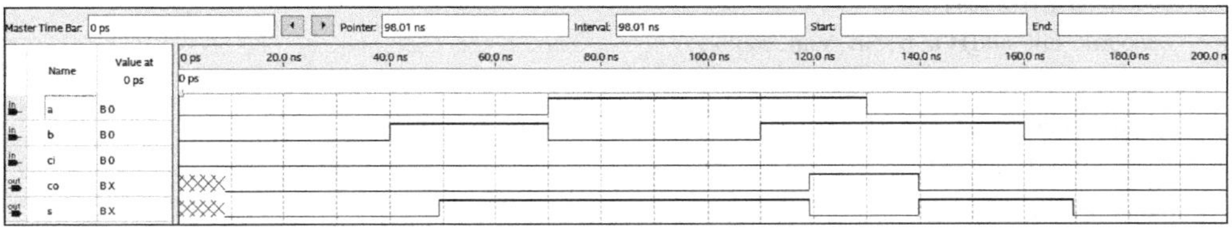

图 7-6-7　全加器的时序仿真结果

7.6.3　4 位全加器

4 位全加器的设计方法与全加器的设计方法类似，不同之处在于被加数 A 与加数 B 均为 4 位二进制。

1. 电路符号

4 位全加器的电路符号如图 7-6-8 所示。图中，输入信号为被加数 a[3..0]、加数 b[3..0] 和低位进位 ci；输出信号为和数 s[3..0] 和进位 co。

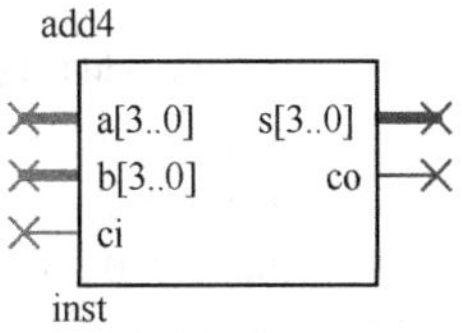

add4

a[3..0]	s[3..0]
b[3..0]	co
ci	

inst

图 7-6-8　4 位全加器的电路符号

2. 设计方法

采用文本编辑法，利用 Verilog HDL 语言描述 4 位全加器，代码如下。

（1）代码 1：行为描述的 4 位全加器。

```verilog
module add4(s,co,a,b,ci);
output[3:0] s;          //和数
output co;              //进位
input[3:0] a,b;         //被加数、加数
input ci;               //低位进位
reg co;
reg[3:0] s;
always @ ( * )
    begin
        {co,s} = a+b+ci;
    end
endmodule
```

（2）代码 2：结构描述的 4 位级连全加器。

```verilog
'include "full_add1.v"
module add4_1(s,co,a,b,ci);
output[3:0] s;
output co;
input[3:0] a,b;
input ci;
full_add1 f0(a[0],b[0],ci,s[0],ci1);        //级连描述
full_add1 f1(a[1],b[1],ci1,s[1],ci2);
full_add1 f2(a[2],b[2],ci2,s[2],ci3);
full_add1 f3(a[3],b[3],ci3,s[3],co);
endmodule
//下面是半加器代码
module full_add1(a,b,cin,sum,cout);
input a,b,cin;
output sum,cout;
wire s1,m1,m2,m3;
and (m1,a,b),
(m2,b,cin),
(m3,a,cin);
xor (s1,a,b),
(sum,s1,cin);
or (cout,m1,m2,m3);
endmodule
```

（3）代码 3：数据流描述的 4 位全加器。

```verilog
module add4_1(co,s,a,b,ci);
output[3:0] s;
output co;
input[3:0] a,b;
input ci;
assign {co,s} = a+b+ci;
endmodule
```

3. 仿真结果

4 位全加器的功能仿真结果如图 7-6-9 所示，其时序仿真结果如图 7-6-10 所示。观察

波形可知，当 a、b、ci 取不同的值时，执行 a+b+ci 操作后，和数 s 与进位 co 均满足 4 位全加器的功能要求。

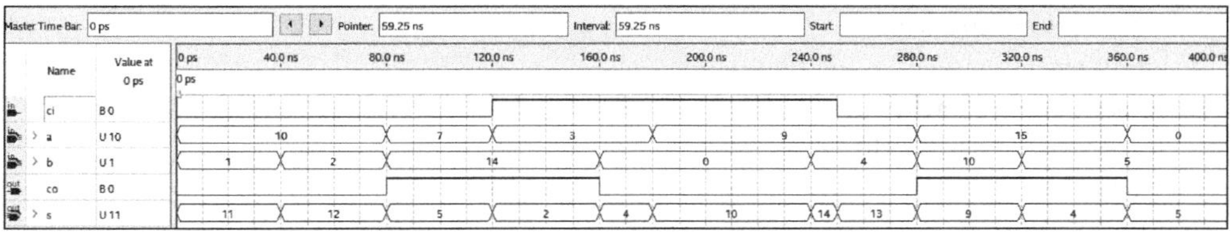

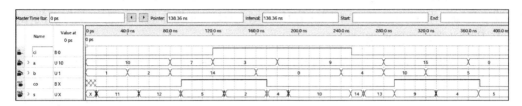

图 7-6-9　4 位全加器的功能仿真结果

图 7-6-10　4 位全加器的时序仿真结果

7.6.4　16 位加法器

16 位加法器的设计方法与全加器的设计方法类似，不同之处在于被加数 A 与加数 B 均为 16 位二进制。

1. 电路符号

16 位加法器的电路符号如图 7-6-11 所示。图中，输入信号为被加数 a[my_size-1..0]、加数[mysize-1..0]和低位进位 cin；输出信号为和数 sum[my_size-1..0]和进位 cout。

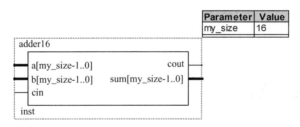

图 7-6-11　16 位加法器的电路符号

2. 设计方法

采用文本编辑法，利用 Verilog HDL 语言描述 16 位加法器，代码如下。

```
module adder16(cout,sum,a,b,cin);
output cout;
parameter my_size=16;
output[my_size-1:0] sum;
input[my_size-1:0] a,b;
input cin;
adder my_adder(cout,sum,a,b,cin);         //调用 adder 模块
endmodule
//下面是 adder 模块代码
```

```
module adder(cout,sum,a,b,cin);
parameter size=16;
output cout;
output[size-1:0] sum;
input cin;
input[size-1:0] a,b;
assign {cout,sum}=a+b+cin;
endmodule
```

3. 仿真结果

16 位加法器器的功能仿真结果如图 7-6-12 所示，其时序仿真结果如图 7-6-13 所示。观察波形可知，当 a、b、cin 取不同的值时，执行 a+b+cin 操作后，和数 sum 与进位 cout 均满足 16 位加法器的功能要求。

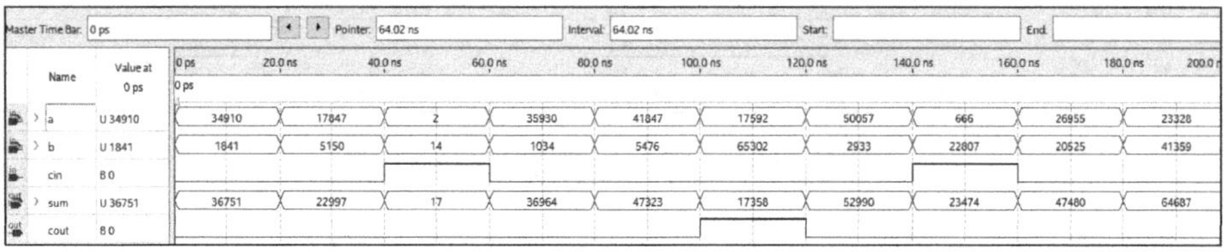

图 7-6-12　16 位加法器的功能仿真结果

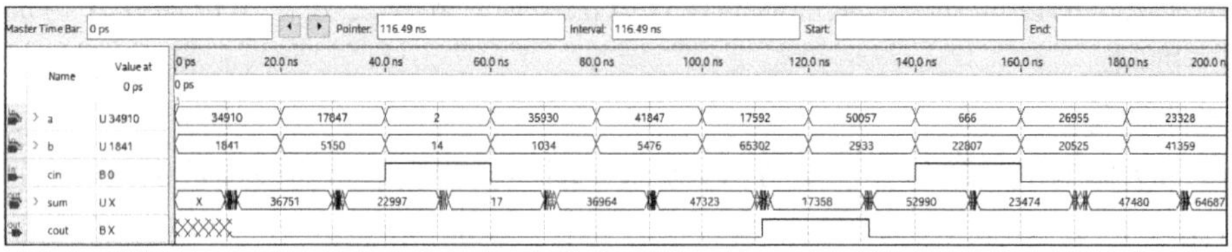

图 7-6-13　16 位加法器的时序仿真结果

7.7　减法器

减法器也属于算术运算电路的一种，包括半减器、全减器和多位全减器，其设计与加法器类似。本节将介绍半减器、全减器和 4 位全减器的设计方法。

7.7.1　半减器

半减器与半加器类似，只考虑减数和被减数，而没有考虑由低位来的进位，所以称为半减器。半减器的真值表见表 7-7-1。表中，D_{out} 代表 $A-B$ 的差，C_{out} 代表借位。

1. 电路符号

半减器的电路符号如图 7-7-1 所示。图中，输入信号为被减数 a 和减数 b；输出信号为差值 dout 和借位 cout。

表 7-7-1 半减器真值表

输	入	输	出
A	B	D_{out}	C_{out}
0	0	0	0
0	1	1	1
1	0	1	0
1	1	0	0

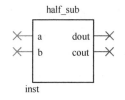

图 7-7-1 半减器的电路符号

2. 设计方法

【方法1】采用原理图编辑法，在原理图编辑器中绘制电路图，如图 7-7-2 所示。

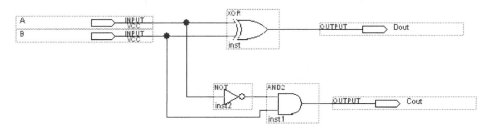

图 7-7-2 半减器的原理图编辑

【方法2】采用文本编辑法，利用 Verilog HDL 语言描述半减器，下面给出两种描述方法。

（1）代码1：

```
module half_sub(dout,cout,a,b);
output dout,cout;          //差位、借位
input a,b;                 //被减数、减数
reg dout,cout;
always @ ( * )
    begin
    dout = a^b;
    cout = (~a)&b;
    end
endmodule
```

（2）代码2：

```
module half_sub(dout,cout,a,b);
output dout,cout;          //差位、借位
input a,b;                 //被减数、减数
reg dout,cout;
always @ ( * )
    begin
    {cout,dout} = a-b;
    end
endmodule
```

3. 仿真结果

半减器的功能仿真结果如图 7-7-3 所示，其时序仿真结果如图 7-7-4 所示。图中，dout 为 a-b 的差值信号，cout 为借位信号。观察波形可知，当 a、b 取不同的值时，执行 a-b 操作后，差值 dout 和借位 cout 均满足半减器的功能要求。

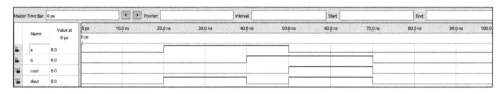

图 7-7-3　半减器的功能仿真结果

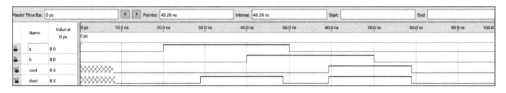

图 7-7-4　半减器的时序仿真结果

7.7.2　全减器

全减器不仅要进行 $A-B$ 的减法操作，还要考虑低位的借位信号 C_i，其真值表见表 7-7-2。

1. 电路符号

全减器的电路符号如图 7-7-5 所示。图中，输入信号为被减数 a、减数 b 和低位借位 ci；输出信号为差值 dout 和借位 cout。

表 7-7-2　全减器真值表

输　　入			输　　出	
A	B	C_i	D_{out}	C_{out}
0	0	0	0	0
0	0	1	1	1
0	1	0	1	1
0	1	1	0	1
1	0	0	1	0
1	0	1	0	0
1	1	0	0	0
1	1	1	1	1

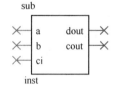

图 7-7-5　全减器的电路符号

2. 设计方法

采用文本编辑法，利用 Verilog HDL 语言描述全减器，代码如下。

```verilog
module sub(dout,cout,a,b,ci);
output dout,cout;       //差值、借位
input a,b,ci;           //被减数、减数、低位借位
reg dout,cout;
```

```
always @ ( * )
    begin
        {cout,dout} = a-b-ci;
    end
endmodule
```

3. 仿真结果

全减器的功能仿真结果如图 7-7-6 所示，其时序仿真结果如图 7-7-7 所示。观察波形可知，当 a、b、ci 取不同的值时，执行 a-b-ci 操作后，差值 dout 和借位 cout 均满足全减器的功能要求。

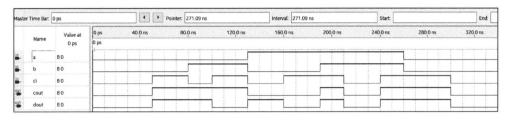

图 7-7-6　全减器的功能仿真结果

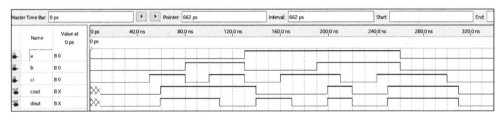

图 7-7-7　全减器的时序仿真结果

7.7.3　4 位全减器

4 位全减器的设计方法与全减器的设计方法类似，不同之处在于 A 与 B 均为 4 位二进制数。

1. 电路符号

4 位全减器的电路符号如图 7-7-8 所示。图中，输入信号为被减数 a[3..0]、减数 b[3..0] 和低位借位 ci；输出信号为差值 dout[3..0] 和借位 cout。

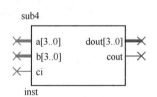

图 7-7-8　4 位全减器的
电路符号

2. 设计方法

采用文本编辑法，利用 Verilog HDL 语言描述 4 位全减器。

```
module sub4(dout,cout,a,b,ci);
output[3:0] dout;          //差值
output cout;               //借位
input[3:0] a,b;            //被减数、减数
input ci;                  //低位借位
reg[3:0] dout;
reg cout;
always @ ( * )
```

```
    begin
        {cout,dout} = a-b-ci;
    end
endmodule
```

3. 仿真结果

4 位全减器的功能仿真结果如图 7-7-9 所示，其时序仿真结果如图 7-7-10 所示。观察波形可知，当 a、b、ci 取不同的值时，执行 a-b-ci 操作后，差值 dout 与借位 cout 均满足 4 位全减器的功能要求。

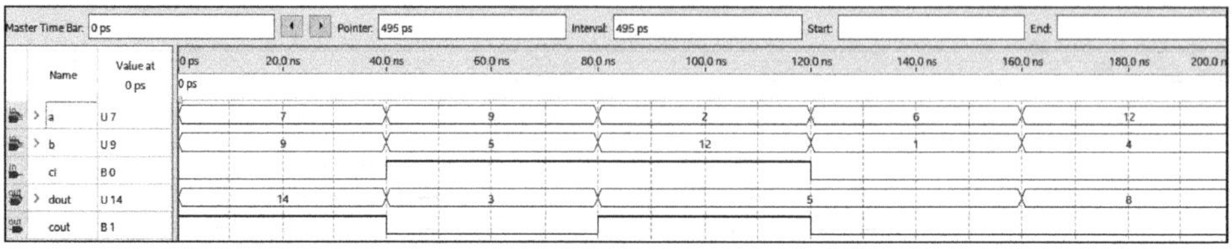

图 7-7-9　4 位全减器的功能仿真结果

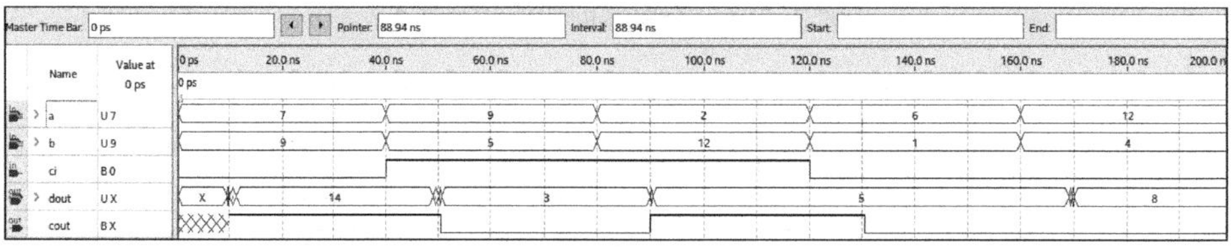

图 7-7-10　4 位全减器的时序仿真结果

7.8　七人投票表决器

1. 电路符号

七人投票表决器的电路符号如图 7-8-1 所示。图中，输入信号为投票输入端 vote[6..0]；输出信号为表决结果输出端 pass。

2. 设计方法

采用文本编辑法，利用 Verilog HDL 语言描述七人投票表决器。

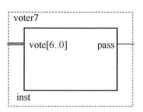

图 7-8-1　七人投票表决器的电路符号

```
module voter7(pass,vote);
output pass;
input[6:0] vote;
reg[2:0] sum;
integer i;
reg pass;
always @ (vote)
begin
sum = 0;
for(i = 0;i < = 6;i = i+1)        //for 语句
```

```
if( vote[ i] ) sum = sum + 1;
if( sum[ 2] ) pass = 1;                //若超过 4 人赞成,则 pass = 1
else pass = 0;
end
endmodule
```

3. 仿真结果

七人投票表决器的功能仿真结果如图 7-8-2 所示，其时序仿真结果如图 7-8-3 所示。

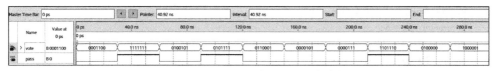

图 7-8-2　七人投票表决器的功能仿真结果

图 7-8-3　七人投票表决器的时序仿真结果

7.9　乘法器

1. 电路符号

乘法器的电路符号如图 7-9-1 所示。图中，输入信号为 8 位二进制输入端 a[size.. 1] 和 b[size:1]；输出信号为 16 位二进制输出端 outcome[2 * size.. 1]。

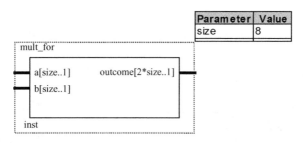

图 7-9-1　乘法器的电路符号

2. 设计方法

采用文本编辑法，利用 Verilog HDL 语言描述乘法器。

（1）方法 1：用 for 语句实现 2 个 8 位数相乘。

```
module mult_for( outcome,a,b);
parameter size = 8;
input[ size:1] a,b;              //两个操作数
output[ 2 * size:1] outcome;     //结果
reg[ 2 * size:1] outcome;
integer i;
always @ ( a or b)
```

```
begin
outcome=0;
for(i=1; i<=size; i=i+1)        //for 语句
if(b[i]) outcome=outcome+(a<<(i-1));
end
endmodule
```

（2）方法 2：用 repeat 语句实现 8 位二进制数的乘法。

```
module mult_repeat(outcome,a,b);
parameter size=8;
input[size:1] a,b;
output[2*size:1] outcome;
reg[2*size:1] temp_a,outcome;
reg[size:1] temp_b;
always @ (a or b)
begin
outcome=0;
temp_a=a;
temp_b=b;
repeat(size)                    //repeat 语句,size 为循环次数
begin
if(temp_b[1])                   //如果 temp_b 的最低位为 1,就执行下面的乘法
outcome=outcome+temp_a;
temp_a=temp_a<<1;              //操作数 a 左移一位
temp_b=temp_b>>1;              //操作数 b 右移一位
end
end
endmodule
```

3. 仿真结果

乘法器的功能仿真结果如图 7-9-2 所示，其时序仿真结果如图 7-9-3 所示。

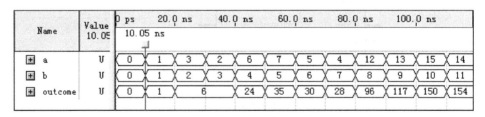

图 7-9-2　乘法器的功能仿真结果

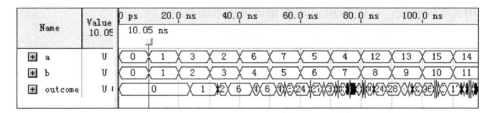

图 7-9-3　乘法器的时序仿真结果

第8章 触发器设计范例

8.1　R-S 触发器

　　R-S 触发器可以由两个与非门构成，把两个与非门的输入端和输出端交叉连接，即可构成 R-S 触发器，其真值表见表 8-1-1。由表 8-1-1 可知，R 和 S 均为低电平有效，当 $R=0$、$S=1$ 时，输出信号 $Q=0$；当 $R=1$、$S=0$ 时，输出信号 $Q=1$；当 $R=1$、$S=1$ 时，输出信号 Q 状态保持不变；当 $R=0$、$S=0$ 时，输出信号 Q 状态无法确定，因此这种情况应当避免。

1. 电路符号

　　R-S 触发器的电路符号如图 8-1-1 所示。图中，输入信号为置数端 s 和清零端 r；输出信号为 q 和 qn。

表 8-1-1　两个与非门组成的 R-S 触发器真值表

输　　入		输　　出	
R	S	Q	$\overline{Q}$
0	1	0	1
1	0	1	0
1	1	不变	不变
0	0	不定	不定

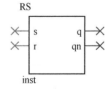

图 8-1-1　R-S 触发器的电路符号

2. 设计方法

　　【方法 1】采用原理图编辑法，在原理图编辑器中绘制原理结构即可，如图 8-1-2 所示。

　　【方法 2】采用文本编辑法，用 Verilog HDL 语言描述 R-S 触发器，代码如下。

```
module RS(q,qn,s,r);
output q,qn;
input s,r;
reg q,qn;
```

```
reg q1,qn1;
always @ ( * )
    begin
        q1 =～ ( s&qn1 );
        qn1 =～ ( r&q1 );
        q = q1;
        qn = qn1;
    end
endmodule
```

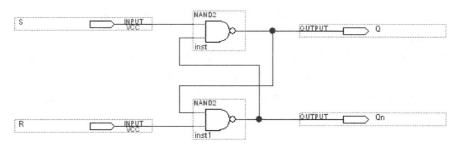

图 8-1-2　R-S 触发器的原理图编辑

3. 仿真结果

R-S 触发器的功能仿真结果如图 8-1-3 所示，其时序仿真结果如图 8-1-4 所示。观察波形可知，q 的输出与 r 和 s 的状态有关，且满足 R-S 触发器的逻辑功能。

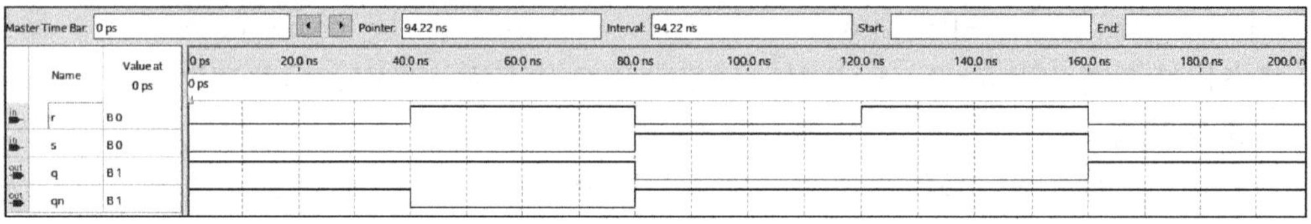

图 8-1-3　R-S 触发器的功能仿真结果

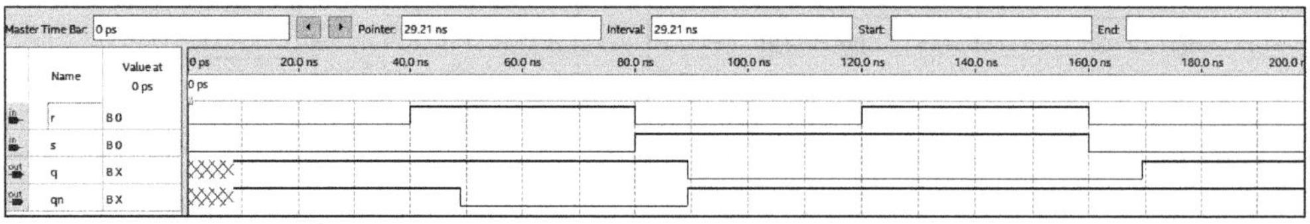

图 8-1-4　R-S 触发器的时序仿真结果

8.2　J-K 触发器

J-K 触发器是功能较全的一种器件。它可以方便地转为其他触发器功能，是目前应用较多的一种。下面以异步置位/复位控制端口的上升沿 J-K 触发器为例来介绍 J-K 触发器的设计方法，其真值表如表 8-2-1。其中，"↑"代表脉冲信号由低到高的跳变，称为上升沿；"↓"代表脉冲信号由高到低的跳变，称为下降沿，而 R 和 S 均为低电平有效。

1. 电路符号

J-K 触发器的电路符号如图 8-2-1 所示。图中，输入信号为置数端 s、清零端 r、时钟信号 cp、j 端和 k 端；输出信号为 q 和 qn。

表 8-2-1　J-K 触发器真值表

输　　入					输　　出	
CP	R	S	J	K	Q	$\overline{Q}$
×	0	1	×	×	0	1
×	1	0	×	×	1	0
×	0	0	×	×	状态不可用	
↑	1	1	0	0	保持	保持
↑	1	1	0	1	0	1
↑	1	1	1	0	1	0
↑	1	1	1	1	翻转	翻转
0	1	1	×	×	保持	保持

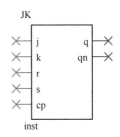

图 8-2-1　J-K 触发器的电路符号

2. 设计方法

采用文本编辑法，用 Verilog HDL 语言描述 J-K 触发器，代码如下。

```verilog
module JK(q,qn,j,k,r,s,cp);
output q,qn;
input j,k,r,s,cp;
reg q,qn;
always @ ( posedge cp)
begin
  if({r,s} ==2'b01)
    begin q<=0;qn<=1; end
  else if({r,s} ==2'b10)
    begin q<=1;qn<=0; end
  else if({r,s} ==2'b00)
    begin q<=q;qn<=qn; end
  else if({r,s} ==2'b11)
    begin
      if({j,k} =='b00)
        begin q<=q;qn<=qn; end
      else if({j,k} =='b01)
        begin q<=0;qn<=1; end
      else if({j,k} =='b10)
        begin q<=1;qn<=0; end
      else if({j,k} =='b11)
        begin q<=~q;qn<=~qn; end
    end
end
endmodule
```

3. 仿真结果

J-K 触发器的功能仿真结果如图 8-2-2 所示，其时序仿真结果如图 8-2-3 所示。观察波形可知，当 r 和 s 均为 1 时，q 的输出才与 j 和 k 有关，在时钟脉冲的作用下，输出相应的数值，且满足 J-K 触发器的逻辑功能。

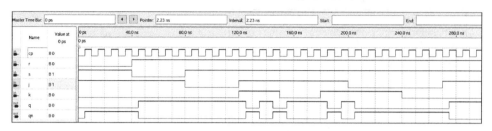

图 8-2-2　J-K 触发器的功能仿真结果

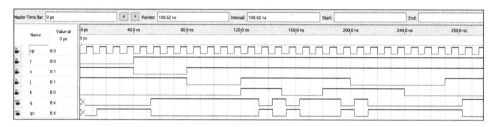

图 8-2-3　J-K 触发器的时序仿真结果

8.3　D 触发器

D 触发器是由 J-K 触发器转化而来的，在 J-K 触发器的 K 端前面加上一个非门再接到 J 端，使输入端只有一个。在某些场合用这种电路进行逻辑设计可使电路得到简化，将这种触发器的输入端符号改用"D"表示，称为 D 触发器。下面以异步置位/复位控制端口的上升沿 D 触发器为例来介绍 D 触发器的设计方法，其真值表见表 8-3-1。R 和 S 均为低电平有效。

1. 电路符号

D 触发器的电路符号如图 8-3-1 所示。图中，输入信号为置数端 s、清零端 r、时钟信号 cp 和信号输入端 d；输出信号为 q 和 qn。

表 8-3-1　D 触发器真值表

输　　　　入				输　　　出	
CP	R	S	D	Q	$\overline{Q}$
×	0	1	×	0	1
×	1	0	×	1	0
0	1	1	×	保持	保持
↑	1	1	0	0	1
↑	1	1	1	1	0

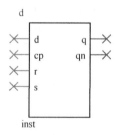

图 8-3-1　D 触发器的电路符号

2. 设计方法

采用文本编辑法，用 Verilog HDL 语言描述 D 触发器，代码如下。

```
module d(q,qn,d,cp,r,s);
output q,qn;
input d,cp,r,s;
reg q,qn;
always @ ( posedge cp)
begin
  if( {r,s} = =2'b01)
    begin q=0;qn='b1; end
  else if( {r,s} = =2'b10)
    begin s='b1;qn=0; end
  else if( {r,s} = =2'b11)
    begin q=d;qn=~d; end
end
endmodule
```

3. 仿真结果

D 触发器的功能仿真结果如图 8-3-2 所示，其时序仿真结果如图 8-3-3 所示。观察波形可知，当 r 和 s 均为 1 时，输出端 q 在时钟脉冲的作用下输出 d 的数值。

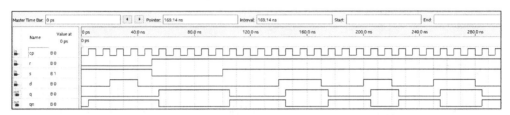

图 8-3-2　D 触发器的功能仿真结果

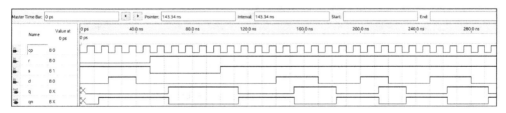

图 8-3-3　D 触发器的时序仿真结果

8.4　T 触发器

如果将 J-K 触发器的两个输入端连接在一起作为触发器的输入，这样就可以构成 T 触发器。下面以一个简单的 T 触发器为例，来介绍一下 T 触发器的设计方法，其真值表见表 8-4-1。

1. 电路符号

T 触发器的电路符号如图 8-4-1 所示。图中，输入信号为时钟信号 cp 和 t 端；输出信号为 q。

表 8-4-1　T 触发器真值表

输　　入		输　　出
T	CP	Q
0	×	保持
0	↑	保持
1	×	保持
1	↑	翻转

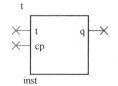

图 8-4-1　T 触发器的电路符号

2. 设计方法

采用文本编辑法，用 Verilog HDL 语言描述 T 触发器，代码如下。

```verilog
module t(q,t,cp);
output q;
input t,cp;
reg q;
always @ ( posedge cp )
begin
  if(t)
    begin q<=~q; end
end
endmodule
```

3. 仿真结果

T 触发器的功能仿真结果如图 8-4-2 所示，其时序仿真结果如图 8-4-3 所示。观察波形可知，当 t 为 1 时，在时钟脉冲的作用下，q 的输出为前一状态的相反值；当 t 为 0 时，q 的输出保持不变。

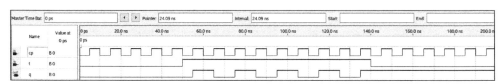

图 8-4-2　T 触发器的功能仿真结果

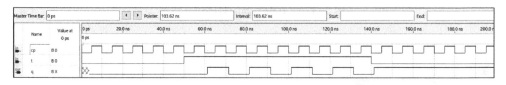

图 8-4-3　T 触发器的时序仿真结果

第9章　时序逻辑电路设计范例

〖知识目标〗

　　时序逻辑电路是指在任意时刻的输出信号不仅与当时的输入信号有关，而且还与电路原来的状态有关。通过对本章的学习，熟练掌握时序逻辑电路的设计方法。

〖能力目标〗

　　能够完成计数器、寄存器、分频器等基本时序逻辑电路的 Verilog HDL 设计。

☺ 初级要求：会用文本编辑法设计基本的计数器，夯实前面几章学习的基础知识。

☺ 中级要求：在初级要求的基础上，学会脉冲、信号发生器及分频器的 Verilog HDL 设计。

9.1　同步计数器

　　计数器的逻辑功能是记忆时钟脉冲的具体个数。通常，计数器最多能记忆时钟的最大数目 M 称为计数器的模，即计数器的范围是 $0 \sim M{-}1$ 或 $M{-}1 \sim 0$。其基本原理就是将多个触发器按照一定的顺序连接起来，然后根据触发器的组合状态，按照一定的计数规律随着时钟脉冲的变化来记忆时钟脉冲的个数。

　　计数器在数字电路设计中是一种最为常见、应用最为广泛的时序逻辑电路，它不仅可用于对时钟脉冲进行计数，而且还可用于时钟分频、信号定时、地址发生器和数字运算等。计数器按照不同的分类方法可以划分为不同的类型。按照计数器的计数方向可以分为加法计数器、减法计数器和可逆计数器等。按照计数器中各个触发器的时钟是否同步的分类方法分为同步计数器和异步计数器。本节将介绍同步计数器的设计方法。同步计数器是指构成计数器的各个触发器的状态只会在同一时钟信号的触发下发生变化。

9.1.1　同步 4 位二进制计数器

　　同步 4 位二进制计数器是数字电路中广泛使用的计数器，本节介绍一种具有异步清零、同步置数功能的 4 位二进制计数器的设计方法。其状态表见表 9-1-1。

1. 电路符号

　　同步 4 位二进制计数器的电路符号如图 9-1-1 所示。图中，输入信号为时钟信号 clk、置数端 s、清零端 r、使能端 en 和预置数数据端 d[3..0]；输出信号为计数输出端 q[3..0]和进位信号 co。

表 9-1-1　同步 4 位二进制计数器状态表

Clk	R	S	EN	工作状态
×	1	×	×	置零
↑	0	1	×	预置数
↑	0	0	1	计数
×	0	0	0	保持不变

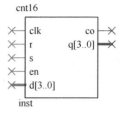

图 9-1-1　同步 4 位二进制计数器的电路符号

2. 设计方法

采用文本编辑法，用 Verilog HDL 语言描述同步 4 位二进制计数器，代码如下。

```verilog
module cnt16(co,q,clk,r,s,en,d);
output[3:0] q;              //计数输出端
output co;                 //进位信号
input clk,r,s,en;          //时钟信号、清零端、置数端和使能端
input[3:0] d;              //预置数数据端
reg [3:0] q;
reg co;
always @ (posedge clk)
  if(r)
    begin q=0; end
  else
    begin
      if(s)
        begin q=d; end
      else
        if(en)
          begin
            q=q+1;
            if(q==4'b1111)
              begin co=1; end
            else
              begin co=0; end
          end
        else
          begin q=q; end
    end
endmodule
```

3. 仿真结果

同步 4 位二进制计数器的功能仿真结果如图 9-1-2 所示，其时序仿真结果如图 9-1-3

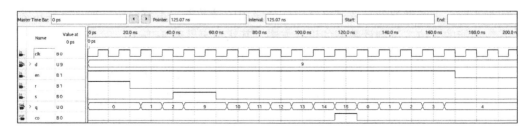

图 9-1-2　同步 4 位二进制计数器的功能仿真结果

所示。其中，q 设置为 buffer 类型是为了方便置数。观察波形可知，co 为进位信号，当计数器计到 15 时，co 为高电平。

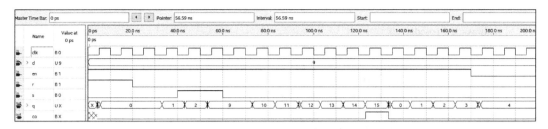

图 9-1-3　同步 4 位二进制计数器的时序仿真结果

9.1.2　同步二十四进制计数器

在许多数字系统的设计中，需要用到各种类型的计数器，往往这些计数器并非都有集成的器件，所以需要用其他集成的计数器器件设计而成。下面介绍一种同步二十四进制计数器的设计方法。

1. 电路符号

同步二十四进制计数器的电路符号如图 9-1-4 所示。图中，输入信号为时钟信号 clk 和清零端 clr；输出信号为个位计数输出 one[3..0]、十位计数输出 ten[3..0]和进位 co。

2. 设计方法

【方法 1】采用原理图编辑法，利用两个同步十进制计数器 74160 可以构成同步二十四进制计数器。在其他函数（others）里的 maxplus2 函数中调用 74160 器件，如图 9-1-5 所示，并连接成如图 9-1-6 所示的电路图。

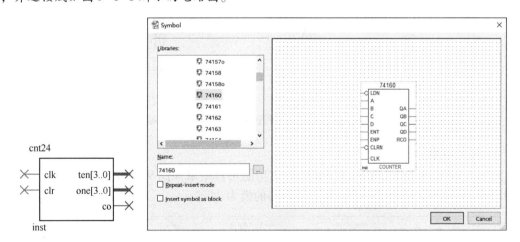

图 9-1-4　同步二十四进制
计数器的电路符号

图 9-1-5　调用 74160

【方法 2】采用文本编辑法，用 Verilog HDL 语言描述同步二十四进制计数器，代码如下。

```
module cnt24(ten,one,co,clk,clr);
output[3:0] ten,one;
```

```
output co;
input clk,clr;
reg[3:0] ten,one;
reg co;
always @ (posedge clk)
begin
  if(clr)
    begin ten<=0;one<=0; end
  else
    begin
      if({ten,one} == 8'b00100011)
        begin ten<=0;one<=0;co<=1; end
      else if(one == 4'b1001)
        begin one<=0;ten<=ten+1;co<=0; end
      else
        begin one=one+1;co<=0; end
    end
end
endmodule
```

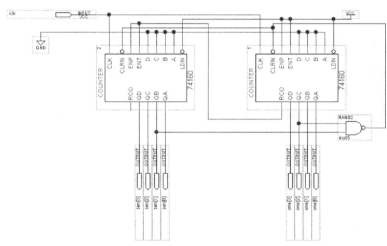

图 9-1-6　同步二十四进制计数器的原理图编辑

3. 仿真结果

对文本编辑的同步二十四进制计数器的功能仿真结果如图 9-1-7 所示，其时序仿真结果如图 9-1-8 所示。观察波形可知，计数器的模为 24。

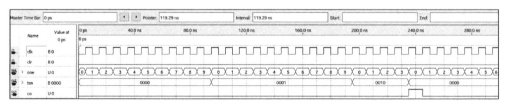

图 9-1-7　同步二十四进制计数器的功能仿真结果

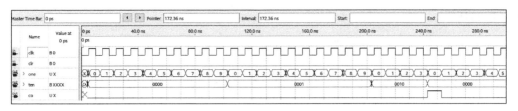

图 9-1-8　同步二十四进制计数器的时序仿真结果

9.1.3　模为 60 的 BCD 码加法计数器

1. 电路符号

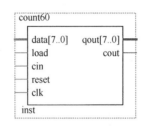

图 9-1-9　模为 60 的 BCD 码
加法计数器的电路符号

模为 60 的 BCD 码加法计数器的电路符号如图 9-1-9 所示。图中，输入信号为时钟信号 clk、置数端 load、复位端 reset、计数端 cin 和预置数输入端 data[7..0]；输出信号为计数输出端 qout[7..0]和进位信号 cout。

2. 设计方法

采用文本编辑法，用 Verilog HDL 语言描述模为 60 的 BCD 码加法计数器，代码如下。

```
module count60(qout,cout,data,load,cin,reset,clk);
output[7:0] qout;
output cout;
input[7:0] data;
input load,cin,clk,reset;
reg[7:0] qout;
always @ (posedge clk)              //clk 上升沿时刻计数
begin
if (reset) qout<=0;                 //同步复位
else if(load) qout<=data;           //同步置数
else if(cin)
begin
if(qout[3:0]==9)                    //低位是否为 9,是则回 0,并判断高位是否为 5
begin
qout[3:0]<=0;
if (qout[7:4]==5) qout[7:4]<=0;
else
qout[7:4]<=qout[7:4]+1;             //高位不为 5,则加 1
end
else                               //低位不为 9,则加 1
qout[3:0]<=qout[3:0]+1;
end
end
assign cout=((qout==8'h59)&cin)? 1:0;  //产生进位输出信号
endmodule
```

3. 仿真结果

模为 60 的 BCD 码加法计数器的功能仿真结果如图 9-1-10 所示，其时序仿真结果如

图 9-1-11 所示。

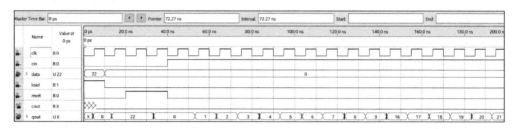

图 9-1-10 模为 60 的 BCD 码加法计数器的功能仿真结果

图 9-1-11 模为 60 的 BCD 码加法计数器的时序仿真结果

9.2 异步计数器

异步计数器是指以构成计数器的低位计数器的输出作为相邻计数器的时钟，这样逐级串行连接起来的一类计数器。时钟信号的这种连接方法也称行波计数，异步计数器的计数延迟增加影响了它的应用范围。下面以一个异步 4 位二进制计数器为例来介绍异步计数器的设计方法。

1. 电路符号

异步 4 位二进制计数器的电路符号如图 9-2-1 所示。图中，输入信号为时钟信号 clk 和复位端 rst；输出信号为计数输出端 q[3..0]。

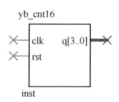

图 9-2-1 异步 4 位二进制计数器的电路符号

2. 设计方法

【方法 1】采用原理图编辑法，用 D 触发器构成异步 4 位二进制计数器。在基本逻辑函数（primitives）里的 storage 函数中调用 D 触发器，如图 9-2-2 所示。连接好的电路图如图 9-2-3 所示。

【方法 2】采用文本编辑法，利用 Verilog HDL 语言描述异步 4 位二进制计数器，代码如下。

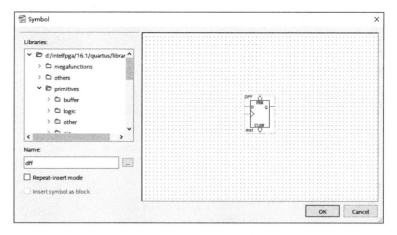

图 9-2-2　调用 D 触发器

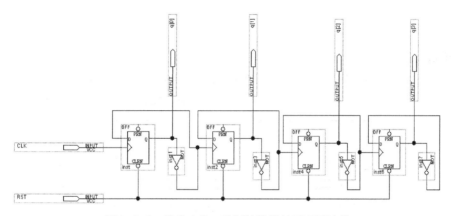

图 9-2-3　异步 4 位二进制计数器的原理图编辑

```
module yb_cnt16( q,clk,rst) ;
output[ 3:0] q;
input clk,rst;
reg[ 3:0] q;
reg[ 3:0] qn;
always @ ( posedge clk )
begin
   if( !rst)
     begin q[0] = 0;qn[0] = 1; end
   else
     begin q[0] = ~ q[0] ;qn[0] = ~ q[0] ; end
end

always @ ( posedge qn[0] )
begin
   if( !rst)
     begin q[1] = 0;qn[1] = 1; end
   else
     begin q[1] = ~ q[1] ;qn[1] = ~ q[1] ; end
end
```

```
always @ ( posedge qn[ 1 ] )
begin
  if( !rst )
    begin q[ 2 ] = 0;qn[ 2 ] = 1; end
  else
    begin q[ 2 ] =~ q[ 2 ];qn[ 2 ] =~ q[ 2 ]; end
end

always @ ( posedge qn[ 2 ] )
begin
  if( !rst )
    begin q[ 3 ] = 0;qn[ 3 ] = 1; end
  else
    begin q[ 3 ] =~ q[ 3 ];qn[ 3 ] =~ q[ 3 ]; end
end

endmodule
```

3. 仿真结果

对文本编辑的异步 4 位二进制计数器的功能仿真结果如图 9-2-4 所示，其时序仿真如图 9-2-5 所示。观察波形可知，复位信号 rst 为低电平有效，q 为输出的计数值。

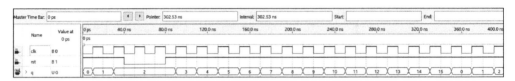

图 9-2-4　异步 4 位二进制计数器的功能仿真结果

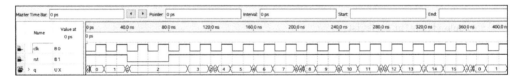

图 9-2-5　异步 4 位二进制计数器的时序仿真结果

9.3　减法计数器

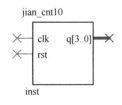

图 9-3-1　同步十进制
减法计数器的电路符号

前面所介绍的计数器都是在时钟脉冲的作用下进行加 1 操作的计数器，故称之为加法计数器。而减法计数器是在时钟脉冲的作用下，进行减 1 操作的一种计数器。下面介绍一种同步十进制减法计数器的设计方法。

1. 电路符号

同步十进制减法计数器的电路符号如图 9-3-1 所示。图中，输入信号为时钟信号 clk 和复位端 rst；输出信号为计数输出端 q[3..0]。

2. 设计方法

采用文本编辑法，利用 Verilog HDL 语言描述同步十进制减法计数器，代码如下。

```
module jian_cnt10(q,clk,rst);
output[3:0] q;          //计数器输出端
input clk,rst;          //时钟、复位
reg[3:0] q;
always @ (posedge clk)
begin
  if(rst)
    begin q<=0; end
  else if(q==4'b0000)
    begin q<=4'b1001; end
  else
    begin q<=q-1; end
end
endmodule
```

3. 仿真结果

同步十进制减法计数器的功能仿真结果如图 9-3-2 所示，其时序仿真结果如图 9-3-3 所示。观察波形可知，计数器的计数方向为减法计数，rst 为复位信号。

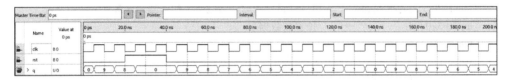

图 9-3-2　同步十进制减法计数器的功能仿真结果

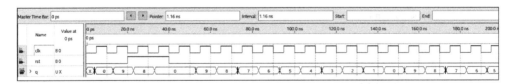

图 9-3-3　同步十进制减法计数器的时序仿真结果

9.4　可逆计数器

可逆计数器是指根据计数器控制信号的不同，在时钟脉冲的作用下，可以进行加 1 操作或减 1 操作的计数器。对于可逆计数器，由一个用于控制计数器方向的控制端 UPDN 来决定计数器的计数方向。当 UPDN=1 时，计数器进行加 1 操作；当 UPDN=0 时，计数器进行减 1 操作。

本节以一个同步 4 位二进制可逆计数器为例来介绍可逆计数器的设计方法，其状态表见表 9-4-1。其中 CLR 为异步清零端，S 为同步置数端，EN 用于控制计数器的工作，CLK 为时钟脉冲输入端，UPDN 为计数器方向控制端。

1. 电路符号

同步 4 位二进制可逆计数器的电路符号如图 9-4-1 所示。图中，输入信号为时钟信号 clk、清零端 clr、置数端 s、预置数数据端 d[3..0]、使能端 en 和计数器方向控制端 updn；输出信号为计数输出端 q[3..0]和进位 co。

表 9-4-1　同步 4 位二进制可逆计数器的状态表

CLR	S	EN	CLK	UPDN	工作状态
1	×	×	×	×	置零
0	1	×	↑	×	预置数
0	0	1	↑	1	加法计数
0	0	1	↑	0	减法计数
0	0	0	×	×	保持

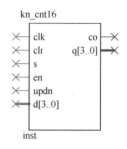

图 9-4-1　同步 4 位二进制可逆计数器的电路符号

2. 设计方法

采用文本编辑法，用 Verilog HDL 语言描述同步 4 位二进制可逆计数器，代码如下。

```verilog
module kn_cnt16(co,q,clk,clr,s,en,updn,d);
output[3:0] q;                //计数器输出端
output co;                    //进位
input clk,clr,s,en,updn;      //时钟信号、清零端、置数端、使能端和计数器方向控制端
input[3:0] d;                 //预置数数据端
reg[3:0] q;
reg co;
always @ ( posedge clk)
begin
  if( clr)
    begin q<=0; end
  else
    begin
      if(s)
        begin q<=d; end
      else
        begin
          if( en)
            begin
              if( updn)
                begin
                  if(q==4'b1111)
                    begin q<=4'b0000;co<=1; end
                  else
                    begin q<=q+1;co<=0; end
                end
              else
                begin
                  if(q==4'b0000)
                    begin q<=4'b1111;co<=1; end
                  else
```

```
                begin q<=q-1;co<=0; end
            end
        end
        else
            begin q<=q; end
        end
    end
end
endmodule
```

3. 仿真结果

同步 4 位二进制可逆计数器的功能仿真结果如图 9-4-2 所示，其时序仿真结果如图 9-4-3 所示。观察波形可知，在 updn 的控制下，实现了加法计数和减法计数。

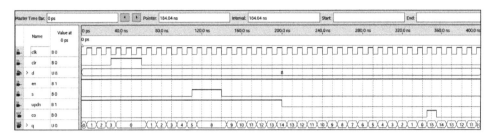

图 9-4-2　同步 4 位二进制可逆计数器的功能仿真结果

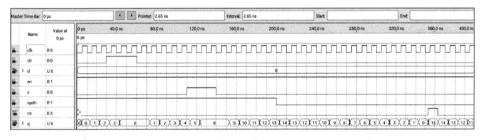

图 9-4-3　同步 4 位二进制可逆计数器的时序仿真结果

 ## 9.5　可变模计数器

可变模计数器可以通过模值控制端来改变计数器的模值。下面给出两种可变模计数器的设计方法，其中第一种可变模计数器存在着模值失控的缺点，而第二种可变模计数器增加了置数端来克服第一种可变模计数器的缺点。

9.5.1　无置数端的可变模计数器

1. 电路符号

可变模计数器的电路符号如图 9-5-1 所示。图中，输入信号

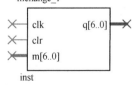

图 9-5-1　可变模计数器的电路符号

为时钟信号 clk、清零端 clr 和模值输入端 m[6..0]；输出信号为计数输出端 q[6..0]。

2. 设计方法

采用文本编辑法，用 Verilog HDL 语言描述可变模计数器，代码如下。

```verilog
module mchange_1(q,clk,clr,m);
output[6:0] q;            //计数输出端
input clk,clr;            //时钟信号、清零端
input[6:0] m;            //模值输入端
reg[6:0] q;
reg[6:0] md;
always @ (posedge clk)
begin
    md<=m-1;
    if(clr)
        begin q<=0; end
    else
        begin
            if(q==md)
                begin q<=0; end
            else
                begin q<=q+1; end
        end
end
endmodule
```

3. 仿真结果

可变模计数器的功能仿真结果如图 9-5-2 所示，其时序仿结果如图 9-5-3 所示。观察波形可知，当 m 变化时，输出端 q 的模值也随之变化。但是，只有当 m 的值由小到大变化时，计数器的模值会正常变化，当 m 的值由大到小变化时，很可能出现计数器的模值变为 127（因为 m 为 7 位二进制数，其最大值为 127）的情况，也就是说失去了对模值的控制。如图 9-5-4 所示，当 m 由 9 变到 2 时，对模值失去控制。所以，为了避免这种情况的发生，必须增加一个置数端来控制模值的变化。

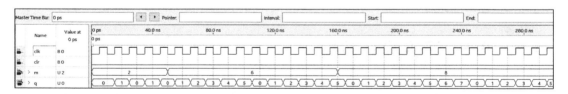

图 9-5-2　可变模计数器的功能仿真结果

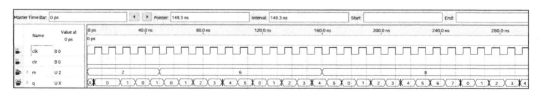

图 9-5-3　可变模计数器的时序仿真结果

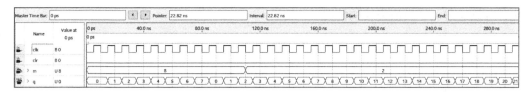

图 9-5-4　失去控制的情况

9.5.2　有置数端的可变模计数器

为了避免上例中的模值失控情况，增加一个置数端 ld 来对模值进行控制。

1. 电路符号

可变模计数器的电路符号如图 9-5-5 所示。输入信号为时钟信号 clk、清零端 clr、置数端 ld 和模值输入端 m[6..0]；输出信号为计数输出端 q[6..0]。

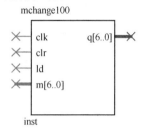

图 9-5-5　可变模计数器的电路符号

2. 设计方法

采用文本编辑法，用 Verilog HDL 语言描述可变模计数器，代码如下。

```
module mchange100(q,clk,clr,ld,m);
output[6:0] q;              //计数器输出端
input clk,clr,ld;           //时钟信号、清零端、置数端
input[6:0] m;               //模值输入端
reg[6:0] q;
reg[6:0] md;
always @ (posedge clk)
begin
    md<=m-1;
    if(clr)
       begin q<=0; end
    else
       begin
          if(ld)
             begin q<=md; end
          else
             begin
                if(q==md)
                   begin q<=0; end
                else
                   begin q<=q+1; end
             end
       end
end
endmodule
```

3. 仿真结果

可变模计数器的功能仿真结果如图 9-5-6 所示，其时序仿结果如图 9-5-7 所示。观察波形可知，当 ld=1 时，则 m 信号有效，计数器的模值也随之改变。用 ld 信号来控制模值的

变化，有效地避免了模值失控的情况。

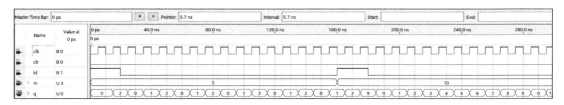

图 9-5-6　可变模计数器的功能仿真结果

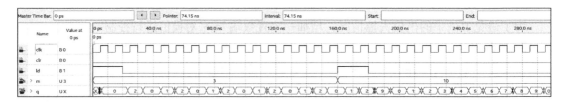

图 9-5-7　可变模计数器的时序仿真结果

9.6　寄存器

　　寄存器是数字电路中的基本模块，许多复杂的时序逻辑电路都是由它们构成的。在数字系统中，寄存器是一种在某一特定信号的控制下用来存储一组二进制数据的时序逻辑电路。通常使用触发器构成寄存器，把多个 D 触发器的时钟端连接起来，就构成一个可以存储多位二进制代码的寄存器。本节以 8 位寄存器为例来介绍寄存器的设计方法。8 位寄存器的状态表见表 9-6-1。

1. 电路符号

　　8 位寄存器的电路符号如图 9-6-1 所示。图中，输入信号为时钟信号 clk、数据输入端 d[7..0] 和三态控制端 oe；输出信号为数据输出端 q[7..0]。

表 9-6-1　8 位寄存器的状态表

输　　入			输　　出
OE	CLK	D[7..0]	Q[7..0]
0	↑	0/1	0/1
0	0	×	保持
1	×	×	高阻

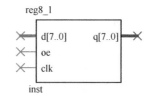

图 9-6-1　8 位寄存器的电路符号

2. 设计方法

　　【方法 1】采用原理图编辑法，使用集成 8 位寄存器 74374 来设计，如图 9-6-2 所示，连接 I/O 引脚后如图 9-6-3 所示。

　　【方法 2】采用文本编辑法，利用 Verilog HDL 语言描述 8 位寄存器，代码如下。

```
module reg8_1(q,d,oe,clk);
output[7:0] q;                //数据输出端
```

```
input[7:0] d;                    //数据输入端
input oe,clk;                    //三态控制端、时钟信号
reg[7:0] q;
always @ (posedge clk)
begin
   if(oe)
      begin q<=8'bz; end
   else
      begin q<=d; end
end
endmodule
```

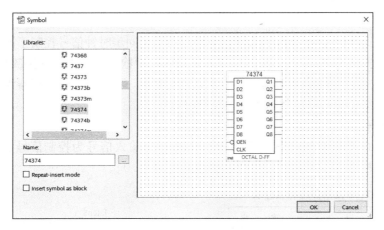

图 9-6-2　集成 8 位寄存器 74374

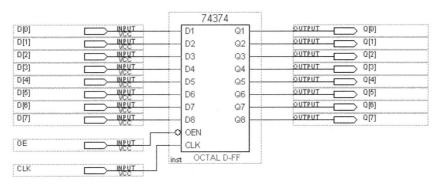

图 9-6-3　8 位寄存器的原理图编辑

3. 仿真结果

　　8 位寄存器的功能仿真结果如图 9-6-4 所示，其时序仿真结果如图 9-6-5 所示。观察波形可知，输出端 q 是由时钟 clk 的上升沿来控制的。

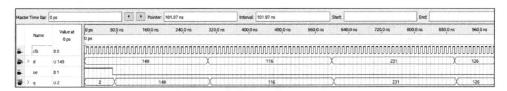

图 9-6-4　8 位寄存器的功能仿真结果

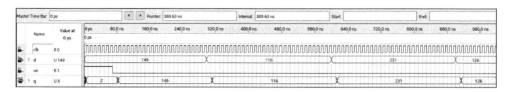

图 9-6-5　8 位寄存器的时序仿真结果

9.7　锁存器

锁存器是一种与寄存器类似的器件。与寄存器采用同步时钟信号控制不同，锁存器是采用电位信号来进行控制的。如果将 8 个 D 触发器的时钟输入端口 CLK 连接起来，并采用一个电位信号来进行控制，那么就构成了一个 8 位锁存器。下面以 8 位锁存器为例来介绍锁存器的设计方法。8 位锁存器的状态表见表 9-7-1。

1. 电路符号

8 位锁存器的电路符号如图 9-7-1 所示。图中，输入信号为控制信号 g、数据输入端 d[7..0] 和三态控制端 oe；输出信号为数据输出端 q[7..0]。

表 9-7-1　8 位锁存器的状态表

输　　　入			输　　　出
OE	G	D[7..0]	Q[7..0]
0	1	0/1	0/1
0	0	×	保持
1	×	×	高阻

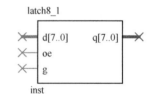

图 9-7-1　8 位锁存器的电路符号

2. 设计方法

【**方法 1**】采用原理图编辑法，使用集成 8 位锁存器 74373 来设计，如图 9-7-2 所示，连接 I/O 引脚后如图 9-7-3 所示。

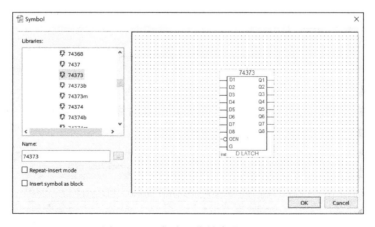

图 9-7-2　集成 8 位锁存器 74373

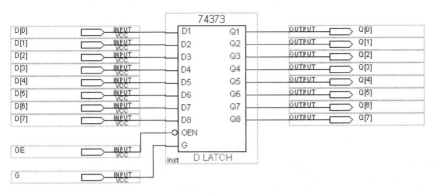

图 9-7-3　8 位锁存器的原理图编辑

【方法 2】采用文本编辑法，利用 Verilog HDL 语言描述 8 位锁存器，代码如下。

```
module d_reg(q,d,oe,g);
output[7:0] q;              //数据输出端
input[7:0] d;               //数据输入端
input oe ,g;                //三态控制端、控制信号
reg[7:0] q;
always @ ( * )
begin
  if( oe )
    begin q<= 'bz; end
  else
    begin
      if( g)
        begin q<=d; end
    end
end
endmodule
```

3. 仿真结果

8 位锁存器的功能仿真结果如图 9-7-4 所示，其时序仿真结果如图 9-7-5 所示。观察波形可知，输出端 q 是由电位信号 g 来控制的。

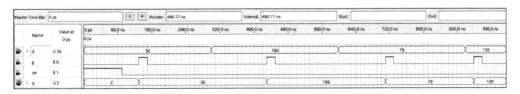

图 9-7-4　8 位锁存器的功能仿真结果

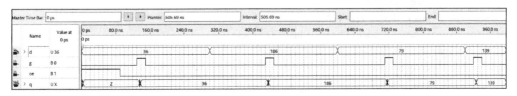

图 9-7-5　8 位锁存器的时序仿真结果

9.8　移位寄存器

移位寄存器就是指寄存器中存储的二进制数据能够在时钟信号的控制下依次左移或右移。在数字电路中，通常用于数据的串/并转换、并/串转换、数值运算等。移位寄存器按照不同的分类方法可以分为不同的类型。如果按照移位寄存器的移位方向来进行分类，可以分为左移移位寄存器、右移移位寄存器和双向移位寄存器等；如果按照工作方式来分类，可以分为串入/串出移位寄存器、串入/并出移位寄存器和并入/串出移位寄存器等。本节将介绍常用移位寄存器的设计方法。

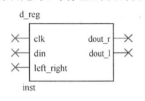

图 9-8-1　串入/串出双向移位寄存器的电路符号

9.8.1　双向移位寄存器

双向移位寄存器有两个移位输出端，分别为左移输出端和右移输出端，通过时钟脉冲来控制输出。下面以一个串入/串出双向移位寄存器为例来介绍双向移位寄存器的设计方法。

1. 电路符号

双向移位寄存器的电路符号如图 9-8-1 所示。图中，输入信号为时钟信号 clk、数据输入端 din 和方向控制信号 left_right；输出信号为右移输出端 dout_r 和左移输出端 dout_l。

2. 设计方法

采用文本编辑法，利用 Verilog HDL 语言描述串入/串出双向移位寄存器，代码如下。

```verilog
module d_reg1(dout_r,dout_l,clk,din,left_right);
output dout_r,dout_l;          //右移输出端、左移输出端
input clk,din,left_right;      //时钟信号、数据输入端、方向控制信号
reg dout_r,dout_l;
reg[7:0] q_temp;
integer i;
always @(posedge clk)
begin
  if(left_right)
    begin
      q_temp[7]<=din;
        for(i=7;i>=1;i=i-1)
          begin q_temp[i-1]<=q_temp[i]; end
    end
  else
    begin
      q_temp[0]<=din;
        for(i=1;i<=7;i=i+1)
          begin q_temp[i]<=q_temp[i-1]; end
    end
  dout_r<=q_temp[0];
  dout_l<=q_temp[7];
end
endmodule
```

3. 仿真结果

串入/串出双向移位寄存器的功能仿真结果如图9-8-2所示，其时序仿真结果如图9-8-3所示。观察波形可知，当 left_right = 0 时，为左移移位寄存器；当 left_right = 1 时，为右移移位寄存器。

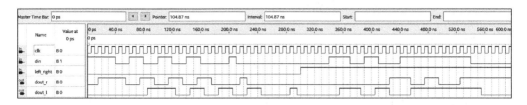

图 9-8-2　串入/串出双向移位寄存器的功能仿真结果

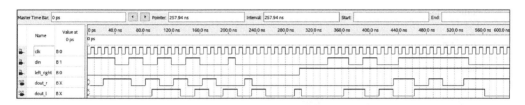

图 9-8-3　串入/串出双向移位寄存器的时序仿真结果

9.8.2　串入/串出移位寄存器

在数字电路中，串入/串出移位寄存器是指当时钟信号边沿到来时，输入端的数据在时钟边沿的作用下，逐级向后移动。由多个触发器依次连接，可以构成串入/串出移位寄存器，第一个触发器的输入端口用于接收外来的输入信号，其余的每一个触发器的输入端口均与前面一个触发器的正向端口 Q 相连，这样就构成了串入/串出移位寄存器。下面以一个 4 位串入/串出移位寄存器为例来介绍串入/串出移位寄存器的设计方法。

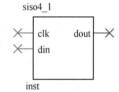

图 9-8-4　4 位串入/串出移位寄存器的电路符号

1. 电路符号

4 位串入/串出移位寄存器的电路符号如图 9-8-4 所示。图中，输入信号为时钟信号 clk 和数据输入端 din；输出信号为数据输出端 dout。

2. 设计方法

【方法 1】采用原理图编辑法，利用 D 触发器构成 4 位串入/串出移位寄存器，如图 9-8-5 所示。

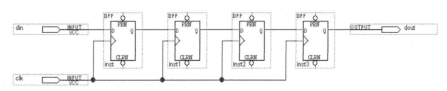

图 9-8-5　4 位串入/串出移位寄存器的原理图编辑

【方法 2】采用文本编辑法，利用 Verilog HDL 语言描述 4 位串入/串出移位寄存器，下面给出两种描述方法，代码如下。

（1）代码 1：

```
module siso4_1(dout,clk,din);
output dout;          //数据输出端
input clk,din;        //时钟信号、数据输入端
reg dout;
reg[3:0] q;
always @ (posedge clk)
begin
    q[0]<=din;
    q[3:1]<=q[2:0];
    dout<=q[3];
end
endmodule
```

（2）代码 2：

```
module siso4_1(dout,clk,din);
output dout;          //数据输出端
input clk,din;        //时钟信号、数据输入端
reg dout;
reg[3:0] q;
integer i;
always @ (posedge clk)
begin
    q[0]<=din;
    for(i=0;i<=2;i=i+1)
        begin q[i+1]<=q[i]; end
    dout<=q[3];
end
endmodule
```

3. 仿真结果

4 位串入/串出移位寄存器的功能仿真结果如图 9-8-6 所示，其时序仿真结果如图 9-8-7 所示。观察波形可知，dout 的输出数据比 din 的输入数据延迟 4 个时钟上升沿。

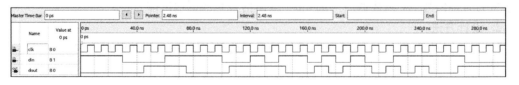

图 9-8-6　4 位串入/串出移位寄存器的功能仿真结果

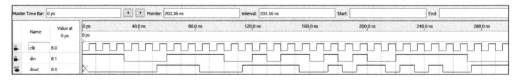

图 9-8-7　4 位串入/串出移位寄存器的时序仿真结果

9.8.3　串入/并出移位寄存器

在数字电路中，串入/并出移位寄存器是指输入端口的数据在时钟边沿的作用下，逐级向后移动，达到一定位数后，并行输出。采用串入/并出移位寄存器可以实现数据的串/并转换。下面介绍一种带有同步清零的 5 位串入/并出移位寄存器。

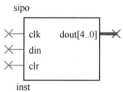

图 9-8-8　5 位串入/并出移位寄存器

1. 电路符号

5 位串入/并出移位寄存器的电路符号如图 9-8-8 所示。图中，输入信号为时钟信号 clk、数据输入端 din 和清零端 clr；输出信号为数据输出端 dout[4..0]。

2. 设计方法

采用文本编辑，利用 Verilog HDL 语言描述 5 位串入/并出移位寄存器，代码如下。

```
module sipo(dout,clk,din,clr);
output[4:0] dout;        //输出数据端
input clk,din,clr;       //时钟信号、输入数据端、清零端
reg[4:0] dout;
always @ (posedge clk)
begin
  if(clr)
    begin dout<=0; end
  else
    begin dout<={dout,din}; end
end
endmodule
```

3. 仿真结果

5 位串入/并出移位寄存器的功能仿真结果如图 9-8-9 所示，其时序仿真结果如图 9-8-10 所示。串行输入的信号每 5 位为一组数据，设置 6 个寄存器构成串入/并出移位寄存器，其中 5 个寄存器用于移位、寄存串入的数据，另一个作为标志位，用于记录 5 个数据是否全部

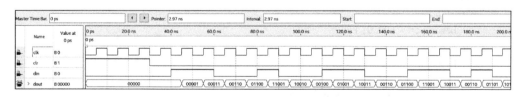

图 9-8-9　5 位串入/并出移位寄存器的功能仿真结果

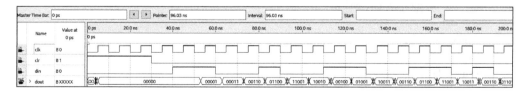

图 9-8-10　5 位串入/并出移位寄存器的时序仿真结果

移进寄存器，一旦移位寄存器检测到 5 位数据全部进入，则 5 位数据立即并行输出。而串行输入数据在移进寄存器的过程中，使移位寄存器的并行输出信号保持为特定值（本例中设置为高阻）。

观察波形可知，当 din 的 5 位数据全部移进寄存器时，dout 的输出为 din 的前 5 位数据，起到了串/并转换的作用。

9.8.4 并入/串出移位寄存器

并入/串出移位寄存器在功能上与串入/并出移位寄存器相反，输入端口为并行输入，而

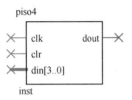

图 9-8-11　4 位并入/串出
移位寄存器的电路符号

输出的数据在时钟边沿的作用下由输出端口逐个输出。采用并入/串出移位寄存器可以实现数据的并/串转换。下面以一个带异步清零的 4 位并入/串出移位寄存器为例来介绍其设计方法。

1. 电路符号

4 位并入/串出移位寄存器的电路符号如图 9-8-11 所示。图中，输入信号为时钟信号 clk、清零端 clr 和数据输入端 din[3..0]；输出信号为数据输出端 dout。

2. 设计方法

采用文本编辑，利用 Verilog HDL 语言描述 4 位并入/串出移位寄存器，代码如下。

```
module piso4(dout,clk,clr,din);
output dout;              //数据输出端
input clk,clr;            //时钟信号、清零端
input[3:0] din;           //数据输入端
reg dout;
reg[1:0] cnt;
reg[3:0] q;
always @(posedge clk)
begin
  cnt<=cnt+1;
  if(clr)
    begin q<=4'b0000; end
  else
    begin
      if(cnt>0)
        begin q[3:1]<=q[2:0]; end
      else if(cnt==2'b00)
        begin q<=din; end
    end
  dout<=q[3];
end
endmodule
```

3. 仿真结果

4 位并入/串出移位寄存器的功能仿真结果如图 9-8-12 所示，其时序仿真结果如图 9-8-13 所示。观察波形可知，计数器 cnt 在"00"状态时，4 位输入数据写入寄存器 q，同时输出

一位数据；当处于"01"、"10"、"11"时，输入的数据左移一位，其余的 3 位数据串行移出。由图可知，当 din 的输入数据为"1110"时，dout 输出端从左到右依次输出数据。

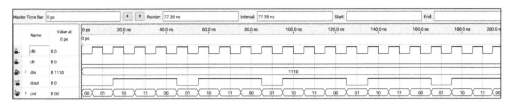

图 9-8-12　4 位并入/串出移位寄存器的功能仿真结果

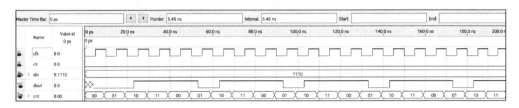

图 9-8-13　4 位并入/串出移位寄存器的时序仿真结果

9.9　顺序脉冲发生器

顺序脉冲发生器是指在系统时钟作用下，输出多路节拍控制脉冲。它是数字控制系统中常见的电路，通常可分为计数型和移存型两种。计数型脉冲发生器其实就是把计数器的进位端口作为脉冲输出，而移存型则是通过移位寄存器来实现的。下面介绍一种移存型的顺序脉冲发生器的设计方法。

1. 电路符号

顺序脉冲发生器的电路符号如图 9-9-1 所示。图中，输入信号为时钟信号 clk 和清零端 clr；输出信号为脉冲输出端 q0、q1 和 q3。

2. 设计方法

采用文本编辑法，利用 Verilog HDL 语言描述顺序脉冲发生器，代码如下。

图 9-9-1　顺序脉冲
发生器的电路符号

```verilog
module maichong(q0,q1,q2,clk,clr);
output q0,q1,q2;            //脉冲输出端
input clk,clr;             //时钟信号、清零端
reg q0,q1,q2;
reg[2:0] x,y;
always @ (posedge clk)
begin
  if(clr)
    begin y<='b000;x<='b001; end
  else
    begin
      y<=x;
```

```
            x<={x[1:0],x[2]};
        end
    q0<=y[0];
    q1<=y[1];
    q2<=y[2];
    end
    endmodule
```

3. 仿真结果

顺序脉冲发生器的功能仿真结果如图 9-9-2 所示，其时序仿真结果如图 9-9-3 所示。观察波形可知，输出端口 q0、q1、q2 在时钟 clk 的控制下输出节拍脉冲。

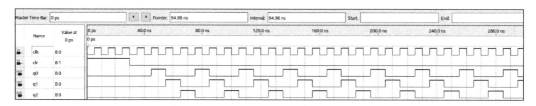

图 9-9-2　顺序脉冲发生器的功能仿真结果

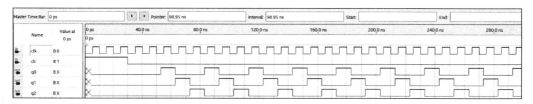

图 9-9-3　顺序脉冲发生器的时序仿真结果

9.10　序列信号发生器

序列信号发生器是指在系统时钟的作用下，能够循环产生一组或多组序列信号的时序电路。本节所设计的序列信号发生器用于产生一组 "10110101" 信号。

1. 电路符号

序列信号发生器的电路符号如图 9-10-1 所示。图中，输入信号为时钟信号 clk 和清零端 clr；输出信号为序列信号输出端 dout。

2. 设计方法

采用文本编辑法，利用 Verilog HDL 语言描述序列信号发生器，代码如下。

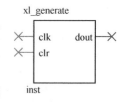

图 9-10-1　序列信号
发生器的电路符号

```
module xl_generate(dout,clk,clr);
output dout;                    //序列信号输出端
input clk,clr;                  //时钟信号、清零端
reg dout;
reg[7:0] q;
always @ (posedge clk)
```

```
begin
  if( clr)
    begin dout<=0;q<=8'b10110101; end
  else
    begin dout<=q[7];q<={q[6:0],q[7]}; end
end
endmodule
```

3. 仿真结果

序列信号发生器的功能仿真结果如图 9-10-2 所示，其时序仿真结果如图 9-10-3 所示。观察波形可知，当 clr 为 0 时，dout 循环输出"10110101"序列。

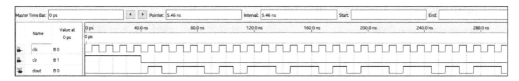

图 9-10-2　序列信号发生器的功能仿真结果

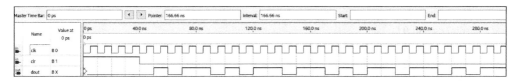

图 9-10-3　序列信号发生器的时序仿真结果

9.11　分频器

在数字电路系统的设计中，分频器是一种应用十分广泛的电路，其功能就是对较高频率的信号进行分频。分频电路在本质上是加法计数器的变种，其计数值由分频系数 $N=f_{in}/f_{out}$ 决定，其输出不是一般计数器的计数结果，而是根据分频常数对输出信号的高、低电平进行控制。通常来说，分频器常用于对数字电路中的时钟信号进行分频，用以得到较低频率的时钟信号、选通信号、中断信号等。本节将对常见的分频器进行详细的介绍。

9.11.1　偶数分频器

所谓偶数分频器，就是指分频系数为偶数，即分频系数 $N=2n(n=1,2,\cdots)$。如果输入信号的频率为 f，那么分频器的输出信号频率为 $f/2n$（$n=1$，2，$\cdots$）。下面介绍 3 种偶数分频器的设计方法。

1. 分频系数是 2 的整数次幂的分频器

对于分频系数是 2 的整数次幂的分频器来说，可以直接将计数器的相应位赋予分频器的输出信号，那么要想实现分频系数为 2^N 的分频器，只需实现一个模为 N 的计数器，然后把模为 N 的计数器的最高位直接赋予分频器的输出信号，即可得到所需要的分频信号。

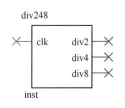

图 9-11-1　分频系数是 2 的
整数次幂分频器的电路符号

下面设以一个通用的可输出输入信号的 2 分频信号、4 分频信号、8 分频信号的分频器为例来介绍此类型分频器的设计方法。

1）电路符号　分频系数是 2 的整数次幂分频器的电路符号如图 9-11-1 所示。图中，输入信号为时钟信号 clk；输出信号为 2 分频信号 div2、4 分频信号 div4 和 8 分频信号 div8。

2）设计方法　采用文本编辑法，利用 Verilog HDL 语言描述分频系数是 2 的整数次幂分频器，代码如下。

```verilog
module div248( div2,div4,div8,clk) ;
output div2,div4,div8;          //输出 2 分频信号、4 分频信号、8 分频信号
input clk;                      //时钟信号
reg div2,div4,div8;
reg[2:0] cnt;
always @ ( posedge clk)
begin
  cnt<=cnt+1;
  div2<=cnt[0];
  div4<=cnt[1];
  div8<=cnt[2];
end
endmodule
```

3）仿真结果　分频系数是 2 的整数次幂分频器的功能仿真结果如图 9-11-2 所示，其时序仿真结果如图 9-11-3 所示。观察波形可知，div2、div4、div8 的输出分别为对时钟（clk）2 分频、4 分频、8 分频的时钟信号。

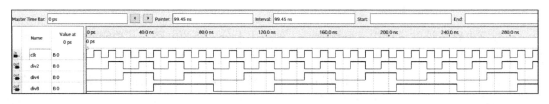

图 9-11-2　分频系数是 2 的整数次幂分频器的功能仿真结果

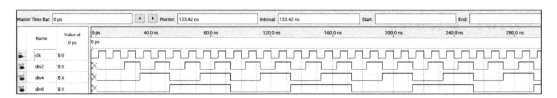

图 9-11-3　分频系数是 2 的整数次幂分频器的时序仿真结果

2. 分频系数不是 2 的整数次幂的分频器

对于分频系数不是 2 的整数次幂的分频器来说，仍然可以用计数器来实现，不过需要对计数器进行控制。下面以一个分频系数为 12 的分频器为例来介绍此类型分频器的设计方法。

1）电路符号　分频系数为 12 的分频器的电路符号如图 9-11-4 所示。图中，输入信号为时钟信号 clk；输出信号为 12 分频信号 div12。

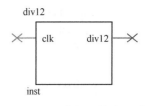

2）设计方法　采用文本编辑法，利用 Verilog HDL 语言描述分频系数为 12 的分频器，代码如下。

```verilog
module div12(div12,clk);
output div12;                   //输出 12 分频信号
input clk;                      //时钟信号
reg div12;
reg[2:0] cnt;
always @ (posedge clk)
begin
  if( cnt = = 3'b101)
    begin div12<=~div12;cnt<=0; end
  else
    begin cnt<=cnt+1; end
end
endmodule
```

图 9-11-4　分频系数为 12 的
分频器的电路符号

3）仿真结果　分频系数为 12 的分频器的功能仿真结果如图 9-11-5 所示，其时序仿真结果如图 9-11-6 所示。观察波形可知，div12 的输出为对时钟（clk）12 分频的信号。

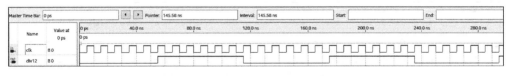

图 9-11-5　分频系数为 12 的分频器的功能仿真结果

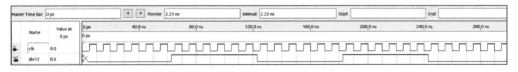

图 9-11-6　分频系数为 12 的分频器的时序仿真结果

3. 占空比不是 1:1 的偶数分频器

对于上面两个例子所描述的分频器，可知分频输出信号的占空比均为 1:1。然而在实际的数字电路设计中，经常会需要占空比不是 1:1 的分频信号，如中断信号和帧头信号等。这种分频器的实现方法也是通过对计数器的控制得到的。下面以一个分频系数为 6、占空比为 1:5 的偶数分频器为例来介绍此类型分频器的设计方法。

1）电路符号　分频系数为 6、占空比为 1:5 的分频器的电路符号如图 9-11-7 所示。图中，输入信号为时钟信号 clk；输出信号为 6 分频信号 div6。

2）设计方法　采用文本编辑法，利用 Verilog HDL 语言描述分频系数为 6、占空比为 1:5 的分频器，代码如下。

```verilog
module div6(div6,clk);
```

图 9-11-7　分频系数
为 6、占空比为
1:5 的分频器

```
    output div6;                    //输出 6 分频信号
    input clk;                      //时钟信号
    reg div6;
    reg[2:0] cnt;
    always @ ( posedge clk )
    begin
      if( cnt = = 3'b101 )
        begin div6<=1;cnt<=0; end
      else
        begin cnt<=cnt+1;div6<=0; end
    end
    endmodule
```

3）仿真结果　分频系数为 6、占空比为 1:5 的分频器的功能仿真结果如图 9-11-8 所示，其时序仿真结果如图 9-11-9 所示。观察波形可知，div6 输出为对时钟（clk）6 分频，且占空比为 1:5 的信号。

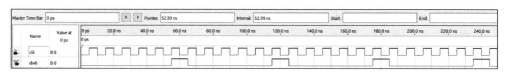

图 9-11-8　分频系数为 6、占空比为 1:5 的分频器的功能仿真结果

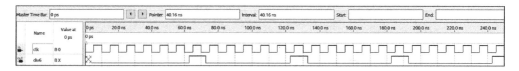

图 9-11-9　分频系数为 6、占空比为 1:5 的分频器的时序仿真结果

9.11.2　奇数分频器

所谓奇数分频器，就是指分频系数为奇数，即分频系数 $N=2n+1(n=1,2,\cdots)$。如果输入信号的频率为 f，那么分频器的输出信号频率为 $f/(2n+1)$，其中 $n=1$，2，$\cdots$。下面介绍两种奇数分频器的设计方法。

1. 占空比不是 1:1 的奇数分频器

占空比不是 1:1 的奇数分频器与占空比不是 1:1 的偶数分频器设计方法相同，均是通过对计数器的控制来实现的。下面以一个分频系数为 7、占空比为 1:6 的奇数分频器为例来介绍此类型分频器的设计方法。

1）电路符号　分频系数为 7、占空比为 1:6 的分频器的电路符号如图 9-11-10 所示。图中，输入信号为时钟信号 clk，输出信号为 7 分频信号 div7。

2）设计方法　采用文本编辑法，利用 Verilog HDL 语言描述分频系数为 7、占空比为 1:6 的分频器，代码如下。

```
    module div7( div7,clk );
    output div7;                    //输出 7 分频信号
    input clk;                      //时钟信号
```

图 9-11-10　分频系数为 7、占空比为 1:6 的分频器

```
reg div7;
reg[2:0] cnt;
always @ ( posedge clk)
begin
  if( cnt = = 6)
    begin div7<=1;cnt<=0; end
  else
    begin cnt<=cnt+1;div7<=0; end
end
endmodule
```

3) 仿真结果　分频系数为 7、占空比为 1:6 的分频器的功能仿真结果如图 9-11-11 所示，其时序仿真结果如图 9-11-12 所示。观察波形可知，div7 输出为对时钟（clk）7 分频，且占空比为 1:6 的信号。

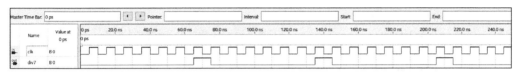

图 9-11-11　分频系数为 7、占空比为 1:6 的分频器的功能仿真结果

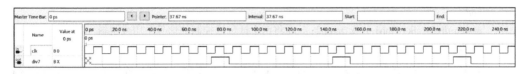

图 9-11-12　分频系数为 7、占空比为 1:6 的分频器的时序仿真结果

2. 占空比为 1:1 的奇数分频器

占空比为 1:1 的奇数分频器需要在输入时钟信号的下降沿进行翻转。通常这种分频器的实现方法是，需要设计两个计数器，一个计数器采用时钟信号的上升沿触发，另一个计数器采用时钟信号的下降沿触发，两个计数器的模与分频系数相同；然后根据这两个计数器的并行信号输出来决定两个相应的电平控制信号；最后对两个电平控制信号进行相应的逻辑运算，即可完成分频信号的输出。下面介绍两种占空比为 1:1 的分频器设计方法。

【分频系数为 5、占空比为 1:1 的奇数分频器】

1) 电路符号　分频系数为 5、占空比为 1:1 的分频器的电路符号如图 9-11-13 所示。图中，输入信号为时钟信号 clk，输出信号为 5 分频信号 div5。

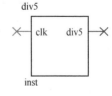

图 9-11-13　分频系数为
5、占空比为 1:1 的
分频器的电路符号

2) 设计方法　采用文本编辑法，利用 Verilog HDL 语言描述分频系数为 5、占空比为 1:1 的分频器，代码如下。

```
module div5( div5,clk);
output div5;                    //输出 5 分频信号
input clk;                      //时钟信号
reg[2:0] cnt1,cnt2;             //计数器 1、计数器 2
reg clk_temp1,clk_temp2;
always @ ( posedge clk)         //上升沿触发计数器进程
begin
```

```
        if( cnt1 = = 3'b100)
          begin cnt1< = 'b000; end
        else
          begin cnt1< = cnt1+1; end
        if( cnt1 = = 3'b000)              //上升沿触发计数器的计数控制进程
          begin clk_temp1 = 1; end
        if( cnt1 = = 3'b010)
          begin clk_temp1 = 0; end


    end
    always @ ( negedge clk)              //下降沿触发计数器进程
    begin
      if( cnt2 = = 3'b100)
        begin cnt2< = 'b000; end
      else
        begin cnt2< = cnt2+1; end
      if( cnt2 = = 3'b000)               //下降沿触发计数器的计数控制进程
        begin clk_temp2 = 1; end
      if( cnt2 = = 3'b010)
        begin clk_temp2 = 0; end

    end
    assign div5 = clk_temp1 | clk_temp2;   //将两个计数器控制的信号采用或逻辑
    endmodule
```

3) 仿真结果 分频系数为 5、占空比为 1:1 的分频器的功能仿真结果如图 9-11-14 所示，其时序仿真结果如图 9-11-15 所示。观察波形可知，计数器 cnt1 与计数器 cnt2 进行计数后，产生占空比为 2:3 的 cnt_temp1 信号与 cnt_temp2 信号，将其进行或运算后得到对时钟（clk）的 5 分频信号。

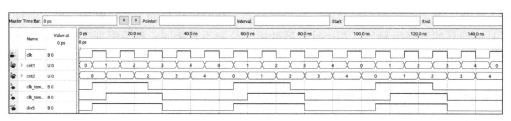

图 9-11-14　分频系数为 5、占空比为 1:1 的分频器的功能仿真结果

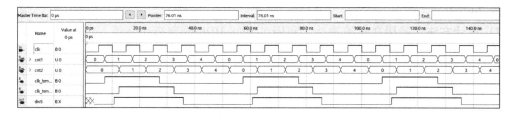

图 9-11-15　分频系数为 5、占空比为 1:1 的分频器的时序仿真结果

【占空比为 1:1 的通用奇数分频器】

1) 电路符号 占空比为 1:1 的通用奇数分频器的电路符号如图 9-11-16 所示。图中，

输入信号为时钟信号 clk，输出信号为分频信号 clkdiv。

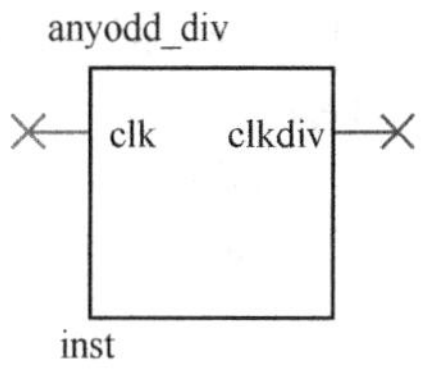

2) 设计方法 采用文本编辑法，利用 Verilog HDL 语言描述占空比为 1∶1 的通用奇数分频器，其中 n 代表分频系数，这里令 $n=7$。下面给出两种描述方法。

anyodd_div

clk   clkdiv

inst

图 9-11-16　占空比为 1∶1 的通用奇数分频器的电路符号

（1）代码 1：

```verilog
module anyodd_div(clkdiv,clk);
output clkdiv;                    //输出分频信号
input clk;                       //时钟信号
reg[2:0] cnt1,cnt2;              //计数器1、计数器2
reg clk_temp1,clk_temp2;
parameter n=7;                   //设置分频系数
always @ (posedge clk)           //上升沿触发计数器进程
begin
  if(cnt1==n-1)
    begin cnt1<='b000; end
  else
    begin cnt1<=cnt1+1; end
  if(cnt1==3'b000)               //上升沿触发计数器的计数控制进程
    begin clk_temp1=1; end
  if(cnt1==(n-1)/2)
    begin clk_temp1=0; end

end
always @ (negedge clk)           //下降沿触发计数器进程
begin
  if(cnt2==n-1)
    begin cnt2<='b000; end
  else
    begin cnt2<=cnt2+1; end
  if(cnt2==3'b000)               //下降沿触发计数器的计数控制进程
    begin clk_temp2=1; end
  if(cnt2==(n-1)/2)
    begin clk_temp2=0; end
end
assign clkdiv=clk_temp1 | clk_temp2;  //将两个计数器控制的信号采用或逻辑
endmodule
```

（2）代码 2：

```verilog
module anyodd_div1(clkdiv,clk);
output clkdiv;                    //输出分频信号
input clk;                       //时钟信号
reg[2:0] cnt1,cnt2;              //计数器1、计数器2
reg clk_temp;                    //脉冲控制端
reg clkdiv;
parameter n=7;                   //设置分频系数
//上升沿触发计数器进程
```

```verilog
always @ ( posedge clk)
begin
    if( cnt1 = = n-1)
        begin cnt1< = 'b000; end
    else
        begin cnt1< =cnt1+1; end
end
//下降沿触发计数器进程
always @ ( negedge clk)
begin
    if( cnt2 = = n-1)
        begin cnt2< = 'b000; end
    else
        begin cnt2< =cnt2+1; end
end
//对两个计数器的计数进行控制
always @ ( cnt1 ,cnt2)
begin
    if( cnt1 = = 1)
        begin
            if( cnt2 = = 0)
                begin clk_temp< = 1; end
            else
                begin clk_temp< = 0; end
        end
    else if( cnt1 = = ( n+1)/2)
        begin
            if( cnt2 = = ( n+1)/2)
                begin clk_temp< = 1; end
            else
                begin clk_temp< = 0; end
        end
    else
        begin clk_temp< = 0; end
end
//利用脉冲控制端的上升沿来控制分频信号的输出
always @ ( posedge clk_temp)
begin
clkdiv< =~ clkdiv;
end
endmodule
```

3）仿真结果　占空比为 1∶1 的通用奇数分频器的功能仿真结果如图 9-11-17 所示，其时序仿真结果如图 9-11-18 所示。观察波形可知，clkdiv 的输出与代码中的 n 的值有关，本例为对时钟（clk）的 7 分频信号。

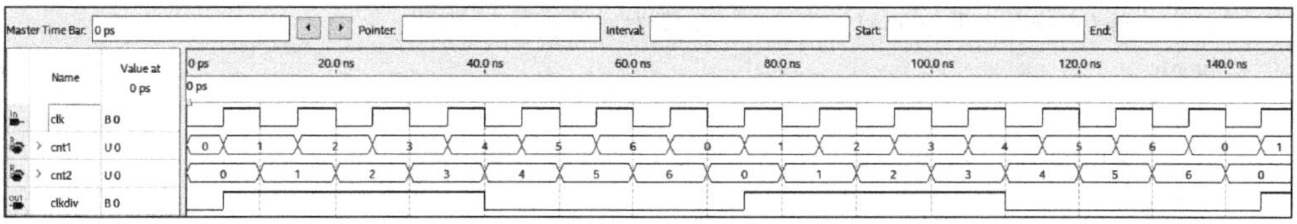

图 9-11-17 占空比为 1：1 的通用奇数分频器的功能仿真结果

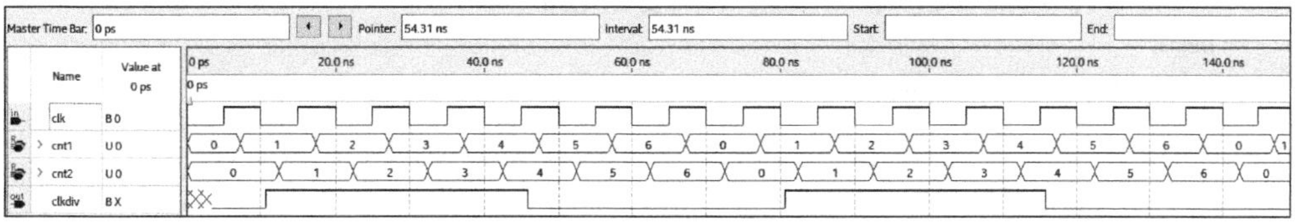

图 9-11-18 占空比为 1：1 的通用奇数分频器的时序仿真结果

9.11.3 半整数分频器

通常，整数分频器基本上可以满足大部分数字电路设计的要求。但在某种特殊情况下，设计人员需要采用分频系数不是整数的分频器来完成某些特定的设计，这时需要采用小数分频器来进行分频，如 1.5 分频器、2.5 分频器等。本节将介绍半整数分频器的设计方法。

半整数分频器的实现方法是，首先需要设计一个计数器，计数器的模为分频系数的整数部分加 1；然后设计一个扣除脉冲的电路，并把它加在计数器的输出之后，这样便可以得到任意半整数的分频器。通常，半整数分频器的电路实现如图 9-11-19 所示，这里根据模 N 计数器的并行信号输出便可决定分频输出信号的高低电平，从而实现半整数分频的设计。

1. 电路符号

半整数分频器的电路符号如图 9-11-20 所示。图中，输入信号为时钟信号 clk，输出信号为半整数分频信号 div。

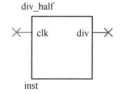

图 9-11-19 半整数分频的电路实现　　　　图 9-11-20 半整数分频器的电路符号

2. 设计方法

采用文本编辑法，利用 Verilog HDL 语言描述半整数分频器，其中 n 代表分频系数的整数部分加 1，这里令 $n=2$（即 1.5 分频），代码如下。

```
module div_half(div,clk);
output div;                      //输出分频信号
input clk;                       //时钟信号
reg count;                       //计数器
reg div;
reg clk_temp2,clk_temp3;         //脉冲控制端 2、脉冲控制端 3
assign clk_temp1 = clk^clk_temp2;   //脉冲控制端 1
```

```
always @ ( posedge clk_temp1 )           //模为 n 的减法计数器
begin
  if( count = = 0)
    begin count<=1;clk_temp3<=1;div<=1; end
  else
    begin count<=count−1;clk_temp3<=0;div<=0; end
end
always @ ( posedge clk_temp3 )           //2 分频电路
begin
  clk_temp2<=~ clk_temp2;
end
endmodule
```

3. 仿真结果

半整数分频器的功能仿真结果如图 9-11-21 所示，其时序仿真结果如图 9-11-22 所示。观察波形可知，div 为对时钟（clk）的 1.5 分频信号。改变代码中 n 的值，可以获得所需的分频信号。

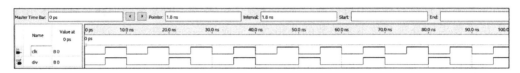

图 9-11-21　半整数分频器的功能仿真结果

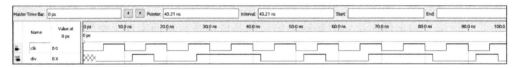

图 9-11-22　半整数分频器的时序仿真结果

第10章 存储器设计范例

〖**知识目标**〗
　　存储器是一种能够存储大量二进制信息的逻辑电路。通过对本章的学习，熟练掌握存储器的设计方法。

〖**能力目标**〗
　　能够完成 ROM、RAM、堆栈、FIFO 的设计。
　　☺ 初级要求：会用文本编辑法设计 RAM、ROM，并完成仿真。
　　☺ 中级要求：在初级要求的基础上，学会堆栈、FIFO 的 Verilog HDL 设计，体会不
　　　同的代码范例的异同。

10.1　只读存储器（ROM）

　　只读存储器是一种重要的时序逻辑存储电路，它的逻辑功能是在地址信号的选择下，从指定存储单元中读取相应的数据。只读存储器只能进行数据的读取，而不能修改或写入新的数据。本节将以 16×8 位的只读存储器为例来介绍只读存储器的设计方法。

1. 电路符号

　　只读存储器的电路符号如图 10-1-1 所示。图中，输入信号为地址选择信号 addr［3..0］和使能端 en；输出信号为数据输出端 data［7..0］。

2. 设计方法

　　采用文本编辑法，利用 Verilog HDL 语言描述只读存储器，代码如下。

（1）代码1：使用 function 说明语句。

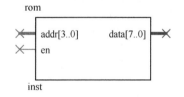

图 10-1-1　只读存储器的电路符号

```
module rom(addr,data,en);
input[3:0] addr;                    //地址选择信号
output[7:0] data;                   //数据输出端
input en;                           //使能端
reg[7:0] data;

function[7:0] romout;
input[3:0] addr;
case(addr)
3 'h0 : romout = 8'b10101001;       //数据
3 'h1 : romout = 8'b11111101;
3 'h2 : romout = 8'b11101001;
3 'h3 : romout = 8'b11011100;
```

```
        3'h4 : romout = 8'b10111001;
        3'h5 : romout = 8'b11000010;
        3'h6 : romout = 8'b11000101;
        3'h7 : romout = 8'b00000100;
        3'h8 : romout = 8'b11101100;
        3'h9 : romout = 8'b10001010;
        3'h10 : romout = 8'b11001111;
        3'h11 : romout = 8'b00110100;
        3'h12 : romout = 8'b11000001;
        3'h13 : romout = 8'b10011111;
        3'h14 : romout = 8'b10100101;
        3'h15 : romout = 8'b01011100;
        default : romout = 8'bx;
        endcase
        endfunction

        always @ ( * )
        begin
        if( en )
           begin data = romout( addr ) ; end
        else
           begin data = 8'bz; end
        end
        endmodule
```

（2）代码 2：使用 memory 型变量。

```
        module rom( addr, data, en ) ;
        input[ 3:0 ] addr;
        input en;
        output[ 7:0 ] data;
        reg[ 7:0 ] data;
        reg[ 7:0 ] data1[ 15:0 ] ;

        always @ ( * )
        begin
           data1[ 0 ]<= 8'b10101001;
           data1[ 1 ]<= 8'b11111101;
           data1[ 2 ]<= 8'b11101001;
           data1[ 3 ]<= 8'b11011100;
           data1[ 4 ]<= 8'b10111001;
           data1[ 5 ]<= 8'b11000010;
           data1[ 6 ]<= 8'b11000101;
           data1[ 7 ]<= 8'b00000100;
           data1[ 8 ]<= 8'b11101100;
           data1[ 9 ]<= 8'b10001010;
           data1[ 10 ]<= 8'b11001111;
           data1[ 11 ]<= 8'b00110100;
           data1[ 12 ]<= 8'b11000001;
           data1[ 13 ]<= 8'b10011111;
           data1[ 14 ]<= 8'b10100101;
```

```
        data1[15]<=8'b01011100;

        if(en)
            begin data[7:0]<=data1[addr]; end
        else
            begin data[7:0]<=8'bzzzzzzzz; end
    end
endmodule
```

3. 仿真结果

只读存储器的功能仿真结果如图 10-1-2 所示，其时序仿真结果如图 10-1-3 所示。观察波形可知，当 en=1 时，data 输出数据；否则 data 为高阻态。addr 为地址选择信号，当其输入不同的值时，data 输出相应存储的数据。

图 10-1-2　只读存储器的功能仿真结果

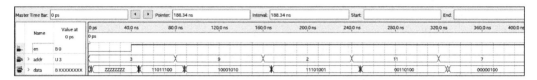

图 10-1-3　只读存储器的时序仿真结果

 # 10.2　随机存储器（RAM）

随机存储器的逻辑功能是在地址信号的选择下，对指定的存储单元进行相应的读/写操作。也就是说，随机存储器不仅可以读取数据，还可以进行存储数据的修改或重新写入，所以通常用于动态数据的存储。

本节以一个 32×8 位的随机存储器为例来介绍随机存储器（RAM）的设计方法。

1. 电路符号

随机存储器的电路符号如图 10-2-1 所示。图中，输入信号为地址选择信号 addr[4..0]、写信号 wr、读信号 rd、片选信号 cs 和数据写入端 datain[7..0]；输出信号为数据读出端 dataout[7..0]。

2. 设计方法

采用文本编辑法，利用 Verilog HDL 语言描述随机存储器，代码如下。

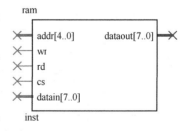

图 10-2-1　随机存储器的电路符号

```
module ram(dataout,addr,wr,rd,cs,datain);
```

```
output[7:0] dataout;                    //数据输出端
input[4:0] addr;                        //地址选择信号
input[7:0] datain;                      //数据写入端
input wr,rd,cs;                         //写信号、读信号、片选信号
reg[7:0] data1[31:0];                   //定义存储空间
reg[7:0] dataout;
//写操作
always @ (wr,cs,addr,data1,datain)
begin
    if(cs==0)
        begin if(wr)
                begin data1[addr]=datain; end
            else
                begin dataout='bz; end
        end

end
//读操作
always @ (rd,cs,addr,data1)
begin
    if(cs==0)
        begin
            if(rd)
                begin dataout=data1[addr]; end
            else
                begin dataout='bz; end
        end

end
endmodule
```

3. 仿真结果

随机存储器的功能仿真结果如图 10-2-2 所示，其时序仿真结果如图 10-2-3 所示。观察波形可知，cs 为片选信号（低电平有效）；当 wr=1 时，由写端口（datain）将数据写入存储空间；当 rd=1 时，由读端口（dataout）输出数据。

观察波形可知，当写信号（wr）有效时，在地址"0001"、"0010"、"0011"内由数据写入端（datain）分别写入十进制数据"36"、"56"和"61"；则当读信号（rd）有效时，由数据读出端（dataout）输出相应地址内的数据"61"、"36"和"56"。

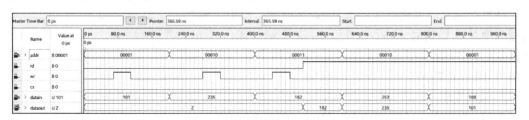

图 10-2-2　随机存储器的功能仿真结果

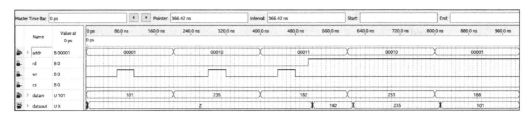

图 10-2-3　随机存储器的时序仿真结果

10.3　堆栈

堆栈是一种执行"后入先出"算法的存储器。当数据逐个顺序地存入（也就是"压入——push"）这个存储区中时，有一个地址指针总指向最后一个压入堆栈的数据所在的数据单元，存放这个地址指针的寄存器称为堆栈指示器。开始放入数据的单元称为栈底。数据逐个地存入，这个过程称为压栈。在压栈的过程中，每有一个数据压入堆栈，就放在和前一个单元相邻的后面一个单元中，堆栈指示器中的地址自动加 1。读取这些数据时，按照堆栈指示器中的地址读取数据，堆栈指示器中的地址数自动减 1。这个过程称为弹出（pop），如此就实现了"后入先出"的原则。

下面以一个 8B 的堆栈为例来介绍堆栈的设计方法。

1. 电路符号

堆栈的电路符号如图 10-3-1 所示。图中，输入信号为清零端 clr、压栈信号 push、出栈信号 pop、时钟信号 clk 和数据输入端 din[7..0]；输出信号为栈空信号 empty、栈满信号 full和数据输出端 dout[7..0]。

2. 设计方法

采用文本编辑法，利用 Verilog HDL 语言描述堆栈，下面给出两种描述方法，第一种为了方便指针移动，将指针范围设为 0 ~ 8；而第二种指针范围为 0 ~ 7。

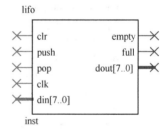

图 10-3-1　堆栈的电路符号

（1）代码 1：

```
module lifo(empty,full,dout,clr,push,pop,clk,din);
output empty,full;                      //栈空信号、栈满信号
output[7:0] dout;                       //数据输出端
input clr,push,pop,clk;                 //清零端、压栈信号、出栈信号、时钟信号
input[7:0] din;                         //数据输入端
reg empty,full;
reg[7:0] dout;
reg[7:0] stack[0:8];                    //储存空间
reg[3:0] cnt;                           //设置指针,栈底指针为零
always @( posedge clk)
begin if(clr)                           //清零
        begin dout<=0;
              full<=0;
```

```verilog
                    cnt<=0;
                end
        else if(push&&(!pop)&&(cnt!='b1000))         //压栈
            begin empty<=0;
                    stack[cnt]<=din;                 //存入数据
                    cnt<=cnt+1;                       //指针加 1
                end
        else if(pop&&(!push)&&(cnt!='b0))             //出栈
            begin full<=0;
                    cnt<=cnt-1;                        //指针减 1
                    dout<=stack[cnt];                 //输出数据
                end
        else if(cnt=='b0)
            begin empty<=1;
                    dout<='b0;
                end
        else if(cnt=='b1000)
            begin full<=1; end
end
endmodule
```

（2）代码 2：

```verilog
module lifo(empty,full,dout,clr,push,pop,clk,din);
output empty,full;                                  //栈空信号、栈满信号
output[7:0] dout;                                   //数据输出端
input clr,push,pop,clk;                             //清零端、压栈信号、出栈信号、时钟信号
input[7:0] din;                                     //数据输入端
reg empty,full;
reg[7:0] dout;
reg[7:0] stack[0:15];                               //存储空间
reg[3:0] cnt;                                       //指针信号,栈底指针为 0
reg x;                                              //栈满信号标志位
always @ (posedge clk)
begin
    if(clr)
        begin
            dout<=0;
            full<=0;
            cnt<=0;
        end
    else if(push&&(!pop)&&!x)
        begin
            if(cnt=='b0111)
                begin empty<=0;
                        stack[cnt]<=din;
                        cnt<=cnt+1;
                end
            else
                begin stack[7]<=din;
                        x<=1;
```

```
                end
            end
        else if( pop&&( ! push)&&( cnt! = 'b0) )
            begin
                if( ! x)
                    begin
                        cnt< = cnt−1 ;
                        dout< = stack[ cnt] ;
                    end
                else
                    begin dout< = stack[ 7] ;
                            x< = 0 ;
                    end
            end
        else if( cnt = = 'b0)
            begin
                empty< = 1 ;
                dout< = 0 ;
            end
        full< = x ;
    end
    endmodule
```

3. 仿真结果

将代码1仿真后，得到堆栈的功能仿真结果如图 10-3-2 所示，其时序仿真结果如图 10-3-3 所示。当 push=1 且 pop=0 时，为压栈，随着指针 cnt 的移动，将 din 输入的数据存入存储单元；当 cnt=8 时栈满，则 full 输出为1；当 push=0 且 pop=1 时为出栈，随着指针 cnt 的移动，dout 端输出存储单元内的数据；当 cnt=0 时栈空，则 empty 输出为1。

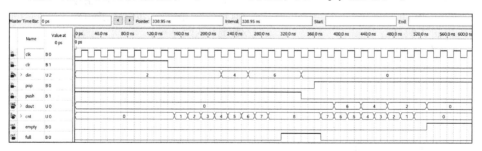

图 10-3-2　堆栈的功能仿真结果

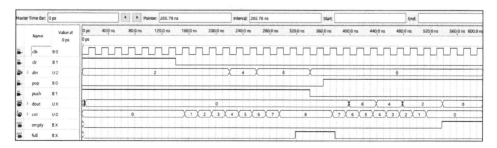

图 10-3-3　堆栈的时序仿真结果

观察波形可知，输入的数据为十进制的"2"、"4"、"6"，输出的数据为十进制的"6"、"4"、"2"，从而满足"后入先出"的原则。

10.4　FIFO

FIFO（First In First Out）即先入先出存储器，是一种单向数据传输物理器件，它只允许数据从输入端流向输出端。FIFO 器件有两个端口，即写端口（din）和读端口（dout）。与其他的数据存储器件不一样的地方在于，其读/写端口均不需要地址线，而只需要数据线与读/写控制线。在写端口写入的数据按照先进先出的顺序依次被推入到读端口，而读端口可以依次读出写端口写入的数据。

下面以一个 8B 的 FIFO 为例来介绍 FIFO 的设计方法。

1. 电路符号

FIFO 的电路符号如图 10-4-1 所示。图中，输入信号为时钟信号 clk、清零端 clr、写信号 wr、读信号 rd、数据写入端 din[7..0]；输出信号为数据读出端 dout[7..0]、存储器为空信号 empty 和存储器为满信号 full。

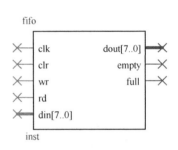

图 10-4-1　FIFO 的电路符号

2. 设计方法

采用文本编辑法，利用 Verilog HDL 语言描述 FIFO，代码如下。

```verilog
module fifo(dout,empty,full,clk,clr,wr,rd,din);
output[7:0] dout;                   //数据读出端
output empty,full;                  //存储器为空信号、存储器为满信号
input clk,clr,wr,rd;                //时钟信号、清零端、写信号、读信号
input[7:0] din;                     //数据写入端
reg[7:0] dout;
reg empty,full;
reg[7:0] data[0:7];
reg x,y;                            //存储空间状态控制信号,控制存储空间是否为空或满
reg[3:0] a,b;                       //地址标志位

always @ (posedge clk)
begin
  if(clr)                           //清零
    begin dout<=0;a<=0;b<=0;x<=0;y<=0; end
  else
    begin
      if(wr&&! rd&&! x)             //写入数据
        begin data[a]=din;
            a=a+1;
            y=1;
            empty=0;
            if(a= ='b1000)
            begin x=1; end
```

```
            end
        else if( ! wr&&rd&&y)                //读出数据
          begin dout<=data[ b ];
                b=b+1;
                x=0;
                full=0;
                if( a= =b)
                begin y=0; end
            end
        if( ! x&&! y)                        //存储器为空
          begin empty<= 1;dout<=0; end
        else if( x&&y)                       //存储器为满
          begin full<= 1; end
      end
    end
    endmodule
```

3. 仿真结果

FIFO 的功能仿真结果如图 10-4-2 所示,其时序仿真结果如图 10-4-3 所示。当 wr = 1,rd = 0 时,由写端口(din)将数据写入存储器;当 full = 1 时,存储器空间为满;当 wr = 0,rd = 1 时,由读端口(dout)读出数据;当 empty = 1 时,存储器空间为空。

观察波形可知,由写端口(din)依次写入十进制数据"1"、"2"、"4"、"6",而读端口(dout)读出的数据也为十进制数据"1"、"2"、"4"、"6",从而实现了先入先出的原则。

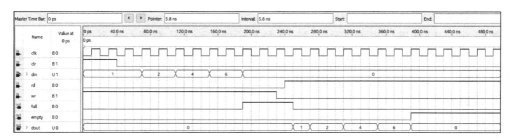

图 10-4-2　FIFO 的功能仿真结果

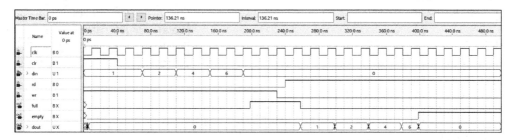

图 10-4-3　FIFO 的时序仿真结果

第 11 章　数字系统设计范例

〖知识目标〗
通过对本章的学习，综合前面所学的基础知识，完成一些数字系统的设计，如数字频率计、乒乓游戏机、交通控制灯等。

〖本章任务〗
☺ 初级要求：理解本章中的范例，熟练掌握常用基础数字系统设计，如8位数码扫描显示电路、键盘扫描电路设计等，方便以后设计时灵活使用。
☺ 中级要求：学习如何使用状态机设计程序，掌握范例中可移植性很强的电路设计，如十进制转 BCD 码、数码管动态扫描、七段译码等。
☺ 高级要求：将本章的范例作为 EDA 实验及课程设计选题加载在 FPGA 实验板上，并完成实验验证。

11.1　跑马灯设计

1. 设计要求

控制 16 个 LED 进行花式显示，设计 4 种显示模式：①从左到右逐个点亮 LED；②从右到左逐个点亮 LED；③从两边到中间逐个点亮 LED；④从中间到两边逐个点亮 LED。4 种模式循环切换，由复位键 rst 控制系统的运行与停止。其状态转换图如图 11-1-1 所示。

2. 电路符号

跑马灯的电路符号如图 11-1-2 所示。图中，输入信号为时钟信号 clk 和复位信号 rst；输出信号为 LED 显示信号 q[15..0]。

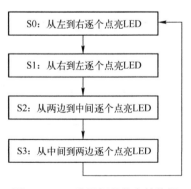

Parameter	Value	Type
state0	00	Unsigned Binary
state1	01	Unsigned Binary
state2	11	Unsigned Binary
state3	10	Unsigned Binary

图 11-1-1　跑马灯的状态转换图　　　　　图 11-1-2　跑马灯的电路符号

3. 设计方法

采用文本编辑法，利用 Verilog HDL 语言描述跑马灯，代码如下。

```verilog
module led(clk,q,rst);
input clk,rst;                              //时钟信号(20 MHz 晶振)、系统复位信号
output [15:0] q;                            //连接 LED1～LED16
reg [15:0] q;
reg [24:0] counter;
reg[1:0] state,next_state;
reg[3:0] count;
parameter state0=2'b00,state1=2'b01,
          state2=2'b11,state3=2'b10;         //定义 4 种模式

always @ (posedge clk)
begin
   if (rst)
      begin q=16'b0000000000000000; state=state0; next_state=state0; end
   else
      begin state=next_state; end
   case(state)
   state0:                                   //S0 模式:从左到右逐个点亮 LED
      begin
        if(q= = 16'b0000000000000000)
           begin q='b1000000000000000; end
        else
           begin
             if(count= ='b1111)
                begin
                  count=0;
                  q='b0000000000000001;
                  next_state=state1;
                end
              else
                begin
                  counter=counter+1;              //计数器加 1
                  if(counter= =25'b1_0111_1101_0111_1000_0100_0000)
                     begin
                       q=q>>1;
                       counter<=0;
                       count=count+1;
                       next_state=state0;
                     end
                end
           end
      end
   state1:                                   //S1 模式:从右到左逐个点亮 LED
      begin
        if(count= ='b1111)
           begin
             count=0;
             q='b0000000110000000;
             next_state=state2;
           end
```

```verilog
          else
            begin
              counter=counter+1;                    //计数器加 1
              if( counter= = 25'b1_0111_1101_0111_1000_0100_0000)
                begin
                  q=q<<1;
                  counter=0;
                  count=count+1;
                  next_state=state1;
                end
            end
        end
    state2:                                      //S2 模式:从两边到中间逐个点亮 LED
      begin
        if( count= = 'b0111)
          begin
            count=0;
            q='b1000000000000001;
            next_state=state3;
          end
        else
          begin
            counter=counter+1;                    //计数器加 1
            if( counter= = 25'b1_0111_1101_0111_1000_0100_0000)
              begin
                q[15:8]=q[15:8]<<1;
                q[7:0]=q[7:0]>>1;
                counter=0;
                count=count+1;
                next_state=state2;
              end
          end
      end
    state3:                                      //S3 模式:从中间到两边逐个点亮 LED
      begin
        if( count= = 'b0111)
          begin
            count=0;
            q='b1000000000000000;
            next_state=state0;
          end
        else
          begin
            counter=counter+1;                    //计数器加 1
            if( counter= = 25'b1_0111_1101_0111_1000_0100_0000)
              begin
                q[15:8]=q[15:8]>>1;
                q[7:0]=q[7:0]<<1;
                counter=0;
                count=count+1;
```

```
                        next_state = state3;
                    end
                end
            end
        endcase
    end
endmodule
```

4. 仿真结果

由于系统时钟分频系数较大，在软件中仿真不易实现，因此将分频系数适当改小来仿真其逻辑功能即可（取消程序中的分频进行仿真）。跑马灯的功能仿真结果如图 11-1-3 所示，其时序仿真结果如图 11-1-4 所示。next_state 为下一个状态，可以看出状态是从 state0 到 state3 间循环转换的。

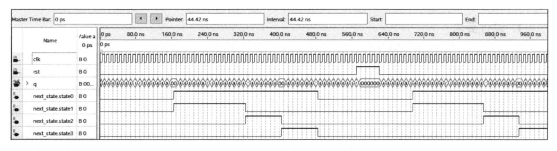

图 11-1-3　跑马灯的功能仿真结果

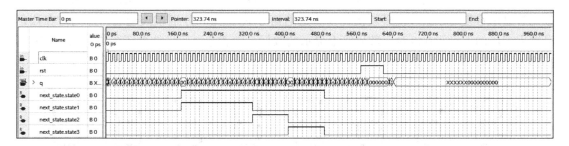

图 11-1-4　跑马灯的时序仿真结果

为了观察各种模式下 LED 的显示情况，对 state0 ～ state3 的各个模式进行局部观察。其中，state1 模式的功能仿真结果如图 11-1-5 所示，其时序仿真结果如图 11-1-6 所示。观察端口 q 的输出可知，按 state1 的模式从右到左逐个点亮 LED。

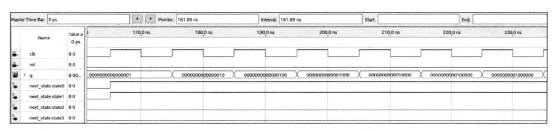

图 11-1-5　state1 模式的功能仿真结果

图 11-1-6　state1 模式的时序仿真结果

11.2　8 位数码扫描显示电路设计

1. 设计要求

采用动态扫描原理实现数码管的显示，在 8 个数码管上显示数据 "124579DF"。

2. 设计原理

数码扫描显示电路是数字系统设计中较常用的电路，通常用作数码显示模块。8 位数码扫描显示电路如图 11-2-1 所示，其中每个数码段的 8 个段 a、b、c、d、e、f、g、h（小数点）都分别连在一起，8 个数码管分别由 8 个选通信号 K1 ～ K8 来选择。被选通的数码管显示数据，其余关闭。如果在某一时刻，K2 为高电平，其余选通信号为低电平，则仅由 K2 对应的数码管显示来自段信号端的数据，而其他 7 个数码管呈关闭状态。所以，如果要在 8 个数码管显示希望的数据，就必须使得 8 个选通信号 K1 ～ K8 分别单独选通，并同时在段信号输入端口加入希望在该对应数码管上显示的数据，随着选通信号的循环变化，就能够实现扫描显示的目的。

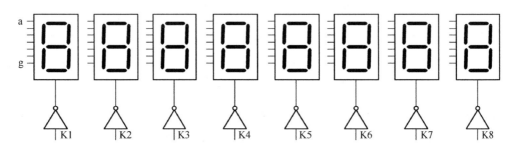

图 11-2-1　8 位数码扫描显示电路

3. 电路符号

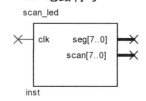

图 11-2-2　8 位数码扫描
显示电路的电路符号

8 位数码扫描显示电路的电路符号如图 11-2-2 所示。图中，输入信号为时钟信号 clk；输出信号为段显示控制信号 seg[7..0] 和数码管地址选择控制信号 scan[7..0]。

4. 设计方法

采用文本编辑法，利用 Verilog HDL 语言描述 8 位数码扫描显示电路，代码如下。其中 clk 是扫描时钟；seg 为段控制信号，分别接 a、b、c、d、e、f、g、h 8 个段；scan 为地址选通控制信号，接通 8 个地址选通信号 K1、K2、…、K8。

```verilog
module scan_led(seg,scan,clk);
input clk;                              //时钟信号
output[7:0] seg,scan;                   //段显示控制信号(abcdefgh)、数码管地址选择控制信号
reg[7:0] seg,scan;
reg[2:0] cnt8;
reg[3:0] data;
//用于扫描数码管地址的计数器
always @ ( posedge clk)
begin
  cnt8<=cnt8+1;
end
//数码管地址扫描
always
begin
  case(cnt8[2:0])
  3'b000:begin scan<='b10000000;data[3:0]<=4'b0001; end
  3'b001:begin scan<='b01000000;data[3:0]<=4'b0010; end
  3'b010:begin scan<='b00100000;data[3:0]<=4'b0100; end
  3'b011:begin scan<='b00010000;data[3:0]<=4'b0101; end
  3'b100:begin scan<='b00001000;data[3:0]<=4'b0111; end
  3'b101:begin scan<='b00000100;data[3:0]<=4'b1001; end
  3'b110:begin scan<='b00000010;data[3:0]<=4'b1101; end
  3'b111:begin scan<='b00000001;data[3:0]<=4'b1111; end
  default:begin scan<='bx;data[3:0]<='bx; end
  endcase
//7 段译码
  case(data[3:0])
  4'b0000:seg[7:0]<=8'b11111100;
  4'b0001:seg[7:0]<=8'b01100000;
  4'b0010:seg[7:0]<=8'b11011010;
  4'b0011:seg[7:0]<=8'b11110010;
  4'b0100:seg[7:0]<=8'b01100110;
  4'b0101:seg[7:0]<=8'b10110110;
  4'b0110:seg[7:0]<=8'b10111110;
  4'b0111:seg[7:0]<=8'b11100000;
  4'b1000:seg[7:0]<=8'b11111110;
  4'b1001:seg[7:0]<=8'b11110110;
  4'b1010:seg[7:0]<=8'b11101110;
  4'b1011:seg[7:0]<=8'b00111110;
  4'b1100:seg[7:0]<=8'b10011100;
  4'b1101:seg[7:0]<=8'b01111010;
  4'b1110:seg[7:0]<=8'b10011110;
  4'b1111:seg[7:0]<=8'b10001110;
  default:seg[7:0]<='bx;
  endcase
```

```
    end
    endmodule
```

5. 仿真结果

8 位数码扫描显示电路的功能仿真结果如图 11-2-3 所示，其时序仿真结果如图 11-2-4 所示。观察波形可知，随着每个时刻选通地址的不同，发送的段码也不同，最终 8 位数码管显示出数据"124579DF"，从而实现了数码管的动态扫描显示。

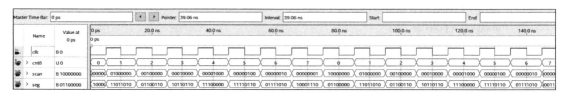

图 11-2-3　8 位数码扫描显示电路的功能仿真结果

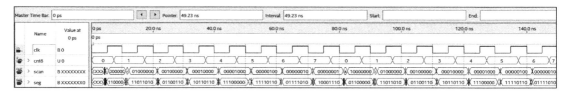

图 11-2-4　8 位数码扫描显示电路的时序仿真结果

11.3　4×4 键盘扫描电路设计

1. 设计要求

在时钟控制下循环扫描键盘，根据列扫描信号和对应键盘响应信号确定键盘按键位置，并将按键值显示在七段数码管上。

2. 设计原理

在数字系统设计中，4×4 矩阵键盘是一种常见的输入装置，通常作为系统的输入模块。对于键盘上每个键的识别一般采取扫描的方法来实现，下面介绍一种用列信号进行扫描的基本原理和流程，如图 11-3-1 所示。当进行列扫描时，扫描信号由列引脚进入键盘，以1000、0100、0010、0001 的顺序每次扫描不同的列，然后读取行引脚的电平信号就可以判断是哪个按键被按下。例如，当扫描信号为 0100 时，表示正在扫描"89AB"列，如果该列没有按键被按下，则由行信号读出的值为 0000；反之，如果按键"9"被按下，则该行信号读出的值为 0100。

3. 电路符号

4×4 矩阵键盘列扫描电路的电路符号如图 11-3-2 所示。图中，输入信号为时钟信号 clk、开始信号 start 和行扫描信号 kbcol[3..0]；输出信号为列扫描信号 kbrow[3..0]、7 段显示控制信号 seg7_out[6..0] 和数码管地址选择控制信号 scan[7..0]。

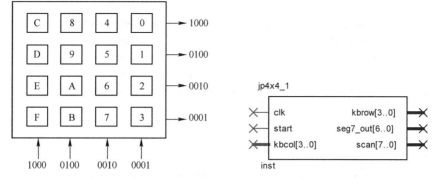

图 11-3-1 4×4 矩阵键盘列扫描   图 11-3-2 4×4 矩阵键盘列扫描电路的电路符号

4. 设计方法

采用文本编辑法，利用 Verilog HDL 语言描述 4×4 矩阵键盘列扫描电路，代码如下。

```verilog
module jp4x4(kbrow,seg7_out,scan,clk,start,kbcol);
output[3:0] kbrow;                      //列扫描信号
output[6:0] seg7_out;                   //七段显示控制信号(abcdefg)
output[7:0] scan;                       //数码管地址选择控制信号
input clk,start;                        //扫描时钟信号、开始信号,高电平有效
input[3:0] kbcol;                       //行扫描信号
reg[3:0] kbrow;
reg[6:0] seg7_out;
reg[7:0] scan;
reg[1:0] count;
reg[1:0] sta;
reg[6:0] seg7;
reg[4:0] dat;
reg fn;                                 //按键标志位,判断是否有键被按下

initial scan<='b10000000;               //只使用一个数码管显示
//循环扫描计数器
always @(posedge clk)
begin
if(start==0)
  begin seg7<='b0000000; end
else
  begin
    count<=count+1;
    //循环列扫描
    case(count)
    2'b00:begin kbrow<='b0001;sta<='b00; end
    2'b01:begin kbrow<='b0010;sta<='b01; end
    2'b10:begin kbrow<='b0100;sta<='b10; end
    2'b11:begin kbrow<='b1000;sta<='b11; end
    endcase
    //行扫描译码
    case(sta)
    2'b00:begin
```

```
            case(kbcol)
            4'b0001:begin seg7[6:0]<='b1111001;dat<='b00011; end
            4'b0010:begin seg7[6:0]<='b1101101;dat<='b00010; end
            4'b0100:begin seg7[6:0]<='b0110000;dat<='b00001; end
            4'b1000:begin seg7[6:0]<='b1111110;dat<='b00000; end
            default:begin seg7[6:0]<='b0000000;dat<='b11111; end
            endcase
            end
        2'b01:begin
            case(kbcol)
            4'b0001:begin seg7[6:0]<='b1110000;dat<='b00111; end
            4'b0010:begin seg7[6:0]<='b1011111;dat<='b00110; end
            4'b0100:begin seg7[6:0]<='b1011011;dat<='b00101; end
            4'b1000:begin seg7[6:0]<='b0110011;dat<='b00100; end
            default:begin seg7[6:0]<='b0000000;dat<='b11111; end
            endcase
            end
        2'b10:begin
            case(kbcol)
            4'b0001:begin seg7[6:0]<='b0011111;dat<='b01011; end
            4'b0010:begin seg7[6:0]<='b1110111;dat<='b01010; end
            4'b0100:begin seg7[6:0]<='b1111011;dat<='b01001; end
            4'b1000:begin seg7[6:0]<='b1111111;dat<='b01000; end
            default:begin seg7[6:0]<='b0000000;dat<='b11111; end
            endcase
            end
        2'b11:begin
            case(kbcol)
            4'b0001:begin seg7[6:0]<='b1000111;dat<='b01111; end
            4'b0010:begin seg7[6:0]<='b1001111;dat<='b01110; end
            4'b0100:begin seg7[6:0]<='b0111101;dat<='b01101; end
            4'b1000:begin seg7[6:0]<='b1001110;dat<='b01100; end
            default:begin seg7[6:0]<='b0000000;dat<='b11111; end
            endcase
            end
        default:seg7[6:0]<='b0000000;
        endcase
    end
end

always
    begin fn<=~(dat[0]&dat[1]&dat[2]&dat[3]&dat[4]); end
//产生按键标志位,用于存储按键信息
always @(posedge fn)                          //按键信息存储
    begin seg7_out[6:0]<=seg7[6:0]; end

endmodule
```

5. 仿真结果

4×4 矩阵键盘列扫描电路的功能仿真结果如图 11-3-3 所示，其时序仿真结果如图 11-3-4

所示。观察波形可知，列扫描信号 kbrow 在时钟的控制下循环扫描，当有键被按下时，行扫描信号 kbcol 读入相应的行信号来判断按键，从而由 seg7_out 输出按键对应的数据，直到下一个按键被按下时才更新数据。

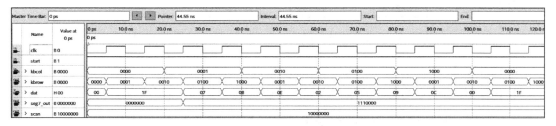

图 11-3-3　4×4 矩阵键盘列扫描电路的功能仿真结果

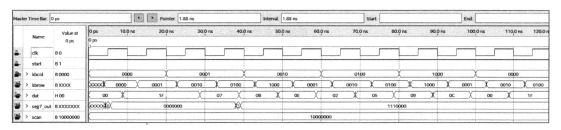

图 11-3-4　4×4 矩阵键盘列扫描电路的时序仿真结果

11.4　数字频率计

1. 设计要求

采用测频法设计一个 8 位十进制数字显示的数字频率计，测量范围为 1 ～ 49999999 Hz，被测试的频率可由基准频率分频得到。

2. 设计原理

测频法的基本原理如图 11-4-1 所示。在确定的闸门时间 T_w 内，记录被测信号的变化周期数或脉冲个数 N_x，则被测信号的频率为 $f_x = N_x/T_w$，通常闸门时间 T_w 为 1 s。

系统组成原理如图 11-4-2 所示，输入信号为 20 MHz 的基准时钟和 1 Hz ～ 40 MHz 的被测时钟，闸门时间模块的作用是对基准时钟进行分频，得到一个 1 s 的闸门信号，作为 8 位十进制计数器的计数标志，8 位数码管显示被测信号的频率。

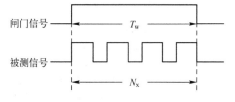

图 11-4-1　测频法的基本原理

3. 电路符号

数字频率计的电路符号如图 11-4-3 所示。图中，输入信号为基准时钟 sysclk 和被测试时钟 clkin；输出信号为 7 段显示控制信号 seg7［6..0］和数码管地址选择控制信号 scan［7..0］。

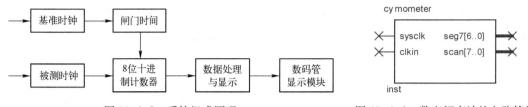

图 11-4-2　系统组成原理　　　　　　　　　图 11-4-3　数字频率计的电路符号

4. 设计方法

采用文本编辑法，利用 Verilog HDL 语言描述数字频率计，代码如下。

```verilog
module cymometer(seg7,scan,sysclk,clkin);
output[6:0] seg7;
output[7:0] scan;
input sysclk;                    //20 MHz 时钟输入
input clkin;                     //待测频率信号输入
reg[6:0] seg7;                   //七段显示控制信号(abcdefg)
reg[7:0] scan;                   //数码管地址选择信号
reg[24:0] cnt;
reg clk_cnt;
reg[3:0] cntp1,cntp2,cntp3,cntp4,cntp5,cntp6,cntp7,cntp8;
reg[3:0] cntq1,cntq2,cntq3,cntq4,cntq5,cntq6,cntq7,cntq8;
reg[3:0] dat;
//0.5 Hz 分频
always @(posedge sysclk)
begin
  if(cnt==25'b1_0111_1101_0111_1000_0100_0000)
    begin clk_cnt<=~clk_cnt;cnt<=0; end
  else
    begin cnt<=cnt+1; end
end
//在 1 s 内计数
always @(posedge clkin)
begin
  if(clk_cnt)
  begin
    if(cntp1=='b1001)
      begin cntp1<='b0000; cntp2<=cntp2+1;
        if(cntp2=='b1001)
          begin cntp2<='b0000;cntp3<=cntp3+1;
            if(cntp3=='b1001)
              begin cntp3<='b0000;cntp4<=cntp4+1;
                if(cntp4=='b1001)
                  begin cntp4<='b0000;cntp5<=cntp5+1;
                    if(cntp5=='b1001)
                      begin cntp5<='b0000;cntp6<=cntp6+1;
                        if(cntp6=='b1001)
                          begin cntp6<='b0000;cntp7<=cntp7+1;
                            if(cntp7=='b1001)
                              begin cntp7<='b0000;cntp8<=cntp8+1;
```

```verilog
                                        if( cntp8 = = 'b1001 )
                                            begin cntp8<= 'b0000; end
                                    end
                                end
                            end
                        end
                    end
                end
            end
        else begin cntp1<= cntp1+1; end
    end
else
    begin
if( cntp1! = 'b0000│cntp2! = 'b0000│cntp3! = 'b0000│cntp4! = 'b0000│cntp5! = 'b0000│cntp6! = '
b0000│cntp7! = 'b0000│cntp8! = 'b0000)        //对计数值锁存
    begin
        cntq1<= cntp1;cntq2<= cntp2; cntq3<= cntp3;
        cntq4<= cntp4;cntq5<= cntp5; cntq6<= cntp6;
        cntq7<= cntp7;cntq8<= cntp8;
        cntp1<= 'b0000;cntp2<= 'b0000;cntp3<= 'b0000;
        cntp4<= 'b0000;cntp5<= 'b0000;cntp6<= 'b0000;
        cntp7<= 'b0000;cntp8<= 'b0000;
    end
end
end
//扫描数码管
always
begin
    case( cnt[15:13])
    'b000:begin scan<= 'b00000001;dat<= cntq1; end
    'b001:begin scan<= 'b00000010;dat<= cntq2; end
    'b010:begin scan<= 'b00000100;dat<= cntq3; end
    'b011:begin scan<= 'b00001000;dat<= cntq4; end
    'b100:begin scan<= 'b00010000;dat<= cntq5; end
    'b101:begin scan<= 'b00100000;dat<= cntq6; end
    'b110:begin scan<= 'b01000000;dat<= cntq7; end
    'b111:begin scan<= 'b10000000;dat<= cntq8; end
    default:begin scan<= 'bx;dat<= 'bx; end
    endcase
//数码管显示译码
    case( dat[3:0])
    4'b0000:seg7[6:0]=7'b1111110;
    4'b0001:seg7[6:0]=7'b0110000;
    4'b0010:seg7[6:0]=7'b1101101;
    4'b0011:seg7[6:0]=7'b1111001;
    4'b0100:seg7[6:0]=7'b0110011;
    4'b0101:seg7[6:0]=7'b1011011;
    4'b0110:seg7[6:0]=7'b1011111;
    4'b0111:seg7[6:0]=7'b1110000;
    4'b1000:seg7[6:0]=7'b1111111;
```

```
        4'b1001:seg7[6:0] = 7'b1111011;
        default:seg7[6:0] = 'bx;
        endcase
    end
endmodule
```

5. 仿真结果

由于数字频率计的计数时间为 1 s，在软件中仿真需要的时间较长，因此设计直接在实验板上进行验证即可。

11.5　乒乓游戏机

1. 设计要求

设计一个乒乓球游戏机，模拟乒乓球比赛的基本过程和规则，并能自动裁判和记分。具体要求如下：

（1）使用乒乓球游戏机的甲、乙双方各在不同的位置发球或击球。

（2）乒乓球的位置和移动方向可由 LED 显示灯和依次点亮的方向决定，球的移动速度设为每 0.5 s 移动一位。使用者可按乒乓球的位置发出相应的动作，提前击球或出界均判为失分。

2. 设计原理

乒乓球游戏机是用 16 个 LED 代表乒乓球台，中间两个 LED 兼作乒乓球网，用点亮的 LED 按一定方向移动来表示球的运动。另外，设置发球开关 Af、Bf 和接球开关 Aj、Bj。利用七段数码管作为记分牌。

甲、乙双方按乒乓球比赛规则来操作开关。当甲方按动发球开关 Af 时，靠近甲方的第一个灯亮，然后按顺序向乙方移动。当球过网后，乙方可以接球，接球后灯反方向移动，双方继续比赛，如果一方提前击球或未击到球，则判为失分，对方加分。重新发球后，继续比赛。

3. 电路符号

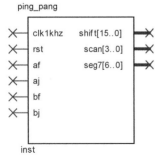

图 11-5-1　乒乓球游戏机的
电路符号

乒乓球游戏机的电路符号如图 11-5-1 所示。图中，输入信号为系统时钟 clk1 khz（输入 1 kHz 的时钟信号）、系统复位端 rst、甲方发球 af、甲方接球 aj、乙方发球 bf 和乙方击球 bj；输出信号为 16 个 LED 显示模块 shift[15..0]、数码管地址选择信号 scan[3..0] 和七段显示控制信号 seg7[6..0]。

4. 设计方法

采用文本编辑法，利用 Verilog HDL 语言描述乒乓球游戏机。下面的代码实现对当前局的计分，需手工清除计分进行下一局比赛，读者可以尝试增加局分显示，如一方记满 11 分，则当前局计分自动清零，局比分自动增加。

```
module ping_pang(shift,scan,seg7,clk1khz,rst,af,aj,bf,bj);
output[15:0] shift;
```

```verilog
output[3:0] scan;
output[6:0] seg7;
input clk1khz;                              //1 kHz 时钟信号
input af;                                   //甲方发球
input aj;                                   //甲方击球
input bf;                                   //乙方发球
input bj;                                   //乙方击球
input rst;                                  //系统复位端
reg[15:0] shift;                            //16 个 LED 代表乒乓球台(甲在左,乙在右)
reg[3:0] scan;                              //数码管地址选择信号
reg[6:0] seg7;                              //7 段显示控制信号(abcdefg)
reg clk1_2hz;
reg[3:0] a_score,b_score;
reg[1:0] cnt;
reg[3:0] data;
reg[3:0] a_one,a_ten,b_one,b_ten;
reg[7:0] count;
reg a,b;                                    //甲和乙的控制位
reg[15:0] shift_1;
//----------------------------2 Hz 分频----------------------------
always @ ( posedge clk1khz)
begin
    if( count == 'b1111_1010)
      begin clk1_2hz<=~ clk1_2hz;count<=0; end
    else begin count<=count+1; end
    if( cnt == 'b11)                        //数码管动态扫描计数
      begin cnt<= 'b0; end
    else
      begin cnt<=cnt+1; end
end
//乒乓球比赛规则
always @ ( posedge clk1_2hz)
begin
    if( rst)
      begin a_score<=0;b_score<=0;a<=0;b<=0;shift_1<=0; end
    else
      begin
        if( ! a&&! b&&af)                   //如果甲发球
          begin a<=1;shift_1<= 'b1000000000000000; end    //甲的控制位置 1
        else if( ! a&&! b&&bf)
          begin b<=1;shift_1<= 'b0000000000000001; end    //乙的控制位置 1
        else if( a&&! b)                    //球从甲向乙移动
          begin
            if( shift_1>'b0000_0000_1000_0000)            //如果没到球网乙击球,则甲加分
              begin
                if( bj)
                  begin
                    a_score<=a_score+1;
                    a<=0;b<=0;
                    shift_1<= 'b0000000000000000;
```

```
                    end
                else                              //如果乙一直没有接球,则甲加分
                    begin shift_1[15:1]<=shift_1[15:1]>>1; end
                end
            else if(shift_1=='b0)
                begin a_score<=a_score+1;a<=0;b<=0; end
            else
                begin
                    if(bj)                        //如果乙击球成功,则乙的控制位置1,甲的控制位清零
                        begin a<=0;b<=1; end
                    else
                        begin shift_1[15:1]<=shift_1[15:1]>>1; end
                end
            end
        else if(b&&!a)                            //球从乙向甲移动
            begin
                if(shift_1<'b0000_0001_0000_0000&&shift_1!='b0)
                    begin
                        if(aj)                    //如果没到球网甲击球,则乙加分
                            begin
                                b_score<=b_score+1;
                                a<=0;b<=0;
                                shift_1<='b0000000000000000;
                            end
                        else
                            begin shift_1[14:0]<=shift_1[14:0]<<1; end
                    end
                else if(shift_1=='b0)             //如果乙一直没接球,则甲加分
                    begin b_score<=b_score+1;a<=0;b<=0; end
                else
                    begin
                        if(aj)                    //如果乙击球成功,则甲的控制位置1,乙的控制位清零
                            begin a<=1;b<=0; end
                        else
                            begin shift_1[14:0]<=shift_1[14:0]<<1; end
                    end
                end
        end
end
    shift<=shift_1;
    if(a_score=='b1011&&!rst) begin a_score<=a_score;b_score<=b_score; end
    if(b_score=='b1011&&!rst) begin a_score<=a_score;b_score<=b_score; end
end
//--------------------将甲和乙的计分换成 BCD 码--------------------
always
begin
    case(a_score[3:0])
    'b0000:begin a_one<='b0000;a_ten<='b0000; end
    'b0001:begin a_one<='b0001;a_ten<='b0000; end
    'b0010:begin a_one<='b0010;a_ten<='b0000; end
    'b0011:begin a_one<='b0011;a_ten<='b0000; end
```

```verilog
        'b0100:begin a_one<='b0100;a_ten<='b0000; end
        'b0101:begin a_one<='b0101;a_ten<='b0000; end
        'b0110:begin a_one<='b0110;a_ten<='b0000; end
        'b0111:begin a_one<='b0111;a_ten<='b0000; end
        'b1000:begin a_one<='b1000;a_ten<='b0000; end
        'b1001:begin a_one<='b1001;a_ten<='b0000; end
        'b1010:begin a_one<='b0000;a_ten<='b0001; end
        'b0011:begin a_one<='b0001;a_ten<='b0001; end
        default:begin a_one<='bx;a_ten<='bx; end
      endcase
      case(b_score[3:0])
        'b0000:begin b_one<='b0000;b_ten<='b0000; end
        'b0001:begin b_one<='b0001;b_ten<='b0000; end
        'b0010:begin b_one<='b0010;b_ten<='b0000; end
        'b0011:begin b_one<='b0011;b_ten<='b0000; end
        'b0100:begin b_one<='b0100;b_ten<='b0000; end
        'b0101:begin b_one<='b0101;b_ten<='b0000; end
        'b0110:begin b_one<='b0110;b_ten<='b0000; end
        'b0111:begin b_one<='b0111;b_ten<='b0000; end
        'b1000:begin b_one<='b1000;b_ten<='b0000; end
        'b1001:begin b_one<='b1001;b_ten<='b0000; end
        'b1010:begin b_one<='b0000;b_ten<='b0001; end
        'b0011:begin b_one<='b0001;b_ten<='b0001; end
        default:begin b_one<='bx;b_ten<='bx; end
      endcase
//------------------------数码管动态扫描------------------------
      case(cnt[1:0])
        'b00:begin data<=b_one;scan<='b0001; end
        'b01:begin data<=b_ten;scan<='b0010; end
        'b10:begin data<=a_one;scan<='b0100; end
        'b11:begin data<=a_ten;scan<='b1000; end
        default:begin data<='bx;scan<='bx; end
      endcase
//------------------------七段译码------------------------
      case(data[3:0])
        4'b0000:seg7[6:0]=7'b1111110;
        4'b0001:seg7[6:0]=7'b0110000;
        4'b0010:seg7[6:0]=7'b1101101;
        4'b0011:seg7[6:0]=7'b1111001;
        4'b0100:seg7[6:0]=7'b0110011;
        4'b0101:seg7[6:0]=7'b1011011;
        4'b0110:seg7[6:0]=7'b1011111;
        4'b0111:seg7[6:0]=7'b1110000;
        4'b1000:seg7[6:0]=7'b1111111;
        4'b1001:seg7[6:0]=7'b1111011;
        default:seg7[6:0]='bx;
      endcase
    end
endmodule
```

5. 仿真结果

由于系统时钟分频系数较大，软件仿真不易实现，因此将分频系数适当改小来仿真其逻辑功能即可。由于甲方和乙方的游戏规则相同，下面仅给出甲方发球后的各种情况的功能仿真结果和时序仿真结果，乙方发球后的情况与其类似。

（1）甲方发球后，乙方提前击球，同时甲方得分：此情况的功能仿真结果和时序仿真结果分别如图 11-5-2 和图 11-5-3 所示。观察波形可知，球的移动方向为从左到右，乙提前击球后 a_score 加 1，即甲方得分。

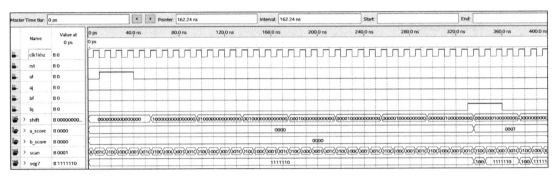

图 11-5-2　甲方发球，乙方提前击球的功能仿真结果

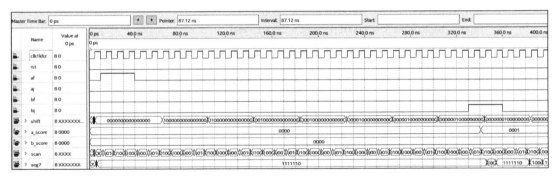

图 11-5-3　甲方发球，乙方提前击球的时序仿真结果

（2）甲方发球后，乙方在球过网后击球：此情况的功能仿真结果如图 11-5-4 所示，其时序仿真结果如图 11-5-5 所示。观察波形可知，乙接到球后，球的运动方向变为从右到左。

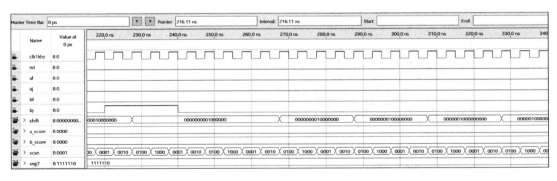

图 11-5-4　甲方发球，乙方在球过网后击球的功能仿真结果

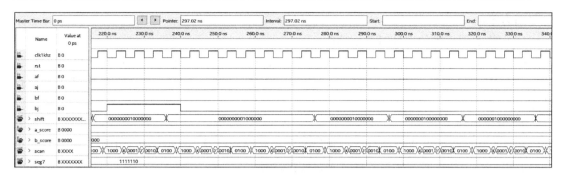

图 11-5-5　甲方发球，乙方在球过网后击球的时序仿真结果

（3）甲方发球后，乙方没有击球：此情况的功能仿真结果如图 11-5-6 所示，其时序仿真结果如图 11-5-7 所示。观察波形可知，乙没有接球，则甲方加分。

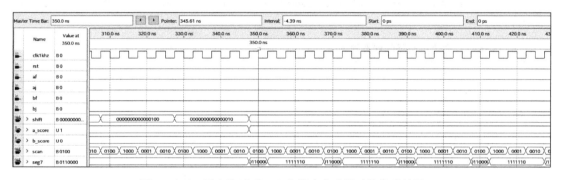

图 11-5-6　甲方发球后，乙方没有击球的功能仿真结果

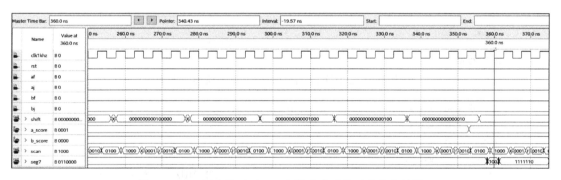

图 11-5-7　甲方发球后，乙方没有击球的时序仿真结果

11.6　交通控制器

1. 设计要求

设计一个交通控制器，用 LED 来表示交通状态，并以七段数码显示器显示当前状态剩余秒数，具体要求如下：

（1）主干道绿灯亮时，支干道红灯亮，反之亦然，二者交替允许通行，主干道每次放行 35 s，支干道每次放行 25 s。每次由绿灯变为红灯的过程中，亮光的黄灯作为过渡，亮黄灯时间为 5 s。

（2）能实现正常的倒计时显示功能。

（3）能实现总体清零功能：计数器由初始状态开始计数，对应状态的指示灯亮。

（4）能实现特殊状态的功能显示：进入特殊状态时，东西、南北路口均显示为红灯状态。

2. 设计原理

根据要求可以绘制出交通灯点亮规律的状态转换表，见表 11-6-1。由表可知，有 4 个状态，可以利用状态机来实现各种状态之间的转换。

3. 电路符号

交通控制器的电路符号如图 11-6-1 所示。图中，输入信号为系统时钟 clk 和禁止通行信号 jin；输出信号为主干道红灯 ra、主干道黄灯 ya、主干道绿灯 ga、支干道红灯 rb、支干道黄灯 yb、支干道绿灯 gb、数码管地址选择信号 scan[1..0] 和 7 段显示控制信号 seg7[6..0]。

表 11-6-1   交通控制器的状态转换表

状　　态	主　干　道	支　干　道	时间/s
st1	绿灯亮	红灯亮	35
st2	黄灯亮	红灯亮	5
st3	红灯亮	绿灯亮	25
st4	红灯亮	黄灯亮	5

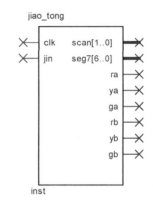

图 11-6-1   交通控制器的电路符号

4. 设计方法

采用文本编辑法，利用 Verilog HDL 语言描述交通控制器，代码如下。

```verilog
module jiao_tong(scan,seg7,ra,ya,ga,rb,yb,gb,clk,jin);
output[1:0] scan;
output[6:0] seg7;
output ra,ya,ga,rb,yb,gb;
input clk,jin;                              //20 MHz 晶振时钟、禁止通行信号
reg[1:0] scan;                              //数码管地址选择信号
reg[6:0] seg7;                              //七段显示控制信号(abcdefg)
reg ra,ya,ga,rb,yb,gb;                      //主干道的红黄绿灯、支干道的红黄绿灯
reg[1:0] state,next_state;
parameter state0=2'b00,state1=2'b01,state2=2'b10,state3=2'b11;//4 种状态
reg clk1khz,clk1hz;                         //分频信号包括 1 kHz 和 1 Hz
reg[3:0] one,ten;                           //倒计时的个位和十位
reg[1:0] cnt;                               //数码管扫描信号
reg[3:0] data;
reg[6:0] seg7_temp;
reg r1,r2,g1,g2,y1,y2;
reg[13:0] count1;
reg[8:0] count2;
```

```verilog
reg a;                                              //倒计时赋值标志位
reg[3:0] qh,ql;                                     //计数的高位和低位
//---------------------1 kHz 分频-----------------------
always @ ( posedge clk)
begin
    if( count1 = = 14'd10000)
        begin clk1khz<=~ clk1khz;count1<=0; end
    else
        begin count1<=count1+1; end
end
//---------------------1 Hz 分频-----------------------------
always @ ( posedge clk1khz)
begin
    if( count2 = = 9'd500)
        begin clk1hz<=~ clk1hz;count2<=0; end
    else
        begin count2<=count2+1; end
end
//-----------------------交通状态转换-----------------------
always @ ( posedge clk1hz)
begin
    state=next_state;
    case( state)
    state0;begin                                    //状态 state0,主干道通行 35 s
            if( ! jin)
                begin
                    if( ! a)
                        begin
                            qh<= 'b0011;
                            ql<= 'b0101;
                            a<=1;
                            r1<=0;
                            y1<=0;
                            g1<=1;
                            r2<=1;
                            y2<=0;
                            g2<=0;
                        end
                    else
                        begin
                            if( ! qh&&! ql)             //如果倒计时结束,则转到 state1 状态
                                begin
                                    next_state<=state1;
                                    a<=0;
                                    qh<= 'b0000;
                                    ql<= 'b0000;
                                end
                            else if( ! ql)              //实现倒计时 35 s
                                begin
                                    ql<= 'b1001;
```

```
                              qh<=qh-1;
                           end
                       else
                           begin
                              ql<=ql-1;
                           end
                    end
                end
            end
        state1:begin                              //状态 state1,主干道黄灯倒计时 5 s
            if(!jin)
              begin
                if(!a)
                  begin
                    qh<='b0000;                    //高位为 0
                    ql<='b0101;                    //低位为 5
                    a<=1;
                    r1<=0;
                    y1<=1;                          //主干道黄灯点亮
                    g1<=0;
                    r2<=1;                          //支干道红灯点亮
                    y2<=0;
                    g2<=0;
                  end
                else
                  begin
                    if(!ql)                         //如果倒计时结束,则转到 state2 状态
                      begin
                        next_state<=state2;
                        a<=0;
                        qh<='b0000;
                        ql<='b0000;
                      end
                    else
                      begin
                        ql<=ql-1;
                      end
                  end
              end
            end
        state2:begin                              //状态 state2,支干道通行 25 s
            if(!jin)
              begin
                if(!a)
                  begin
                    qh<='b0010;                    //高位为 2
                    ql<='b0101;                    //低位为 4
                    a<=1;
                    r1<=1;                          //主干道红灯点亮
                    y1<=0;
```

```
                    g1<=0;
                    r2<=0;
                    y2<=0;
                    g2<=1;                          //支干道绿灯点亮
                  end
              else
                  begin
                    if(!qh&&!ql)                    //如果倒计时结束,则转到 state3 状态
                        begin
                          next_state<=state3;
                          a<=0;
                          qh<='b0000;
                          ql<='b0000;
                        end
                    else if(!ql)
                        begin
                          ql<='b1001;
                          qh<=qh-1;
                        end
                    else
                        begin
                          ql<=ql-1;
                        end
                  end
              end
          end
    state3:begin                                    //状态 state3,支干道黄灯倒计时 5 s
          if(!jin)
              begin
                if(!a)
                    begin
                      qh<='b0000;
                      ql<='b0100;
                      a<=1;
                      r1<=1;
                      y1<=0;
                      g1<=0;
                      r2<=0;
                      y2<=1;
                      g2<=0;
                    end
                else
                    begin
                      if(!ql)                        //如果倒计时结束,则转到 state0 状态
                          begin
                            next_state<=state0;
                            a<=0;
                            qh<='b0000;
                            ql<='b0000;
                          end
```

```
                    else
                       begin
                          ql<=ql-1;
                       end
                    end
                 end
              end
           endcase
        one<=ql;ten<=qh;
end
//----------------------------禁止通行信号,数码管闪烁显示--------------------
always @ (jin,clk1hz,r1,r2,g1,g2,y1,y2,seg7_temp)
begin
   if(jin)
      begin
         ra<=r1 || jin;                          //主干道红灯点亮
         rb<=r2 || jin;                          //支干道红灯点亮
         ga<=g1&&~jin;
         gb<=g2&&~jin;
         ya<=y1&&~jin;
         yb<=y2&&~jin;
         //----------------实现数码管闪烁显示----------------------
         seg7[0]<=seg7_temp[0]&&clk1hz;
         seg7[1]<=seg7_temp[1]&&clk1hz;
         seg7[2]<=seg7_temp[2]&&clk1hz;
         seg7[3]<=seg7_temp[3]&&clk1hz;
         seg7[4]<=seg7_temp[4]&&clk1hz;
         seg7[5]<=seg7_temp[5]&&clk1hz;
         seg7[6]<=seg7_temp[6]&&clk1hz;
      end
   else
      begin seg7[6:0]<=seg7_temp[6:0];
            ra<=r1;
            rb<=r2;
            ga<=g1;
            gb<=g2;
            ya<=y1;
            yb<=y2;
      end
end
//----------------------数码管动态扫描计数----------------------------
always @ (posedge clk1khz)
begin
   if(cnt=='b01)
      begin cnt<='b00; end
   else
      begin cnt<=cnt+1; end
end
//----------------------数码管动态扫描----------------------------
always @ (cnt,one,ten)
```

```
begin
  case( cnt)
  'b00: begin data<=one;scan<='b01; end
  'b01: begin data<=ten;scan<='b10; end
  default: begin data<='bx;scan<='bx; end
  endcase
end
//----------------------七段译码------------------------------
always @ ( data)
begin
  case( data[ 3:0] )
  4'b0000:seg7_temp[6:0]=7'b1111110;              //0 显示
  4'b0001:seg7_temp[6:0]=7'b0110000;              //1 显示
  4'b0010:seg7_temp[6:0]=7'b1101101;              //2 显示
  4'b0011:seg7_temp[6:0]=7'b1111001;              //3 显示
  4'b0100:seg7_temp[6:0]=7'b0110011;              //4 显示
  4'b0101:seg7_temp[6:0]=7'b1011011;              //5 显示
  4'b0110:seg7_temp[6:0]=7'b1011111;              //6 显示
  4'b0111:seg7_temp[6:0]=7'b1110000;              //7 显示
  4'b1000:seg7_temp[6:0]=7'b1111111;              //8 显示
  4'b1001:seg7_temp[6:0]=7'b1111011;              //9 显示
  default:seg7_temp[6:0]=7'b1001111;              //E 显示,代表出错
  endcase
end
endmodule
```

5. 仿真结果

交通控制器的功能仿真结果如图 11-6-2 所示,其时序仿真如图 11-6-3 所示。观察波形可知,交通控制器的状态满足交通规则,当禁止通行信号 jin＝1 时,主干道和支干道均为红灯,封锁交通。其中,state0 状态的功能仿真结果如图 11-6-4 所示,其时序仿真结果如图 11-6-5 所示,可知倒计时的时间为 35 s,其他状态与 state0 状态类似。

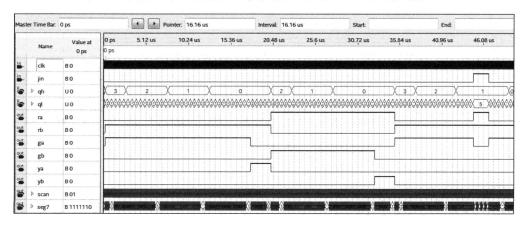

图 11-6-2　交通控制器的功能仿真结果

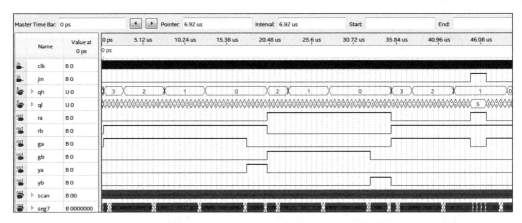

图 11-6-3　交通控制器的时序仿真结果

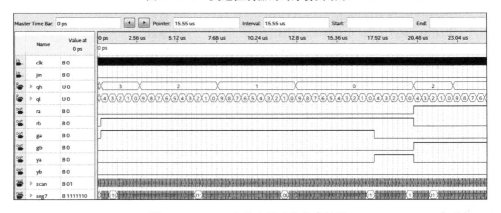

图 11-6-4　state0 状态的功能仿真结果

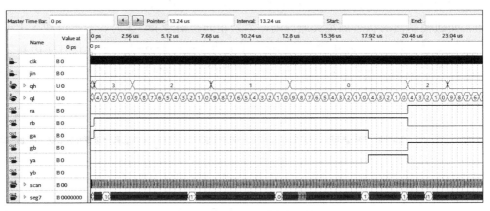

图 11-6-5　state0 状态的时序仿真结果

11.7　数字钟

1. 设计要求

设计一个数字时钟，要求用数码管分别显示时、分、秒的计数，同时可以进行时间设置，并且设置的时间显示要求闪烁。

2. 设计原理

计数器在正常工作时是对 1 Hz 的频率计数，在调整时间状态时对需要调整的时间模块进行计数；控制按键用来选择是正常计数还是调整时间，并决定调整时、分、秒；当置数按键被按下时，表示相应的调整块要加 1，如果对小时调整，显示时间的 LED 将闪烁且当置数按键被按下时，相应的小时显示要加 1。显示时间的 LED 均用动态扫描显示来实现。数字钟原理图如图 11-7-1 所示。

3. 电路符号

数字钟的电路符号如图 11-7-2 所示。图中，输入信号为基准时钟 clk（20 MHz）、清零端 clr、暂停信号 en、置数信号 inc 和控制信号 mode；输出信号为数码管地址选择信号 scan[5..0] 和七段显示控制信号 seg7[6..0]。

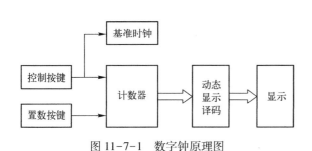

图 11-7-1　数字钟原理图　　　　　图 11-7-2　数字钟的电路符号

4. 设计方法

采用文本编辑法，利用 Verilog HDL 语言描述数字钟，代码如下。

```
module clock(seg7,scan,clk,clr,en,mode,inc);
output[6:0] seg7;
output[5:0] scan;
input clk;                              //时钟输入 20 MHz
input clr;                              //清零端
input en;                              //暂停信号
input mode;                            //控制信号,用于选择模式
input inc;                             //置数信号
reg[6:0] seg7;                         //七段显示控制信号(abcdefg)
reg[5:0] scan;                         //数码管地址选择信号
reg[1:0] state;                        //定义 4 种状态
reg[3:0] qhh,qhl,qmh,qml,qsh,qsl;      //小时、分、秒的高位和低位
reg[3:0] data;
reg[2:0] cnt;                          //扫描数码管的计数器
reg clk1khz,clk1hz,clk2hz;             //1 kHz、1 Hz、2 Hz 的分频信号
reg[2:0] blink;                        //闪烁信号
reg inc_reg;
reg[7:0] sec,min;
reg[7:0] hour;
parameter state0=2'b00,state1=2'b01,state2=2'b10,state3=2'b11;
reg[13:0] count1;
reg[8:0] count2;
reg[8:0] count3;
//--------------------------1 kHz 分频,用于扫描数码管地址--------
```

```
always @ ( posedge clk )
begin
   if( count1 = = 'd10000 )
      begin clk1khz<=～clk1khz;count1<=0; end
   else
      begin count1<=count1+1; end
end
//--------------------      1 Hz 分频,用于计时--------------------------
always @ ( posedge clk1khz )
begin
   if( count2 = = 'd500 )
      begin clk1hz<=～clk1hz;count2<=0; end
   else
      begin count2<=count2+1; end
   if( count3 = = 'd250 )                        //2 Hz 分频,用于数码管闪烁
      begin clk2hz<=～clk2hz;count3<=0; end
   else
      begin count3<=count3+1; end
   if( cnt = = 'd5 )                              //数码管动态扫描计数
      begin cnt<= 'd0; end
   else
      begin cnt<=cnt+1; end
end
//----------------------- 模式转换------------------------
always @ ( posedge mode )
begin
   if( clr )
      begin state<=state0; end
   else
      begin state<=state+1; end
end
//-----------------------状态控制-----------------------------
always @ ( posedge clk1hz )
begin
   if( en )
      begin hour<=hour;
            min<=min;
            sec<=sec ;
      end
   else if( clr )
      begin hour<=0;
            min<=0;
            sec<=0;
      end
   else
      begin
         case( state )
         state0;begin                            //模式 0,正常计时
                 if( sec = = 8'd59 )
                    begin sec<= 'd0;
```

```
                if( min = = 8'd59)
                 begin min<='d0;
                   if( hour = = 8'd23)
                    begin hour<=8'd0; end
                   else
                     begin hour<=hour+1; end
                  end
                 else
                   begin min<=min+1; end
               end
              else
               begin sec<=sec+1; end
              end
    state1:begin                              //模式1,设定小时时间
          if(inc)
           begin
            if( ! inc_reg)
             begin inc_reg<=1;
                     if( hour = = 8'd23)
                       begin hour<=8'd0; end
                     else
                       begin hour<=hour+1; end
              end
             end
            else
             begin inc_reg<=0; end
           end
    state2:begin                              //模式2,设定分钟时间
          if(inc)
           begin
            if( ! inc_reg)
             begin inc_reg<=1;
                     if( min = = 8'd59)
                       begin min<=8'd0; end
                     else
                       begin min<=min+1; end
              end
             end
            else
            begin inc_reg<=0; end
           end
    state3:begin                              //模式3,设定秒钟时间
          if(inc)
           begin
            if( ! inc_reg)
             begin inc_reg<=1;
                     if( sec = = 8'd59)
                       begin sec<=8'd0; end
                     else
                       begin sec<=sec+1; end
```

```verilog
                end
              end
          else
              begin inc_reg<=0; end
          end
      endcase
    end
end
//-------------------------当进行时间设定时,令数码管闪烁------------------
always @ (state,clk2hz)
begin
  case(state)
  state0:blink[2:0]<='b111;
  state1:blink[2]<=clk2hz;
  state2:blink[1]<=clk2hz;
  state3:blink[0]<=clk2hz;
  default:blink[2:0]<='bx;
  endcase
end
//----------------------秒计数的十进制转BCD码----------------------
always @ (sec)
begin
  case(sec[7:0])
  8'd0:begin qsh[3:0]<='b0000;qsl[3:0]<='b0000; end
  8'd1:begin qsh[3:0]<='b0000;qsl[3:0]<='b0001; end
  8'd2:begin qsh[3:0]<='b0000;qsl[3:0]<='b0010; end
  8'd3:begin qsh[3:0]<='b0000;qsl[3:0]<='b0011; end
  8'd4:begin qsh[3:0]<='b0000;qsl[3:0]<='b0100; end
  8'd5:begin qsh[3:0]<='b0000;qsl[3:0]<='b0101; end
  8'd6:begin qsh[3:0]<='b0000;qsl[3:0]<='b0110; end
  8'd7:begin qsh[3:0]<='b0000;qsl[3:0]<='b0111; end
  8'd8:begin qsh[3:0]<='b0000;qsl[3:0]<='b1000; end
  8'd9:begin qsh[3:0]<='b0000;qsl[3:0]<='b1001; end
  8'd10:begin qsh[3:0]<='b0001;qsl[3:0]<='b0000; end
  8'd11:begin qsh[3:0]<='b0001;qsl[3:0]<='b0001; end
  8'd12:begin qsh[3:0]<='b0001;qsl[3:0]<='b0010; end
  8'd13:begin qsh[3:0]<='b0001;qsl[3:0]<='b0011; end
  8'd14:begin qsh[3:0]<='b0001;qsl[3:0]<='b0100; end
  8'd15:begin qsh[3:0]<='b0001;qsl[3:0]<='b0101; end
  8'd16:begin qsh[3:0]<='b0001;qsl[3:0]<='b0110; end
  8'd17:begin qsh[3:0]<='b0001;qsl[3:0]<='b0111; end
  8'd18:begin qsh[3:0]<='b0001;qsl[3:0]<='b1000; end
  8'd19:begin qsh[3:0]<='b0001;qsl[3:0]<='b1001; end
  8'd20:begin qsh[3:0]<='b0010;qsl[3:0]<='b0000; end
  8'd21:begin qsh[3:0]<='b0010;qsl[3:0]<='b0001; end
  8'd22:begin qsh[3:0]<='b0010;qsl[3:0]<='b0010; end
  8'd23:begin qsh[3:0]<='b0010;qsl[3:0]<='b0011; end
  8'd24:begin qsh[3:0]<='b0010;qsl[3:0]<='b0100; end
  8'd25:begin qsh[3:0]<='b0010;qsl[3:0]<='b0101; end
  8'd26:begin qsh[3:0]<='b0010;qsl[3:0]<='b0110; end
```

```
8'd27:begin qsh[3:0]<='b0010;qsl[3:0]<='b0111; end
8'd28:begin qsh[3:0]<='b0010;qsl[3:0]<='b1000; end
8'd29:begin qsh[3:0]<='b0010;qsl[3:0]<='b1001; end
8'd30:begin qsh[3:0]<='b0011;qsl[3:0]<='b0000; end
8'd31:begin qsh[3:0]<='b0011;qsl[3:0]<='b0001; end
8'd32:begin qsh[3:0]<='b0011;qsl[3:0]<='b0010; end
8'd33:begin qsh[3:0]<='b0011;qsl[3:0]<='b0011; end
8'd34:begin qsh[3:0]<='b0011;qsl[3:0]<='b0100; end
8'd35:begin qsh[3:0]<='b0011;qsl[3:0]<='b0101; end
8'd36:begin qsh[3:0]<='b0011;qsl[3:0]<='b0110; end
8'd37:begin qsh[3:0]<='b0011;qsl[3:0]<='b0111; end
8'd38:begin qsh[3:0]<='b0011;qsl[3:0]<='b1000; end
8'd39:begin qsh[3:0]<='b0011;qsl[3:0]<='b1001; end
8'd40:begin qsh[3:0]<='b0100;qsl[3:0]<='b0000; end
8'd41:begin qsh[3:0]<='b0100;qsl[3:0]<='b0001; end
8'd42:begin qsh[3:0]<='b0100;qsl[3:0]<='b0010; end
8'd43:begin qsh[3:0]<='b0100;qsl[3:0]<='b0011; end
8'd44:begin qsh[3:0]<='b0100;qsl[3:0]<='b0100; end
8'd45:begin qsh[3:0]<='b0100;qsl[3:0]<='b0101; end
8'd46:begin qsh[3:0]<='b0100;qsl[3:0]<='b0110; end
8'd47:begin qsh[3:0]<='b0100;qsl[3:0]<='b0111; end
8'd48:begin qsh[3:0]<='b0100;qsl[3:0]<='b1000; end
8'd49:begin qsh[3:0]<='b0100;qsl[3:0]<='b1001; end
8'd50:begin qsh[3:0]<='b0101;qsl[3:0]<='b0000; end
8'd51:begin qsh[3:0]<='b0101;qsl[3:0]<='b0001; end
8'd52:begin qsh[3:0]<='b0101;qsl[3:0]<='b0010; end
8'd53:begin qsh[3:0]<='b0101;qsl[3:0]<='b0011; end
8'd54:begin qsh[3:0]<='b0101;qsl[3:0]<='b0100; end
8'd55:begin qsh[3:0]<='b0101;qsl[3:0]<='b0101; end
8'd56:begin qsh[3:0]<='b0101;qsl[3:0]<='b0110; end
8'd57:begin qsh[3:0]<='b0101;qsl[3:0]<='b0111; end
8'd58:begin qsh[3:0]<='b0101;qsl[3:0]<='b1000; end
8'd59:begin qsh[3:0]<='b0101;qsl[3:0]<='b1001; end
default: begin qsh[3:0]<='bx;qsl[3:0]<='bx; end
endcase
end
//--------------------------分计数的十进制转 BCD 码--------------------
always @ (min)
begin
  case(min[7:0])
  8'd0:begin qmh[3:0]<='b0000;qml[3:0]<='b0000; end
  8'd1:begin qmh[3:0]<='b0000;qml[3:0]<='b0001; end
  8'd2:begin qmh[3:0]<='b0000;qml[3:0]<='b0010; end
  8'd3:begin qmh[3:0]<='b0000;qml[3:0]<='b0011; end
  8'd4:begin qmh[3:0]<='b0000;qml[3:0]<='b0100; end
  8'd5:begin qmh[3:0]<='b0000;qml[3:0]<='b0101; end
  8'd6:begin qmh[3:0]<='b0000;qml[3:0]<='b0110; end
  8'd7:begin qmh[3:0]<='b0000;qml[3:0]<='b0111; end
  8'd8:begin qmh[3:0]<='b0000;qml[3:0]<='b1000; end
  8'd9:begin qmh[3:0]<='b0000;qml[3:0]<='b1001; end
```

```
8'd10:begin qmh[3:0]<='b0001;qml[3:0]<='b0000; end
8'd11:begin qmh[3:0]<='b0001;qml[3:0]<='b0001; end
8'd12:begin qmh[3:0]<='b0001;qml[3:0]<='b0010; end
8'd13:begin qmh[3:0]<='b0001;qml[3:0]<='b0011; end
8'd14:begin qmh[3:0]<='b0001;qml[3:0]<='b0100; end
8'd15:begin qmh[3:0]<='b0001;qml[3:0]<='b0101; end
8'd16:begin qmh[3:0]<='b0001;qml[3:0]<='b0110; end
8'd17:begin qmh[3:0]<='b0001;qml[3:0]<='b0111; end
8'd18:begin qmh[3:0]<='b0001;qml[3:0]<='b1000; end
8'd19:begin qmh[3:0]<='b0001;qml[3:0]<='b1001; end
8'd20:begin qmh[3:0]<='b0010;qml[3:0]<='b0000; end
8'd21:begin qmh[3:0]<='b0010;qml[3:0]<='b0001; end
8'd22:begin qmh[3:0]<='b0010;qml[3:0]<='b0010; end
8'd23:begin qmh[3:0]<='b0010;qml[3:0]<='b0011; end
8'd24:begin qmh[3:0]<='b0010;qml[3:0]<='b0100; end
8'd25:begin qmh[3:0]<='b0010;qml[3:0]<='b0101; end
8'd26:begin qmh[3:0]<='b0010;qml[3:0]<='b0110; end
8'd27:begin qmh[3:0]<='b0010;qml[3:0]<='b0111; end
8'd28:begin qmh[3:0]<='b0010;qml[3:0]<='b1000; end
8'd29:begin qmh[3:0]<='b0010;qml[3:0]<='b1001; end
8'd30:begin qmh[3:0]<='b0011;qml[3:0]<='b0000; end
8'd31:begin qmh[3:0]<='b0011;qml[3:0]<='b0001; end
8'd32:begin qmh[3:0]<='b0011;qml[3:0]<='b0010; end
8'd33:begin qmh[3:0]<='b0011;qml[3:0]<='b0011; end
8'd34:begin qmh[3:0]<='b0011;qml[3:0]<='b0100; end
8'd35:begin qmh[3:0]<='b0011;qml[3:0]<='b0101; end
8'd36:begin qmh[3:0]<='b0011;qml[3:0]<='b0110; end
8'd37:begin qmh[3:0]<='b0011;qml[3:0]<='b0111; end
8'd38:begin qmh[3:0]<='b0011;qml[3:0]<='b1000; end
8'd39:begin qmh[3:0]<='b0011;qml[3:0]<='b1001; end
8'd40:begin qmh[3:0]<='b0100;qml[3:0]<='b0000; end
8'd41:begin qmh[3:0]<='b0100;qml[3:0]<='b0001; end
8'd42:begin qmh[3:0]<='b0100;qml[3:0]<='b0010; end
8'd43:begin qmh[3:0]<='b0100;qml[3:0]<='b0011; end
8'd44:begin qmh[3:0]<='b0100;qml[3:0]<='b0100; end
8'd45:begin qmh[3:0]<='b0100;qml[3:0]<='b0101; end
8'd46:begin qmh[3:0]<='b0100;qml[3:0]<='b0110; end
8'd47:begin qmh[3:0]<='b0100;qml[3:0]<='b0111; end
8'd48:begin qmh[3:0]<='b0100;qml[3:0]<='b1000; end
8'd49:begin qmh[3:0]<='b0100;qml[3:0]<='b1001; end
8'd50:begin qmh[3:0]<='b0101;qml[3:0]<='b0000; end
8'd51:begin qmh[3:0]<='b0101;qml[3:0]<='b0001; end
8'd52:begin qmh[3:0]<='b0101;qml[3:0]<='b0010; end
8'd53:begin qmh[3:0]<='b0101;qml[3:0]<='b0011; end
8'd54:begin qmh[3:0]<='b0101;qml[3:0]<='b0100; end
8'd55:begin qmh[3:0]<='b0101;qml[3:0]<='b0101; end
8'd56:begin qmh[3:0]<='b0101;qml[3:0]<='b0110; end
8'd57:begin qmh[3:0]<='b0101;qml[3:0]<='b0111; end
8'd58:begin qmh[3:0]<='b0101;qml[3:0]<='b1000; end
8'd59:begin qmh[3:0]<='b0101;qml[3:0]<='b1001; end
```

```verilog
    default:begin qmh[3:0]<='bx;qml[3:0]<='bx; end
  endcase
end
//------------------------小时计数的十进制转 BCD 码------------------------
always @ (hour)
begin
  case(hour)
  8'd0:begin qhh[3:0]<='b0000;qhl[3:0]<='b0000; end
  8'd1:begin qhh[3:0]<='b0000;qhl[3:0]<='b0001; end
  8'd2:begin qhh[3:0]<='b0000;qhl[3:0]<='b0010; end
  8'd3:begin qhh[3:0]<='b0000;qhl[3:0]<='b0011; end
  8'd4:begin qhh[3:0]<='b0000;qhl[3:0]<='b0100; end
  8'd5:begin qhh[3:0]<='b0000;qhl[3:0]<='b0101; end
  8'd6:begin qhh[3:0]<='b0000;qhl[3:0]<='b0110; end
  8'd7:begin qhh[3:0]<='b0000;qhl[3:0]<='b0111; end
  8'd8:begin qhh[3:0]<='b0000;qhl[3:0]<='b1000; end
  8'd9:begin qhh[3:0]<='b0000;qhl[3:0]<='b1001; end
  8'd10:begin qhh[3:0]<='b0001;qhl[3:0]<='b0000; end
  8'd11:begin qhh[3:0]<='b0001;qhl[3:0]<='b0001; end
  8'd12:begin qhh[3:0]<='b0001;qhl[3:0]<='b0010; end
  8'd13:begin qhh[3:0]<='b0001;qhl[3:0]<='b0011; end
  8'd14:begin qhh[3:0]<='b0001;qhl[3:0]<='b0100; end
  8'd15:begin qhh[3:0]<='b0001;qhl[3:0]<='b0101; end
  8'd16:begin qhh[3:0]<='b0001;qhl[3:0]<='b0110; end
  8'd17:begin qhh[3:0]<='b0001;qhl[3:0]<='b0111; end
  8'd18:begin qhh[3:0]<='b0001;qhl[3:0]<='b1000; end
  8'd19:begin qhh[3:0]<='b0001;qhl[3:0]<='b1001; end
  8'd20:begin qhh[3:0]<='b0010;qhl[3:0]<='b0000; end
  8'd21:begin qhh[3:0]<='b0010;qhl[3:0]<='b0001; end
  8'd22:begin qhh[3:0]<='b0010;qhl[3:0]<='b0010; end
  8'd23:begin qhh[3:0]<='b0010;qhl[3:0]<='b0011; end
  default:begin qhh[3:0]<='bx;qhl[3:0]<='bx; end
  endcase
end
//------------------------数码管动态扫描------------------------
always @ (cnt,qhh,qhl,qmh,qml,qsh,qsl,blink)
begin
  case(cnt)
  3'b000:begin data[3:0]<=qsl[3:0];scan[5:0]<='b000001&{6{blink[0]}}; end
  3'b001:begin data[3:0]<=qsh[3:0];scan[5:0]<='b000010&{6{blink[0]}}; end
  3'b010:begin data[3:0]<=qml[3:0];scan[5:0]<='b000100&{6{blink[1]}}; end
  3'b011:begin data[3:0]<=qmh[3:0];scan[5:0]<='b001000&{6{blink[1]}}; end
  3'b100:begin data[3:0]<=qhl[3:0];scan[5:0]<='b010000&{6{blink[2]}}; end
  3'b101:begin data[3:0]<=qhh[3:0];scan[5:0]<='b100000&{6{blink[2]}}; end
  default:begin data<='bx;scan<='bx; end
  endcase
end
//------------------------七段译码------------------------
always @ (data)
begin
```

```
        case(data[3:0])
            4'b0000:seg7[6:0] = 7'b1111110;
            4'b0001:seg7[6:0] = 7'b0110000;
            4'b0010:seg7[6:0] = 7'b1101101;
            4'b0011:seg7[6:0] = 7'b1111001;
            4'b0100:seg7[6:0] = 7'b0110011;
            4'b0101:seg7[6:0] = 7'b1011011;
            4'b0110:seg7[6:0] = 7'b1011111;
            4'b0111:seg7[6:0] = 7'b1110000;
            4'b1000:seg7[6:0] = 7'b1111111;
            4'b1001:seg7[6:0] = 7'b1111011;
            default:seg7[6:0] = 7'b0000000;
        endcase
    end
endmodule
```

5. 仿真结果

由于系统时钟分频系数较大，在软件中仿真不易实现，因此将分频系数适当改小来仿真其逻辑功能即可。下面针对每个状态进行功能仿真和时序仿真。

（1）当正常计数时，state 为 "00"，此时的功能仿真结果如图 11-7-3 所示，其时序仿真结果如图 11-7-4 所示。观察波形可知，当秒计数 sec 计到 59 时，分计数 min 加 1。小时计数 hour 与分计数类似，均满足正常计数的逻辑功能，故不再单独给出小时计数的仿真结果。

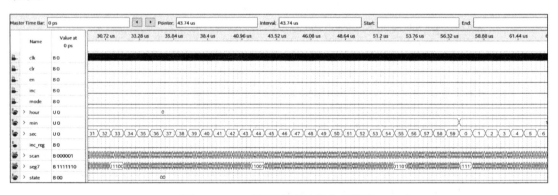

图 11-7-3　正常计数的功能仿真结果

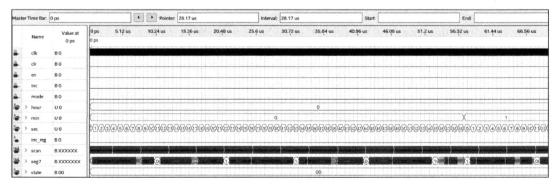

图 11-7-4　正常计数的时序仿真结果

（2）当控制信号 mode 为一个上升沿脉冲时，进入调整时间状态，此时 state 为"01"。第一个上升沿脉冲进入后，调整小时时间，此时表示小时的 LED 闪烁，当 inc 也为一个上升沿脉冲，则表示小时的 LED 自动加 1。其功能仿真结果如图 11-7-5 所示，其时序仿真结果如图 11-7-6 所示。调整分钟时间和秒钟时间的仿真结果与之类似，这里不再单独给出。

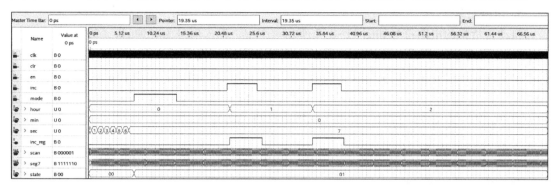

图 11-7-5　调整小时时间的功能仿真结果

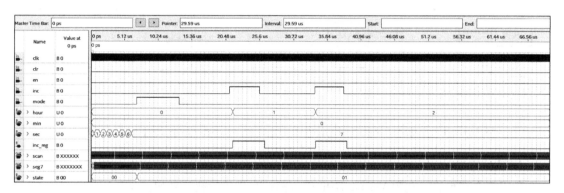

图 11-7-6　调整小时时间的时序仿真结果

 # 11.8　自动售货机

1. 设计要求

设计一个自动售货机控制系统。该系统能完成对商品信息的存储、进程控制、硬币处理、余额计算、显示等功能。可以管理 4 种货物，每种商品的数量和单价在初始化时输入，在存储器中存储。用户可以用硬币进行购物，通过按键进行选择。售货时，能够根据用户输入的钱币数来判断钱币是否足够，钱币足够时，则根据顾客要求自动售货；钱币不够时，则给出提示并退出。能够自动计算出应找钱币的金额和库存数量并显示。

2. 设计原理

1）程序运行过程及原理　首先由售货员把自动售货机的每种商品的数量和单价通过 set 键和 sel 键置入到 RAM 里。然后顾客通过 sel 键对所需要购买的商品进行选择，选定后，通过 get 键进行购买，再按 finish 键取回找币，同时结束此次交易。

按 get 键时，如果投的钱币数等于或大于所购买的商品单价，则自动售货机会给出所购买的商品；如果钱数不够，自动售货机不作响应，继续等待顾客的下次操作。

顾客的下次操作可以继续投币，直到钱数达到所要的商品单价进行购买；也可以直接按 finish 键退币。

2）程序逻辑框图 自动售货机的程序逻辑框图如图 11-8-1 所示。

3. 电路符号

自动售货机的电路符号如图 11-8-2 所示。图中，输入信号为时钟 clk（20 MHz）、设置键 set、购买键 get、种类选择键 sel、完成交易键 finish、5 角钱币 coin0、1 元钱币 coin1、单价数据输入 price[3..0]和数量数据输入 quantity[3..0]；输出信号为商品种类信号 item0[3..0]、购买商品开关信号 act[3..0]、数码管地址选择信号 scan[2..0]、七段显示控制信号 seg7[6..0]、5 角硬币找回 act5 和 1 元硬币找回 act10。

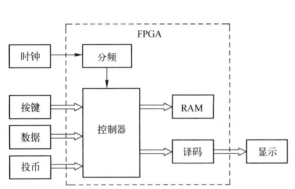

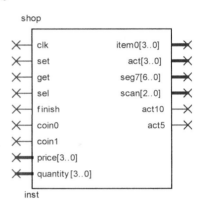

图 11-8-1　自动售货机的程序逻辑框图　　　　图 11-8-2　自动售货机的电路符号

4. 设计方法

采用文本编辑法，利用 Verilog HDL 语言描述自动售货机，代码如下。

```verilog
module shop(clk,set,get,sel,finish,coin0,coin1,price,quantity,item0,act,seg7,scan,act10,act5);
input clk;                          //系统时钟 20 MHz
input set,get,sel,finish;           //设定、买、选择、完成信号
input coin0,coin1;                  //5 角硬币、1 元硬币
input[3:0] price,quantity;          //价格、数量数据
output[3:0] item0,act;              //显示、开关信号
output[6:0] seg7;                   //钱数、商品数量显示数据
output[2:0] scan;                   //数码管地址选择信号
output act10,act5;                  //1 元硬币、5 角硬币
reg[3:0] item0,act;
reg[6:0] seg7;
reg[2:0] scan;
reg act10,act5;
reg[7:0] ram[3:0];                  //定义 RAM
reg clk1khz,clk1hz;
reg[3:0] coin;                      //钱币数计数器
reg[3:0] pri,qua;                   //商品单价、数量
reg clk1hzhz;                       //控制系统的时钟信号
reg[6:0] y0,y1,y2;                  //钱币数、商品数量
reg[1:0] cnt;
```

```
reg[13:0] cnt1;
reg[8:0] cnt2;
reg[1:0] item;                          //商品种类
integer i;
//-----------------------------1kHz 分频-----------------------------
always @(posedge clk)
begin
   if(cnt1 == 'd10000)
      begin clk1khz<=~clk1khz;cnt1<=0; end
   else
      begin cnt1<=cnt1+1; end
end
//-----------------------------1Hz 分频-----------------------------
always @(posedge clk1khz)
begin
   if(cnt2 == 'd500)
      begin clk1hz<=~clk1hz;cnt2<=0; end
   else
      begin cnt2<=cnt2+1; end
   if(cnt == 'b11)
      begin cnt<=0; end
   else
      begin cnt<=cnt+1; end
end


always @(posedge clk1hz)
begin
   if(set)
      begin
         ram[item]<={price,quantity};      //把商品的单价、数量置入到 RAM
      end
   else
      begin
         act5<=0;
         act10<=0;
         if(coin0)                          //投入 5 角硬币,coin 自加 1
            begin
               if(coin<'b1001)
                  begin coin<=coin+1; end
               else
                  begin coin<='b0000; end
            end
         else if(coin1)                     //投入 1 元硬币,coin 自加 2
            begin
               if(coin<'b1001)
                  begin coin<=coin+2; end
               else
                  begin coin<='b0000; end
            end
         else if(get)                              //对商品进行购买
```

```
                begin
                  if( qua>'b0000&&coin>=pri)
                    begin
                      coin=coin-pri;
                      qua=qua-1;
                      ram[item]={pri,qua};
                      if(item=='b00)                    //购买时,自动售货机对 4 种商品的操作
                        begin act<='b1000; end
                      else if(item=='b01)
                        begin act<='b0100; end
                      else if(item=='b10)
                        begin act<='b0010; end
                      else if(item=='b11)
                        begin act<='b0001; end
                    end
                end
              else if(finish)                           //结束交易,退币(找钱)
                begin
                  if(coin>'b0001)                       //此 if 语句完成找币操作
                    begin act10<=1;
                          coin<=coin-2;
                    end
                  else if(coin>'b0000)
                    begin act5<=1;
                          coin<=coin-1;
                    end
                  else
                    begin act5<=0;
                          act10<=0;
                    end
                end
              else if( !get)
                begin
                  act<='b0000;
                  for(i=0;i<4;i=i+1)
                    begin pri[i]<=ram[item][4+i];       //商品价格的读取
                          qua[i]<=ram[item][i];         //商品数量的读取
                    end
                end
          end
  end

  always @ ( posedge sel)                               //对商品进行循环选择
  begin item<=item+1; end

  //---------------------商品指示灯译码---------------------
  always @ (item)
  begin
    case(item1)
    'b00:item0<='b0111;
```

```verilog
        'b01:item0<='b1011;
        'b10:item0<='b1101;
        'b11:item0<='b1110;
        default:item0<='bx;
    endcase
end
//--------------------钱数的 BCD 码到七段码的译码--------------------
always @ (coin)
begin
    case(coin[3:0])
    4'b0000:y0[6:0]=7'b1111110;
    4'b0001:y0[6:0]=7'b0110000;
    4'b0010:y0[6:0]=7'b1101101;
    4'b0011:y0[6:0]=7'b1111001;
    4'b0100:y0[6:0]=7'b0110011;
    4'b0101:y0[6:0]=7'b1011011;
    4'b0110:y0[6:0]=7'b1011111;
    4'b0111:y0[6:0]=7'b1110000;
    4'b1000:y0[6:0]=7'b1111111;
    4'b1001:y0[6:0]=7'b1111011;
    default:y0[6:0]=7'b0000000;
    endcase
end
//--------------------数量的 BCD 码到七段码的译码--------------------
always @ (qua)
begin
    case(qua[3:0])
    4'b0000:y1[6:0]=7'b1111110;
    4'b0001:y1[6:0]=7'b0110000;
    4'b0010:y1[6:0]=7'b1101101;
    4'b0011:y1[6:0]=7'b1111001;
    4'b0100:y1[6:0]=7'b0110011;
    4'b0101:y1[6:0]=7'b1011011;
    4'b0110:y1[6:0]=7'b1011111;
    4'b0111:y1[6:0]=7'b1110000;
    4'b1000:y1[6:0]=7'b1111111;
    4'b1001:y1[6:0]=7'b1111011;
    default:y1[6:0]=7'b0000000;
    endcase
end
//--------------------单价的 BCD 码到七段码的译码--------------------
always @ (pri)
begin
    case(pri[3:0])
    4'b0000:y2[6:0]=7'b1111110;
    4'b0001:y2[6:0]=7'b0110000;
    4'b0010:y2[6:0]=7'b1101101;
    4'b0011:y2[6:0]=7'b1111001;
    4'b0100:y2[6:0]=7'b0110011;
```

```
    4'b0101:y2[6:0]=7'b1011011;
    4'b0110:y2[6:0]=7'b1011111;
    4'b0111:y2[6:0]=7'b1110000;
    4'b1000:y2[6:0]=7'b1111111;
    4'b1001:y2[6:0]=7'b1111011;
    default:y2[6:0]=7'b0000000;
    endcase
  end
  //--------------------数码管动态扫描------------------------------
  always @ (cnt)
  begin
    case(cnt)
    'b00:begin scan<='b001;seg7<=y0; end
    'b01:begin scan<='b010;seg7<=y1; end
    'b10:begin scan<='b100;seg7<=y2; end
    default:begin scan<='bx;seg7<='bx; end
    endcase
  end
endmodule
```

5. 仿真结果

由于系统时钟分频系数较大，在软件中仿真不易实现，因此将分频系数适当改小来仿真其逻辑功能即可。下面针对每个状态进行功能仿真和时序仿真。

（1）系统初始化，存入单价和货物数量的功能仿真结果如图 11-8-3 所示，其时序仿真结果如图 11-8-4 所示。观察波形可知，当 set=1 时，将单价 price 和数量 quantity 的数据读入 RAM，同时观察信号 pri 和 qua 可知存入的数据正确无误。同时可以按 sel 键来选择不同的货物，以此来存入不同的单价数据和数量数据。

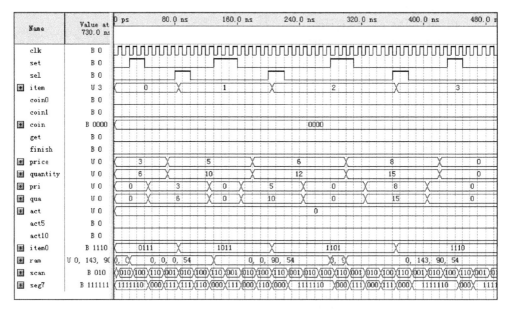

图 11-8-3　系统初始化，存入单价和货物数量的功能仿真结果

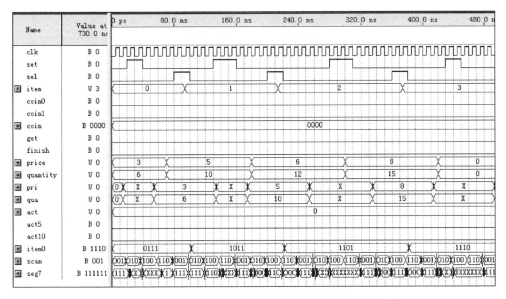

图 11-8-4　系统初始化，存入单价和货物数量的时序仿真结果

（2）顾客对商品进行选择，并投入硬币的功能仿真结果如图 11-8-5 所示，其时序仿真结果如图 11-8-6 所示。当 5 角硬币 coin0 为 1 时，钱数 coin 的数量加 1；当 1 元硬币 coin1 为 1 时，钱数 coin 的数量加 2；观察波形可知，选择的商品为第 2 种，其单价为 2.5（5×0.5）元，此时顾客已投入了 3.5（7×0.5）元。

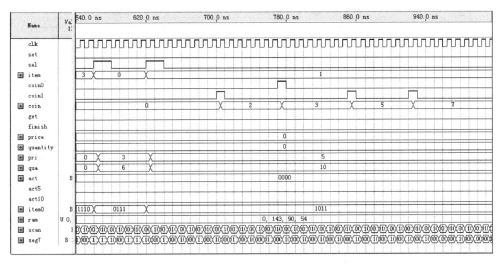

图 11-8-5　顾客对商品进行选择，并投入硬币的功能仿真结果

（3）顾客购买商品，同时完成交易的功能仿真结果如图 11-8-7 所示，其时序仿真结果如图 11-8-8 所示。观察波形可知，当 get＝1 时，对所选的商品进行购买，同时商品数量减 1，钱币数显示为余额，act 为 "0100" 表示第 2 种商品交易完成；当 finish＝1 时，进行余额找回操作，此时 act10＝1，表示找回 1 元硬币。

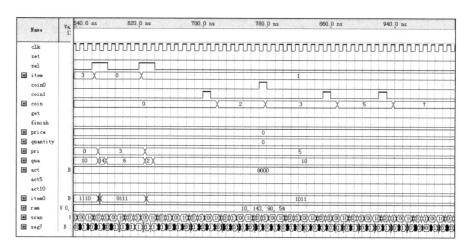

图 11-8-6　顾客对商品进行选择，并投入硬币的时序仿真结果

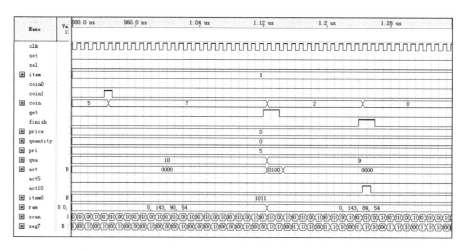

图 11-8-7　顾客购买商品，同时完成交易的功能仿真结果

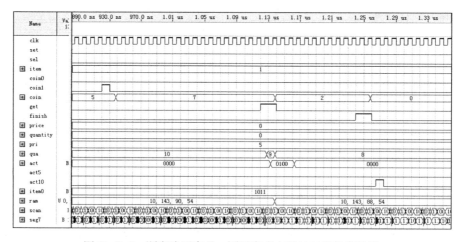

图 11-8-8　顾客购买商品，同时完成交易的时序仿真结果

11.9 出租车计费器

1. 设计要求

设计一个出租车计费器，能按路程计费，具体要求如下所述。

☺ 实现计费功能：计费标准为按行驶里程计费，起步价为 6.00 元；在车行驶 3 km 后，按 1.2 元/km 计费；当计费器达到或超过 20 元时，每千米加收 50% 的车费；车停止和暂停时不计费。

☺ 现场模拟汽车的起动、停止、暂停和换挡等状态。

☺ 设计数码管动态扫描电路，将车费和路程显示出来（各有两位小数）。

2. 设计原理

设该出租车有起动键、停止键、暂停键和挡位键。起动键为脉冲触发信号，当其为一个脉冲时，表示汽车已起动，并根据车速的选择和基本车速发出响应频率的脉冲（计费脉冲），以此来实现车费和路程的计数，同时车费显示起步价；当停止键为高电平时，表示汽车熄火，同时停止发出脉冲，此时车费和路程计数清零；当暂停键为高电平时，表示汽车暂停并停止发出脉冲，此时车费和路程计数暂停；挡位键用于改变车速，不同的挡位对应不同的车速，同时路程计数的速度也不同。

出租车计费器可分为两大模块，即控制模块和译码显示模块。其系统框图如图 11-9-1 所示。控制模块实现计费和路程的计数，并且通过不同的挡位来控制车速。译码显示模块实现十进制到 4 位十进制的转换，以及车费和路程的显示。

3. 电路符号

出租车计费器的电路符号如图 11-9-2 所示。图中，输入信号为计费时钟脉冲 clk、译码高频时钟 clk20mhz、汽车起动键 start、汽车停止键 stop、汽车暂停键 pause 和挡位 speedup[1..0]；输出信号为数码管地址选择信号 scan[6..0]、七段显示控制信号 seg7[6..0] 和小数点 dp。

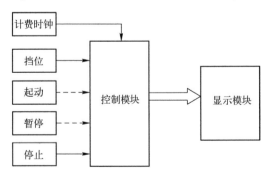

图 11-9-1 出租车计费器系统框图

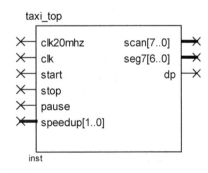

图 11-9-2 出租车计费器的电路符号

4. 设计方法

【方法 1：自底向上的混合编辑】 采用混合编辑法，设计不同的模块，最后在原理图编辑器中连接各模块作为顶层设计，其电路图如图 11-9-3 所示。图中，taxi 为控制模块，decoder 为译码和显示模块。

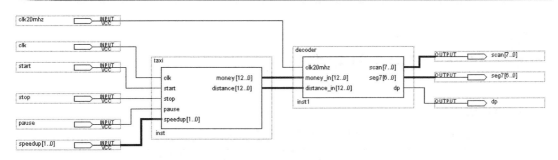

图 11-9-3　出租车计费器电路图

（1）控制模块 taxi 的源代码：

```verilog
module taxi(money,distance,clk,start,stop,pause,speedup);
input clk;                  //计费时钟
input start;                //汽车起动
input stop;                 //汽车停止
input pause;                //汽车暂停
input[1:0] speedup;         //挡位(4个挡位)
output[12:0] money;         //车费
output[12:0] distance;      //路程
reg[12:0] money;
reg[12:0] distance;
reg[12:0] money_reg;        //车费寄存器
reg[12:0] distance_reg;     //路程寄存器
reg[3:0] num;               //控制车速的计数器
reg[12:0] dis;              //千米计数器
reg d;                      //千米标志位

always @ (posedge clk)
begin
   if(stop)                 //汽车停止,计费和路程清零
     begin money_reg<='d0;
           distance_reg<='d0;
           dis<='d0;
           num<='d0;
     end
   else if(start)           //汽车起动后,起步价为6元
     begin money_reg<='d600;
           distance_reg<='d0;
           dis<='d0;
           num<='d0;
     end
   else
     begin
       if(!start&&!speedup&&!pause&&!stop)            //1挡
         begin
           if(num=='d9)
             begin num<='d0;
                   distance_reg<=distance_reg+1;
                   dis<=dis+1;
```

```
                 end
             else
               begin num<=num+1; end
           end
         else if( !start&&speedup = = 'b01&&!pause&&!stop)        //2 挡
           begin
             if( num = = 'd9)
               begin num<= 'd0;
                       distance_reg<=distance_reg+2;
                       dis<=dis+2;
                 end
             else
               begin num<=num+1; end
           end
         else if( !start&&speedup = = 'b10&&!pause&&!stop)        //3 挡
           begin
             if( num = = 'd9)
               begin num<= 'd0;
                       distance_reg<=distance_reg+5;
                       dis<=dis+5;
                 end
             else
               begin num<=num+1; end
           end
         else if( !start&&speedup = = 'b11&&!pause&&!stop)        //4 挡
           begin
                       distance_reg<=distance_reg+1;
                       dis<=dis+1;
             end
       end
     if( dis>= 'd100)
        begin d<= 'd1;dis<= 'd0; end
     else
        begin d<= 'd0; end
     if( distance_reg>= 'd300)        //如果超过 3 km,则按 1.2 元/km 计算
        begin
          if( money_reg< 'd2000&&d = = 'd1)
            begin money_reg<=money_reg+'d120; end
          else if( money_reg>= 'd2000&&d = = 'd1)
            begin money_reg<=money_reg+'d180; end
      //当计费器达到 20 元时,每千米加收 50%的车费
        end
   money<=money_reg;
   distance<=distance_reg;
end
endmodule
```

（2）译码显示模块 decoder 的源代码：

```
module deceder( scan,seg7,dp,clk20mhz,money_in,distance_in);
output[7:0] scan;                //数码管地址选择信号
```

```verilog
output[6:0] seg7;                //七段显示控制信号(abcdefg)
output dp;                       //小数点
input clk20mhz;                  //系统时钟 20 MHz
input[12:0] money_in;            //车费
input[12:0] distance_in;         //路程
reg[7:0] scan;
reg[6:0] seg7;
reg dp;
reg clk1khz;                     //1 kHz 的分频时钟,用于扫描数码管地址
reg[3:0] data;
reg[3:0] m_one,m_ten,m_hun,m_tho;        //车费的 4 位十进制表示
reg[3:0] d_one,d_ten,d_hun,d_tho;        //路程的 4 位十进制表示
reg[15:0] count;
reg[15:0] comb1;
reg[3:0] comb1_a,comb1_b,comb1_c,comb1_d;
reg[15:0] comb2;
reg[3:0] comb2_a,comb2_b,comb2_c,comb2_d;
reg[2:0] cnt;
//-----------------------1 kHz 分频,用于扫描数码管地址--------------------
always @ ( posedge clk20mhz)
begin
    if( count = = 'd10000)
      begin clk1khz<=~ clk1khz;count<= 'd0; end
    else
      begin count<=count+1; end
//--------------------将车费的十进制数转化为 4 位十进制数-------------
    if( comb1<money_in)
      begin
        if( comb1_a = = 'd9&&comb1_b = = 'd9&&comb1_c = = 'd9)
          begin
            comb1_a<= 'b0000;
            comb1_b<= 'b0000;
            comb1_c<= 'b0000;
            comb1_d<=comb1_d+1;
            comb1<=comb1+1;
          end
        else if( comb1_a = = 'd9&&comb1_b = = 'd9)
          begin
            comb1_a<= 'b0000;
            comb1_b<= 'b0000;
            comb1_c<=comb1_c+1;
            comb1<=comb1+1;
          end
        else if( comb1_a = = 'd9)
          begin
            comb1_a<= 'b0000;
            comb1_b<=comb1_b+1;
            comb1<=comb1+1;
          end
        else
```

```verilog
                begin
                  comb1_a<=comb1_a+1;
                  comb1<=comb1+1;
                end
          end
        else if(comb1==money_in)
          begin
            m_one<=comb1_a;
            m_ten<=comb1_b;
            m_hun<=comb1_c;
            m_tho<=comb1_d;
          end
        else if(comb1>money_in)
          begin
            comb1_a<='b0000;
            comb1_b<='b0000;
            comb1_c<='b0000;
            comb1_d<='b0000;
            comb1<='d0;
          end
//--------------------将路程的十进制转化为4位十进制数--------------------
        if(comb2<distance_in)
          begin
            if(comb2_a=='d9&&comb2_b=='d9&&comb2_c=='d9)
              begin
                comb2_a<='b0000;
                comb2_b<='b0000;
                comb2_c<='b0000;
                comb2_d<=comb2_d+1;
                comb2<=comb2+1;
              end
            else if(comb2_a=='d9&&comb2_b=='d9)
              begin
                comb2_a<='b0000;
                comb2_b<='b0000;
                comb2_c<=comb2_c+1;
                comb2<=comb2+1;
              end
            else if(comb2_a=='d9)
              begin
                comb2_a<='b0000;
                comb2_b<=comb2_b+1;
                comb2<=comb2+1;
              end
            else
              begin
                comb2_a<=comb2_a+1;
                comb2<=comb2+1;
              end
          end
```

```verilog
    else if( comb2 = = distance_in)
      begin
        d_one<=comb2_a;
        d_ten<=comb2_b;
        d_hun<=comb2_c;
        d_tho<=comb2_d;
      end
    else if( comb2>distance_in)
      begin
        comb2_a<='b0000;
        comb2_b<='b0000;
        comb2_c<='b0000;
        comb2_d<='b0000;
        comb2<='d0;
      end
  end
//----------------------------数码管动态扫描----------------------------
always @ ( posedge clk1khz)
begin
  cnt<=cnt+1;
end

always @ ( cnt)
begin
  case( cnt)
  'b000:begin data<=m_one;dp<='d0;scan<='b00000001; end
  'b001:begin data<=m_ten;dp<='d0;scan<='b00000010; end
  'b010:begin data<=m_hun;dp<='d1;scan<='b00000100; end
  'b011:begin data<=m_tho;dp<='d0;scan<='b00001000; end
  'b100:begin data<=d_one;dp<='d0;scan<='b00010000; end
  'b101:begin data<=d_ten;dp<='d0;scan<='b00100000; end
  'b110:begin data<=d_hun;dp<='d1;scan<='b01000000; end
  'b111:begin data<=d_tho;dp<='d0;scan<='b10000000; end
  default:begin data<='bx;dp<='bx;scan<='bx; end
  endcase
end
//----------------------------七段译码----------------------------
always @ ( data)
begin
  case( data[ 3:0])
  4'b0000:seg7[ 6:0] = 7'b1111110;
  4'b0001:seg7[ 6:0] = 7'b0110000;
  4'b0010:seg7[ 6:0] = 7'b1101101;
  4'b0011:seg7[ 6:0] = 7'b1111001;
  4'b0100:seg7[ 6:0] = 7'b0110011;
  4'b0101:seg7[ 6:0] = 7'b1011011;
  4'b0110:seg7[ 6:0] = 7'b1011111;
  4'b0111:seg7[ 6:0] = 7'b1110000;
  4'b1000:seg7[ 6:0] = 7'b1111111;
  4'b1001:seg7[ 6:0] = 7'b1111011;
```

```
        default:seg7[6:0] = 7'b0000000;
      endcase
   end
endmodule
```

【方法 2：文本编辑】 采用文本编辑法，即利用 Verilog HDL 语言描述出租车计费器，代码如下。

```
module taxi(scan,seg7,dp,clk20mhz,clk,start,stop,pause,speedup);
output[7:0] scan;                  //数码管地址选择信号
output[6:0] seg7;                  //七段显示控制信号(abcdefg)
output dp;                         //小数点
input clk20mhz;                    //系统时钟为 20 MHz
input clk;                         //计费时钟
input start;                       //汽车起动
input stop;                        //汽车停止
input pause;                       //汽车暂停
input[1:0] speedup;                //挡位(4 个挡位)
reg[7:0] scan;
reg[6:0] seg7;
reg dp;
reg[15:0] money_reg;               //车费寄存器
reg[15:0] distance_reg;            //路程寄存器
reg[3:0] num;                      //控制车速的计数器
reg[15:0] dis;                     //千米计数器
reg d;                             //千米标志位
reg clk1khz;                       //1 kHz 的分频时钟,用于扫描数码管地址
reg[3:0] data;
reg[3:0] m_one,m_ten,m_hun,m_tho;      //车费的 4 位十进制表示
reg[3:0] d_one,d_ten,d_hun,d_tho;      //路程的 4 位十进制表示
reg[15:0] count;
reg[15:0] comb1;
reg[3:0] comb1_a,comb1_b,comb1_c,comb1_d;
reg[15:0] comb2;
reg[3:0] comb2_a,comb2_b,comb2_c,comb2_d;
reg[2:0] cnt;

always @ (posedge clk)
begin
   if(stop)            //汽车停止,计费和路程清零
      begin money_reg<= 'd0;
            distance_reg<= 'd0;
            dis<= 'd0;
            num<= 'd0;
      end
   else if(start)       //汽车起动后,起步价为 6 元
      begin money_reg<= 'd600;
            distance_reg<= 'd0;
            dis<= 'd0;
            num<= 'd0;
```

```
          end
      else
        begin
          if( !start&&!speedup&&!pause&&!stop)                //1 挡
            begin
              if( num == 'd9)
                begin num<='d0;
                        distance_reg<=distance_reg+1;
                        dis<=dis+1;
                end
              else
                begin num<=num+1; end
            end
          else if( !start&&speedup == 'b01&&!pause&&!stop)    //2 挡
            begin
              if( num == 'd9)
                begin num<='d0;
                        distance_reg<=distance_reg+2;
                        dis<=dis+2;
                end
              else
                begin num<=num+1; end
            end
          else if( !start&&speedup == 'b10&&!pause&&!stop)    //3 挡
            begin
              if( num == 'd9)
                begin num<='d0;
                        distance_reg<=distance_reg+5;
                        dis<=dis+5;
                end
              else
                begin num<=num+1; end
            end
          else if( !start&&speedup == 'b11&&!pause&&!stop)    //4 挡
            begin
                        distance_reg<=distance_reg+1;
                        dis<=dis+1;
            end
        end
      if( dis>='d100)
        begin d<='d1;dis<='d0; end
      else
        begin d<='d0; end
      if( distance_reg>='d300)        //如果超过 3 km,则按 1.2 元/km 计算
        begin
          if( money_reg<'d2000&&d == 'd1)
            begin money_reg<=money_reg+'d120; end
          else if( money_reg>='d2000&&d == 'd1)
            begin money_reg<=money_reg+'d180; end
        end
```

```verilog
        //------------------当计费器达到 20 元时,每千米加收 50%的车费------------
end
//-----------------------1 kHz 的分频时钟,用于扫描数码管地址-----------------
always @ ( posedge clk20mhz)
begin
    if( count = = 'd10000)
        begin clk1khz<=~clk1khz;count<='d0; end
    else
        begin count<=count+1; end
//-----------------------将车费的十进制数转化为 4 位十进制数-----------------
    if( comb1<money_reg)
        begin
            if( comb1_a = = 'd9&&comb1_b = = 'd9&&comb1_c = = 'd9)
                begin
                    comb1_a<='b0000;
                    comb1_b<='b0000;
                    comb1_c<='b0000;
                    comb1_d<=comb1_d+1;
                    comb1<=comb1+1;
                end
            else if( comb1_a = = 'd9&&comb1_b = = 'd9)
                begin
                    comb1_a<='b0000;
                    comb1_b<='b0000;
                    comb1_c<=comb1_c+1;
                    comb1<=comb1+1;
                end
            else if( comb1_a = = 'd9)
                begin
                    comb1_a<='b0000;
                    comb1_b<=comb1_b+1;
                    comb1<=comb1+1;
                end
            else
                begin
                    comb1_a<=comb1_a+1;
                    comb1<=comb1+1;
                end
        end
    else if( comb1 = = money_reg)
        begin
            m_one<=comb1_a;
            m_ten<=comb1_b;
            m_hun<=comb1_c;
            m_tho<=comb1_d;
        end
    else if( comb1>money_reg)
        begin
            comb1_a<='b0000;
            comb1_b<='b0000;
```

```verilog
          comb1_c<='b0000;
          comb1_d<='b0000;
          comb1<='d0;
      end
//---------------------将路程的十进制转化为4位十进制数--------------------
    if( comb2<distance_reg)
      begin
        if( comb2_a=='d9&&comb2_b=='d9&&comb2_c=='d9)
          begin
            comb2_a<='b0000;
            comb2_b<='b0000;
            comb2_c<='b0000;
            comb2_d<=comb2_d+1;
            comb2<=comb2+1;
          end
        else if( comb2_a=='d9&&comb2_b=='d9)
          begin
            comb2_a<='b0000;
            comb2_b<='b0000;
            comb2_c<=comb2_c+1;
            comb2<=comb2+1;
          end
        else if( comb2_a=='d9)
          begin
            comb2_a<='b0000;
            comb2_b<=comb2_b+1;
            comb2<=comb2+1;
          end
        else
          begin
            comb2_a<=comb2_a+1;
            comb2<=comb2+1;
          end
      end
    else if( comb2==distance_reg)
      begin
        d_one<=comb2_a;
        d_ten<=comb2_b;
        d_hun<=comb2_c;
        d_tho<=comb2_d;
      end
    else if( comb2>distance_reg)
      begin
        comb2_a<='b0000;
        comb2_b<='b0000;
        comb2_c<='b0000;
        comb2_d<='b0000;
        comb2<='d0;
      end
  end
```

```
//------------------------------数码管动态扫描------------------------------
always @ ( posedge clk1khz)
begin
    cnt<=cnt+1;
end

always @ ( cnt)
begin
    case( cnt)
    'b000:begin data<=m_one;dp<='d0;scan<='b00000001; end
    'b001:begin data<=m_ten;dp<='d0;scan<='b00000010; end
    'b010:begin data<=m_hun;dp<='d1;scan<='b00000100; end
    'b011:begin data<=m_tho;dp<='d0;scan<='b00001000; end
    'b100:begin data<=d_one;dp<='d0;scan<='b00010000; end
    'b101:begin data<=d_ten;dp<='d0;scan<='b00100000; end
    'b110:begin data<=d_hun;dp<='d1;scan<='b01000000; end
    'b111:begin data<=d_tho;dp<='d0;scan<='b10000000; end
    default:begin data<='bx;dp<='bx;scan<='bx; end
    endcase
end
//------------------------------七段译码------------------------------
always @ ( data)
begin
    case( data[3:0])
    4'b0000:seg7[6:0]=7'b1111110;
    4'b0001:seg7[6:0]=7'b0110000;
    4'b0010:seg7[6:0]=7'b1101101;
    4'b0011:seg7[6:0]=7'b1111001;
    4'b0100:seg7[6:0]=7'b0110011;
    4'b0101:seg7[6:0]=7'b1011011;
    4'b0110:seg7[6:0]=7'b1011111;
    4'b0111:seg7[6:0]=7'b1110000;
    4'b1000:seg7[6:0]=7'b1111111;
    4'b1001:seg7[6:0]=7'b1111011;
    default:seg7[6:0]=7'b0000000;
    endcase
end
endmodule
```

5. 仿真结果

（1）对控制模块 taxi 进行仿真，得到的功能仿真结果如图 11-9-4 所示，其时序仿真结果如图 11-9-5 所示。观察波形可知，当起动键 start 为一个脉冲时，表示汽车已起动，车费 money 显示起步价 6.00 元，同时路程 distance 随着计费脉冲开始计数；当停止键 stop 为 1 时，表示汽车熄火（停止），车费 money 和路程 distance 均为 0；当暂停键 pause 为 1 时，车费和路程停止计数；当挡位键分别取 2 和 3 时路程的计数逐渐加快，表示车速逐渐加快。

（2）将扫描数码管的分频系数改小后，对译码显示模块 decoder 的功能仿真结果如图 11-9-6 所示，其时序仿真结果如图 11-9-7 所示。进行译码的时钟频率必须比汽车

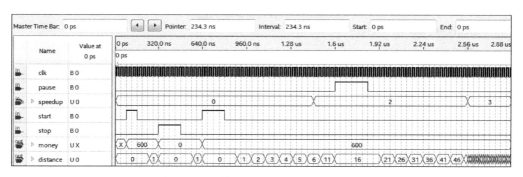

图 11-9-4　控制模块 taxi 的功能仿真结果

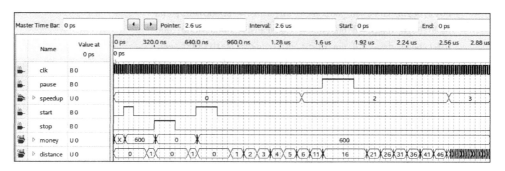

图 11-9-5　控制模块 taxi 的时序仿真结果

的计费时钟高得多才能实时显示出车费和路程的变化，这里直接采用晶振时钟频率 20 MHz 即可。其中，comb1 和 comb2 是采用高频时钟控制的计数器，在输入车费和路程数据后，此计数器开始计数直到与车费和路费的数值相等后才停止，这样就实现了大整数到多位十进制数的转换。comb1_a、comb1_b、comb1_c、comb1_d 为车费的 4 位十进制数表示；comb2_a、comb2_b、comb2_c、comb2_d 为路程的 4 位十进制数表示。可以看出，当输入的车费 money_in 和路程 distance_in 取不同的值时，用高频计数器转换后均输出对应的 4 位十进制数。

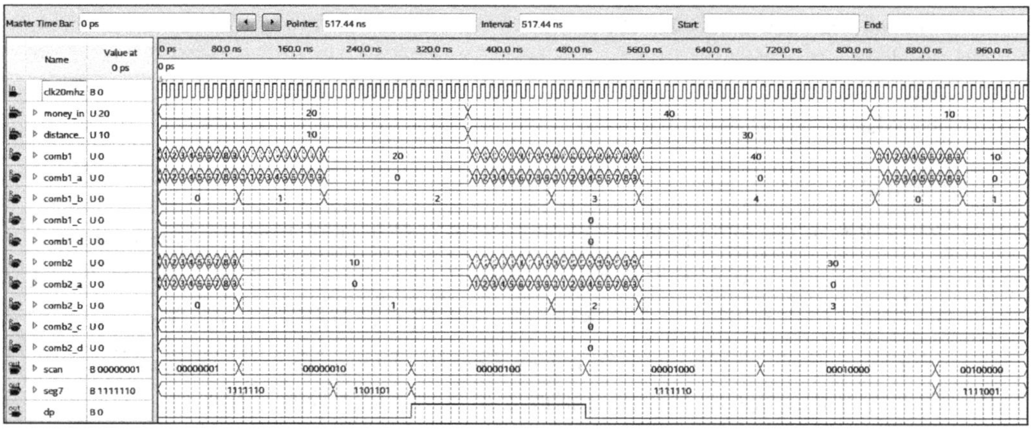

图 11-9-6　译码显示模块 decoder 的功能仿真结果

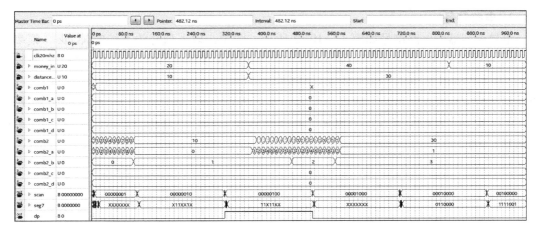

图 11-9-7　译码显示模块 decoder 的时序仿真结果

11.10　电梯控制器

1. 设计要求

设计一个 6 层自动升降电梯的控制电路，该控制器可控制电梯完成 6 层楼的载客服务，而且遵循方向优先原则，同时指示电梯运行情况和电梯内、外请求信息，具体要求如下所述。

◎ 每层电梯入口处设有上/下请求开关，电梯内设有乘客到达楼层的请求开关。

◎ 设有电梯所处楼层指示、电梯运行模式（上升或下降）指示。

◎ 电梯的上升和下降的时间均为 2 s。

◎ 电梯到达停站请求后，开门时间为 4 s，关门时间为 3 s，可以通过快速关门信号和关门中断信号控制关门。

◎ 能记忆电梯内、外的所有请求信号，并按照电梯运行规则次序响应。响应动作完成后，清除请求信号。

◎ 能检测是否超载，并设有报警信号。

◎ 方向优先规则：当电梯处于上升模式时，只响应比电梯所在位置高的上楼请求信息，由下而上逐个执行，直到最后一个上楼请求执行完毕，若更高层有下楼请求，则直接到有下楼请求的最高层接客，然后进入下降模式。电梯处于下降模式时，与上升模式相反。

2. 设计原理

电梯控制器通过乘客在电梯内、外的请求信号来控制上升或下降，而楼层信号由电梯本身的装置来触发，从而确定电梯处在哪个楼层。乘客在电梯中选择所要到达的楼层，通过主控制器的处理，电梯开始运行，状态显示器显示电梯的运行状态，电梯所在的楼层数通过 LED 数码管显示。其系统结构如图 11-10-1 所示。

电梯门的状态分为开门、关门和正在关门 3 种状态，并通过开门信号、上升预操作、下降预操作来控制。这里可设为"00"表示门已关闭；"10"表示门已开启；"01"表示正在关门。

3. 电路符号

电梯控制器的电路符号如图 11-10-2 所示。图中，输入信号为系统时钟 clk（频率为 1 Hz），超载信号 full，关门中断信号 stop，快速关门信号 close，清除报警信号 clr，电梯外请求上升信号 up1～up5，电梯外请求下降信号 down2～down6，电梯内请求信号 k1～k6，以及到达楼层信号 g1～g6；输出信号为电梯门控制信号 door[1..0]、楼层显示信号 led[6..0]、电梯上升控制信号 up、电梯下降控制信号 down、电梯状态显示信号 ud 和超载报警信号 alarm。

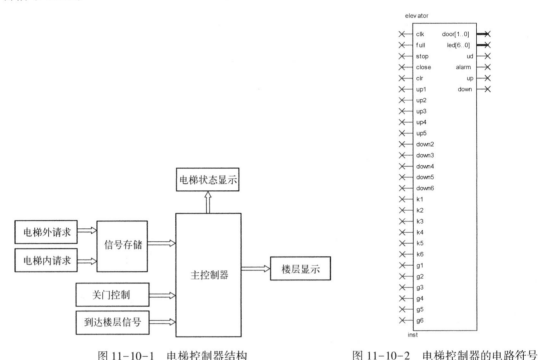

图 11-10-1　电梯控制器结构　　　　图 11-10-2　电梯控制器的电路符号

4. 设计方法

采用文本编辑法，利用 Verilog HDL 语言描述电梯控制器，代码如下。

```
module elevator(door,led,ud,alarm,up,down,clk,full,stop,close,clr,up1,
                up2,up3,up4,up5,down2,down3,down4,down5,down6,
                k1,k2,k3,k4,k5,k6,g1,g2,g3,g4,g5,g6);
input clk;                                  //时钟信号(频率为 1Hz)
input full;                                 //超载
input stop;                                 //关门中断
input close;                                //提前关门
input clr;                                  //清除报警信号
input up1,up2,up3,up4,up5;                  //电梯外的上升请求信号
input down2,down3,down4,down5,down6;        //电梯外的下降请求信号
input k1,k2,k3,k4,k5,k6;                    //电梯内的请求信号
input g1,g2,g3,g4,g5,g6;                    //到达楼层信号
output[1:0] door;                           //电梯门控制信号
output[6:0] led;                            //电梯所在楼层显示
output ud;                                  //电梯运动方向显示
output alarm;                               //超载警告信号
```

```verilog
output up,down;                              //电梯控制信号(上升或下降)
reg[1:0] door;
reg[6:0] led;
reg ud;
reg alarm;
reg up,down;
reg k11,k22,k33,k44,k55,k66;                 //电梯内请求信号寄存信号
reg up11,up22,up33,up44,up55;                //电梯外上升请求信号寄存信号
reg down22,down33,down44,down55,down66;      //电梯外下降请求信号寄存信号
reg[2:0] q1;                                 //关门延时计数器
reg opendoor;                                //开门使能信号
reg updown;                                  //电梯运动方向信号寄存器
reg en_up,en_down;                           //预备上升、预备下降预操作使能信号
reg[5:0] kk,uu,dd,uu_dd;                      //电梯内、外请求信号寄存器

always @ ( posedge clk )
begin
  if( k1 )
    begin k11<=k1; end                       //对电梯内请求信号进行检测和寄存
  else if( k2 )
    begin k22<=k2; end
  else if( k3 )
    begin k33<=k3; end
  else if( k4 )
    begin k44<=k4; end
  else if( k5 )
    begin k55<=k5; end
  else if( k6 )
    begin k66<=k6; end
  if( up1 )                                  //对电梯外上升请求信号进行检测和寄存
    begin up11<=up1; end
  else if( up2 )
    begin up22<=up2; end
  else if( up3 )
    begin up33<=up3; end
  else if( up4 )
    begin up44<=up4; end
  else if( up5 )
    begin up55<=up5; end
  if( down2 )                                //对电梯外下降请求信号进行检测和寄存
    begin down22<=down2; end
  else if( down3 )
    begin down33<=down3; end
  else if( down4 )
    begin down44<=down4; end
  else if( down5 )
    begin down55<=down5; end
  else if( down6 )
    begin down66<=down6; end
```

```verilog
kk[5:0]={k66,k55,k44,k33,k22,k11};                    //电梯内请求信号
uu[5:0]={1'b0,up55,up44,up33,up22,up11};              //电梯外上升请求信号
dd[5:0]={down66,down55,down44,down33,down22,1'b0};    //电梯外下降请求信号
uu_dd[5:0]=kk|uu|dd;                 //对电梯内、外请求信号进行综合
ud=updown;                          //电梯运动状态显示

if(clr)                             //清除报警
    begin q1<=3'b000;alarm<='b0; end
else if(full)                       //超载报警,开门,直到不超重门才关上
    begin alarm<='b1;
          q1<=3'b000;
          door<=2'b10;
    end
else
    begin alarm<='b0;
          if(opendoor)              //开门操作
            begin door<=2'b10;
                  q1<=3'b000;
                  up<='b0;
                  down<='b0;
            end
          else if(en_up)            //上升预操作
            begin
              if(stop)              //关门中断
                begin door<=2'b10;
                      q1<=3'b000;
                end
              else if(close)                //提前关门
                begin q1<=3'b011; end
              else if(q1==3'b110)           //关门完毕,电梯进入上升状态
                begin door<=2'b00;
                      updown<='b1;
                      up<='b1;
                      down<='b0;
                end
              else if(q1>3'b011)            //电梯进入关门状态
                begin door<=2'b01;
                      q1<=q1+1;
                end
              else                          //电梯进入等待状态
                begin q1<=q1+1;door<=2'b10; end
            end
          else if(en_down)                  //下降预操作
            begin
              if(stop)
                begin door<=2'b10;
                      q1<=3'b000;
                end
              else if(close)
                begin q1<=3'b011; end
```

```
            else if(q1==3'b110)
                begin door<=2'b00;
                        updown<='b0;
                        up<='b0;
                        down<='b1;
                end
            else if(q1>3'b011)
                begin door<=2'b01;
                        q1<=q1+1;
                end
            else
                begin q1<=q1+1;door<=2'b10; end
        end
    end

if(g1)                                    //电梯到达1楼,数码管显示"1"
    begin
        led<='b0110000;
        if(k11 || up11)                   //有当前层的请求,则电梯进入开门状态
            begin k11<='b0;
                    up11<='b0;
                    opendoor<='b1;
            end
        else if(uu_dd>'b000001)           //有上升请求,则电梯进入预备上升状态
            begin en_up<='b1;
                    opendoor<='b0;
            end
        else if(uu_dd=='b000000)          //无请求时,电梯停在1楼待机
            begin opendoor<='b0; end
    end
else if(g2)                               //电梯到达2楼,数码管显示"2"
    begin
        led<='b1101101;
        if(updown)                        //电梯前一运动状态为上升
            begin
                if(k22 || up22)           //有当前层的请求,则电梯进入开门状态
                    begin
                        k22<='b0;
                        up22<='b0;
                        opendoor<='b1;
                    end
                else if(uu_dd>'b000011)   //有上升请求,则电梯进入预备上升状态
                    begin
                        en_up<='b1;
                        opendoor<='b0;
                    end
                else if(uu_dd<'b000010)   //有下降请求,则电梯进入预备下降状态
                    begin
                        en_down<='b1;
                        opendoor<='b0;
```

```
                    end
                 end
            else                        //电梯前一运动状态为下降
              begin
                if( k22 || down22)       //有当前层的请求,则电梯进入开门状态
                   begin
                      k22<= 'b0;
                      down22<= 'b0;
                      opendoor<= 'b1;
                   end
                else if( uu_dd<'b000010)  //有下降请求,则电梯进入预备下降状态
                   begin
                      en_down<= 'b1;
                      opendoor<= 'b0;
                   end
                else if( uu_dd>'b000011)  //有上升请求,则电梯进入预备上升状态
                   begin
                      en_up<= 'b1;
                      opendoor<= 'b0;
                   end
              end
         end
    else if( g3)                         //电梯到达 3 楼,数码管显示"3"
       begin
          led<= 'b1111001;
            if( updown)
              begin
                if( k33 || up33)
                   begin
                      k33<= 'b0;
                      up33<= 'b0;
                      opendoor<= 'b1;
                   end
                else if( uu_dd>'b000111)
                   begin
                      en_up<= 'b1;
                      opendoor<= 'b0;
                   end
                else if( uu_dd<'b000100)
                   begin
                      en_down<= 'b1;
                      opendoor<= 'b0;
                   end
              end
            else
              begin
                if( k33 || down33)
                   begin
                      k33<= 'b0;
                      down33<= 'b0;
```

```
                    opendoor<='b1;
                  end
              else if(uu_dd<'b000100)
                begin
                  en_down<='b1;
                  opendoor<='b0;
                end
              else if(uu_dd>'b000111)
                begin
                  en_up<='b1;
                  opendoor<='b0;
                end
            end
        end
  else if(g4)                              //电梯到达 4 楼,数码管显示"4"
    begin
      led<='b0110011;
      if(updown)
        begin
          if(k44 || up44)
            begin
              k44<='b0;
              up44<='b0;
              opendoor<='b1;
            end
          else if(uu_dd>'b001111)
            begin
              en_up<='b1;
              opendoor<='b0;
            end
          else if(uu_dd<'b001000)
            begin
              en_down<='b1;
              opendoor<='b0;
            end
        end
      else
        begin
          if(k44 || down44)
            begin
              k44<='b0;
              down44<='b0;
              opendoor<='b1;
            end
          else if(uu_dd<'b001000)
            begin
              en_down<='b1;
              opendoor<='b0;
            end
          else if(uu_dd>'b001111)
```

```
                begin
                    en_up<='b1;
                    opendoor<='b0;
                end
            end
        end
    else if(g5)                          //电梯到达5楼,数码管显示"5"
        begin
            led<='b1011011;
                if(updown)
                    begin
                        if(k55 || up55)
                            begin
                                k55<='b0;
                                up55<='b0;
                                opendoor<='b1;
                            end
                        else if(uu_dd>'b011111)
                            begin
                                en_up<='b1;
                                opendoor<='b0;
                            end
                        else if(uu_dd<'b010000)
                            begin
                                en_down<='b1;
                                opendoor<='b0;
                            end
                    end
                else
                    begin
                        if(k55 || down55)
                            begin
                                k55<='b0;
                                down55<='b0;
                                opendoor<='b1;
                            end
                        else if(uu_dd<'b010000)
                            begin
                                en_down<='b1;
                                opendoor<='b0;
                            end
                        else if(uu_dd>'b011111)
                            begin
                                en_up<='b1;
                                opendoor<='b0;
                            end
                    end
        end
    else if(g6)                          //电梯到达6楼,数码管显示"6"
        begin
```

```
        led<='b1011111;
        if(k66 || down66)
          begin
            k66<='b0;
            down66<='b0;
            opendoor<='b1;
          end
        else if(uu_dd<'b100000)
          begin
            en_down<='b1;
            opendoor<='b0;
          end
      end
    else
      begin en_up<='b0;en_down<='b0; end          //电梯进入上升或下降状态
  end
endmodule
```

5. 仿真结果

由于 6 层楼电梯的运行状态较多，下面仅给出电梯上升和下降的部分状态的功能仿真结果和时序仿真结果，其他状态的仿真结果与其类似。

（1）电梯处于 1 楼，当 3 楼有上升请求且 6 楼有下降请求时的功能仿真结果如图 11-10-3 所示，其时序仿真结果如图 11-10-4 所示。观察波形可知，电梯在 1 楼等待，当超载信号 full 为 1 时，超载，电梯门不关闭，同时报警信号 alarm 为 1，并等待乘客减少直至超载信号解除。当电梯不超载时，电梯关门并上升，经过 2 楼不停，直到 3 楼开门载客，客人进入电梯后，按 6 楼的请求信号。最后，电梯上升经过 4 楼和 5 楼不停，直到 6 楼开门卸客和载客，关门后进入预备下降状态。

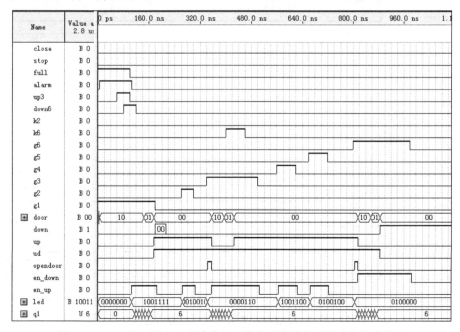

图 11-10-3　当 3 楼有上升请求且 6 楼有下降请求时的功能仿真结果

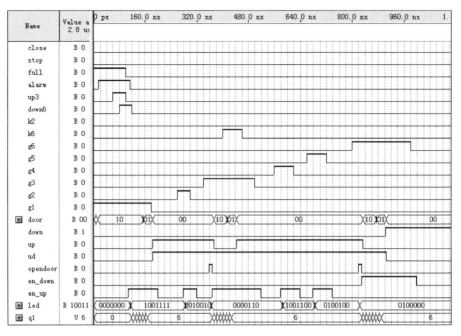

图 11-10-4　当 3 楼有上升请求且 6 楼有下降请求时的时序仿真结果

（2）电梯到 6 楼后，乘客按 2 楼的请求信号后的功能仿真结果如图 11-10-5 所示，其时序仿真结果如图 11-10-6 所示。观察波形可知，电梯下降，经过 5 楼、4 楼、3 楼不停，直到 2 楼开门卸客，关门后进入预备下降状态。

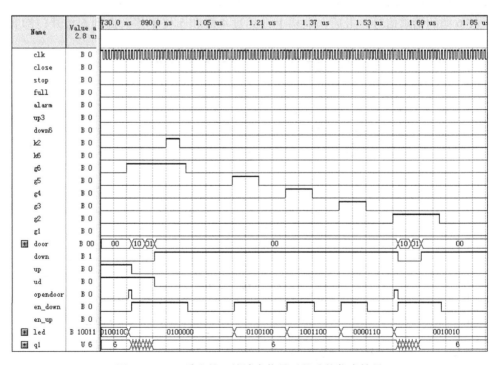

图 11-10-5　乘客按 2 楼请求信号后的功能仿真结果

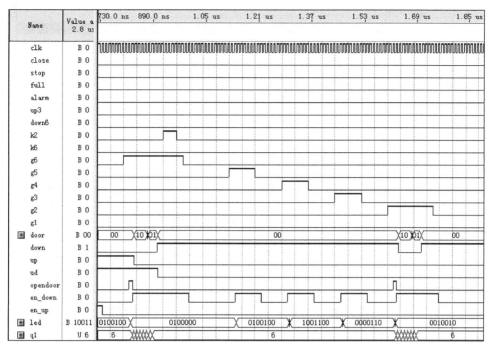

图 11-10-6　乘客按 2 楼请求信号后的时序仿真结果

（3）当电梯在 1 楼时，有乘客进入并按关门中断键 stop 和提前关门键 close 后的功能仿真结果如图 11-10-7 所示，其时序仿真结果如图 11-10-8 所示。观察波形可知，当关门中断信号 stop 为 1 时，door 为 "10"，门一直打开；当提前关门信号 close 为 1 时，door 为 "01"，表示电梯正在关门。

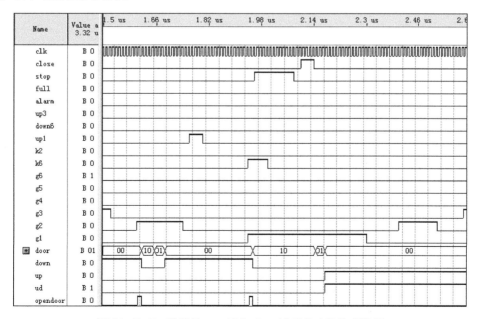

图 11-10-7　乘客按 stop 键和 close 键后的功能仿真结果

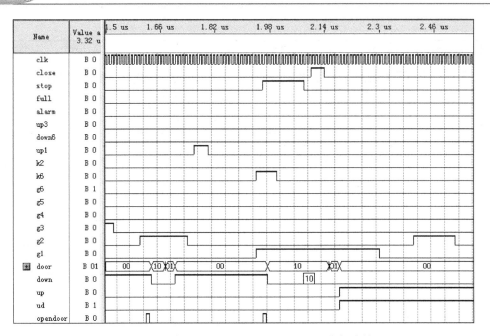

图 11-10-8　乘客按 stop 键和 close 键后的时序仿真结果

第 12 章 可参数化宏模块和 IP 核的使用

12.1 ROM、RAM、FIFO 的使用

可参数化宏模块的使用与原理图编辑中器件的使用类似，不同的是所使用的模块均可以根据需要设置其参数，从而在设计中可以方便地调用。下面介绍 3 种存储器模块的使用方法。

1. ROM 的使用

创建 ROM 前，首先要建立 ROM 内的数据文件。在 Quartus Prime 中能接受的 ROM 中的初始化数据文件有两种，即 Memory Initialization File（.mif）格式和 Hexadecimal（Intel-Format）File（.hex）格式。在实际应用中，只要使用一种格式的文件即可。下面以建立.mif 格式的文件为例来介绍数据文件的建立和使用。

在 Quartus Prime 中执行菜单命令“File”→“New”，弹出“New”窗口，选择“Memory Initialization File”选项，如图 12-1-1 所示。单击“OK”按钮后，弹出“Number of Words & Word Size”对话框，如图 12-1-2 所示。在“Number of words”栏中输入 ROM 中的数据数（这里输入 32），在“Word size”栏中输入数据宽度（这里取 8 位），单击“OK”按钮，将出现如图 12-1-3 所示的空的 mif 数据表格。输入数据后如图 12-1-4 所示（可以通过鼠标右键单击窗口边缘的地址栏，弹出格式选择窗口，选择不同的地址格式和数据格式）。表中任意数据对应的地址为左列数和顶行数之和。完成后，保存文件并命名（这里取名为 lpm_rom）。

数据文件保存完毕后，开始利用 MegaWizard Plug-In Manger 来定制 ROM 宏模块，并将建立好的数据文件加载于此 ROM 中。设计步骤如下所述。

（1）执行菜单命令“Tools”→“IP Catalog”或者单击工具栏 图标，在软件右侧弹出如图 12-1-5 所示对话框。在 library 选项中集成了设计中常用的免费 IP 核，包含“Basic Fuctions”、“DSP”、“Interface Protocols”、“Memory Interfaces and Controllers”、“Processors and Peripherals"以及"University Program"。执行命令"Basic Fuctions"→"On Chip Memory"，如图 12-1-6 所示，在下方选项中选择"ROM：1-PORT"。双击后弹出如图 12-1-7 所示对话框，选择语言方式（这里选择 Verilog HDL 语言），最后输入 ROM 文件存放的路径和文件名"D：/LZ_Verilog16.1/CH12/ROM/rom.v"（rom.v 是文件名）。

图 12-1-1　选择数据文件

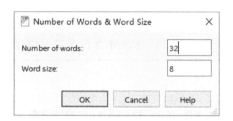

图 12-1-2　设置数据

Addr	+0	+1	+2	+3	+4	+5	+6	+7
0	0	0	0	0	0	0	0	0
8	0	0	0	0	0	0	0	0
16	0	0	0	0	0	0	0	0
24	0	0	0	0	0	0	0	0

图 12-1-3　mif 数据表格

Addr	+0	+1	+2	+3	+4	+5	+6	+7
0	10	2		20	12	12	96	65
8	96	78	23	16	43	35	100	23
16	4	5	98	75	65	4	3	66
24	56	6	88	9	77	99	56	8

图 12-1-4　输入数据

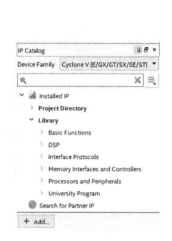

图 12-1-5　IP 核目录

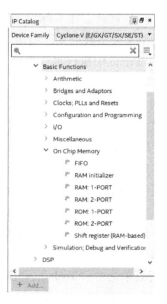

图 12-1-6　选择 ROM 宏模块

图 12-1-7　设置 ROM 文件名及存放路径

　　另外，宏模块也可以在原理图编辑法中直接使用，方法为在 megafunctions 函数中直接选择即可（见本书 2.1 节中的内附逻辑函数），所不同的是 megafunctions 中的宏模块已有固定的文件名称，而不必单独设置。

　　（2）在图 12-1-7 所示对话框中单击"OK"按钮，出现如图 12-1-8 所示的窗口，在此进行地址线位宽和数据线位宽的设置，在数据位宽栏和数据数栏中分别选择 8 和 32；在"What should the memory block type be？"区域中选择默认的"Auto"；时钟控制信号选择"Single clock"。设置完后，单击"Next"按钮，弹出如图 12-1-9 所示的窗口，在此进行寄存器设置、使能信号等设置（这里均选择默认设置）。

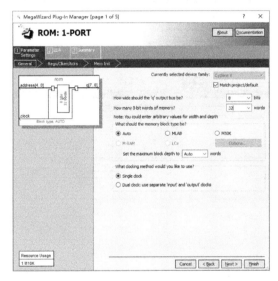

图 12-1-8　设置 ROM 的地址线位宽和数据线位宽

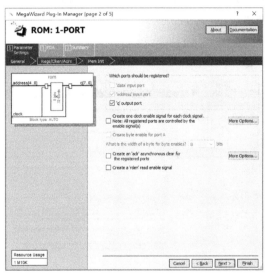

图 12-1-9　寄存器、使能信号等设置

　　（3）在图 12-1-9 所示窗口中单击"Next"按钮，出现如图 12-1-10 所示的窗口，在此进行数据文件的指定。在"Do you want to specify the initial content of the memory？"区域中选择"Yes, use this file for the memory content data"选项，单击"Browse"按钮，选择待指定的文件"lpm_rom. mif"。同时选中"Allow In-System Memory Content Editor to capture and update content undependently of the system clock"选项，并在"The 'Instance ID' of this ROM is："栏中输入"rom1"，作为此 ROM 的名称。该设置可以允许 Quartus Prime 通过 JTAG 口对下载于 FPGA 中的此 ROM 进行测试和读/写操作，如果设计中调用了多个 ROM 或 RAM，那么 ID 号"rom1"就为此 ROM 的识别名称。

　　单击"Next"按钮，出现如图 12-1-11 所示的窗口，可以看到一些仿真库的信息。单击图 12-1-11 所示窗口中的"Next"按钮，出现如图 12-1-12 所示的窗口，在此可以看到

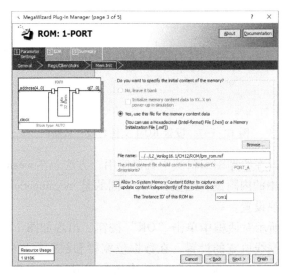

图 12-1-10　指定数据文件并命名

关于此 ROM 的信息概要，最后单击图 12-1-12 所示窗口中的 "Finish" 按钮，完成 ROM 的
创建。

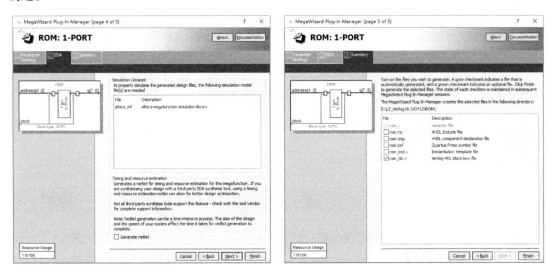

图 12-1-11　仿真库信息　　　　　　　　　图 12-1-12　ROM 的信息概要

（4）ROM 创建完成后生成的文件为 rom.v（既可以用于原理图编辑，也可以用于顶层
文件的例化），其代码如下。

```verilog
'timescale 1 ps / 1 ps
module rom (
    address,
    clock,
    q);
    input   [4:0]   address;
    input       clock;
    output  [7:0]   q;
```

```
'ifndef ALTERA_RESERVED_QIS
'endif
    tri1    clock;
'ifndef ALTERA_RESERVED_QIS
'endif
    wire [7:0] sub_wire0;
    wire [7:0] q = sub_wire0[7:0];
    altsyncram    altsyncram_component (
            . address_a (address),
            . clock0 (clock),
            . q_a (sub_wire0),
            . aclr0 (1'b0),
            . aclr1 (1'b0),
            . address_b (1'b1),
            . addressstall_a (1'b0),
            . addressstall_b (1'b0),
            . byteena_a (1'b1),
            . byteena_b (1'b1),
            . clock1 (1'b1),
            . clocken0 (1'b1),
            . clocken1 (1'b1),
            . clocken2 (1'b1),
            . clocken3 (1'b1),
            . data_a ({8{1'b1}}),
            . data_b (1'b1),
            . eccstatus (),
            . q_b (),
            . rden_a (1'b1),
            . rden_b (1'b1),
            . wren_a (1'b0),
            . wren_b (1'b0));
    defparam
        altsyncram_component. address_aclr_a = "NONE",
        altsyncram_component. clock_enable_input_a = "BYPASS",
        altsyncram_component. clock_enable_output_a = "BYPASS",
        altsyncram_component. init_file = "../../LZ_Verilog16. 1/CH12/ROM/lpm_rom. mif",
        altsyncram_component. intended_device_family = "Cyclone V",
        altsyncram_component. lpm_hint = "ENABLE_RUNTIME_MOD=YES,INSTANCE_NAME=rom1",
        altsyncram_component. lpm_type = "altsyncram",
        altsyncram_component. numwords_a = 32,
        altsyncram_component. operation_mode = "ROM",
        altsyncram_component. outdata_aclr_a = "NONE",
        altsyncram_component. outdata_reg_a = "CLOCK0",
        altsyncram_component. widthad_a = 5,
        altsyncram_component. width_a = 8,
        altsyncram_component. width_byteena_a = 1;
    endmodule
```

（5）ROM 的电路符号如图 12-1-13 所示（也可以对 rom. v 文件创建图元来生成电路符号）。其中 clock 为时钟信号，address[4..0]为地址输入端，q[7..0]为数据输出端。

到此为止，对 ROM 的设置已经完成，下面在原理图编辑器中连接成如图 12-1-14 所示的电路，并进行编译和仿真。ROM 的功能仿真结果如图 12-1-15 所示，其时序仿真结果如图 12-1-16 所示。观察波形可知，输出端 q 输出的数据正是数据文件 lpm. rom. mif 中写入的数据。

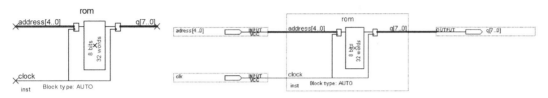

图 12-1-13　ROM 的电路符号　　　　　　图 12-1-14　ROM 的原理图编辑

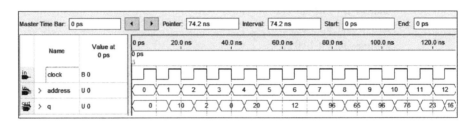

图 12-1-15　ROM 的功能仿真结果

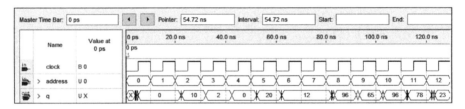

图 12-1-16　ROM 的时序仿真结果

2. RAM 的使用

RAM 的创建与 ROM 的创建基本相同，在 Quartus Prime 中执行菜单命令 "Tools"→"IP Catalog" 或者单击工具栏 ▦ 图标，在 library 下执行命令 "Basic Fuctions"→"On Chip Memory"，在下方选项中选择 "RAM:1-PORT"。选择语言方式（这里选择 Verilog HDL 语言），最后输入 RAM 文件存放的路径和文件名 "D:/LZ_Verilog16.1/CH12/RAM/ram. v"（ram. v 是文件名）。设置窗口如图 12-1-17 所示，并进行各项系数的设置，数据宽度选择 8 位；数据数选择 32；其他均按默认处理。后面的设置与 ROM 类似，所不同的是 RAM 不需要数据文件指定。创建完后生成相应的 ram. v 文件，创建图元后生成的电路符号如图 12-1-18 所示，其中 data[7..0]为数据输入端，wren 为读/写使能端，address[4..0]为地址输入端；clock 为时钟信号；q[7..0]为数据输出端。

对创建的 RAM 进行编译和仿真后的功能仿真结果如图 12-1-19 所示，其时序仿真结果如图 12-1-20 所示。其中，读/写允许信号 wren 为高电平时，为写允许；低电平时，为读允许。观察波形可知，当 wren＝1 时，写入数据；当 wren＝0 时，又重复写入数据时的地址，而输出端 q 则输出了写入的数据。

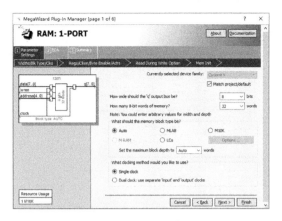

图 12-1-17 RAM 的参数设置

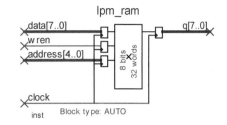

图 12-1-18 RAM 的电路符号

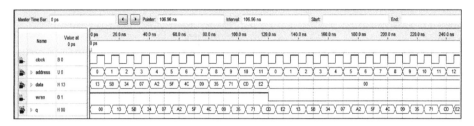

图 12-1-19 RAM 的功能仿真结果

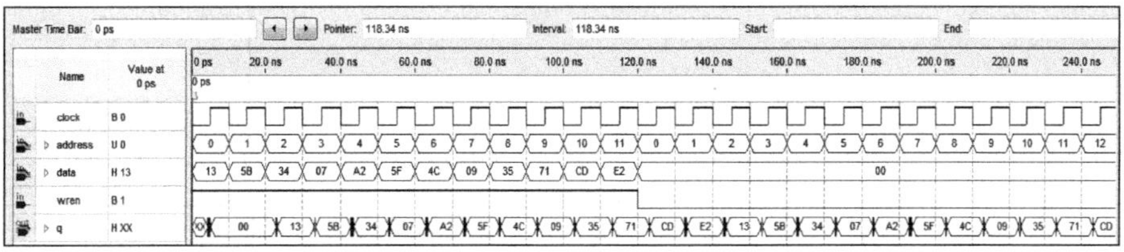

图 12-1-20 RAM 的时序仿真结果

3. FIFO 的使用

先入先出存储器 FIFO 的创建与 ROM、RAM 的创建流程基本相同，在 Quartus Prime 中执行菜单命令 "Tools"→"IP Catalog" 或者单击工具栏 图标，在 library 下执行命令 "Basic Fuctions"→"On Chip Memory"，在下方选项中选择 "FIFO"。设计语言根据需要进行选择，路径可取为 "D:\LZ_Verilog16.1\CH12\FIFO\fifo.v"（文件名为 fifo.v）。参数设置窗口如图 12-1-21 所示，并进行各项系数的设置，数据宽度选择 8 位，数据数选择 32。单击 "Next" 按钮，弹出如图 12-1-22 所示的窗口，在此可以选择其他的 I/O 端口，如清零端等。在图 12-1-23 所示的窗口中可以进行优化方式等设置，这里选择了速度优化。

创建完后生成的 FIFO 电路符号如图 12-1-24 所示。图中，data[7..0]为数据输入端；wrreq 为写入数据请求信号；rdreq 为读出数据请求信号；clock 为时钟信号；q[7..0]为数据输出端；full 为存储器溢出指示信号；empty 为 FIFO 空指示信号；usedw[7..0]为当前已使用的地址输出指示。

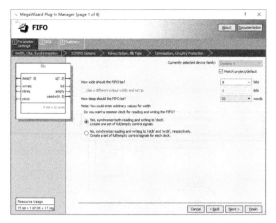

图 12-1-21　FIFO 的参数设置

图 12-1-22　I/O 端口选择

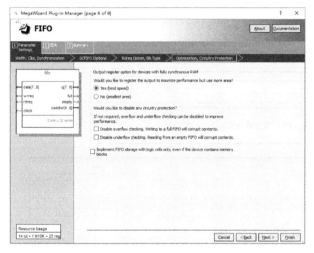

图 12-1-23　优化方式等设置

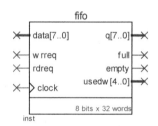

图 12-1-24　FIFO 的电路符号

对创建好的 FIFO 进行编译和仿真后，得到的功能仿真结果如图 12-1-25 所示，其时序仿真结果如图 12-1-26 所示。观察波形可知，当写入数据请求信号 wrreq 为 1 时，在 clock 的上升沿下，将 data 输入的数据存入 FIFO 中；而在 wrreq 为 0 和读出数据请求信号 rdreq 为 1 时，在 clock 的上升沿下，输出端 q 按照先入先出的顺序将 FIFO 中存入的数据读出，整个过程中 usedw 的值也随之变化。

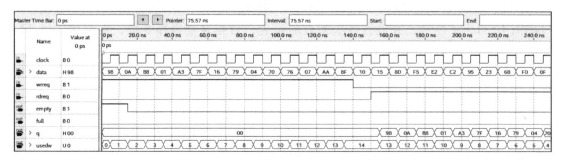

图 12-1-25　FIFO 的功能仿真结果

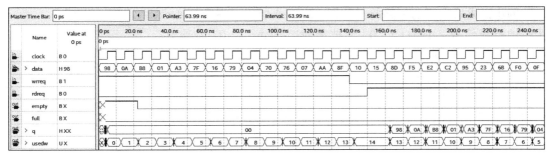

图 12-1-26　FIFO 的时序仿真结果

12.2　乘法器和锁相环的使用

乘法器和锁相环是数字系统设计中较常用的电路，下面介绍其宏模块的使用方法。

1. 乘法器的使用

乘法器的创建与 ROM、RAM 等的创建类似，在 Quartus Prime 中执行菜单命令"Tools"→"IP Catalog"或者单击工具栏 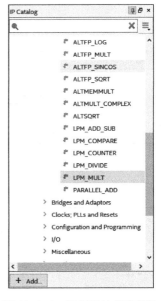 图标，在 library 下执行命令"Basic Fuctions"→"Arithmetic"，在下方选项中选择"LPM_MULT"选项，如图 12-2-1 所示。器件和语言根据需要进行选择，路径可取为"D：/LZ_Verilog16.1/CH12/MULT/mult.v"（文件名为 mult.v）。单击"Next"按钮后进入参数设置窗口，如图 12-2-2 所示。可以进行乘数和被乘数的位宽设置等选项，这里设为默认值即乘数和被乘数的位宽均为 8 位。单击"Next"按钮，进行其他参数设置，其中在图 12-2-3 所示的设置窗口下选择由时钟来控制。

图 12-2-1　选择乘法器宏模块

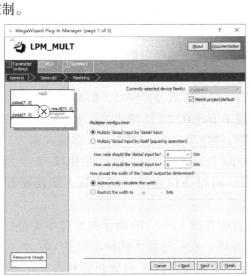

图 12-2-2　乘法器的参数设置

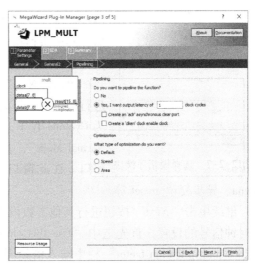

图 12-2-3　选择时钟控制

创建完成后生成的电路符号如图 12-2-4 所示。图中，clock 为时钟控制信号；dataa[7..0] 为被乘数；datab[7..0] 为乘数；result[15..0] 为相乘后的结果。

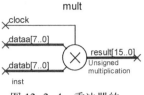

图 12-2-4　乘法器的电路符号

对乘法器进行编译和仿真后得到的功能仿真结果如图 12-2-5 所示，其时序仿真结果如图 12-2-6 所示。观察波形可知，随着时钟 clcok 的上升沿的到来，result 的输出为 dataa 与 datab 的乘积。

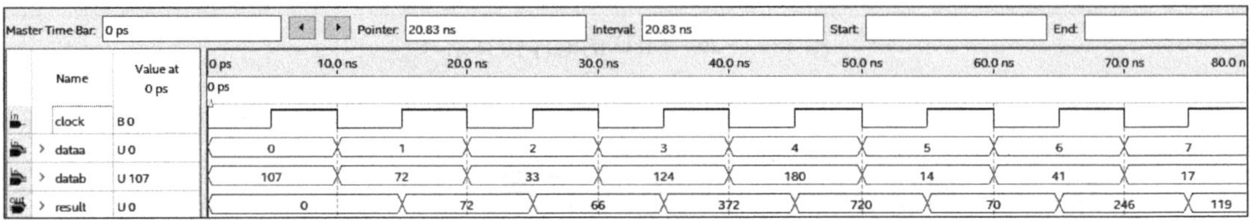

图 12-2-5　乘法器的功能仿真结果

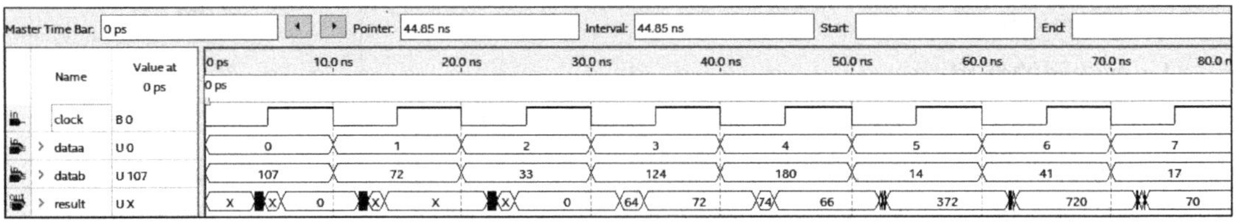

图 12-2-6　乘法器的时序仿真结果

2. 锁相环的使用

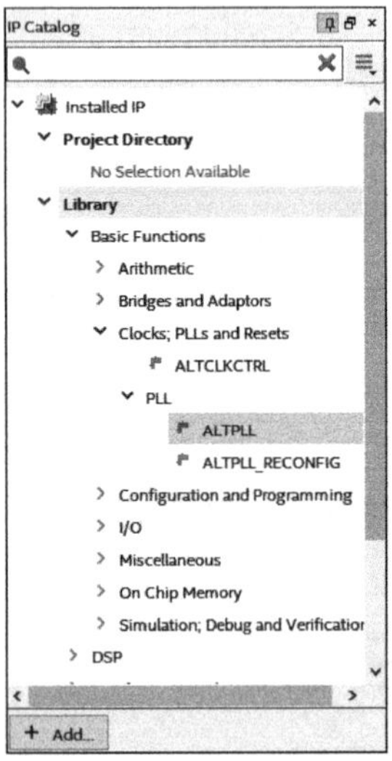

Quartus Prime 中的锁相环宏模块也被称为嵌入式锁相环，因为只有在 Cyclone 和 stratix 等系列的 FPGA 中才含有该锁相环。这种锁相环不仅性能优越，同时可以根据需要来设置其分频或倍频的系数、相移和占空比。在 library 下执行命令"Basic Fuctions"→"Clocks；PLLs and Resets"→"PLL"，在下方选项中选择"ALTPLL"选项，如图 12-2-7 所示。进入如图 12-2-7 所示的对话框后，在左侧栏选择"I/O"选项下的"ALTPLL"选项，器件和语言根据需要进行选择，路径可取为"D：\my_eda2\lpm_pll\pll. v"（文件名为 pll. v）。

单击"Next"按钮，弹出参数设置窗口，如图 12-2-8 所示。进行器件、参考时钟频率 inclk0、工作模式的设置，这里器件选为 Cyclone Ⅳ E，参考时钟频率选为 20 MHz，工作模式选为"In Normal Mode"。然后单击"Next"按钮，进入如图 12-2-9 所示窗口，在此窗口中进行锁相环控制端口的设置，如使能控制

图 12-2-7　选择锁相环模块

pllena、异步复位 areset 等。

继续单击"Next"按钮进行其他参数设置，其中在图 12-2-10 所示的窗口中要进行输出时钟信号的设置，首先选中"Use this clock"选项，表示选择了该输出时钟 c0；然后在"Clock multiplication factor"栏中输入倍频因子（这里输入为 2）；时钟相移和占空比不变，保持默认数据。

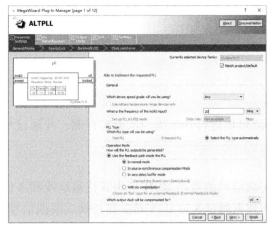
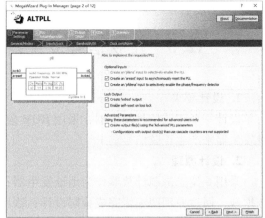

图 12-2-8 锁相环的参数设置 图 12-2-9 锁相环的控制端口设置

在此后出现的对话框中选用输出时钟端 c1 和 c2，并将其倍频因子分别设置为 4 和 6，时钟相移和时钟占空比也不变。创建完锁相环后生成的电路符号如图 12-2-11 所示。图中，inclk0 为参考时钟；areset 为复位信号；c0、c1 和 c2 为输出的时钟端口；locked 是相位锁定输出。

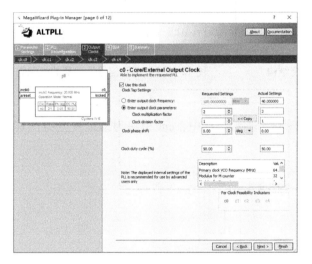

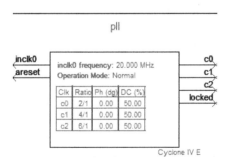

图 12-2-10 输出时钟 c0 设置 图 12-2-11 锁相环的电路符号

对创建的锁相环进行编译和仿真，由于功能仿真结果与时序仿真结果基本相同，所以仅给出时序仿真结果，如图 12-2-12 所示。观察波形可知，输出时钟端 c1、c2 和 c3 的频率分别为参考时钟 inclk0 频率的 2 倍、4 倍和 6 倍。

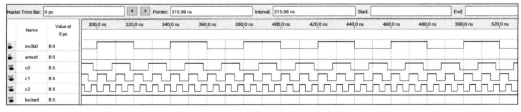

图 12-2-12 锁相环的时序仿真结果

12.3　正弦信号发生器

1. 设计要求

设计一个正弦信号发生器，采用 ROM 宏功能模块进行一个周期的数据存储，并通过地址发生器来产生正弦信号。

2. 设计原理

采用 6 位二进制计数器作为地址发生器；正弦信号的数据 ROM 采用 6 位地址线和 8 位数据线；通过原理图编辑完成顶层设计；输出的数据通过 8 位 D/A 转换器转换成模拟信号。系统结构如图 12-3-1 所示。

3. 电路符号

正弦信号信号发生器的电路符号如图 12-3-2 所示。图中，输入信号为系统时钟 clock；输出信号为 8 位数据输出 q[7..0]。

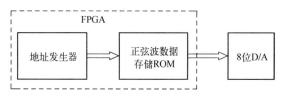

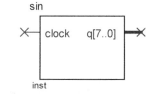

图 12-3-1　正弦信号发生器的系统结构　　　　图 12-3-2　正弦信号发生器的电路符号

4. 设计方法

采用混合编辑法，得到的电路如图 12-3-3 所示。其中，cnt 模块为地址发生器，其输出端连接到 ROM 的地址端上，其代码如下。

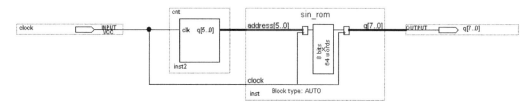

图 12-3-3　正弦信号发生器电路

```
module cnt(clk,q);
input clk;
output[5:0] q;
reg[5:0] q;

always @(posedge clk)
begin
    q<=q+1;
end
endmodule
```

5. 仿真结果

正弦信号发生器的功能仿真结果如图 12-3-4 所示，其时序仿真结果如图 12-3-5 所示。观察波形可知，q 端输出的数据为 ROM 中的正弦信号数据。

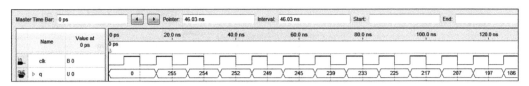

图 12-3-4　正弦信号发生器的功能仿真结果

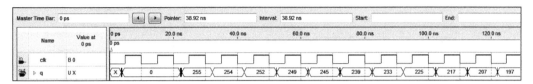

图 12-3-5　正弦信号发生器的时序仿真结果

12.4　NCO IP 核的使用

IP 核的使用与宏模块的使用相似，但 IP 核不附带在 Quartus Prime 中，需要向 Altera 公司购买或申请试用版，得到 IP 核后再安装在计算机上。安装完成后，在 "IP Catalog" 对话框中的 "DSP"、"Interface Protocols" 和 "Processors" 等选项里会出现所安装的 IP 核，比如 FIR 数字滤波器、NCO 数控振荡器和 PCI 总线等。下面以 NCO 数控振荡器为例，介绍 IP 核的使用方法。

1）选择 NCO IP 核　在 "IP Catalog" 对话框中选中 "Library"→"DSP"→"Signal Generation"→"NCO" 选项，如图 12-4-1 所示。双击 "NCO" 后，弹出如图 12-4-2 所示的对话框，路径可取为 "D：\LZ_Verilog16.1\CH12\NCO"（文件名为 NCO.v）。

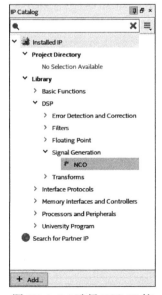

图 12-4-1　选择 NCO IP 核　　　　　　图 12-4-2　指定 NCO IP 核存放路径及文件名

2）进入设置参数工具栏　单击"OK"按钮，进入图 12-4-3 所示的参数设置工具栏，主要包含"Architecture"、"Frequency"和"Optional Ports"这三个部分。

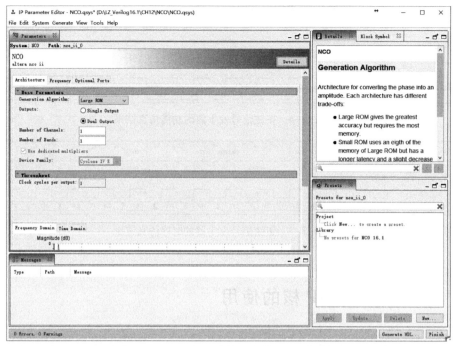

图 12-4-3　NCO IP 核的参数设置工具栏

3）设置参数　在"Architecture"栏下的"Generation Algorithm"选中"Small ROM"选项；将"Frequency"栏下的相位累加器精度（Phase Accumulator Precision）设置为 32 位，角度精度（Angular Precision）设置为 10 位，幅度精度（Magnitude Precision）也设置为 10 位，同时选择相位抖动大小控制，时钟频率设置为 100 MHz，在窗口下侧还可以看到频域和时域的特性曲线。

在图 12-4-4 所示对话框中选择"Optional Ports"选项卡，如图 12-4-5 所示。在此进行是否选择频率调制输入和相位调制输入的设置，这里设置为不选择（默认）。

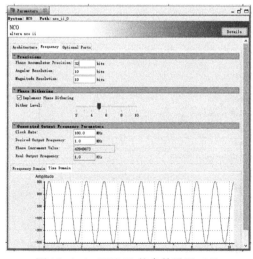

图 12-4-4　NCO IP 核参数设置（1）

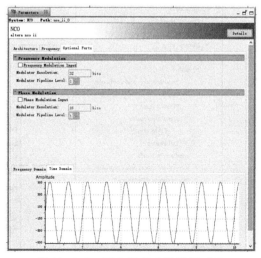

图 12-4-5　NCO IP 核参数设置（2）

最后单击"Finish"按钮，完成参数设置。之后会弹出如图 12-4-6 所示的对话框，单击"Close"，在图 12-4-7 所示的对话框选择"是(Y)"。

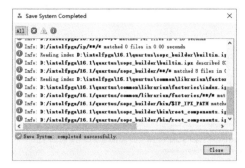

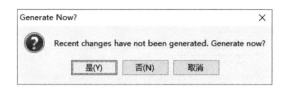

图 12-4-6　设置完成　　　　　　　　　　　图 12-4-7　生成更改

4）生成仿真文件　经过 12-4-7 所示的对话框后，进入如图 12-4-8 所示对话框，在"Simulation"下的"Create Simulation Model"选项中选择仿真文件的语言格式（这里选择 Verilog）。之后单击"Generate"按钮，弹出如图 12-4-9 所示的对话框，成功生成仿真文件后，单击"Close"按钮。

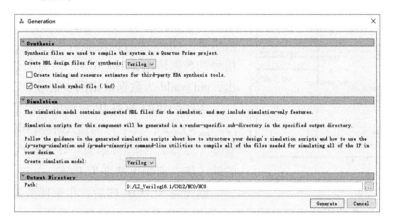

图 12-4-8　生成仿真文件

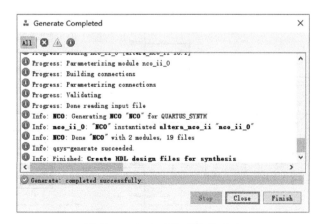

图 12-4-9　生成仿真文件成功

5）生成 NCO 设计文件　在图 12-4-3 中，单击"Finish"按钮，弹出 12-4-10 对话框。在此窗口中可以看到所创建 NCO 的详细信息，单击"Close"按钮，再单击下一个窗口的"OK"按钮。至此，NCO IP 核的创建已完成（注：在已经购买 IP 授权许可文件的条件下才可以使用 IP 核）。

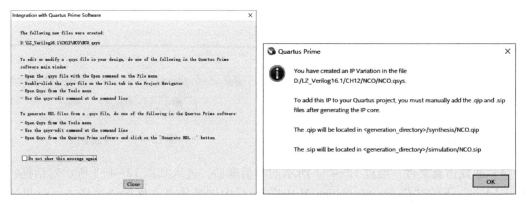

图 12-4-10　NCO IP 核创建完成

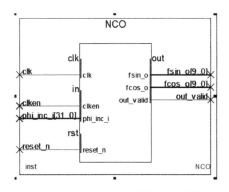

图 12-4-11　NCO IP 核的电路符号

生成的 NCO IP 核的电路符号如图 12-4-11 所示。图中，phi_inc 为频率字输入，reset_n 为系统复位信号，clken 为时钟使能信号，fsin_o[9..0] 为正弦信号的数据输出，fcos_o[9..0] 为余弦信号的数据输出，out_vaild 为数据输出同步信号。

本次创建的 NCO IP 核输出波形的频率分辨率为 $\Delta f = f_{min} = f_c/2^n$，其中 f_c 为输入时钟频率，n 为累加器的宽度（32 位）。输出频率为 $f_o = f_c \times M/2^n$，M 为 phi_inc_i 的输入值，而幅度精度为 10 位。

创建完 NCO IP 核后，在原理图编辑器中调用 10 位寄存器，并对所要使用的端口进行设置，连接 I/O 端口，NCO 的电路图如图 12-4-12 所示。

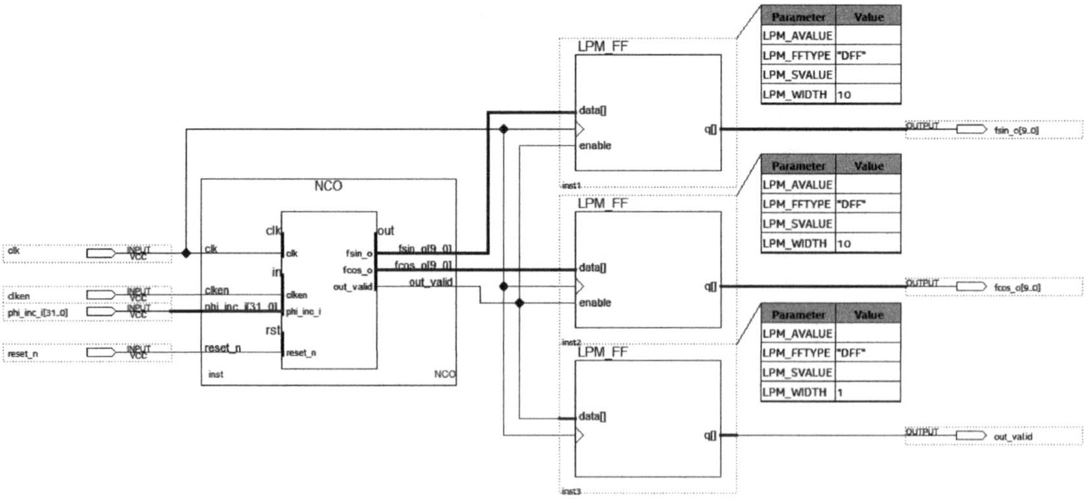

图 12-4-12　NCO 的电路图

对原理图进行编译时，需添加 NCO IP 核的用户库，如图 12-4-13 所示。编译完成后进行仿真，其功能仿真结果和时序仿真结果如图 12-4-14 和图 12-4-15 所示。

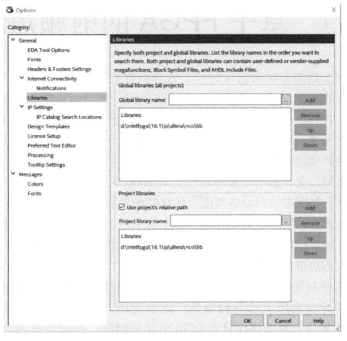

图 12-4-13　添加 NCO IP 核的用户库

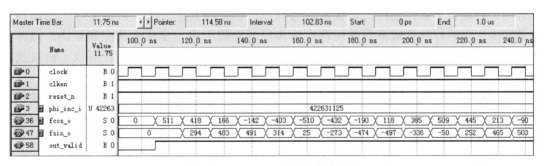

图 12-4-14　NCO 的功能仿真结果

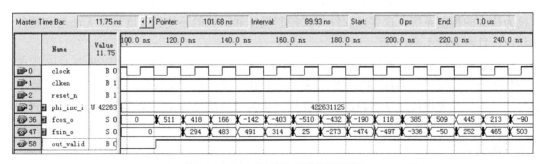

图 12-4-15　NCO 的时序仿真结果

观察波形可知，当 clken 和 reset_n 均为高电平，且频率字输入为 4226315（可取任意值）时，正弦信号输出端和余弦信号输出端输出了相应的数据，同时数据输出同步信号 out_vaild 输出为高电平。

第 13 章　基于 FPGA 的射频热疗系统

肿瘤热疗是用加热的方法来治疗肿瘤，这种治疗方法是利用各种物理能量（如微波、射频和超声波等）在人体组织中沉积所产生的热效应，使组织温度上升至有效治疗温度区域（41℃以上），并维持一定时间，以达到既杀灭癌细胞又不致损伤正常组织之目的的一种治疗方法。它是继手术、放疗、化疗及免疫治疗后的第 5 种治疗手段，尤其是其对局部肿瘤的控制作用往往是其他治疗方法无法比拟的。

热疗具有悠久的历史，最早可追溯到公元前 5000 年。尽管热疗的历史悠久，但由于当时科学技术不发达，加温方法与设备简陋，使热疗的发展受到限制。到 20 世纪 70 年代，由于多学科的介入与配合，特别是热物理学、热生物学的不断深入研究，人们才用科学的态度来研究肿瘤热疗。随着热疗合并综合治疗的明显效果不断被报道，人们的注意力又回到热疗上，并投入了更大的热情对其进行广泛而深入的研究。

我国的肿瘤热疗起始于 20 世纪 70 年代末，几乎与国际热疗热潮同时起步，发展迅速。目前，肿瘤热疗在临床上已得到相当广泛的应用，并显现出良好效果，但真正用科学方法深入、广泛地研究肿瘤热疗只有近 30 多年的时间，所以肿瘤热疗仍处于发展的初级阶段，加温设备、测温方法、热剂量学等都在发展中，对肿瘤热疗的机理、热疗生物学等的了解还很不够；热疗的最佳次数与间隔，热疗和其他方法如何搭配等问题都还知道的甚少，在热疗的领域里目前还存在许多问题有待于进一步深入研究和解决。但肿瘤热疗在临床呈现出的突出效果使人惊讶和深思，常常出乎医生的预料，所以人们对这一领域的前景充满信心和希望。

癌细胞的杀灭是温度的极其敏感函数。实验表明，在 42℃区域温度 1℃之差可引起细胞存活率的成倍变化，因此热疗中的温度测量有着十分重要的意义。可以说，热疗中能否准确测温和精确控温是取得疗效的关键问题。

常用的温度传感器，如热敏电阻等模拟类器件，存在非线性及参数不一致，在更换器件时因放大器零点漂移而需对电路重新调试。而对于温度场的控制方法，多采用以 CPU 或单片机为核心的控制系统，这些以软件方式控制操作和运算的系统的速度显然无法与纯硬件系统相比，且可靠性不高。

针对这两个问题，在此提出一种新的测量与控制的方法，采用高精度数字温度传感器 DS18B20 与可编程逻辑器件 FPGA 来实现。DS18B20 是由单片集成电路构成的单信号数字化温度传感器，其突出优点是将被测温度直接转化为数字信号输出。尤其在多点温度检测的场合，在解决各种误差、可靠性和实现系统优化等方面，DS18B20 与传统各种温度传感器相比有无可比拟的优越性。

由于系统采用 FPGA 作为控制器，因其是以纯硬件来实现控制的，所以满足了温度场高可靠性的要求。此外，还可使系统的器件使用数大大减少，具有设计灵活、现场可编程、调试简单和体积小等特点。

13.1　肿瘤热疗的生物学与物理学技术概论

近 20 年来，热疗的研究已脱离了历史上临床的纯经验性摸索。由于多学科的介入与努力，临床热疗研究与现代生物、物理工程的研究密切合作，共同攻关，使热疗研究已踏入较高的境地。目前，热疗生物学的研究已从人体、实验动物水平进入细胞水平、分子水平的研究，其结果已为肿瘤临床热疗奠定了可靠的生物学基础。许多优秀的物理学家、工程学家利用现代高新技术对临床肿瘤的加热方法与技术、测温方法与技术进行了大量的研究，取得了可喜的成绩，并为临床治疗各部位肿瘤提供了各种加热技术与装置，以满足临床研究的基本需求。

13.1.1　热疗的生物学方面

实验证明，加热对细胞有直接的细胞毒性作用，组织受热升温至 41 ～ 45℃（有效治疗温度范围），并维持数分钟以上，可以杀灭哺乳动物的肿瘤细胞。这一结论已在临床肿瘤热疗中得到证实，并已成为临床肿瘤治疗时的一项最基本的生物学量化依据。而热的细胞毒性作用、肿瘤组织血管、微环境结构特点及肿瘤的生理环境因素为肿瘤热疗奠定了基本的生物学基础。

13.1.2　热疗的物理技术方面

1. 加热技术

现代肿瘤热疗生物学的发展已为指导热疗临床实践奠定了基本的生物学基础。当前影响肿瘤热疗取得高疗效的诸多因素中，最为关键的当属肿瘤热疗的加热技术。要进一步推广热疗并取得可靠疗效，就必须对加热技术的"理想"要求、现状、难点及改进方向有清晰的了解。

1）理想的加热　理想的加热效果应力求做到以下两点。

☺ 能精确地把 100% 的肿瘤组织加热到有效治疗温度范围（41 ～ 45℃），并维持一定时间，以使癌细胞受到毁灭性的杀伤与打击。

☺ 要避免靶区外正常组织的过热（如大于 45℃）损伤。

2）主要的加热技术　加温过程可视为组织吸收外加物理能量，使之转化为热能而升温的物理现象。热疗中常用的物理能量有微波（MW）、射频（RF）和超声波（US）等。

（1）微波加热：通常把频率从 300 MHz 到 30 GHz 的电磁波统称为微波。微波加热主要使用超高频段（UHF），从人体热疗来看，微波热疗低频端可达到甚高频（VHF）的 100 MHz，高频端则可达 3 GHz。微波加热的机理是，在热疗所用的电磁波频率范围内，可考虑以热效应为主。当人体组织处于高频电场时，可形成较多数目的电极性分子（偶极子），在微波或高频电磁场作用下，组织中的带电离子或偶极子可快速振动或转动，不断克服周围组织阻力而做功产生热量。

【优点】非侵袭局部加热；无脂肪层过热；热场分布大体上由辐射器形状、尺寸所决定；加热效率较好；易于加热浅表肿瘤；加热装置与射频相比体积较小。

【缺点】在肌肉组织中的衰减较大而难达深部加热；频率较低时，在脂肪—肌肉界面产生反射，可能引起过热点；需按频率配置辐射器形状；波导型外辐射器热场不均匀，有效加热面积小于开口的 40%；组织内加热范围更窄；对含金属引线的测温探头有干扰。须注意微波防护，操作需加屏蔽室。

【应用范围】 外辐射器可用于体表部位（头颈、肢体等）的浅表肿瘤；腔内加热用于食道、宫颈、直肠、前列腺等；组织间可用于脑等部位。

（2）射频加热："射频"，在热疗中是指频率在 100 MHz 以下的电磁波，主要在高频（HF）段。在 HF 段的加热方法中，有容性加热和感应加热两种。所谓容性加热是指将人体被加热组织置于一对或多个电容极板之间，在各个电极间加上射频（RF）电压；或者将多对线状电极插入人体组织中并加以 RF 电压（流）。所谓感应加热是指在人体外近表面处放置感应线圈，并通以 RF 电流，使该 RF 电流所产生的涡流磁场在人体内感应出涡电流从而发热；为加强体内感应涡流，还常在体内欲加热部位采用组织间植入金属导体或铁磁体等方法。射频容性加热方法已被广泛使用，可用于薄脂肪层（厚度小于 1.5 cm）的深部或浅表肿瘤热疗。

射频加温机制既有生物组织中离子传导电流所产生焦耳热的因素，也有生物组织在高频电磁场中因介电损耗而产热的作用。

【优点】 设备相对简单；无须使用屏蔽室；可加热较大体积；用冷却水袋可加热深部。

【缺点】 无冷水时，脂肪极易过热疼痛（脂肪吸收）；电场分布不易均匀控制；只可用于脂肪薄的部位。

【应用范围】 大的浅肿瘤；深部肿瘤，如下腹、盆腔、胸部、四肢等部位；组织间可用于大块肿瘤，如颈、肝、乳腺、宫颈等部位。

（3）超声波加热：超声波是一种物质的机械振动，即物质的质点在其平衡位置进行往返运动。用于加热治疗肿瘤的超声波频率为 0.5 ~ 5 MHz，一般常用的超声波频率为 1 MHz。

超声波能量对人体组织的作用主要是热效应，超声波作用于组织细胞、分子、原子团等所产生的高频振动，其能量的大部分将转化为内部热能而产生升温。

【优点】 脂肪不过热；穿透、指向及聚焦性能好；测温容易；可加热浅表及深部；无须屏蔽。

【缺点】 不能穿透含气空腔，注意避免骨疼痛（骨吸收、反射）。

【应用范围】 浅表或深部肿瘤；体外加热、腔内加热和组织间加热。

2. 测温技术

肿瘤能否得到满意的加热，需要由测温技术来监测和评价，因而说测温技术是确定加热是否满意，从而决定疗效好坏的另一个关键技术问题。无损测温近年虽取得较大进展，如在 1996 年第七届国际肿瘤热疗会议（罗马）上就有人声称无损测温方法（MR）已开始进入商品阶段，但就目前绝大多数临床治疗的情况来看，在数年内有损（侵入式）测温仍是应用的主流。

由于热疗处在强电磁场或强超声波场条件下，因此对其温度测量有一定的性能要求及影响。用于热疗的测温装置，按其测温探头所用的引线可分为金属导线、高阻抗导线及光导纤维等 3 类。其中，带金属导线的热电偶、热敏电阻类温度传感器易受电磁波的干扰，因而开发了高阻导线及光导纤维测温探头，但光纤温度传感器高昂的价格限制了它的应用。

临床有损测温的重要问题其中之一就是测温干扰，对这一问题已经进行了充分的研究。当使用电磁波加热时，应尽量使用直径较小的无干扰测温探头及多点测温探头，以保证热疗时测温的准确性，并尽可能多地取得受热组织的温度信息；临床有损测温的另一个重要问题是热疗时监测测温点的布局，即数目、位置及测温探头的植入方向等，这些应当严格按照相应的质量保证（QA）规范进行。

13.2 温度场特性的仿真

通过计算机软件仿真来研究两个极板容性射频热疗装置在非均匀脑组织中的温度分布图像。此处用的软件是 Mentor Graphics 的 BETAsoft。BETAsoft 采用先进的带自适应栅格的有限差分方法，与传统的有限元方法相比，它在获得相同的准确度的情况下，分析速度更快。

这里取正常脑组织的电导率 $\sigma_{normal} = 0.2 \, \mathrm{s/m}$，脑肿瘤组织的电导率 $\sigma_{tumour} = 0.455 \, \mathrm{s/m}$（癌变组织的电导率比正常组织的高）。由物质的电阻与传导率的关系 $R = \dfrac{w}{\sigma A}$，以及电阻与功率的关系 $P = \dfrac{V^2}{R}$，可得脑肿瘤组织与正常脑组织的功率比 $\dfrac{P_{tumour}}{P_{normal}} = \dfrac{V^2/R_{tumour}}{V^2/R_{normal}} = \dfrac{\sigma_{tumour}}{\sigma_{normal}} = 2.275$。

图 13-2-1 和图 13-2-2 为两电容热疗装置在非均匀脑组织中心对称垂直平面上温度图像的仿真结果。图中，各极板直径均为 $12 \, \mathrm{cm} \times 12 \, \mathrm{cm}$，各极板冷却温度为 $10^{\circ}\mathrm{C}$。由图可见，可通过施以较大加热功率，使肿瘤所在区域达到有效治疗温度（$41 \sim 45^{\circ}\mathrm{C}$）。

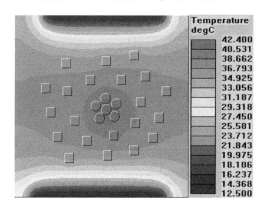

图 13-2-1　仿真结果 1

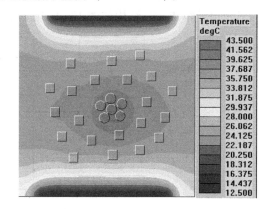

图 13-2-2　仿真结果 2

13.3 射频热疗系统设计

本设计是针对脑胶质瘤的治疗。根据脑胶质瘤的生物组织特点，选用射频信号作为加热的物理能量，并采用二极板容性加热方式。系统结构如图 13-3-1 所示。射频信号的频率为 $0.5 \, \mathrm{MHz}$，经过 $500 \, \mathrm{Hz}$ 占空比可调的调制信号调制后，输出控制信号。FPGA 作为控制器，控制加温的全过程；设定温度通过控制面板向 FPGA 输入，DS18B20 对温度场进行温度测量，并且将实时数字测量值送回 FPGA；FPGA 将测量值与设定值进行比较，经过控制算法的处理后，确定调制信号的占空比；控制信号经过隔离电路与驱动电路，加到工作极板上。极板间介质的加热功率可通过调整 500 Hz 调制信号的占空比来控制。

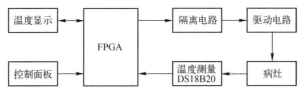

图 13-3-1　热疗系统结构

本热疗仪的技术参数如下。

☺ 功率电源电压 56 V；

☺ 热疗工作频率 0.5 MHz；

☺ 温度测量范围 0 ～ 63℃，测、控温精度±0.1℃。

 # 13.4　系统硬件电路设计

13.4.1　硬件整体结构

硬件电路主要由 FPGA 及其配置电路、电源电路、光耦隔离电路、驱动电路、控制面板和显示单元组成。其结构如图 13-4-1 所示。

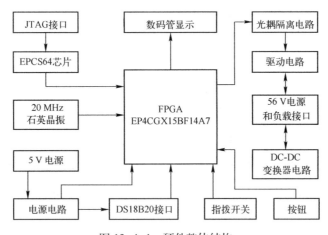

图 13-4-1　硬件整体结构

本设计使用的 FPGA 芯片是 Altera 公司 Cyclone Ⅳ GX 系列的 EP4CGX15BF14A7，并采用了 Altera 提供的专用配置芯片 EPCS64 对其进行数据配置；外部 20 MHz 的石英晶振为 FPGA 提供时钟信号；FPGA 芯片所需的 2.5 V 和 3.3 V 电压由外部 5 V 电源通过电源电路获得；控制面板由指拨开关和按钮构成，指拨开关用来控制数码管的显示，按钮用于向 FPGA 输入设定温度；为避免驱动电路对控制电路的干扰，采用 1 MHz 的高速光耦 6N137 进行隔离，控制对象的加热功率由驱动电路中的 56 V 电源提供。

13.4.2　高精度数字温度传感器 DS18B20

1. DS18B20 的总体特点

本设计使用的温度传感器是 Dallas 公司 1-Wire 系列的高精度数字传感器 DS18B20。1-Wire 单总线是 Dallas 的一项专有技术。它采用单根信号线既传输时钟又传输数据，而且数据传输是双向的。它具有节省 I/O 口线资源，结构简单，成本低廉，便于总线扩展和维护等诸多优点。1-Wire 单总线适用于单个主机系统，能够控制一个或多个从机设备。

DS18B20 提供 9 ~ 12 位精度的温度测量；电源供电范围是 3.0 ~ 5.5 V；温度测量范围 -55 ~ +125℃，在 -10 ~ +85℃ 范围内，测量精度是 ±0.5℃；增量值最小可为 0.0625℃。将测量温度转换为 12 位的数字量最大需 750 ms。而且 DS18B20 可采用信号线寄生供电，不需额外的外部供电。每个 DS18B20 有唯一的 64 位的序列码，这使得多个 DS18B20 可以在一条单总线上工作。

2. DS18B20 的内部结构

DS18B20 的内部结构如图 13-4-2 所示。64 位 ROM 存储器件具有独一无二的序列号。暂存器包含 2 B 的温度寄存器（第 0 字节和第 1 字节），用于存储温度传感器的数字输出。暂存器还提供 2 B 的上线警报触发（T_H）和下线警报触发（T_L）寄存器（第 2 字节和第 3 字节）；1 B 的配置寄存器（第 4 字节），使用者可以通过配置寄存器来设置温度转换的精度。暂存器的第 5 ~ 7 字节器件内部保留使用。第 8 字节含有循环冗余码（CRC）。使用寄生电源时，DS18B20 不需要额外的供电电源；当总线为高电平时，电源由单总线上的上拉电阻通过 DQ 引脚提供；高电平总线信号同时也向内部电容 C_{PP} 充电，C_{PP} 在总线低电平时为器件供电。

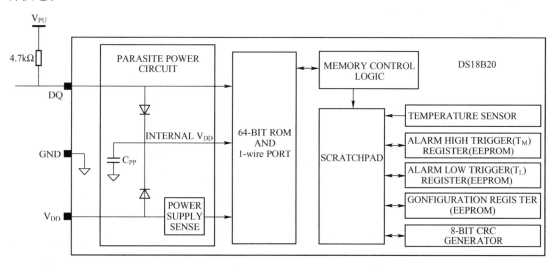

图 13-4-2　DS18B20 的内部结构

DS18B20 加电后，处在空闲状态。要启动温度测量和 A/D 转换，处理器必须向其发出 Convert T[44h] 命令；转换完后，DS18B20 回到空闲状态。温度数据是以带符号位的 16 位补码形式存储在温度寄存器中的，如图 13-4-3 所示。

符号位说明温度是正值还是负值，正值时 S=0，负值时 S=1。表 13-4-1 给出了一些数字输出数据与对应的温度值的例子。

	bit 7	bit 6	bit 5	bit 4	bit 3	bit 2	bit 1	bit 0
LS Byte	2^3	2^2	2^1	2^0	2^{-1}	2^{-2}	2^{-3}	2^{-4}
	bit 15	bit 14	bit 13	bit 12	bit 11	bit 10	bit 9	bit 8
MS Byte	S	S	S	S	S	2^6	2^5	2^4

图 13-4-3　温度寄存器格式

表 13-4-1　温度-数据的关系

温度/℃	数字量输出（二进制）	数字量输出（十六进制）
+125	0000 0111 1101 0000	07D0h
+85	0000 0101 0101 0000	0550h
+25.0625	0000 0001 1001 0001	0191h
+10.125	0000 0000 1010 0010	00A2h
+0.5	0000 0000 0000 1000	0008h
0	0000 0000 0000 0000	0000h
-0.5	1111 1111 1111 1000	FFF8h
-10.125	1111 1111 0101 1110	FF5Eh
-25.0625	1111 1110 0110 1111	FE6Fh
-55	1111 1100 1001 0000	FC90h

3. 硬件配置

设备（主机或从机）通过一个漏极开路或三态端口连接至单总线，这样允许设备在不发送数据时释放数据总线，以便总线被其他设备所使用。DS18B20 的单总线端口为漏极开路，其内部等效电路如图 13-4-4 所示。

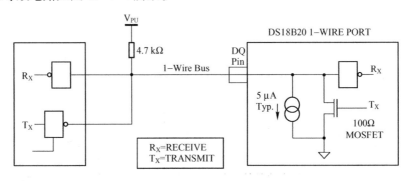

图 13-4-4　DS18B20 内部等效电路

单总线需接一个 5 kΩ 的外部上拉电阻，因此 DS18B20 的闲置状态为高电平。不管什么原因，如果传输过程需要暂时挂起，且要求传输过程还能继续，则总线必须处于空闲状态。位传输之间的恢复时间没有限制，只要总线在恢复期间处于空闲状态即可。如果总线保持低电平的时间超过 480 μs，总线上所有的器件将复位。

4. 命令序列

☺ 初始化；

☺ ROM 命令跟随着需要交换的数据；

☺ 功能命令跟随着需要交换的数据。

访问 DS18B20 必须严格遵守这一命令序列，如果丢失任何一步或序列混乱，DS18B20 都不会响应主机（除了 Search ROM 和 Alarm Search 这两个命令，在这两个命令后，主机都必须返回到第一步）。

1）初始化　DS18B20 所有的数据交换都由一个初始化序列开始，包括主机发出的复位脉冲和跟在其后的由 DS18B20 发出的应答脉冲。当 DS18B20 发出响应主机的应答脉冲时，即向主机表明它已处在总线上，并且准备工作。

2）ROM 命令　ROM 命令通过每个器件的 64 位 ROM 码使主机指定某一特定器件（如果有多个器件挂在总线上）与之进行通信。DS18B20 的 ROM 命令见表 13-4-2。每个 ROM 命令都是 8 位长。

表 13-4-2　DS18B20 ROM 命令

命　令	描　述	协议	此命令发出后 1-Wire 总线上的活动
SEARCH ROM	识别总线上 DS18B20 的 ROM 码	F0h	所有 DS18B20 向主机传送 ROM 码
READ ROM	当只有一个 DS18B20 挂在总线上时，可用此命令来读取 ROM 码	33h	DS18B20 向主机传送 ROM 码
MATCH ROM	主机用 ROM 码来指定某一 DS18B20，只有匹配的 DS18B20 才会响应	55h	主机向总线传送一个 ROM 码
SKIP ROM	用于指定总线上所有的器件	CCh	无
ALARM SEARCH	温度超出警报线的 DS18B20 响应	ECh	DS18B20 向主机传送 ROM 码

3）功能命令　主机通过功能命令对 DS18B20 进行读/写操作，或者启动温度转换。DS18B20 功能命令见表 13-4-3。

表 13-4-3　DS18B20 功能命令

命　令	描　述	协议	此命令发出后 1-Wire 总线上的活动
温度转换命令			
Convert T	开始温度转换	44h	DS18B20 向主机传送转换状态
存储器命令			
Read Scratchpad	读暂存器完整的数据	BEh	DS18B20 向主机传送 9B 的数据
Write Scratchpad	写入数据（T_H，T_L 和精度）	4Eh	主机向 DS18B20 传送 3B 的数据
Copy Scratchpad	将 T_H，T_L 和精度复制到 EEPROM	48h	无
Recall E^2	将 T_H，T_L 和配置寄存器的数据从 EEPROM 中调到暂存器中	B8h	DS18B20 向主机传送调用状态
Read Power Supply	向主机示意电源供电状态	B4h	DS18B20 向主机传送供电状态

5. DS18B20 的信号方式

DS18B20 采用严格的单总线通信协议以保证数据的完整性。该协议定义了 6 种信号类型，即复位脉冲、应答脉冲、写 0、写 1、读 0 和读 1。除应答脉冲外，其余信号都由主机发出同步信号。总线上传输的所有数据和命令都是字节的低位在前。

1）初始化序列（复位脉冲和应答脉冲）　在初始化过程中，主机通过拉低单总线至少 480 μs 以产生复位脉冲（T_X）。然后主机释放总线，并进入接收（R_X）模式。当总线被释放后，5 kΩ 的上拉电阻将单总线拉高。DS18B20 检测到这个上升沿后，延时 15～60 μs，通过拉低总线 60 ～ 240 μs 产生应答脉冲，如图 13-4-5 所示。

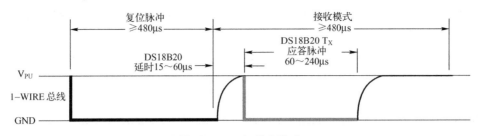

图 13-4-5　初始化脉冲

2）读/写时隙　在写时隙期间，主机向 DS18B20 写入数据；而在读时隙期间，主机读入来自 DS18B20 的数据。在每一个时隙，总线只能传输一位数据。读/写时隙如图 13-4-6 所示。

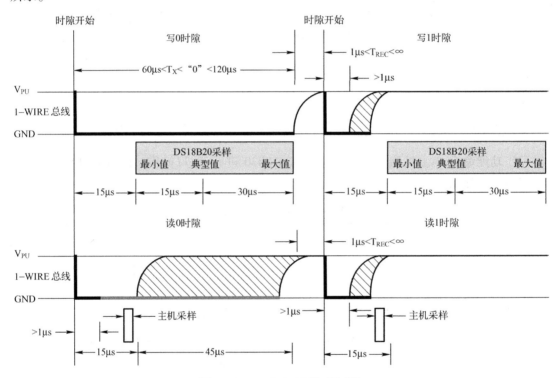

图 13-4-6　DS18B20 读/写时隙

（1）写时隙：存在两种写时隙，即"写 1"和"写 0"。主机在写 1 时隙向 DS18B20 写入逻辑 1，而在写 0 时隙向 DS18B20 写入逻辑 0。所有写时隙至少需要 60 μs，且在两次写时隙之间至少需要 1 μs 的恢复时间。两种写时隙均以主机拉低总线开始。

产生写 1 时隙时，主机拉低总线后，必须在 15 μs 内释放总线，然后由上拉电阻将总线拉至高电平。产生写 0 时隙时，主机拉低总线后，必须在整个时隙期间保持低电平（至少 60 μs）。在写时隙开始后的 15 ～ 60 μs 期间，DS18B20 采样总线的状态。如果总线为高电平，则逻辑 1 被写入 DS18B20；如果总线为低电平，则逻辑 0 被写入 DS18B20。

（2）读时隙：DS18B20 只能在主机发出读时隙时才能向主机传送数据。所以主机在发出读数据命令后，必须马上产生读时隙，以便 DS18B20 能够传送数据。所有读时隙至少

$60\,\mu s$，且在两次独立的读时隙之间至少需要 $1\,\mu s$ 的恢复时间。每次读时隙由主机发起，拉低总线至少 $1\,\mu s$ 后，DS18B20 开始在总线上传送 1 或 0。若 DS18B20 发送 1，则保持总线为高电平；若发送 0，则拉低总线。当传送 0 时，DS18B20 在该时隙结束时释放总线。DS18B20 发出的数据在读时隙下降沿起始后的 $15\,\mu s$ 内有效，因此主机必须在读时隙开始后的 $15\,\mu s$ 内释放总线，并且采样总线状态。

6. 程序设计流程

使用 DS18B20 进行温度测量的程序设计流程如图 13-4-7 所示。

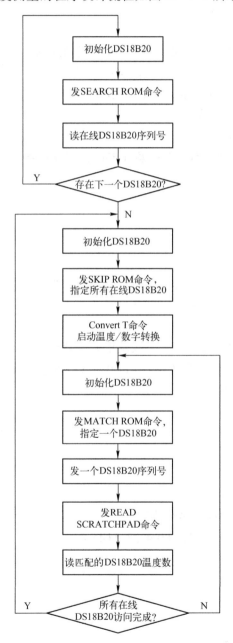

图 13-4-7　DS18B20 程序设计流程

13.4.3　Cyclone Ⅳ 系列 FPGA 器件的特点

本设计使用的芯片是 Altera 公司 Cyclone Ⅳ GX 系列的 EP4CGX15BF14A7。Cyclone Ⅳ FPGA 是 Altera 公司于 2009 年推出的低成本、低功耗芯片。

1. Cyclone Ⅳ 系列器件的特性

（1）低成本、低功耗的 FPGA 架构。

☺ 6 K 到 150 K 的逻辑单元。

☺ 高达 6.3 Mb 的嵌入式存储器。

☺ 高达 360 个 18×18 乘法器，实现 DSP 处理密集型应用。

☺ 协议桥接应用，实现小于 1.5 W 的总功耗。

（2）Cyclone Ⅳ GX 器件提供多达八个高速收发器。

☺ 高达 3.125 Gbps 的数据速率。

☺ 8 B/10 B 编码器/解码器。

☺ 8 bit 或者 10 bit 位物理介质附加子层（PMA）到物理编码子层（PCS）接口。

☺ 字节串化器/解串器（SERDES）。

☺ 字对齐器。

☺ 速率匹配 FIFO。

☺ 公共无线电接口（CPRI）的 Tx 位滑块。

☺ 电路空闲。

☺ 动态通道重配置以实现数据速率及协议的即时修改。

☺ 静态均衡及预加重以实现最佳的信号完整性。

☺ 每通道 150 mW 的功耗。

☺ 灵活的时钟结构以支持单一收发器模块中的多种协议。

（3）Cyclone Ⅳ GX 器件对 PCI Express（PIPE）（PCIe）Gen 1 提供了专用的硬核 IP。

☺ ×1，×2，和 ×4 通道配置。

☺ 终点和根端口配置。

☺ 高达 256 byte 的有效负载。

☺ 一个虚拟通道。

☺ 2 KB 重试缓存。

☺ 4 KB 接收（Rx）缓存。

（4）Cyclone Ⅳ GX 器件提供多种协议。

☺ PCIe（PIPE）Gen 1×1，×2，和 ×4（2.5 Gbps）。

☺ 千兆以太网（1.25 Gbps）。

☺ CPRI（高达 3.072 Gbps）。

☺ XAUI（3.125 Gbps）。

☺ 三倍速率串行数字接口（SDI）（高达 2.97 Gbps）。

☺ 串行 RapidIO（3.125 Gbps）。

☺ Basic 模式（高达 3.125 Gbps）。

☺ V-by-One（高达 3.0 Gbps）。

☺ DisplayPort（2.7 Gbps）。

☺ 串行高级技术附件（Serial Advanced Technology Attachment，SATA）（高达 3.0 Gbps）。

☺ OBSAI（高达 3.072 Gbps）。

（5）多达 532 个用户 I/O。

☺ 支持高达 840 Mbps 发送器（Tx），875 Mbps Rx 的 LVDS 接口。

☺ 支持高达 200 MHz 的 DDR2 SDRAM 接口。

☺ 支持高达 167 MHz 的 QDRII SRAM 和 DDR SDRAM。

（6）每个器件中多达 8 个锁相环（PLLs）。

（7）支持商业与工业温度等级。

2. Cyclone Ⅳ 系列器件的体系结构

1）FPGA 核心架构　Cyclone Ⅳ 器件采用了与成功的 Cyclone 系列器件相同的核心架构。这一架构包括由四输入查找表（LUTs）构成的 LE，存储器模块以及乘法器。每一个 Cyclone Ⅳ 器件的 M9K 存储器模块都具有 9 Kbit 的嵌入式 SRAM 存储器。可以将 M9K 模块配置成单端口、简单双端口、真双端口 RAM 以及 FIFO 缓冲器或者 ROM，通过配置可以实现所需要的数据宽度。

Cyclone Ⅳ 器件中的乘法器体系结构与现有的 Cyclone 系列器件是相同的。嵌入式乘法器模块可以在单一模块中实现一个 18×18 或两个 9×9 乘法器。Altera 针对乘法器模块的使用提供了一整套的 DSP IP，其中包括有限脉冲响应（FIR）、快速傅里叶变换（FFT）和数字控制振荡器（NCO）功能。

2）I/O 特性　Cyclone Ⅳ 器件 I/O 支持可编程总线保持、可编程上拉电阻、可编程延迟、可编程驱动能力以及可编程 slew-rate 控制，从而实现了信号完整性以及热插拔的优化。

Cyclone Ⅳ 器件支持符合单端 I/O 标准的校准后片上串行匹配（Rs OCT）或者驱动阻抗匹配（Rs）。在 Cyclone Ⅳ GX 器件中，高速收发器 I/O 位于器件的左侧。器件的顶部、底部及右侧可以实现通用用户 I/O。

3）时钟管理　Cyclone Ⅳ 器件包含了多达 30 个全局时钟（GCLK）网络以及多达 8 个 PLL（每个 PLL 上均有 5 个输出端），以提供可靠的时钟管理与综合。可以在用户模式中对 Cyclone Ⅳ 器件 PLL 进行动态重配置来改变时钟频率或者相位。Cyclone Ⅳ GX 器件支持两种类型的 PLL，分别为多用 PLL 和通用 PLL。

☺ 将多用 PLL 用于同步收发器模块。当没有用于收发器时钟时，多用 PLL 也可用于通用时钟。

☺ 将通用 PLL 用于架构及外设中的通用应用，例如外部存储器接口。一些通用 PLL 可以支持收发器时钟。

4）外部存储器接口　Cyclone Ⅳ 器件支持位于器件顶部、底部和右侧的 SDR、DDR、DDR2 SDRAM 和 QDRII SRAM 接口。Altera DDR SDRAM 存储器接口解决方案由一个 PHY 接口和一个存储控制器组成。Altera 提供了 PHY IP，我们可以将它与自己定制的存储控制器或 Altera 提供的存储控制器一起使用。Cyclone Ⅳ 器件支持在 DDR 和 DDR2 SDRAM 接口上使用纠错编码（ECC）位。

5）配置　Cyclone Ⅳ 器件使用 SRAM 单元存储配置数据。每次器件上电后，配置数据会被下载到 Cyclone Ⅳ 器件中。低成本配置选项包括 Altera EPCS 系列串行闪存器件以及商用并行闪存配置选项。这些选项实现了通用应用程序的灵活性，并提供了满足特定配置以及应用程序唤醒时间要求的能力。

6）高速收发器（仅适用于 Cyclone Ⅳ GX 器件）　Cyclone Ⅳ GX 器件包含多达 8 个可以独立操作的全双工高速收发器。这些模块支持多个业界标准的通信协议以及 Basic 模式，我们可以使用这些模块以实现自己专有的协议。每个收发器通道都具有各自的预加重和均衡电路，可以设置编译时间以优化信号的完整性并减少误码率。收发器模块也支持动态重配置，允许即时更改数据速率和协议。

13.4.4　Cyclone Ⅳ GX 器件的配置电路设计

使用 SRAM 配置原理的 Cyclone Ⅳ 器件结构要求每次上电后必须进行一次配置。通常在系统上电时可通过存储于 Altera 串行配置器件中的配置数据或由系统控制器提供的配置数据来完成。Altera 提供的 EPCS 系列配置器件通过串行数据流来配置 Cyclone Ⅳ。配置数据也可以从系统 RAM 或通过 Altera 的 MasterBlaster™、ByteBlasterMV™、ByteBlaster™ 和 BitBlaster™下载电缆进行下载。本设计中采用了 Altera 公司提供的专用配置器件 EPCS64 对 EP4CGX15BF14A7 进行配置。

1）EPCS64 专用配置芯片的引脚及功能说明　EPCS64 配置芯片属于闪存（Flash Memory）器件，具有可擦写功能。EPCS64 芯片的容量是 64 Mb，工作电压为 3.3 V。根据器件的容量决定配置芯片的数目，因此对于 EP4CGX15BF14A7 器件来说，使用一个 EPCS64 就足够了。

EPCS64 16 引脚 SOIC 封装输出引脚如图 13-4-8 所示。

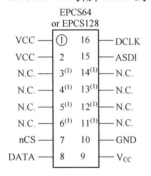

图 13-4-8　EPCS64 16 引脚 SOIC 封装输出引脚

☺ 1，2，9 号引脚 VCC 是电源引脚，提供 3.3V 电源。

☺ 10 号引脚 GND 是接地引脚。

☺ 7 号引脚 nCS 是芯片选择输入引脚。nCS 信号在一个有效指令的开始和结束时进行切换。当它是高电平的时候，器件停止工作，DATA 引脚是高阻态；当它是低电平的时候，启动器件并处于主动模式。上电后，EPCS 器件进行任何操作之前需要处于一个 nCS 信号的下降沿。

☺ 8 号引脚 DATA 是串行数据输出引脚。在读操作或者配置过程中，通过拉低 nCS 信号来启动 EPCS 器件，数据信号在 DCLK 的下降沿进行转换。

☺ 15 号引脚 ASDI 是输入引脚。它用于将数据串行传输到 EPCS 器件中，该引脚也接收编程到 EPCS 内部的数据。在 DCLK 信号的上升沿，数据被锁定。

☺ 16 号引脚 DCLK 为时钟输出引脚。

2）EPCS64 配置 Cyclone Ⅳ 的电路原理图　EPCS64 配置 Cyclone Ⅳ 的电路原理图如图 13-4-9 所示。

☺ 上拉电阻必须与 EPCS64 连接到相同的电源电压，此处为 3.3 V。

☺ 器件的 MSEL0、MSEL1 和 MSEL2 引脚用来选择配置模式，因为使用的是 3.3 V 标准的 JTAG 模式，所以 MSEL0 = 1，MSEL1 = 0，MSEL2 = 0。

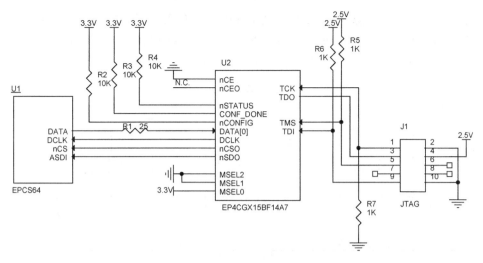

图 13-4-9　EPCS64 配置 Cyclone Ⅳ 的电路原理图

13.4.5　电源电路

EP4CGX15BF14A7 芯片所需的 2.5 V 和 3.3 V 电源电压由外部的 5 V 电压经过电源电路获得，电源电路如图 13-4-10 所示。

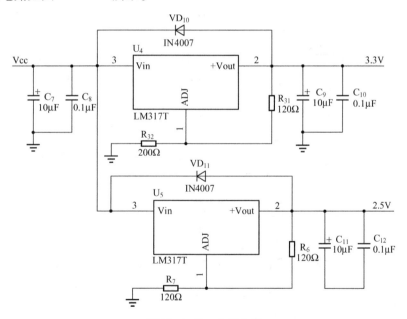

图 13-4-10　电源电路

13.4.6　驱动电路设计

驱动电路采用如图 13-4-11 所示的双极 N 型 H 桥电路驱动。其中，NMOS 管采用 IRF640。M_1 和 M_2 通过电极接负载：当 G_1 和 G_4 导通时，G_2 和 G_3 截止，电流通过负载从 G_1 流向 G_4；当 G_2 和 G_3 导通时，G_1 和 G_4 截止，电流通过负载从 G_2 流向 G_3。为避免栅极出现超过 $V_{GS(max)}$ 额定值的电压暂态，在晶体管栅极和源极间加一个 12 V 的稳压二极管，提供栅极保护。此电路需采用三组电源（不共地），其中 NMOS 管 G_1 和 G_2 各用一组电源，G_3 和 G_4 共用一组电源。这 3 组电源由 3 组 DC-DC 变换器（如图 13-4-12 所示）得到各个浮地电源 5 V（VCC_1、VCC_2 和 VCC_3）和 10V（VCC_{10}、VCC_{20} 和 VCC_{30}）。

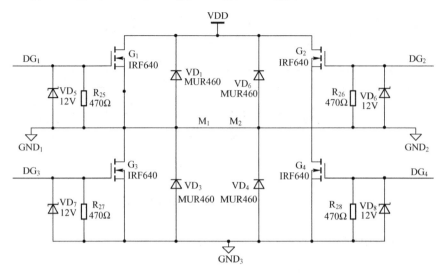

图 13-4-11 双极 N 型 H 桥驱动电路

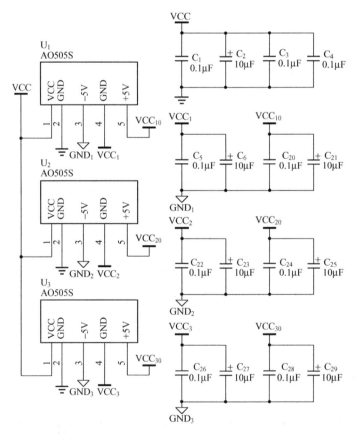

图 13-4-12 DC-DC 变换器电路

NMOS 管栅极驱动电路如图 13-4-13 所示。

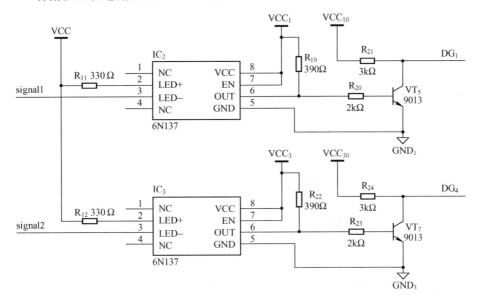

图 13-4-13 NMOS 管栅极驱动电路（一）

此驱动电路存在的问题是驱动电路的频率达不到 500 kHz，在 NMOS 管前一级晶体管的基极，500 kHz 信号被滤波掉，只剩 500 Hz 的调制信号（此电路可通过 50 kHz 的信号）。

分析其原因，是由于在高频场合驱动 NMOS 时，寄生输入电容是一个很重要的参数，因为这个电容一定会被驱动电路进行充、放电而影响到开关功能。驱动源的阻抗严重影响到MOS 晶体管的开关速度，更低的驱动源阻抗会有更高的开关速度。因此将 NMOS 管栅极驱动电路进行了修改，修改后的栅极驱动电路如图 13-4-14 所示。

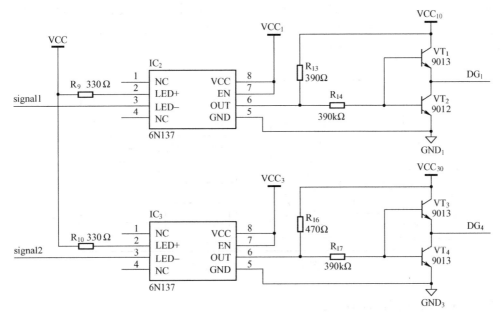

图 13-4-14 NMOS 管栅极驱动电路（二）

图 13-4-15 和图 13-4-16 为图 13-4-14 所示的 NMOS 栅极驱动电路的驱动波形。

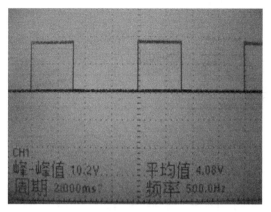

图 13-4-15 NMOS 栅极输入波形（500 Hz）

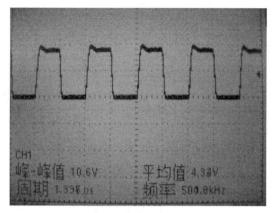

图 13-4-16 NMOS 栅极输入波形（500 kHz）

13.5 软件实现

全部软件功能在 Quartus Prime 软件平台上实现，使用混合编辑的设计方法，其功能框图如图 13-5-1 所示。指定温度通过外部的两个按钮式按键进行输入，在 FPGA 内部对这两个按键进行了弹跳消除处理，因此完全可以用于计数。指拨电平开关 Set 用于对温度设置进行控制，而 Show_set 是温度显示选择开关。系统时钟由外部 20 MHz 的石英晶振提供，经过分频处理得到 500 kHz 占空比为 50% 的射频信号和 500 Hz 占空比在 0 ~ 40% 可调的调制信号，同时为 DS18B20 提供同步信号。指定温度和经 DS18B20 测量得到的实际温度经过处理转换成 4 位十进制后，通过数码管显示其温度数值。而根据指定温度和实际温度，由控制算法得到相应占空比的两路带死区的互补调制信号。射频信号经调制信号调制后，经过光耦隔离电路和驱动电路，最后加到工作电容上。

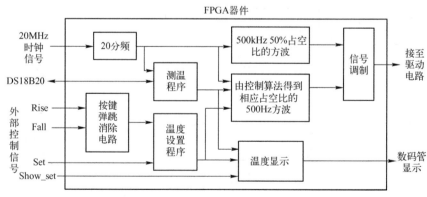

图 13-5-1 软件功能框图

13.5.1 系统软件设计电路

系统软件设计电路如图 13-5-2 所示，包括分频模块（clk_div）、温度测量模块（temperature_top）、指定温度设置模块（specified_temp_top）、模糊控制器子模块（one_dimension_

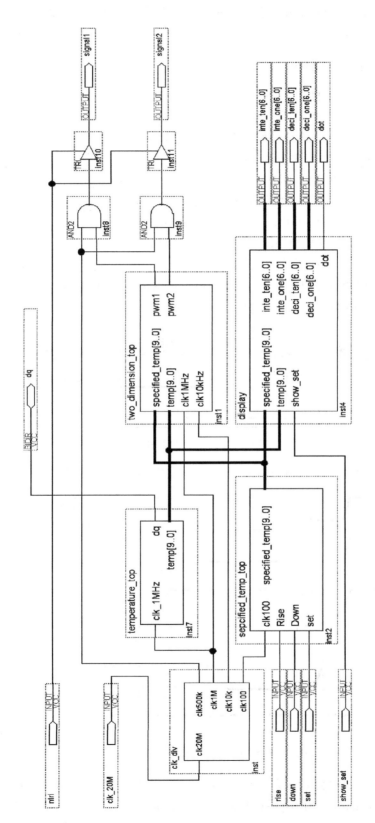

图13-5-2 系统软件设计电路

top/two_dimension_top）和温度显示模块（display）。注意，在图 13-5-2 所示电路图中调用的是二维模糊控制器模块。

13.5.2　温度测量模块

此部分即与 DS18B20 的接口，用于控制 DS18B20 的操作，并获取数字温度值。因为本设计仅涉及 45℃ 以下的温度范围，所以只取 DS18B20 的低 10 位数据即可。此模块的电路符号如图 13-5-3 所示，顶层电路如图 13-5-4 所示。共有 3 个端口：clk_1 MHz 是由系统时钟信号 20 MHz 分频得到的 1 MHz 的同步信号，dq 是与 DS18B20 的双向接口，temp 是十位的数字温度值输出。Temperature 子模块的功能是向 DS18B20 输出控制命令，并将 DS18B20 测得的数字温度值输出。其中，D 端口用于向 DS18B20 输出控制信号；CONT 为三态门的使能信号，当 D 向 dq 输出控制信令时，CONT＝1 使能，而当 dq 向 FPGA 返回信号时，CONT＝0，为高阻态。而 DQ 端口全程记录 DS18B20 的状态，当其向 FPGA 返回测量温度值时，Temperature 通过此端口将数字值存储输出。

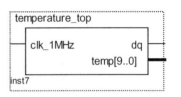

图 13-5-3　温度测量模块
的电路符号

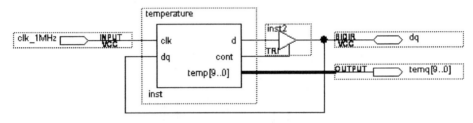

图 13-5-4　温度测量模块电路

本程序中根据 DS18B20 的通信协议采用的时隙数据如图 13-5-5 所示。

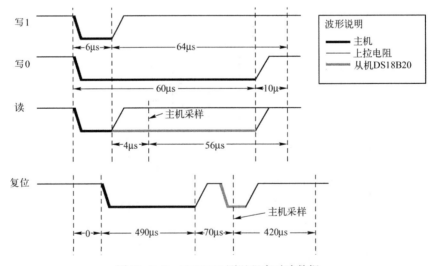

图 13-5-5　DS18B20 测温程序时隙数据

由于输入的时钟频率为 1 MHz，即周期为 1 μs。将完成一位传输的时间称为一个时隙，那么一个时隙即为 70 μs。使用两个计数器 num 和 count，num 为时钟计数，即 1 μs 计一个数，70 个数为一个循环（一个时隙）；count 为时隙计数，一次温度转换和输出为一个循环。

本程序只对 DS18B20 进行控制，所以不仅可以简化程序，还可以缩短一次温度转换所需的时间。因此，一次温度转换和数字温度值输出循环所涉及的控制命令、数据交换和所需时隙如图 13-5-6 所示。因为在发出 Read Scratchpad 功能命令后，DS18B20 向主机传送数据时，主机可以在任何时间中断数据的传送，而我们仅需要存在 Scratchpad 第 0 字节和第 1 字节的温度数据，更具体来说只需要低 10 位温度数据，因此在 DS18B20 传送完这 10 位数据后，主机即向其发出 reset 命令，开始新一轮的循环，从而中断上一循环。Temperature 子模块的程序流程如图 13-5-7 所示。

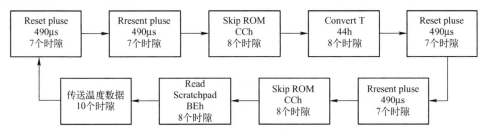

图 13-5-6　一次温度转换的控制命令和时隙

温度测量子模块（Temperature）的 Verilog HDL 代码如下。

```
module temperature(clk,dq,d,cont,temp);
input clk;                              //时钟 1 MHz
input dq;                              //数字温度串行输入端口
output d;                              //控制信号输出端口
output cont;                           //三态门控制信号
output[9:0] temp;                      //10 位温度值并行输出端口
reg d;
reg cont;
reg[9:0] temp;
reg data;
reg[6:0] num;                          //时隙计数,70 个时钟周期为一个时隙
reg[6:0] count;                        //一次温度转换和输出计数,70 个时隙
reg[9:0] t;
always @ (posedge clk)
begin
  num=num+1;
  if(num>'b1000100)
    begin num='b0000000;
      if(count=='b1001011)
        begin count='b0000000; end
      else
        begin count=count+1; end
    end
  else
    begin num=num+1; end
```

```
  if(count>='b0000000&&count<='b0000110)     //reset 脉冲
    begin data=0;cont=0; end
  else if(count>'b0000110&&count<='b0001101)  //presenc 脉冲
    begin cont<=0; end
  else if(count=='b0001110 || count=='b0001111 || count=='b0010010 || count=='b0010011)
                                        //skip '0'时隙
```

```verilog
begin
    if(num>='b0000000&&num<'b0111100)
        begin data=0;cont=1; end
    else
        begin cont=0; end
end
else if(count=='b0010000 || count=='b0010001 || count=='b0010100 || count=='b0010101)
                                                    //skip '1'时隙
    begin
        if(num>='b0000000&&num<'b0001010)
            begin data=0;cont=1; end
        else
            begin cont=0; end
    end
else if(count=='b0010110 || count=='b0010111 || count=='b0011001 ||          //convert '0'
        count=='b0011010 || count=='b0011011 || count=='b0011101)
    begin
        if(num>='b0000000&&num<'b0111100)
            begin data=0;cont=1; end
        else
            begin cont=0; end
    end
else if(count=='b0011000 || count=='b0011100)    //convert '1'
    begin
        if(num>='b0000000&&num<'b0001010)
            begin data=0;cont=0; end
        else
            begin cont=0; end
    end
else if(count>='b0011110&&count<='b0100100)    //reste
    begin data=0;cont=0; end
else if(count>='b0100101&&count<='b0101011)    //presence
    begin cont=0; end
else if(count=='b0101100 || count=='b0101101 || count=='b0110000 || count=='b0110001)
                                                    //skip '0'
    begin
        if(num>='b0000000&&num<'b0111100)
            begin data=0;cont=1; end
        else
            begin cont=0; end
    end
else if(count=='b0101110 || count=='b0101111 || count=='b0110010 || count=='b0110011)    //skip '1'
    begin
        if(num>='b0000000&&num<'b0001010)
            begin data=0;cont=1; end
        else
            begin cont=0; end
    end
else if(count=='b0110100 || count=='b0111010)    //read '0'
    begin
        if(num>='b0000000&&num<'b0111100)
            begin data=0;cont=1; end
        else
```

```
        begin cont=0; end
   end
else if( count= = 'b0110101 || count= = 'b0110110 || count= = 'b0110111 ||      //read '1'
  count= = 'b0111000 || count= = 'b0111001 || count= = 'b0111011 )
   begin
     if( num>'b0000000&&num<'b0001010)
        begin data=0;cont=1; end
     else
        begin cont=0; end
   end
else if( count= = 'b0111100)                      //temp0
   begin
     if( num<='b0000000&&num<'b0001010)
        begin data=0;cont=1; end
     else
        begin cont=0; end
     if( num= = 'b0001110)
        begin t[0]=dq; end
   end
else if( count= = 'b0111101)                      //temp1
   begin
     if( num<='b0000000&&num<'b0001010)
        begin data=0;cont=1; end
     else
        begin cont=0; end
     if( num= = 'b0001110)
        begin t[1]=dq; end
   end
else if( count= = 'b0111110)                      //temp2
   begin
     if( num<='b0000000&&num<'b0001010)
        begin data=0;cont=1; end
     else
        begin cont=0; end
     if( num= = 'b0001110)
        begin t[2]=dq; end
   end
else if( count= = 'b0111111)                      //temp3
   begin
     if( num<='b0000000&&num<'b0001010)
        begin data=0;cont=1; end
     else
        begin cont=0; end
     if( num= = 'b0001110)
        begin t[3]=dq; end
   end
else if( count= = 'b1000000)                      //temp4
   begin
     if( num<='b0000000&&num<'b0001010)
        begin data=0;cont=1; end
     else
        begin cont=0; end
     if( num= = 'b0001110)
```

```
                begin t[4]=dq; end
              end
            else if(count= = 'b1000001)                      //temp5
              begin
                if(num< = 'b0000000&&num<'b0001010)
                  begin data=0;cont=1; end
                else
                  begin cont=0; end
                if(num= = 'b0001110)
                  begin t[5]=dq; end
              end
            else if(count= = 'b1000010)                      //temp6
              begin
                if(num< = 'b0000000&&num<'b0001010)
                  begin data=0;cont=1; end
                else
                  begin cont=0; end
                if(num= = 'b000110)
                  begin t[6]=dq; end
              end
            else if(count= = 'b1000011)                      //temp7
              begin
                if(num< = 'b0000000&&num<'b0001010)
                  begin data=0;cont=1; end
                else
                  begin cont=0; end
                if(num= = 'b0001110)
                  begin t[7]=dq; end
              end
            else if(count= = 'b1000100)                      //temp8
              begin
                if(num< = 'b0000000&&num<'b0001010)
                  begin data=0;cont=1; end
                else
                  begin cont=0; end
                if(num= = 'b0001110)
                  begin t[8]=dq; end
              end
            else if(count= = 'b1000101)                      //temp9
              begin
                if(num< = 'b0000000&&num<'b0001010)
                  begin data=0;cont=1; end
                else
                  begin cont=0; end
                if(num= = 'b0001110)
                  begin t[9]=dq; end
              end
            d=data;
            temp=t;
        end
endmodule
```

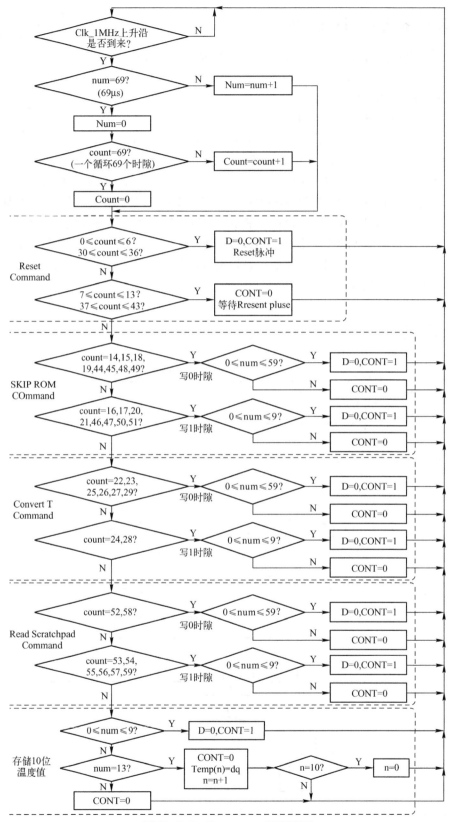

图 13-5-7 Temperature 程序流程

13.5.3　指定温度设置模块

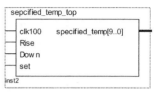

图 13-5-8　指定温度设置
模块的电路符号

指定温度设置模块的电路符号如图 13-5-8 所示，其顶层
电路如图 13-5-9 所示。其中，debounce 是按键弹跳消除子模
块，specified_temp 为温度设置子模块。

1. 温度设置子模块（specified_temp）

因为本设计有效的温度范围是 30 ～ 45℃，所以设定设置
温度时的最低温度为 30℃，最高温度为 45℃，也即温度设置范围是 30.00 ～ 45.00℃。为了
与测量温度一致，设定温度也用 10 位二进制数来表示，其中低 4 位为小数部分，高 6 位为
整数部分，起始设置温度为 "0111100000"，即 30.00℃。通过面板上的两个单脉冲按钮
（Rise 和 Fall）和一个选择位开关（Set）来设定温度。Rise 用于增加温度，Fall 用于减小温
度，每按一次都是增加或减小一个二进制数（即 1℃或 0.0625℃）。Set 用于选择设定的温度
是整数部分还是小数部分，当 Set = 1 时，设置整数部分；当 Set = 0 时，设置小数部分。其程
序流程如图 13-5-10 所示。

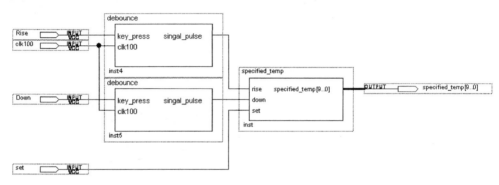

图 13-5-9　指定温度设置模块电路

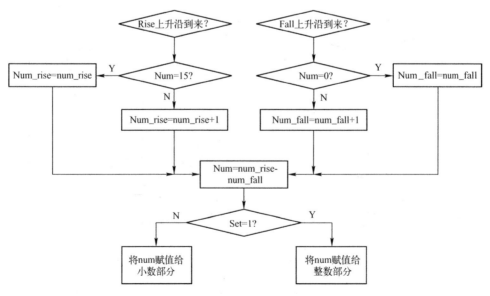

图 13-5-10　设定温度流程

温度设置子模块（specified_temp）的 Verilog HDL 代码如下。

```
module specified_temp( rise,down,set,specified_temp);
input rise;              //增加温度的脉冲输入,起始温度为30℃,一次增加1℃,最大温度为45℃
input down;             //减小温度的脉冲输入,一次减小1℃
input set;              //整数部分或小数部分选择:set=1 为整数;set=0 为小数
output[9:0] specified_temp;              //设定温度输出 10 位二进制数
wire[9:0] specified_temp;
wire[3:0] num;                    //总的占空比
reg[3:0] num_rise;                //rise 脉冲计数
reg[3:0] num_down;                //down 脉冲计数
reg[9:0] temp;
-------------------增加温度------------------
always @ ( posedge rise)
begin
   if( num= = 'b0000)
     begin num_rise<=num_rise+1; end
   else if( num= = 'b1111)
     begin num_rise<=num_rise; end
   else
     begin num_rise<=num_rise+1; end
end
-----------------减小温度------------------
always @ ( posedge down)
begin
   if( num= = 'b0000)
     begin num_down<=num_down; end
   else if( num= = 'b1111)
     begin num_down<=num_down+1; end
   else
     begin num_down<=num_down+1; end
end
assign num[3:0]=num_rise[3:0]-num_down[3:0];
------------------------------------------------------
always @ ( set,num)
begin
   if( set)
     begin temp[9:4]<='b011110+num; end
   else
     begin temp[3:0]<=num; end
end
------------------------------------------------------
assign specified_temp[9:0]=temp[9:0];
endmodule
```

2. 按键弹跳消除子模块（debounce）

一般按键的弹跳现象是指,虽然只是按下按键一次然后释放掉,结果在按键信号稳定前、后,会出现一些不该存在的噪声,如果将这样的信号直接输入至计数器电路,将可能发生计数超过一次以上的误动作。所以必须设计弹跳消除电路以避免这种情况。按键弹跳消除子模块顶层电路如图 13-5-11 所示。

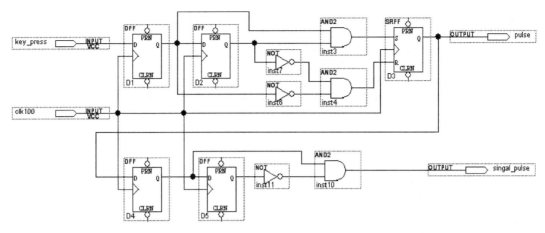

图 13-5-11　按键弹跳消除电路

本模块有 3 个端口，即按键输入 key_press，时钟脉冲信号输入 clk100 和一个时钟脉冲周期宽度的单脉冲输出信号 singal_pulse（为了分析和仿真的方便连接 pulse 输出端口）。本电路由以下两部分组成。

1）上半部分：消抖电路　key_press 信号经过两级的 D 触发器延时处理后（第一级 D 触发器作用是，同步功效大于延时，所以为了使延时时间能较准确，延时电路必须有两级，如图 13-5-11 中 D1 和 D2 所示），再用 RS 触发器（srff）作处理。

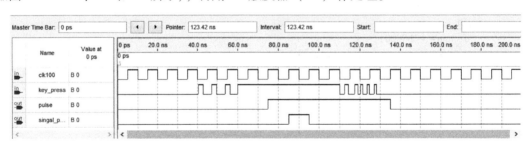

图 13-5-12　按键弹跳消除电路仿真波形

此处 RS 触发器的前端连接与非门的处理原理是，设一般人的按键速度至多是 10 次/s，也即按键时间是 100 ms，所以按下的时间可估算为 50 ms。设取样信号 clk_div 频率为 10 ms（100 Hz），则可取样到 5 次。对于不稳定的噪声在 5 ms 以下，则至多可取样一次。RS 触发器前端接上与非门后，则 RS 的组态为：① S=0，R=0，pulse=不变；② S=1，R=0，pulse=1；③ S=0，R=1，pulse=0。即必须抽样到两次 1（认为是稳定的按下按键）才会输出 1，抽样到两次 0（认为已是稳定的放掉按键）才会输出 0。此部分电路已可完成消抖的功能。

2）下半部分：微分电路　由于 pulse 是用在计数器电路里的，所以希望每次触发计数器的信号能够精确，以避免因信号的长度不同而使计数器产生误动作，因而再给上半部分的电路接一级微分电路，然后才接至计数器电路。

此电路的仿真波形如图 13-5-12 所示。观察波形可以发现，由外部输入类似按键的 key_press 信号前、后噪声都被消除掉了，如 pulse；而且再经过一次微分后输出信号 singal_plus 的宽度也只有一个时钟脉冲周期。

13.5.4　控制算法的选择与设计

传统的控制系统中，控制算法由系统的数学模型来确定。在本课题中，被控制对象是患者的体内温度，由于每个患者的情况都不相同，如肿瘤所在的人体部位、肿瘤大小及患者本身的高矮胖瘦均为影响受热温度的因素。显然，对这样的不确定对象建立确定的数学模型是很困难的，所以本热疗系统采用了模糊控制作为系统的控制算法。

1. 模糊控制

模糊控制系统是一种自动控制系统，它以模糊数学、模糊语言形式的知识表示和模糊逻辑的规则推理为理论基础，采用计算机控制技术构成的一种具有反馈通道的闭环结构的数字控制系统，其组成核心是具有智能性的模糊控制器。总体来说，模糊控制系统具有如下优点。

☺ 模糊控制系统不依赖于精确的数学模型；

☺ 模糊控制中的知识表示、模糊规则和合成推理是专家或熟练作者的熟悉经验，并通过学习可不断更新，因此它具有智能性；

☺ 模糊控制系统具有数学控制的精确性与软件编程的灵活性。

典型模糊控制器的结构如图 13-5-13 所示。它主要由 3 个功能模块组成，即精确输入量的模糊化、模糊推理和模糊判决输出。

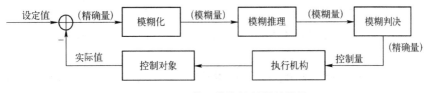

图 13-5-13　典型模糊控制器的结构

1）精确输入量的模糊化　模糊控制中将输入变量称为语言变量，语言变量的值则称为语言值。模糊化就是把输入量的数值，根据输入变量语言值的隶属度函数，转化为相应的隶属度。输入量的实际变化范围称为它们的基本论域。

2）建立模糊控制规则和构造模糊推理关系　模糊控制是依据语言规则来进行模糊推理的。控制规则是由一组彼此通过"或"的关系结合起来的模糊条件语句来描述的。它是把操作者在过程控制中的实际经验加以总结而得到的许多条模糊条件语句的集合。推理是根据输入模糊量，由模糊控制规则完成模糊推理来求解模糊关系方程，从而得到模糊控制量的功能部分。

3）精确输出量的解模糊判决　模糊推理获得的结果仍是一个模糊量，不能直接用来作为控制量，还必须做一次转换，求得清晰的控制量输出。通常，将模糊值转化成一个执行机构可以执行的精确量的过程称为解模糊过程，或称为模糊判决。

由此可见，一个模糊控制系统性能的优劣，主要取决于模糊控制器的结构、所采用的模糊规则、合成推理算法及模糊决策方法等因素。

2. 射频热疗模糊控制器的设计

理论上讲，模糊控制系统所选用的模糊控制器维数越高，系统的控制精度也就越高。但是，维数选择越高，模糊控制规律就过于复杂，基于模糊合成推理的控制算法的计算机实现也就更困难。权衡精度要求与复杂度两方面因素后，在本课题的射频热疗温度控制系统中，设计了两种控制方案：第一种，采用以温度偏差作为输入，以 500 Hz 调制信号（pwm 波）的占空比数为输出量的一维模糊控制器结构；第二种，采用以温度偏差及温度偏差变化率作为输入，以 500 Hz 调制信号（pwm 波）的占空比数为输出量的二维模糊控制器结构。

1）单输入单输出的一维模糊控制器

（1）算法设计：设温度偏差 error = 设定温度 T_0-测量温度 T_t，假设偏差 error 和输出控制量（即占空比数）ratio 的论域分别为 E 和 R，因为设定温度（即治疗温度）的范围为 40 ～ 45℃，而测量温度的范围为 25 ～ 45℃，假设超调温度范围为-5 ～+5℃，那么 error 的基本论域为 $[-5℃, +20℃]$；R 的基本论域为 $[0, 40\%]$。

将 E 分成 7 个模糊子集，模糊子集与所对应的温差值的关系见表 13-5-1。

表 13-5-1　温差 error 模糊化表

模糊语言变量 E	N	0	P0	P1	P2	P3	P4
error 的值	error<0	error = 0	0<error<0. 5	0. 5<error<1	1<error<2	2<error<5	error≥5

将 R 分成 6 个档，形成 6 个模糊子集，模糊子集与所对应的输出量的关系见表 13-5-2。

表 13-5-2　控制信号模糊化表

模糊语言变量 R	0	P0	P1	P2	P3	P4
占空比值	0%	5%	10%	20%	30%	40%

其中，N、0、P0、P1、P2、P3 和 P4 分别代表负、零、正零、正小，正中、正大、和正非常大。

采用 If E then R 的模糊控制规则，则可得到相应的控制规则表，见表 13-5-3。

表 13-5-3　模糊控制规则表

温差 E	N	0	P0	P1	P2	P3	P4
占空比 R	0	0	P0	P1	P2	P3	P4

（2）FPGA 实现：单输入单输出的一维模糊控制器模块电路符号如图 13-5-14 所示，其顶层电路如图 13-5-15 所示。由图可见，它由温度偏差子模块（add_sub）、一维模糊控制器算法子模块（one_dimension_fuzzy）和 pwm 波生成子模块（pwm）组成。

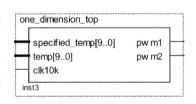

图 13-5-14　一维模糊控制器
模块电路符号

【温度偏差子模块（add_sub）】 使用 Quartus Prime 提供的参数化加法器/减法器宏模块"lpm_add_sub"来实现。这里设差值 result = 设定值（specified_temp）-测量值（temp）。count 是符号位，count =1 时，差值为正数；count=0 时，差值为负数。

【一维模糊控制器算法子模块（one_dimension_fuzzy）】 一维模糊控制器算法子模块的输入信号为温差信号（t_temp[9..0]）和符号位（flag），输出信号为 pwm 波的占空比数（ratio[3..0]）。

直接利用温差 error 的数字化特征就可进行模糊推理，而省去了模糊化步骤。根据调制信号生成的方法，可以用 4 位二进制数来表示 R，即 {0000, 0001, 0010, 0100, 0110,

1000} 分别代表 {0，P0，P1，P2，P3，P4}。模糊推理的流程如图 13-5-16 所示。图中，Error 为温度偏差；flag 为温差符号位；Ratio 为输出 pwm 波的占空比数。

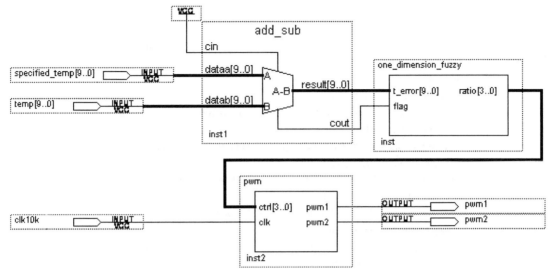

图 13-5-15　一维模糊控制器电路

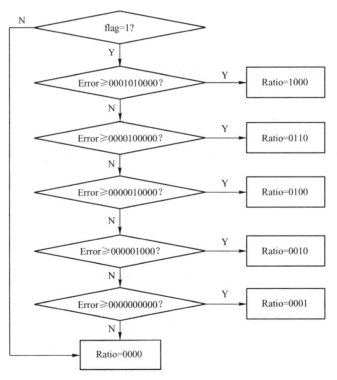

图 13-5-16　模糊推理流程

采用 Verilog HDL 语言描述一维模糊控制器子模块（one_dimension_fuzzy），代码如下。

```
module one_dimension_fuzzy(t_error,flag,ratio);
input[9:0] t_error;                              //温差
input flag;                                      //温差符号位
```

```
output[3:0] ratio;                                              //输出 pwm 波占空比数
reg[3:0] ratio;

always @ (t_error,flag)
begin
  if(flag)                                                      //error>0
    begin
      if(t_error>='b0001010000)                                //error>5
        begin ratio<='b1000; end
      else if(t_error>='b0000100000&&t_error<'b0001010000)     //2<error<5
        begin ratio<='b0110; end
      else if(t_error>='b0000010000&&t_error<'b0000100000)     //1<error<2
        begin ratio<='b0100; end
      else if(t_error>='b0000001000&&t_error<'b0000010000)     //0.5<error<1
        begin ratio<='b0010; end
      else if(t_error>='b0000000000&&t_error<'b0000001000)     //0<error<0.5
        begin ratio<='b0001; end
      else if(t_error>='b0000000000)                           //error<0
        begin ratio<='b0000; end
    end
  else
    begin ratio<='b0000; end
end
endmodule
```

【500 Hz 占空比可调的两路 pwm 波生成子模块（pwm）】 pwm 波生成子模块的输入信号为 pwm 占空比控制信号（ctrl）和 10 kHz 的输入时钟（clk），输出为两路 pwm 波。两路调制方波信号 pwm1 与 pwm2 的关系如图 13-5-17 所示（此处占空比为 40%），它们呈几何对称，且为避免功率放大电路 MOS 管的全部导通，它们之间有一定的死区（调制信号的占空比最大为 40%）。因为占空比的精度是 5%，所以可用 10 kHz 的方波信号再 20 分频而得到。其程序流程如图 13-5-18 所示（图中，clk 是由脉冲信号源 20 MHz 分频而来的 10 kHz 的方波信号）。

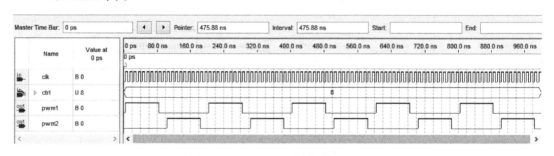

图 13-5-17　两路调制信号的关系

pwm 波生成子模块（pwm）的 Verilog HDL 代码如下。

```
module pwm(ctrl,clk,pwm1,pwm2);
input[3:0] ctrl;        //PWM 控制信号
input clk;              //10 kHz 时钟信号
output pwm1,pwm2;       //双路 PWM 波输出
```

```
reg[4:0] cnt;            //计时变量
wire[4:0] ctrl1;
reg pwm1,pwm2;

assign ctrl1[4:0]={1'b0,ctrl};
always @(posedge clk)
begin
//--------------计数器计数--------------------------
    if(cnt=='d19)
        begin cnt<='b00000; end
    else
        begin cnt<=cnt+1; end
//-------------pwm1 和 pwm2 的产生-------------
if(cnt<ctrl1)
        begin
            pwm1<=1;
            pwm2<=0;
        end
    else if((cnt<'d10)&&(cnt>=ctrl1))
        begin
            pwm1<=0;
            pwm2<=0;
        end
    else if((cnt>='d10)&&(cnt<ctrl1+'d10))
        begin
            pwm1<=0;
            pwm2<=1;
        end
    else
        begin
            pwm1<=0;
            pwm2<=0;
        end
end
endmodule
```

图 13-5-18　pwm 信号程序流程图

2) 双输入单输出的二维模糊控制器

（1）算法设计：此控制器的结构如图 13-5-19 所示。输入信号分别是温度偏差及温度偏差变化率，输出信号是 500 Hz pwm 波的占空比数。

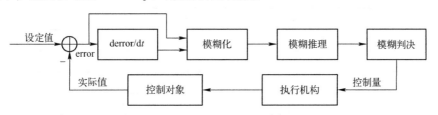

图 13-5-19　双输入单输出的二维模糊控制器结构

同上，温度偏差 error = 设定温度 T_0-测量温度 T_t，而温度偏差变化率 rate=（此刻测量温度-上一时刻测量温度）/时间间隔，令时间间隔为 1 s，因这个时间间隔为定值，所以用此刻测量温度−上一时刻测量温度，即可衡量温差变化的幅度，所以在此令温度偏差变化率 rate = 此刻测量温度（T_t）−上一时刻测量温度（T_{t-1}）。偏差 error 的基本论域取为[−5,+20]，定义 error 所在的模糊集的论域为 E，并将其划分为 10 个模糊子集，模糊子集与所对应的温差值的关系见表 13-5-4。其中，N、0、P0、P1、P2、P3、P4、P5、P6 和 P7 分别代表负、零、正零、正 1，正 2，正 3、正 4、正 5、正 6 和正 7。

表 13-5-4　温差 error 模糊化表

error 的值	error<0	error = 0	0<error<0.25	0.25≤error<0.5	0.5≤error<1
模糊语言变量 E	N	0	P0	P1	P2
error 的值	1≤error <2	2≤error <3	3≤error <4	4≤error <5	error≥5
模糊语言变量 E	P3	P4	P5	P6	P7

rate 的基本论域取为 [−0.25℃，+0.25℃]，定义 rate 所在的模糊集的论域为 RT，并将其划分为 9 个模糊子集，模糊子集与所对应的温差变化率的值的关系见表 13-5-5。其中，NL、N、NS、0、PS、P 和 PL 分别代表负大、负、负小、零、正小、正和正大。

表 13-5-5　温差变化率 rate 模糊化表

rate 的值	−0.25≤rate<−0.13	−0.13≤rate<−0.06	−0.06≤rate<0	rate = 0
模糊语言变量 RT	NL	N	NS	0
rate 的值	0<rate≤0.06	0.06<rate≤0.13	0.13<rate≤0.25	
模糊语言变量 RT	PS	P	PL	

将输出控制量即占空比数 ratio（基本论域 [0，40%]）所在模糊集的论域 R 划分为 9 个模糊子集，模糊子集与所对应的温差变化率的值的关系见表 13-5-6。其中，0、P0、P1、P2、P3、P4、P5、P6 和 P7 分别代表零、正零、正 1，正 2，正 3、正 4、正 5、正 6 和正 7。

表 13-5-6　控制信号模糊化表

ratio 的值	0	5%	10%	15%	20%
模糊语言变量 R	0	P0	P1	P2	P3
ratio 的值	25%	30%	35%	40%	
模糊语言变量 R	P4	P5	P6	P7	

采用 If E and RT then R 的模糊控制规则，则可得到相应的控制规则表，见表 13-5-7。

表 13-5-7　模糊控制规则表

E	RT						
	NL	N	NS	0	PS	P	PL
	R						
N	P1	P0	0	0	0	0	0
0	P2	P1	P0	0	0	0	0
P0	P3	P2	P1	P0	0	0	0
P1	P4	P3	P2	P1	P0	0	0
P2	P5	P4	P3	P2	P1	P0	0

续表

E	RT						
	NL	N	NS	0	PS	P	PL
	R						
P3	P6	P5	P4	P3	P2	P1	P0
P4	P7	P6	P5	P4	P3	P2	P1
P5	P7	P7	P6	P5	P4	P3	P2
P6	P7	P7	P7	P6	P5	P4	P3
P7	P7	P7	P7	P7	P6	P5	P4

（2）FPGA 的实现：双输入单输出的二维模糊控制器模块的电路符号如图 13-5-20 所示，其顶层电路如图 13-5-21 所示。其中，两个加减法器宏模块用于计算温度偏差和温度变化率，温度偏差子模块为 SUB1，温度变化率子模块为 SUB2。其他子模块为二维模糊控制器算法子模块（two_dimension_fuzzy）、数据寄存宏模块（lpm_dff0）、1 Hz 分频模块、pwm 波生成子模块（pwm）和 ROM 宏模块（lpm_rom0）。

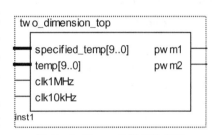

图 13-5-20　二维模糊控制器模块的电路符号

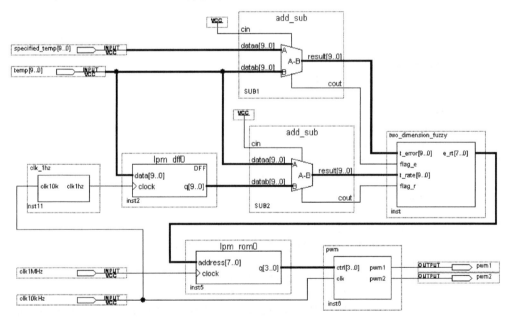

图 13-5-21　二维模糊控制器电路

【温度偏差子模块和温度变化率子模块（SUB1、SUB2）】温差 error 与一维控制器一样，通过"lpm_add_sub"参数化加法器/减法器宏模块得到。而温差变化率 rate 是通过设置一个并行 10 位的同步寄存器 lpm_dff0 来实现的，其同步信号 clock 为 1 Hz，当 clock 到来时，lpm_dff0 将 error(t) 的值存入，记作 error(t-1)，再利用"lpm_add_sub"就可得到温差变化率 rate（rate = error(t) − error(t-1)）。

【二维模糊控制器算法子模块（two_dimension_fuzzy）】 二维模糊控制器算法子模块的输入信号为温度偏差信号（t_temp[9..0]）、温度偏差符号位（flag_e）、温度变化率信号（t_rate[9..0]）和温度变化率符号位（flag_r）；输出信号为模糊语言 E 和 RT 的变化量（e_rt[7..0]）。

分别用两个 4 位二进制数来表示 E 和 RT，其中 {0000，0001，0010，0011，0100，0101，0110，0111，1000，1001} 代表 E 的模糊子集 {N，0，P0，P1，P2，P3，P4，P5，P6，P7}，{0000，0001，0010，0011，0100，0101，0110} 代表 RT 的模糊子集 {NL，N，NS，0，PS，P，PL}。采用 ROM 存储模糊规则表，E 和 RT 作为地址，而 ROM 的数据（输出控制量 R 的值）也用一个 4 位二进制数来表示，{0000，0001，0010，0011，0100，0101，0110，0111，1000} 分别表示 R 的模糊子集 {0，P0，P1，P2，P3，P4，P5，P6，P7}。

二维模糊控制器算法子模块（two_dimension_fuzzy）的 Verilog HDL 语言代码如下。

```
module two_dimension_fuzzy(t_error,flag_e,t_rate,flag_r,e_rt);
input[9:0] t_error;                    //温差
input flag_e;                          //温差符号位
input[9:0] t_rate;                     //温差变化率
input flag_r;                          //温差变化率符号位
output e_rt;                           //E 和 RT 的变化量
wire[7:0] e_rt;
reg[9:0] t_rate_n;                     //温差变化率的补码
reg[3:0] e;                            //E
reg[3:0] rt;                           //RT

assign e_rt={e,rt};
always @ (t_error,flag_e,t_rate,flag_r)
begin
  if(flag_e)                           //error>0
    begin
      if(t_error>='b0001010000)        //error≥5
        begin e<='b1001; end
      else if((t_error>='b0001000000)&&(t_error<'b0001010000))    //4≤error<5
        begin e<='b1000; end
      else if((t_error>='b0000110000)&&(t_error<'b0001000000))    //3≤error<4
        begin e<='b0111; end
      else if((t_error>='b0000100000)&&(t_error<'b0000110000))    //2≤error<3
        begin e<='b0110; end
      else if((t_error>='b0000010000)&&(t_error<'b0000100000))    //1≤error<2
        begin e<='b0101; end
      else if((t_error>='b0000001000)&&(t_error<'b0000010000))    //0.5≤error<1
        begin e<='b0100; end
      else if((t_error>='b0000000100)&&(t_error<'b0000001000))    //0.25≤error<0.5
        begin e<='b0011; end
      else if((t_error>='b0000000000)&&(t_error<'b0000000100))    //0≤error<0.25
        begin e<='b0011; end
      else if(t_error>='b0000000000)                              //error=0
        begin e<='b0001; end
    end
  else                                                            //error<0
```

```
        begin e<='b0000; end
    end

always @(t_error,flag_e,t_rate_n,t_rate,flag_r)
begin
    if(flag_r)        rate>0
        begin
            if((t_rate>'b0000000010)&&(t_rate<='b0000000100))      0.13<rate≤0.25
                begin rt<='b0110; end
            if((t_rate>'b0000000001)&&(t_rate<='b0000000010))      0.06<rate≤0.13
                begin rt<='b0101; end
            if((t_rate>'b0000000000)&&(t_rate<='b0000000001))      0<rate≤0.06
                begin rt<='b0100; end
            if(t_rate=='b0000000000)                               //rate=0
                begin rt<='b0011; end
        end
    else
        begin
            t_rate_n<=('b1111111111^t_rate)+1;                     //取补码
            if((t_rate_n>'b0000000000)&&(t_rate_n<='b0000000001))  //0.06≤error<0
                begin rt<='b0010; end
            if((t_rate_n>'b0000000001)&&(t_rate_n<='b0000000010))  //0.13≤error<0.06
                begin rt<='b0001; end
            if((t_rate_n>'b0000000010)&&(t_rate_n<='b0000000100))  //0.25≤error<-0.13
                begin rt<='b0000; end
        end
    end
endmodule
```

【ROM 宏模块（lpm_rom0）】使用"LPM_ROM"构成模糊控制规则表，设置 ROM 的地址线位宽为 8 位（高 4 位是 E 的值，低 4 位是 RT 的值）；数据位宽为 4（存储控制量 R）；ROM 的配置数据文件即模糊控制表，mif 文件表如图 13-5-22 所示。

Addr	+0	+1	+2	+3	+4	+5	+6	+7
00	3	2	0	0	0	0	0	0
08	0	0	0	0	0	0	0	0
10	4	3	2	0	0	0	0	0
18	0	0	0	0	0	0	0	0
20	5	4	3	2	1	0	0	0
28	0	0	0	0	0	0	0	0
30	6	5	4	3	2	1	0	0
38	0	0	0	0	0	0	0	0
40	7	6	5	4	3	2	1	0
48	0	0	0	0	0	0	0	0
50	8	7	6	5	4	3	2	1
58	0	0	0	0	0	0	0	0
60	8	8	7	6	5	4	3	2
68	1	0	0	0	0	0	0	0
70	8	8	8	7	6	5	4	3
78	2	0	0	0	0	0	0	0
80	8	8	8	8	7	6	5	4
88	3	0	0	0	0	0	0	0
90	8	8	8	8	7	6	5
98	4	0	0	0	0	0	0	0

图 13-5-22　mif 文件表

也可用 Quartus Prime 以外的编辑器设计 mif 文件，格式如下所示。文件中关键词 WIDTH 设置 ROM 的数据宽度，DEPTH 设置 ROM 数据的深度，ADDRESS_RADIX = HEX 和 DATA_RADIX = HEX 表示设置地址和数据的表达格式都是十六进制；地址/数据表以 CONTENT BEGIN 开始，以 END 结束；其中的地址数据表达方式是，冒号左边写 ROM 地址值，冒号右边写对应此地址放置的十六进制数据。

```
width = 4;
depth = 256;
address_radix = hex;
data_radix = hex;
content begin
00:3; 01:2; 02:0; 03:0; 04:0; 05:0; 06:0; 07:0; 08:0;
10:4; 11:3; 12:2; 13:0; 14:0; 15:0; 16:0; 17:0; 18:0;
20:5; 21:4; 22:3; 23:2; 24:1; 25:0; 26:0; 27:0; 28:0;
30:6; 31:5; 32:4; 33:3; 34:2; 35:1; 36:0; 37:0; 38:0;
40:7; 41:6; 42:5; 43:4; 44:3; 45:2; 46:1; 47:0; 48:0;
50:8; 51:7; 52:6; 53:5; 54:4; 55:3; 56:2; 57:1; 58:0;
60:8; 61:8; 62:7; 63:6; 64:5; 65:4; 66:3; 67:2; 68:1;
70:8; 71:8; 72:8; 73:7; 74:6; 75:5; 76:4; 77:3; 78:2;
80:8; 81:8; 82:8; 83:8; 84:7; 85:6; 86:5; 87:4; 88:3;
90:8; 91:8; 92:8; 93:8; 94:8; 95:7; 96:6; 97:5; 98:4;
end
```

【pwm 波生成子模块（pwm）】 pwm 波生成子模块与一维模糊控制器模块中的 pwm 子模块相同。

【1 Hz 分频模块（clk1 Hz）】 分频模块是将 10 kHz 的时钟进行分频，而得到 1 Hz 的时钟。此模块的 VHDL 代码如下。

```verilog
module clk_1hz( clk10k,clk1hz);
input clk10k;              //时钟信号 10 kHz
output clk1hz;             //频率信号输出 1 Hz
reg clk1hz;
reg count;
reg fout;
always @ ( posedge clk10k)
begin
   if( count = = 'd5000)
      begin fout<=~fout;count<=0; end
   else
      begin count<=count+1; end
end
endmodule
```

13.5.5　信号调制

FPGA 输出的信号是 500 Hz 调制信号将 500 kHz 的射频信号调制后的控制信号，射频信号、调制信号和输出控制信号的关系如图 13-5-23 所示。本系统采用与门来实现信号的调制。

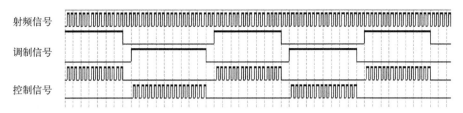

图 13-5-23　信号调制示意图

13.5.6　温度显示模块

温度显示模块用于显示设定温度值和测量温度值。在此用 4 个 7 段译码管来分别显示温度的十位、个位、十分位和百分位。温度显示模块的电路符号如图 13-5-24 所示，其顶层电路如图 13-5-25 所示，包括温度转换子模块（Two_to_ten）和 BCD—七段译码子模块（seven）。Show_set 键负责选择当前显示的温度是设定温度还是测量温度，当 show_set = 1 时，显示设定温度；当 show_set = 0 时，显示测量温度，Two_to_ten 子模块负责将温度值从 10 位二进制数转化为 4 个用 BCD 码表示的十进制数。Seven 子模块将 BCD 码转换成七段显示码。

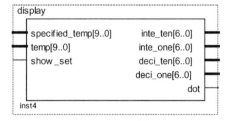

图 13-5-24　温度显示模块的电路符号

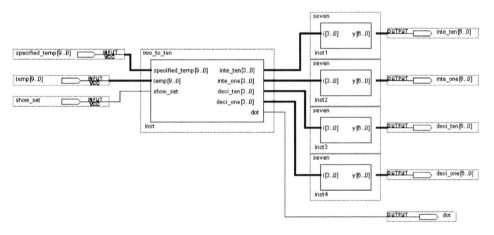

图 13-5-25　温度显示模块电路

温度转换子模块（Two_to_ten）的 Verilog HDL 代码如下。

```
module two_to_ten(specified_temp,temp,show_set,inte_ten,inte_one,deci_ten,deci_one,dot);
input[9:0] specified_temp;              //设定温度
input[9:0] temp;                        //测量温度
input show_set;                         //显示选择
output[3:0] inte_ten;                   //整数十位
output[3:0] inte_one;                   //整数个位
output[3:0] deci_ten;                   //小数十分位
output[3:0] deci_one;                   //小数百分位
output dot;                             //小数点
```

```verilog
reg[3:0] inte_ten;
reg[3:0] inte_one;
reg[3:0] deci_ten;
reg[3:0] deci_one;
reg dot;
reg[9:0] t;
reg[3:0] deci;
reg[5:0] inte;
always @ (show_set,inte,deci,t,specified_temp,temp)
begin
  dot<=1;
  if(show_set)
    begin t<=specified_temp; end
  else
    begin t<=temp; end
  inte<=t[9:4];
  deci<=t[3:0];
//------------------------------整数部分--------------------
  if(inte<'b011110)                          //<30
    begin
      if(inte>='b001010)                     //>=10
        begin
          if(inte>='b010100)                 //>=20
            begin inte_ten<='b0010;
                if(inte=='b010100)           //21
                  begin inte_one<='b0000; end
                if(inte=='b010101)           //22
                  begin inte_one<='b0001; end
                if(inte=='b010110)           //23
                  begin inte_one<='b0010; end
                if(inte=='b010111)           //24
                  begin inte_one<='b0011; end
                if(inte=='b011000)           //25
                  begin inte_one<='b0100; end
                if(inte=='b011001)           //26
                  begin inte_one<='b0101; end
                if(inte=='b011010)           //27
                  begin inte_one<='b0110; end
                if(inte=='b011011)           //28
                  begin inte_one<='b0111; end
                if(inte=='b011100)           //28
                  begin inte_one<='b1000; end
                if(inte=='b011101)           //28
                  begin inte_one<='b1001; end
            end
          else
            begin inte_ten<='b0001;
                if(inte=='b001010)           //10
                  begin inte_one<='b0000; end
                if(inte=='b001011)           //11
```

```
                begin inte_one<='b0001; end
            if(inte=='b001100)          //12
                begin inte_one<='b0010; end
            if(inte=='b001101)          //13
                begin inte_one<='b0011; end
            if(inte=='b001110)          //14
                begin inte_one<='b0100; end
            if(inte=='b001111)          //15
                begin inte_one<='b0101; end
            if(inte=='b010000)          //16
                begin inte_one<='b0110; end
            if(inte=='b010001)          //17
                begin inte_one<='b0111; end
            if(inte=='b010010)          //18
                begin inte_one<='b1000; end
            if(inte=='b010011)          //19
                begin inte_one<='b0000; end
        end
    end
else                                    //00~99
    begin inte_ten<='b0000; inte_one<=inte[3:0]; end
end
else if(inte>='b110010)        >=50
    begin
    if(inte>='b111100)         >=60
        begin inte_ten<='b0110;
            if(inte=='b111100)                  //60
                begin inte_one<='b0000; end
            else if(inte=='b111101)             //61
                begin inte_one<='b0001; end
            else if(inte=='b111110)             //62
                begin inte_one<='b0010; end
            else if(inte=='b111111)             //63
                begin inte_one<='b0011; end
        end
    else
        begin inte_ten<='b0101;
            if(inte=='b110010)                  //50
                begin inte_one<='b0000; end
            else if(inte=='b110011)             //51
                begin inte_one<='b0001; end
            else if(inte=='b110100)             //52
                begin inte_one<='b0010; end
            else if(inte=='b110101)             //53
                begin inte_one<='b0011; end
            else if(inte=='b110111)             //54
                begin inte_one<='b0100; end
            else if(inte=='b111000)             //55
                begin inte_one<='b0101; end
            else if(inte=='b111001)             //56
```

```
                    begin inte_one<= 'b0110; end
                else if( inte = = 'b111010)              //57
                    begin inte_one<= 'b0111; end
                else if( inte = = 'b111011)              //58
                    begin inte_one<= 'b1000; end
                else if( inte = = 'b111100)              //59
                    begin inte_one<= 'b1000; end
            end
        end
    else if( inte>= 'b101000)
        begin
            inte_ten<= 'b0100;
            if( inte>= 'b101000&&inte<= 'b101111)
                begin inte_one[2:0]<=inte[2:0];inte_one[3]<= 'b0; end
            else if( inte = = 'b110000)              //48
                begin inte_one<= 'b1000; end
            else if( inte = = 'b1100010)             //49
                begin inte_one<= 'b1001; end
        end
    else
        begin
            inte_ten<= 'b0011;
            if( inte = = 'b011110)                   //30
                begin inte_one<= 'b0000; end
            else if( inte = = 'b011111)              //31
                begin inte_one<= 'b0001; end
            else if( inte = = 'b100000)              //32
                begin inte_one<= 'b0010; end
            else if( inte = = 'b100001)              //33
                begin inte_one<= 'b0011; end
            else if( inte = = 'b100010)              //34
                begin inte_one<= 'b0100; end
            else if( inte = = 'b100011)              //35
                begin inte_one<= 'b0101; end
            else if( inte = = 'b100100)              //36
                begin inte_one<= 'b0110; end
            else if( inte = = 'b100101)              //37
                begin inte_one<= 'b0111; end
            else if( inte = = 'b100110)              //38
                begin inte_one<= 'b1000; end
            else if( inte = = 'b100111)              //39
                begin inte_one<= 'b1001; end
        end
//---------------------------------------------小数部分
    if( deci[3] = = 'b1)
        begin
            if( deci[2] = = 'b1)
                begin
                    if( deci[1] = = 'b1)
                        begin
```

```verilog
                       if( deci[0] = = 'b1)
                         begin deci_ten<='b1001;deci_one<='b0100; end          //1111
                       else
                         begin deci_ten<='b1000;deci_one<='b1000; end          //1110
                     end
                   else if( deci[0] = = 'b1)
                     begin deci_ten<='b1000;deci_one<='b0001; end              //1101
                   else
                     begin deci_ten<='b0111;deci_one<='b0101; end              //1100
                 end
               else if( deci[1] = = 'b1)
                 begin
                   if( deci[0] = = 'b1)
                     begin deci_ten<='b0110;deci_one<='b1001; end              //1011
                   else
                     begin deci_ten<='b0110;deci_one<='b0011; end              //1010
                 end
               else if( deci[0] = = 'b1)
                 begin deci_ten<='b0101;deci_one<='b0110; end                  //1001
               else
                 begin deci_ten<='b0101;deci_one<='b0000; end                  //1000
             end
           else if( deci[2] = = 'b1)
             begin
               if( deci[1] = = 'b1)
                 begin
                   if( deci[0] = = 'b1)
                     begin deci_ten<='b0100;deci_one<='b0100; end              //0111
                   else
                     begin deci_ten<='b0011;deci_one<='b1000; end              //0110
                 end
               else if( deci[0] = = 'b1)
                 begin deci_ten<='b0011;deci_one<='b0001; end                  //0101
               else
                 begin deci_ten<='b0010;deci_one<='b0101; end                  //0100
             end
           else if( deci[1] = = 'b1)
             begin
               if( deci[0= = 'b1])
                 begin deci_ten<='b0001;deci_one<='b1001; end                  //0011
               else
                 begin deci_ten<='b0001;deci_one<='b0011; end                  //0010
             end
           else if( deci[0] = = 'b1)
             begin deci_ten<='b0000;deci_one<='b0110; end                      //0001
           else
             begin deci_ten<='b0000;deci_one<='b0000; end                      //0000
       end
endmodule
```

BCD—七段译码子模块（seven）的 Verilog HDL 代码如下。

```verilog
module seven(i,y);
input[3:0] i;
output[6:0] y;
reg[6:0] y;
always @(i)
begin
  case(i)
  'b0000:y<='b1111110;
  'b0001:y<='b0110000;
  'b0010:y<='b1101101;
  'b0011:y<='b1111001;
  'b0100:y<='b0110011;
  'b0101:y<='b1011011;
  'b0110:y<='b1011111;
  'b0111:y<='b1110000;
  'b1000:y<='b1111111;
  'b1001:y<='b1111011;
  default:y<='b1111111;
  endcase
end
endmodule
```

13.5.7　分频模块

分频模块的电路符号如图 13-5-26 所示，其作用是产生不同频率的时钟信号，为不同模块提供所需的时钟脉冲。产生的时钟频率分别为 1 MHz、500 kHz、10 kHz 和 100 Hz。

分频模块（clk_div）的 Verilog HDL 代码如下。

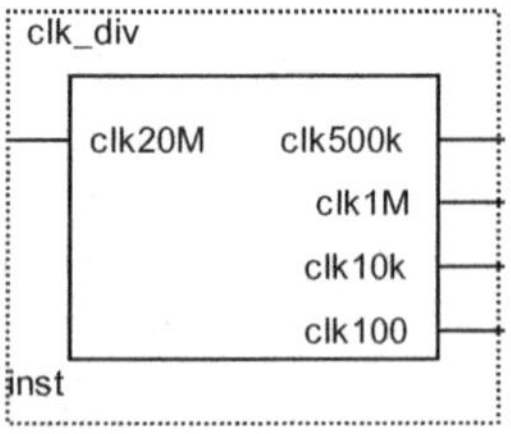

```verilog
module clk_div(clk20M,clk500k,clk1M,clk10k,clk100);
input clk20M;              //时钟信号 20 MHz
output clk500k;            //频率信号输出 500 kHz
output clk1M;              //频率信号输出 1 MHz
output clk10k;             //频率信号输出 10 kHz
output clk100;             //频率信号输出 100 Hz
reg clk500k;
reg clk1M;
reg clk10k;
reg clk100;
reg clk1M_1;
reg clk500k_1;
reg clk10k_1;
reg clk100_1;
reg count1;
reg count2;
reg count3;
//---------------------------------20 分频产生 1 MHz 时钟
always @(posedge clk20M)
begin
```

图 13-5-26　分频模块
的电路符号

```
        if( count1 = = 'd9)
          begin
            clk1M_1<=~clk1M_1;
            count1<=0;
          end
        else
          begin count1<=count1+1; end
end
//---------------------------------2 分频产生 500 kHz 时钟
always @ ( posedge clk1M_1)
begin
  clk500k_1<=~clk500k_1;
end
//---------------------------------50 分频产生 10 kHz 时钟
always @ ( posedge clk500k_1)
begin
  if( count2<= 'd25)
    begin clk10k_1<=~clk10k_1;count2<=0; end
  else
    begin count2<=count2+1; end
end
//---------------------------------100 分频产生 100 Hz 时钟
always @ ( posedge clk10k_1)
begin
  if( count3 = = 'd50)
    begin clk100_1<=~clk100_1;count3<=0; end
  else
    begin count3<=count3+1; end
end
-----------------------------------------------------
always
begin
  clk1M<=clk1M_1;
  clk500k<=clk500k_1;
  clk10k<=clk10k_1;
  clk100<=clk100_1;
end
endmodule
```

13.6　温度场测量与控制的实验

13.6.1　实验材料和方法

为了检验所设计的射频热疗温度场测量与控制系统的性能，设计了如下实验。

（1）在室温条件下（25℃），取猪精瘦肉为加热对象，将铝质极板夹在猪肉的两侧，并在猪肉的中心位置、距离中心位置 4 cm 处（记作边缘）和表面各放置一个 DS18B20 测量实时加热温度。

（2）极板间介质的加热功率可通过调整 500 Hz 调制信号的占空比来控制。设生物组织介质的电导率为 $\sigma(S/m)$，电阻为 $R(\Omega)$，截面积为 $A(m^2)$，长为 $w(m)$，则可由公式 $R = \dfrac{w}{\sigma A}$，$P = \dfrac{V^2}{R}$ 求出最大加热功率 $P(W)$，V 为加在介质上的有效电平，由驱动电路的设计可知 $V = 0.8V_{DD}$，V_{DD} 为功率电源电压 56 V。

（3）取 3 块猪精瘦肉（电导率 $\delta = 0.6\,S/m$），分别记作 A、B 和 C，它们的体积分别为（长×宽×高）10 cm×10 cm×5 cm、10 cm×9 cm×5 cm、8 cm×8 cm×4 cm；令功率电源电压 $V_{DD} = 56$ V，则可得到最大加热功率分别为 242 W、215 W 和 193 W。两个极板材料为铝，面积为 8 cm×8 cm。

（4）指定加热温度（40～45℃）对猪肉进行加热，每隔 1 min 记录一次中心、边缘和表面的温度。

（5）用两种模糊控制算法（一维和二维）分别进行实验。

13.6.2　实验结果

1. 用一维模糊控制器作算法的实验结果

【实验一】加热对象 A，指定温度 40℃，记录 A 中心和表面的加热温度，实验结果数据见表 13-6-1。

表 13-6-1　A 在指定温度为 40℃时的实验结果

时间/min	0	1	2	3	4	5	6	7	8	9	10	11	12
中心温度/℃	25.0	27.0	28.6	30.2	32.6	35.5	38.7	40.3	40.7	40.6	40.4	40.2	40.0

表 13-6-1 中，在第 7 分钟时，A 的中心温度达到指定温度 40℃，但温度仍然继续升高到 40.7℃，此后温度逐渐下降，在第 12 分钟时，温度稳定下来，在 39.9℃和 40.0℃之间振荡。而 A 的表面温度没有随着加热而变化，一直是 25℃。

【实验二】加热对象 A，指定温度 41℃，记录 A 中心和表面的加热温度，实验结果数据见表 13-6-2。

表 13-6-2　A 在指定温度为 41℃时的实验结果

时间/min	0	1	2	3	4	5	6	7	8	9	10	11	12
中心温度/℃	25.0	25.9	27.3	29.1	31.3	33.3	36.3	42.1	41.7	41.0	40.7	40.8	41.0

表 13-6-2 中，A 在 6 分钟多时，中心达到指定温度 41℃，但温度继续上升并在第 7 分钟时达到最高温度 42.1℃，此后温度逐渐下降，在第 10 分钟降到极小值 40.7℃，然后温度升高，在第 12 分钟时稳定在 41℃。表面温度仍然没有发生变化，保持 25℃。

实验一和实验二的时间—温度曲线如图 13-6-1 所示。

2. 用二维模糊控制器作算法的实验结果

【实验三】加热对象 B，设定温度分别为 41℃、42℃、43℃、44℃和 45℃，记录 B 中心、边缘和表面的加热温度，实验结果见表 13-6-3。

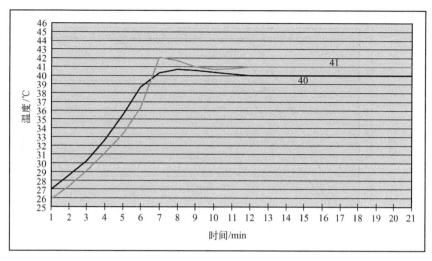

图 13-6-1　实验一和实验二的时间—温度曲线

表 13-6-3　B 在指定温度下的实验结果

指定温度	时间/min	0	1	2	3	4	5	6	7	8	9	10
41℃	中心温度/℃	25.0	27.3	29.2	31.3	33.5	36.0	37.6	39.7	41.2	41.1	41.0
	边缘温度/℃	25.0	25.1	25.1	25.2	25.3	25.4	25.6	25.8	25.9	26.1	26.2
42℃	中心温度/℃	25.0	26.8	30.0	33.3	36.2	39.0	41.4	42.1	42.0	—	—
	边缘温度/℃	25.0	25.0	25.1	25.2	25.4	25.6	26.1	26.6	26.5	—	—
43℃	中心温度/℃	25.0	26.8	29.8	32.3	34.9	38.0	40.6	43.0	43.1	43.0	—
	边缘温度/℃	25.0	25.0	25.1	25.2	25.3	25.4	25.6	25.8	26.2	26.4	—
44℃	中心温度/℃	25.0	27.4	30.3	33.6	36.6	39.5	42.1	44.0	—	—	—
	边缘温度/℃	25.0	25.1	25.2	25.4	25.8	26.2	26.4	26.6	—	—	—
45℃	中心温度/℃	25.0	28.0	31.4	34.6	37.6	40.8	43.3	45.0	—	—	—
	边缘温度/℃	25.0	25.2	25.5	25.9	26.3	26.6	26.9	27.1	—	—	—

　　表 13-6-3 中，在指定温度为 41℃、42℃和 43℃时，中心温度有超调现象，但超调量很小，均在 0.2℃以内。边缘温度随着中心温度的升高也上升，最高边缘温度是 27.1℃（当中心温度为 45.0℃时）。表面温度没有变化，为 25℃。实验三在边缘和中心的时间—温度曲线如图 13-6-2 和图 13-6-3 所示。

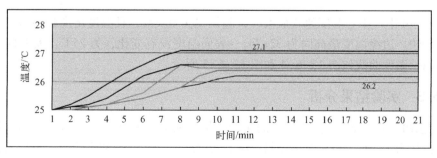

图 13-6-2　实验三在边缘测量的时间—温度曲线

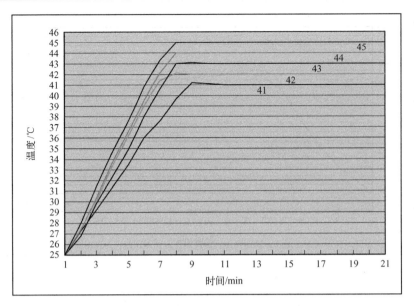

图 13-6-3 实验三在中心测量的时间—温度曲线

【实验四】实验对象 C，指定温度分别为 41℃、42℃、43℃、44℃和 45℃，记录 C 中心、边缘和表面的加热温度，实验结果见表 13-6-4。

表 13-6-4 C 在指定温度下的实验结果

指定温度	时间/min	0	1	2	3	4	5	6	7	8
41℃	中心温度/℃	25.0	28.7	32.4	36.3	39.7	41.2	41.5	41.3	41.0
	边缘温度/℃	25.0	25.5	26.1	26.7	27.5	28.1	28.6	27.8	27.1
42℃	中心温度/℃	25.0	30.1	35.5	40.2	42.2	42.5	42.3	42.0	—
	边缘温度/℃	25.0	26.1	27.2	29.3	29.9	29.6	29.1	28.8	—
43℃	中心温度/℃	25.0	30.5	36.4	41.5	43.0	43.2	43.4	43.2	43.0
	边缘温度/℃	25.0	26.3	28.1	32.0	32.0	31.5	30.5	29.5	29.5
44℃	中心温度/℃	25.0	30.7	36.0	40.5	43.4	44.1	44.0	—	—
	边缘温度/℃	25.0	26.3	28.1	30.1	32.0	34.5	33.3	32.7	—
45℃	中心温度/℃	25.0	29.8	36.6	41.7	45.2	45.0	—	—	—
	边缘温度/℃	25.0	26.7	28.5	32.0	34.0	33.0	32.4	—	—

表 13-6-4 中，中心温度超调最大时，超调量为 0.5℃，且温度出现超调后，温度再下降的速度较快。边缘温度最高时为 32.7℃。表面温度没有变化，为 25℃。实验四在中心和边缘的时间—温度曲线如图 13-6-4 和图 13-6-5 所示。

13.6.3 实验结果分析

（1）超调问题：从一维控制算法的实验结果（实验一和实验二）可以看出，温度超调量比较大，超出了 1℃。而从二维控制算法的实验结果（实验三和实验四）可以看出，温度超调量比较小，在 0.5℃以内。

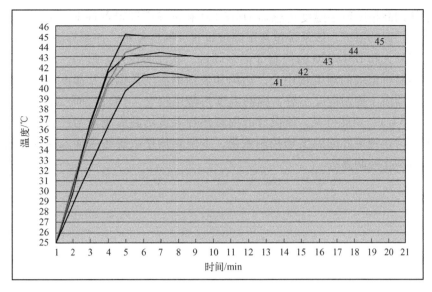

图 13-6-4　实验四在中心测量的时间—温度曲线

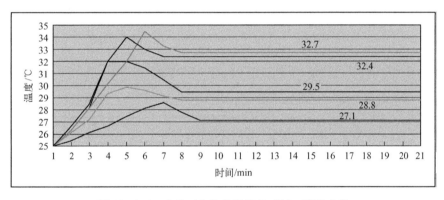

图 13-6-5　实验四在边缘测量的时间—温度曲线

（2）从 A、B 和 C 加热时的表面温度和边缘温度来看：

☺ 加热过程中，A、B 和 C 的表面温度没有发生变化，均为 25℃。

☺ 加热温度不同，边缘温度不同，且边缘温度的变化是与中心温度的变化一致的。

☺ 同一加热温度下，3 个不同体积的对象的边缘温度不同，这正反映了热疗温度场的温度分布是从中心向表面呈梯度分布的。

（3）实验过程中可能的影响因素如下所述。

☺ 3 块猪肉的肉质，如含水量等存在差异。

☺ 极板与介质（猪肉）的接触面紧密程度不一致会引起电磁场阻抗的差异。

13.7　结论

在本课题的研究开发过程中，比较了主要的 3 种热疗物理技术，根据脑胶质瘤的组织特点，选用射频容性加热的方法，并针对常规的温度传感器互换性差和控制方法不稳定的缺点，设计了使用高精度数字温度传感器 DS18B20 和可编程逻辑器件 FPGA 来实现射频热疗温度场测温和控温的系统。该系统包含了温度设置、温度显示、控制算法、FPGA 芯片的配置、信号功率放大和 DS18B20 的控制等诸多硬件、软件的设计。最后，从用此系统对猪肉进行的加热实验所记录的温度场中心、边缘和表面的温度数据以及温度—时间曲线可以看出，一维控制器由于控制精度不够，因而温度超调比较大（1℃），而二维控制器的温度超调比较小（0.5℃）。由此可见，所设计的射频热疗温度场温度测量与控制的方法是满足热疗的要求的。为达到更好的温度场控制效果，本射频热疗系统还应加入四或六电极板的方法，并进一步优化控制算法。

第14章　基于FPGA的直流电机伺服系统

14.1　电机控制发展概况

一个多世纪以来，电机作为机电能量转换装置，其应用范围已遍及国民经济的各个领域。近年来，随着现代电力电子技术、控制技术和计算机技术的发展，电机的应用也得到了进一步的发展。在实际生产中，电机应用已由过去简单的起/停控制、提供动力为目的，上升到对速度、位置、转矩等进行精确的控制。这种新型技术已经不是传统的"电机控制"、"电气传动"，而是"运动控制"。运动控制使被控机械运动实现精确的位置控制、速度控制、加速度控制、转矩或力的控制，以及这些控制的综合控制。因此，现代电机控制技术离不开功率器件和电机控制器的发展。

1. 功率半导器件的发展

电力电子技术、功率半导体器件的发展对电机控制的发展影响极大。电力电子技术的迅猛发展，带动和改变着电机控制的面貌和应用。

20世纪50年代，硅晶闸管问世后，功率半导体器件的研究取得了飞速的发展；60年代后期，可关断晶闸管CTO实现了门级可关断功能，并使开关工作频率扩展到1 kHz；70年代中期，高功率晶体管和功率MOSFET问世，功率器件实现了全控功能，使得高频应用成为可能；80年代，绝缘栅双极型晶体管（IGBT）问世，它综合了MOSFET和双极型功率晶体管二者的功能。

由于功率器件工作在开关状态，所以特别适合于数字控制和驱动。具体来讲，数字控制技术用于功率器件控制有如下独特优点：可严格控制最小开通/关断时间；可严格控制死区时间。

2. 电机控制器的发展

电机控制器经历了从模拟控制器到数字控制器的发展过程。模拟器件的参数受外界影响较大，因此模拟控制器的精度也较差。与模拟控制器相比，数字控制器具有可靠性高、参数调整方便、更改控制策略灵活、控制精度高、对环境因素不敏感等优点。

随着工业电气化、自动控制和家电产品领域对电机控制产品需求的增加，对电机控制技术的要求也不断提高。传统的8位单片机由于受其内部系统体系结构和计算功能等条件限制，在实现各种先进的电机控制理论和高效的控制算法时遇到了困难。

使用高性能的数字信号处理器（DSP）来解决电机控制器不断增加的计算量和速度需求是目前最为普遍的做法。将一系列外围设备如模数转换器、脉冲调制发生器和数字信号处理器集成在一起组成复杂的电机控制系统。

随着EDA技术的发展，用基于现场可编程门阵列（FPGA）的数字电子系统对电机进行控制，为实现电动机数字控制提供了一种新的有效方法。现场可编程门阵列器件集成度高、体积小、速度快，以硬件电路实现算法程序，将原来的板级产品集成为芯片级产品，从而降低了功耗，提高了可靠性。

14.2　系统控制原理

对于采用电动机作为原动力的动力机构，实现调速的方案通常有电气调速、机械调速和机电配合调速。本书介绍的电机伺服系统只讨论其中的电气调速。

1. 电机调速控制原理

根据他励直流电动机的机械特性：

$$n = \frac{U}{C_e \Phi} - \frac{R}{C_e C_m \Phi^2} M$$

可见电动机转速 n 的改变可以通过改变电动机的参数来实现，如电动机的外加电压（U）、电枢回路中的外串电阻（R）和磁通（Φ）。

1）电枢回路串电阻调速　由上式可见，通过改变 R 可以改变转速 n。电枢串接电阻调速的经济性不好，调速指标不高，调速范围不大，而且调速是有级的，平滑性不高。

2）调磁调速　即通过改变磁通来调节电动机的转速。此种调速方法调速范围过小，通常与其他两种方法结合使用。

3）调压调速　即通过改变电机电枢外加电压的方法来调节转速。采用调压调速时，由于机械特性硬度不变，调速范围大，电压容易做到连续调节，便于实现无级调速，且调速的平滑性较好。

因此本系统采用调压调速方法。

2. PWM 控制原理

随着微控制器进入控制领域，以及新型的电力电子功率器件的不断出现，采用全控型的开关功率元器件进行脉宽调制（PWM）控制方式成为主流。这种控制方式很容易在微控制器中实现，从而为直流电动机控制数字化提供了契机。

在对直流电动机电枢电压进行控制和驱动中，对半导体功率器件的使用可分为两种方式，即线性放大驱动方式和开关驱动方式。

线性放大驱动方式是使半导体功率器件工作在线性区。这种方式的优点是控制原理简单，输出波动小，线性好，对邻近电路干扰小。但是，功率器件在线性区工作时会将大部分电功率用于产生热量，效率和散热问题严重，因此这种方式只用于微小功率直流电机的驱动。

绝大多数直流电机采用开关驱动方式。这种方式使半导体功率器件工作在开关状态，通过脉宽调制 PWM 来控制电枢电压，实现调速。

图 14-2-1 所示为 PWM 控制原理图及其输入-输出电压波形。

在图 14-2-1（a）中，当开关管 MOSFET 的栅极输入电压为高电平时，开关管导通，直流电动机电枢绕组两端有电压 U_S。t_1 后，栅极输入电压变为低电平，开关管截止，电动机电枢两端电压为 0。t_2 后，栅极输入电压重新变为高电平，开关管的动作重复前面的过程。这样，对应着输入电压的高低，直流电动机电枢绕组两端的电压波形如图 14-2-1（b）所

示。所以，电动机的电枢绕组两端的平均电压 U_0 为

$$U_0 = \frac{t_1 U_S + 0}{t_1 + t_2} = \frac{t_1}{T} U_S = \alpha U_S$$

式中，α 为占空比。

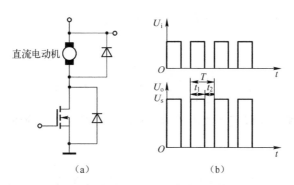

图 14-2-1　PWM 控制原理图及其输入—输出电压波形

可见，当电源电压不变时，电枢的端电压的平均值 U_0 取决于占空比的大小，改变 α 的值就可以改变端电压的平均值，从而达到调速的目的，这就是 PWM 调速的原理。

PWM 调速的 α 调整有 3 种方法，即定宽调频法、调宽调频法和定频调宽法。其中，前两种方法需要改变脉冲频率，可能引起系统振荡。目前，在直流电机的控制中，主要是用定频调宽法，即保持频率不变，而同时改变 t_1 和 t_2。

3. 三环控制原理

测控系统由具有位置反馈、速度反馈和电流反馈的三闭环结构组成，如图 14-2-2 所示。

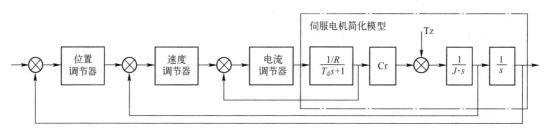

图 14-2-2　三环控制原理框图

其中，电流环的作用是及时限制大电流，保护电机。速度环的作用是抑制速度波动，增强系统抗负载扰动的能力。位置环是系统的主控制环，实现位置跟踪。三环结合工作，保证系统具有良好的静态精度和动态特性，且系统工作平稳可靠。

14.3　算法设计

本设计采用模糊比例算法，即在大范围内采用模糊控制，以提高系统的动态响应速度；在小范围内采用比例控制，以提高系统的稳态控制精度。通过调整各项系数，使系统达到最优，即响应速度快、控制精度高。

本系统引入前馈控制。前馈控制能有效提高系统对输入信号的响应速度，部分消除被控

对象的积分滞后影响，从而使系统迅速消除偏差，并可提高系统带宽。

1. 电机模型的建立

直流电机各项参数如下：空载转速为 4100 r/min，减速比为 1/160，额定电压为 56 V，额定电流 ≤12 A，功率为 500 W。忽略电枢电感及粘性阻尼系数，则以电枢电压 $u_a(t)$ 为输入变量，电机转速 $\omega(t)$ 为输出变量的直流伺服电机的传递函数可简化为

$$H(s) = \frac{1/K_e}{T_m s + 1}$$

式中，电动机反电动势系数 $K_e = \dfrac{160 \times 60 \times 56}{4100 \times 360}$，机电时间常数 $T_m = 10$ ms。以上推出的传递函数为电压与角度的关系，所以应在此传递函数基础上再加一个积分环节，从而建立电枢电压与角度的传递关系。

2. 模糊算法

当误差大于 1.2 V 时，采用模糊控制。模糊控制采用单输入、单输出结构，即以误差信号为输入信号，控制信号为输出信号。

当误差大于 1.2 V 时，电机全速转动。

3. 比例算法

比例算法的控制规律为

$$u(t) = K_P \, error(t)$$

式中，K_P 为比例系数。

比例控制器的作用是成比例地反映控制系统的偏差信号 $error(t)$，偏差一旦产生，控制器立即产生控制作用，以减小偏差。

采用微处理器，需引入数字比例控制，即以一系列采样时刻点 kT 代表连续时间 t，其中 T 为采样周期，k 为采样序号。代入上式后变为

$$u_1(kT) = K_P \, error(kT)$$

将 T 归一化为 1 后，可将 $u_1(kT)$ 简记为 $u_1(k)$。这样得到离散比例表达式，即

$$u_1(k) = k_P \, error(k)$$

4. 前馈算法

根据不变性原理，得到：

$$F(t) = \frac{\tau}{K_e K_c} \frac{d^2 r}{d^2 t} + \frac{1}{K_e K_c} \frac{dr}{dt}$$

将其离散化的差分方程如下：

$$u_2(k) = K_1 \Delta r(k) + K_2 \Delta r^2(k)$$

式中，$\Delta r(k) = r(k) - r(k-1)$；$\Delta r^2(k) = \Delta r(k) - \Delta r(k-1)$；$K_1 = 1/(K_e K_c \Delta T)$；$K_2 = \tau/(K_e K_c \Delta T^2)$。

K_1 和 K_2 由被控对象特性确定。在本系统中，根据系统仿真初选：$K_1 = 4$，$K_2 = 0.5$。所以，总的控制量为

$$u(k) = u_1(k) + u_2(k)$$

5. 系统模型的建立

根据上述讨论建立系统模型，验证系统算法，在 MATLAB 的 Simulink 中建立的系统算法理论模型如图 14-3-1 所示。

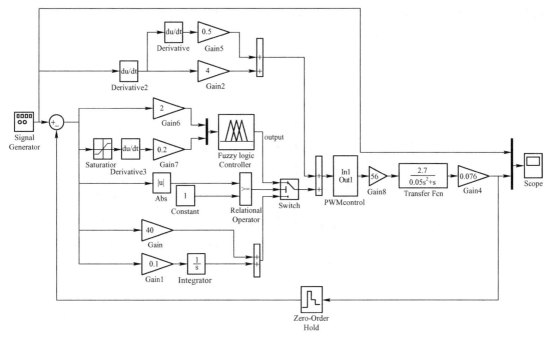

图 14-3-1　系统算法理论模型

在实际算法的实现过程中发现，即使不加入积分项，系统静差也为零，因此最后确定方案时未采用 PI 算法，而是只采用了比例算法。

对于模糊算法，由于只在大范围内采用，而系统的细调则采用比例算法，所以为提高系统的响应速度，未对模糊控制范围进行分类，而是利用其控制思想，当指令与反馈误差大于一定值时，电机全速运行，在实际控制中也体现了这种做法的优点。引入前馈算法，是为提高响应速度，增加系统带宽，在实际控制也证明了这一点。

 　此仿真只能为实际控制参数的选取提供定性的指导，而不能提供定量的数据，所有最后确定的数据都是通过实验测试而得到的。但仿真仍为算法的实现提供了很大的帮助，仿真中对参数的定性分析，最后都在实验中得到了验证。

14.4　系统硬件设计原理

电机伺服器硬件电路主要由 FPGA 控制器、数据采集电路、过电流保护电路、隔离电路、驱动电路等组成。各个模块在中央控制器 FPGA 的控制下协调工作。

1. 硬件电路结构

电机伺服器硬件结构如图 14-4-1 所示。

2. FPGA 控制器

现场可编程门阵列（Field Programmable Gate Array，FPGA）器件集成度高、体积小，具有通过用户编程实现专门应用的功能。使用 FPGA 器件可以大大缩短系统的研制周期，减小资金投入。更吸引人的是，采用 FPGA 器件可以将原来的板级产品集成为芯片级产品，从而降低了功耗，提高了可靠性，同时还可以很方便地对设计进行在线修改。

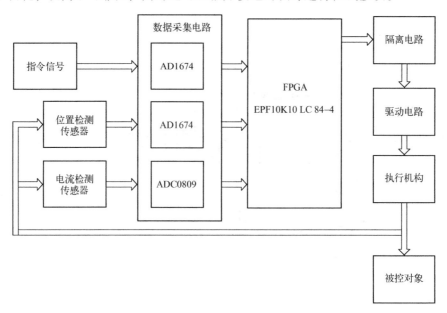

图 14-4-1　系统硬件电路结构

在 FPGA 中，采用硬件描述语言 Verilog HDL 进行编程。Verilog HDL 是一种自上而下的设计方法，具有优秀的可移植性、EDA 平台的通用性，以及与具体硬件结构无关等特点。

本设计采用的可编程逻辑芯片为 Altera 公司的 FLEX10K 系列的 EPF10K10LC84-4 芯片。它具有高密度、低成本、低功耗、灵活的内部连接、强大的 I/O 引脚功能等特点。FPGA 控制器电路如图 14-4-2 所示。

3. 数据采集电路

上位机给定信号与位置检测传感器输出信号送到数据采集电路，得到位置误差信号及其变化率，即速度值。位置检测传感器采用精密电位器，精度为 0.1%，此回路构成系统的位置环和速度环。

电流传感器采用 CHB-25NP 型电流传感器，额定输入电流 25 A，输出电流 25 mA，失调电流小于 0.3 A，响应时间小于 1 μs。传感器采集电机电枢电流，此回路构成系统的电流环。

数据采集系统主要由 3 个 A/D 转换器组成，其中指令值及位置反馈值由 AD1674 进行 A/D 转换得到，电流值由 ADC0809 进行 A/D 转换得到。利用 FPGA 控制它的 3 条通道同步采样，分别采集指令信号、反馈信号和电流信号。

ADC0809 包括一个 8 位的逼近型的 ADC 部分，并提供一个 8 通道的模拟多路开关和联合寻址逻辑。用它可直接输入 8 个单端的模拟信号，分时进行 A/D 转换。ADC0809 的主要技术指标如下所述。

☺ 分辨率：8 位。

☺ 单电源：+5 V。

☺ 总的不可调误差：±1 LSB。

☺ 转换时间：取决于时钟频率。

☺ 模拟输入范围：单极性 0～5 V。

☺ 时钟频率范围：10 ～ 1028 kHz。

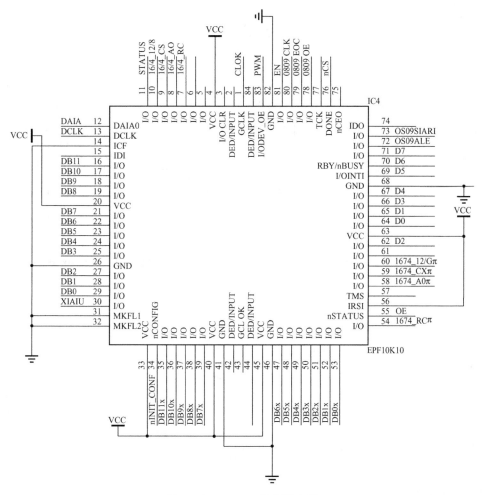

图 14-4-2　FPGA 控制器电路

AD1674 是一款完全的单片 12 位 A/D 转换器，内部包含了片上采样保持放大器（SHA），高精度 10 V 参考电压源，时钟振荡器和三态输出缓冲等，器件工作不需外部时钟信号。工业级芯片的温度范围为-40 ～+85℃，具有高达 10 μs 的采样率以及单极性和双极性电压输入，如±5 V，±10 V，0 V—10 V，0 V—20 V。

采用霍尔传感器取得直流电机的电枢电流，再通过采用电阻转换为相应得电压，与基准电压值相比较。当电机发生堵转时，电枢电流变大；当电流对应的电压值大于基准电压时，通过比较器产生控制信号，从而屏蔽掉 PWM 波形，使两组 MOS 管同时截止，从而起到过电流保护的作用。电流传感器的输出为输入信号，FPGA 控制信号为输出信号。

由于指令信号与反馈信号的范围为（-10 V，10 V），而且 AD1674 的输入电压范围可调整为（-10 V，10 V），所以指令信号和反馈信号可直接输入到 AD1674 的输入端，经 A/D 转换后成为 FPGA 的输入控制信号。对于电流反馈信号，经过采样电阻取得相应电压，通过运算放大器电路将电压信号调整为（-5 V，5 V），输入到 ADC0809 中进行 A/D 转换，再输入到 FPGA 中进行电流控制。AD1674 转换电路如图 14-4-3 所示。ADC0809 引脚图如图 14-4-4 所示。ADC0809 转换器电压调整电路如图 14-4-5 所示。

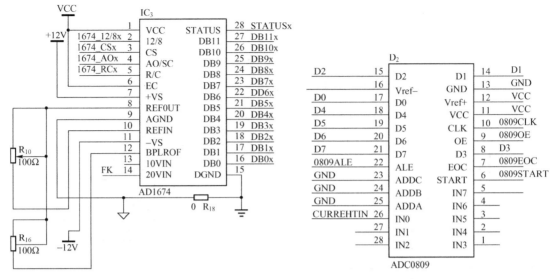

图 14-4-3　AD1674 转换电路　　　　　　　　图 14-4-4　ADC0809 引脚图

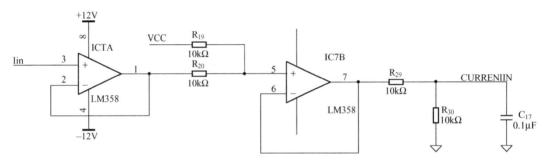

图 14-4-5　ADC0809 转换器电压调整电路

4. 隔离电路

为避免后端电机对前端控制电路的干扰，需设置隔离电路。本系统采用高速光耦 6N137 进行隔离，其电路如图 14-4-6 所示。

5. 驱动电路

采用双极可逆受限 PWM 波控制两组 NMOS 电路驱动直流电机，分别驱动电机正转和反转。根据两组 PWM 波的占空比大小，控制电机的正/反转。同时，两组 PWM 波通过设定适当死区，从而避免 MOS 管同时导通而导致过电流发生的情况。驱动电路如图 14-4-7 和图 14-4-8 所示。

由图 14-4-8 可见，电源系统需提供 3 组不共地电源，控制 MOS 管的导通和截止。本系统以 3 个 DC/DC 变换器作为隔离器件，产生 3 组幅值均为 10 V 但不共地的电压源。

6. 硬件 PWM 波生成电路

由 FPGA 产生的一路 PWM 波作为控制信号，FPGA 的另一路信号 EN 作为使能信号，控制 PWM 波的输出。如图 14-4-9 所示，输出 A 路和 C 路 PWM 波控制一路 MOS 管的导通与截至，输出 B 和 D 路 PWM 波控制另一路 MOS 管的导通与截止。同时，两路 PWM 波的死区时间控制也由此电路实现。

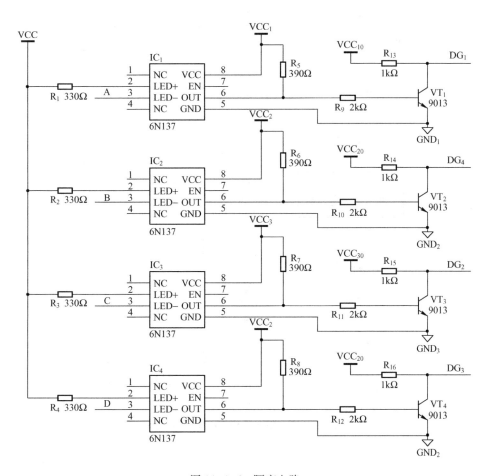

图 14-4-6　隔离电路

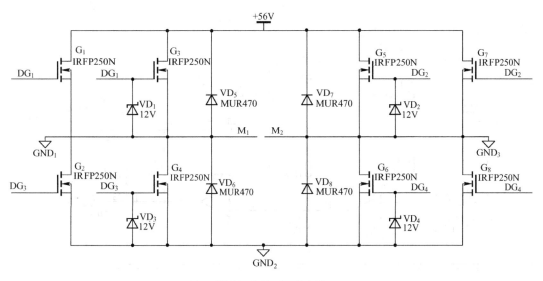

图 14-4-7　驱动电路

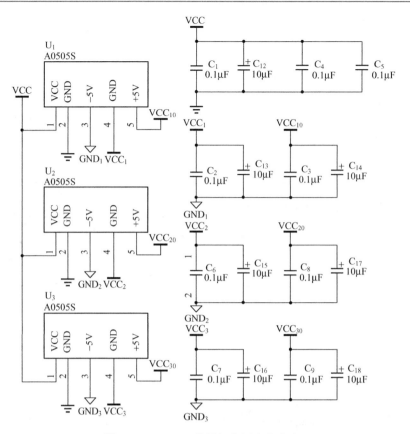

图 14-4-8   MOS 管栅极电压产生电路

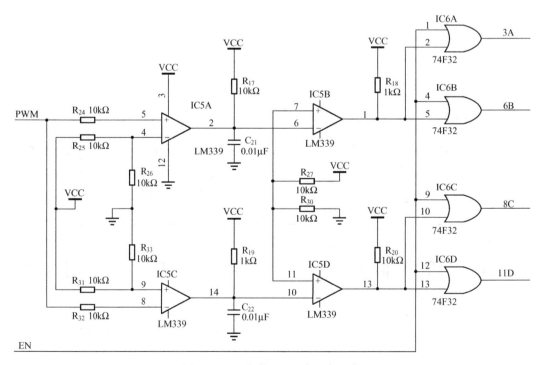

图 14-4-9   硬件 PWM 波生成电路

由于控制板只产生一路 PWM 波信号，通过硬件电路产生两组 PWM 波信号，从而提高了电路的可靠性。而且通过调整图中 R_{30} 和 C_{15} 及 R_{32} 和 C_{16} 的值，可实现死区时间的改变。采用集成运算放大器组成电压比较电路。4 个运算放大器的阈值电压均为 2.5 V。

在图 14-4-9 中，根据电阻分压可得，IC5A 和 IC5B（上面两个运算放大器）的反向输入端的电压均为 2.5 V，IC5C 和 IC5D（下面两个运算放大器）的正向输入端的电压也为 2.5 V。当输入信号 PWM 为高电平时，$U_+ > U_-$，所以 IC5A 输出高电平，电容 C_{15} 通过 R_{30} 充电，开始充电时，运算放大器 IC5B 的 $U_+ > U_-$，IC5B 输出高电平；当经过一段时间（死区时间）充电，$U_+ = U_- = 2.5$ V 时，输出发生跳变，此后 $U_+ < U_-$，IC5B 输出变为低电平。而当 PWM 波为低电平时，IC5A 输出低电平，所以电容 C_{15} 迅速放电，IC5B 输出高电平。

与此同时，对下边一路电路（IC5C，IC5D），PWM 波为高电平时，IC5D 输出低电平，所以 IC5C 输出高电平。PWM 波为低电平时，IC5D 输出高电平，电容 C_{16} 进行充电，电容 C_{16} 通过 R_{32} 充电，开始充电时运算放大器 IC5C 的 $U_+ > U_-$，IC5C 输出高电平；当经过一段时间（死区时间）充电，$U_+ = U_- = 2.5$ V 时，输出发生跳变，此后 $U_+ < U_-$，IC5C 输出变为低电平。

电路时间常数（即死区时间）为 $\tau = R \cdot C = 1\,\text{k}\Omega \times 0.01\,\mu\text{F} = 10\,\mu\text{s}$。

7. JTAG 接口电路

采用 ISP 技术，通过 JTAG 接口电路直接向 EEPROM 芯片烧写程序。上电后，程序自动由 EEPROM 烧入 FPGA 芯片中。JTAG 接口电路如图 14-4-10 所示。

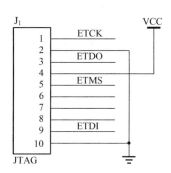

图 14-4-10 JTAG 接口电路

EEPROM 芯片接口电路如图 14-4-11 所示。

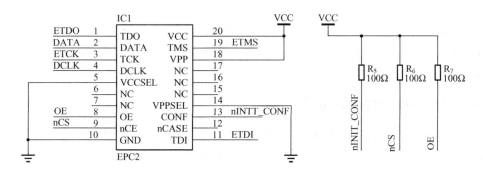

图 14-4-11 FPGA 配置芯片接口电路

8. 电流传感器电路

以流过电机电枢电流作为电流传感器的输入，传感器额定电流为 25 A，最大输入电流为 36 A。经内部电流变换将电流以 1/1000 比例衰减，再经 200 Ω 取样电阻采得相应电压，经调理电路后输入到 ADC0809 中，作为电流控制环，如图 14-2-12 所示。

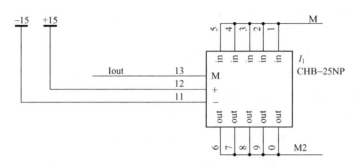

图 14-4-12　电流传感器电路

9. 电源滤波电路

对电源网络增加滤波网络以提高电源的稳定性，如图 14-4-13 所示。

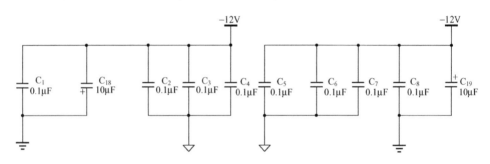

图 14-4-13　电源滤波电路

14.5　系统软件设计原理

伺服驱动器系统软件能够完成电机的正转、反转、停转、加减速等控制功能。在本系统中采用混合编辑法，分别设计各个模块。采用 Verilog HDL 语言描述各模块功能，系统软件算法流程如图 14-5-1 所示。

14.5.1　系统软件设计电路

整个系统软件设计的电路由 AD1674 控制模块、ADC0809 控制模块、反馈控制模块、前馈控制模块和 PWM 波生成模块等组成，如图 14-5-2 所示。

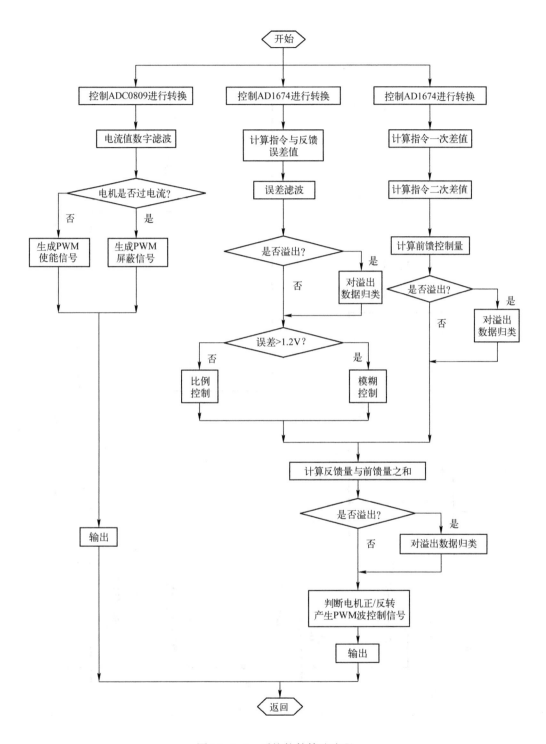

图 14-5-1　系统软件算法流程

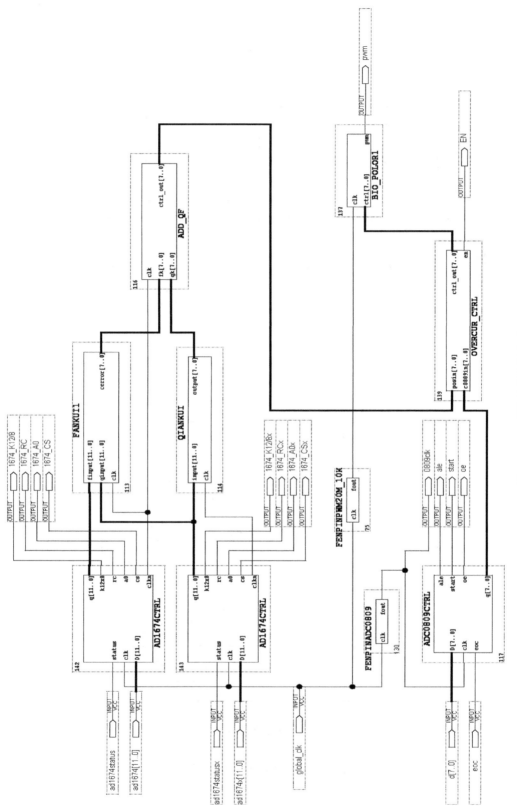

图 14-5-2　系统软件设计电路

14.5.2　AD1674 控制模块

　　ADC1674 控制模块，采用摩尔状态机控制 ADC1674 进行 A/D 转换，完成对位置和反馈量的同步采样。AD1674 控制流程如图 14-5-3 所示，AD1674 控制模块的电路符号如图 14-5-4 所示。

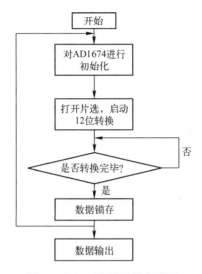

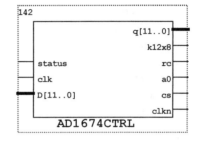

图 14-5-3　AD1674 控制流程　　　　图 14-5-4　AD1674 控制模块的电路符号

　　ADC1674 控制模块的 Verilog HDL 代码如下。

```
--ad1674 控制器
--ad1674 的时钟为 20 MHz；
module ad1674ctrl(D,clk,status,clkn,cs,a0,rc,k12x8,q);
input[11:0] D;
inputclk;                        //状态机时钟
input status;                    //AD1674 状态信号
outputclkn;                      //内部锁存信号 lock 的测试端
output cs,a0,rc,k12x8;           //AD1674 控制信号
output[11:0] q;                  //输出数据锁存
reg clkn;
reg cs,a0,rc,k12x8;
reg[11:0] q;
reg[2:0] current_state,next_state;   //状态转换及信号控制进程
reg[11:0] regl;
reg lock;
parameter st0=2'b000,st1=2'b001,st2=2'b010,st3=2'b011,st4=2'b100;

always
begin
    k12x8<= 'b1;
end

always @ (current_state,status)      //状态转换及信号控制进程
begin
```

```verilog
      case(current_state)
      st0:begin                         //初始化
          cs=1;
          a0=1;
          rc=1;
          lock=0;
          clkn=0;
          next_state=st1;
          end
      st1:begin                         //启动 12 位转换
          cs=0;
          a0=0;
          rc=0;
          lock=0;
          clkn=0;
          next_state=st2;
          end
      st2:begin                         //等待转换
          cs=0;
          a0=0;
          rc=0;
          lock=0;
          clkn=0;
          if(status==1)
          beginnext_state=st2; end
          else
          beginnext_state=st3; end
          end
      st3:begin                         //12 位并行输出有效
          cs=0;
          a0=0;
          rc=1;
          lock=0;
          clkn=1;
          next_state=st4;
          end
      st4:begin                         //锁存数据
          cs=0;
          a0=0;
          rc=1;
          lock=1;
          clkn=1;
          next_state=st0;
          end
      default:begin                     //其他状态返回初始状态
          next_state=st0;
          end
      endcase
  end
```

```
always @ ( posedge clk )              //时序进程
begin
    current_state = next_state;       //状态转换
end

always @ ( posedge lock )             //数据锁存器进程
begin
    regl = D;
end

always
begin
    q = regl;                         //数据输出
end
endmodule
```

14.5.3 ADC0809 控制模块

ADC0809 控制模块采用摩尔状态机控制 ADC0809 进行 A/D 转换，完成对电流的采样。其流程与 AD1674 相同，其电路符号如图 14-5-5 所示。

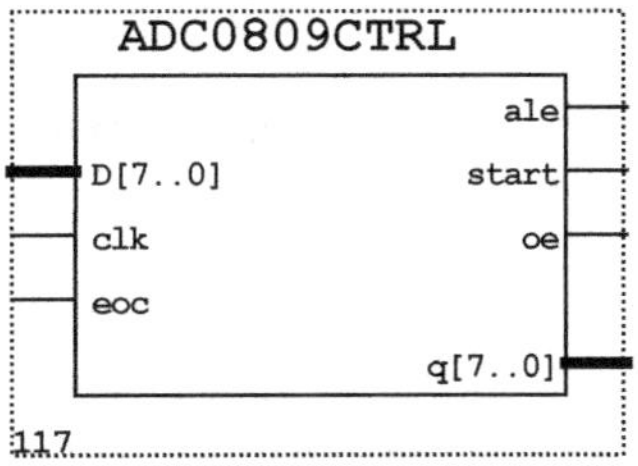

ADC0809 控制模块的 Verilog HDL 代码如下。

图 14-5-5　ADC0809 控制模块的电路符号

```
--0809 控制器
--0809 的时钟为 500 kHz
module adc0809ctrl( d,clk,eoc,ale,start,oe,clkn,q );
input[7:0] d;
inputclk,eoc;                         //状态机时钟和状态信号
outputale,start,oe;                   //ADC0809 控制信号
outputclkn;                           //内部锁存信号 lock 的测试端
output[7:0] q;                        //锁存数据输出
reg[2:0] current_state,next_state;    //状态转换及信号控制进程
reg[7:0] regl;
reg lock;
reg ale,start,oe;
reg clkn;
reg[7:0] q;
parameter st0 = 'b000,st1 = 'b001,st2 = 'b010,st3 = 'b011,st4 = 'b100,st5 = 'b101,st6 = 'b110;

always @ ( current_state,eoc )        //状态转换及信号控制进程
begin
    case( current_state )
    st0:begin
        ale = 0;start = 0;oe = 0;lock = 0;clkn = 0;
        next_state = st1;
        end
    st1:begin                         //初始化
        ale = 1;start = 0;oe = 0;lock = 0;clkn = 0;
        next_state = st2;
```

```verilog
         end
     st2:begin                          //启动8位转换
         ale=0;start=1;oe=0;lock=0;clkn=0;
         next_state=st3;
         end
     st3:begin
         ale=0;start=0;oe=0;lock=0;clkn=0;
         if(eoc)                        //等待转换
         beginnext_state=st3; end
         else
         beginnext_state=st4; end
         end
     st4:begin
         ale=0;start=0;oe=0;lock=0;clkn=1;
         if(! eoc)                      //12位并行输出有效
         beginnext_state=st4; end
         else
         beginnext_state=st5; end
         end
     st5:begin                          //锁存数据
         ale=0;start=0;oe=1;lock=0;clkn=1;
         next_state=st6;
         end
     st6:begin                          //返回初始状态
         ale=0;start=0;oe=1;lock=1;clkn=1;
         next_state=st0;
         end
     default:begin                      //其他状态返回初始状态
         ale=0;start=0;oe=0;lock=0;clkn=0;
         next_state=st0;
         end
     endcase
end

always @ ( posedge clk)                 //时序进程
begin
    current_state=next_state;           //状态转换
end

always @ ( posedge lock)                //数据锁存器进程
begin
    regl=d;
end

always
begin
    q=regl;                             //数据输出
end
endmodule
```

14.5.4 反馈控制模块

反馈控制对 AD1674 输出信号进行处理。因为 AD1674 采用双极性输入，即[-10 V, 10 V]，输入-输出对应关系为[-10 V—0 V—10 V]⟷[00H—80H—FFH]。如果反馈量大于指令量 0.625 V，即 $128(01111111) \times 20/4096(111111111111) = 0.625$ V，则运行比例运算；否则，采用模糊思想，进行归类，使电机实现全速转动，即[00H—80H—FFH]——[正全速—停转—负全速]。反馈控制模块的流程如图 14-5-6 所示，其电路符号如图 14-5-7 所示。

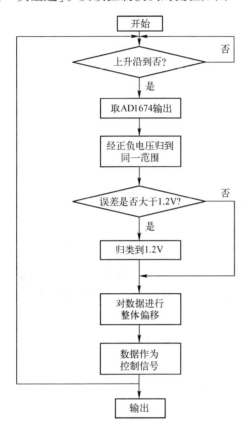

图 14-5-6 反馈控制模块流程

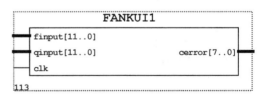

图 14-5-7 反馈控制模块的电路符号

反馈控制模块的 Verilog HDL 代码如下。

```
module fankui1(finput,qinput,clk,cerror);
input[11:0]finput;                      //指令信号
input[11:0]qinput;                      //反馈信号
inputclk;                               //时钟信号
output[7:0]cerror;                      //反馈控制输出量
reg[7:0] cerror;
reg[11:0] reg1;                         //自定义信号量
reg[11:0] reg2;                         //自定义信号量

always @ (posedge clk)
begin
    if(finput>qinput)                   //如果反馈量大于指令
```

```
begin
  reg1<=finput-qinput;                                    //进行减法运算,反馈值减指令值
  if(reg1>='b01111111)
    begincerror<='b00000000; end                        //如果溢出则进行归类
  else
    begincerror<=8'b01111111-reg1[7:0]; end             //进行偏移运算
end
else                                                    //如果反馈值小于指令,保持正值,指令值减反馈值
  begin
    reg2<=qinput-finput;
    if(reg2>='b01111111)
      begincerror<='b11111111; end                      //如果溢出则进行归类
    else
      begincerror<='b01111111+reg2[7:0]; end            //进行偏移运算
  end
end
endmodule
```

14.5.5　前馈控制模块

实现前馈算法，改善系统跟踪效果。前馈控制模块的电路符号如图 14-5-8 所示。

前馈控制模块的 Verilog HDL 代码如下。

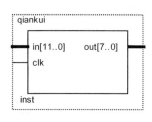

图 14-5-8　前馈控制
模块的电路符号

```
moduleqiankui(in,clk,out);
input[11:0] in;                                         //输入信号
inputclk;                                               //时钟信号
output[7:0] out;                                        //输出信号
reg[7:0] out;
reg[11:0] reg1;
reg[11:0] reg2;
reg[11:0] reg3;                                         //自定义信号量
always @(posedge clk)
----根据前馈控制原理
----Δr(k)=r(k)-r(k-1) 一次差值
----Δr²(k)=Δr(k)-Δr(k-1) 二次差值
----将两式相加,即可得下面算式
begin
  reg1=in;                                              //第1次输入量保存
  reg2=reg1;                                            //第2次输入量保存
  reg3=in-reg1-reg1+reg2;                               //3次输入量做运算
end
always
begin
  out=reg3[7:0];                                        //输出
end
endmodule
```

14.5.6　前馈和反馈量求和模块

前馈和反馈量求和模块的电路符号如图 14-5-9 所示，其 Verilog HDL 代码如下。

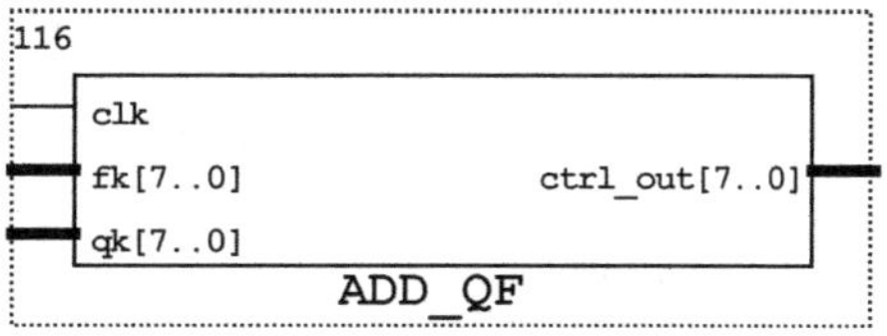

```
moduleadd_qf(qk,fk,clk,ctrl_out);
input[7:0]qk;              //前馈量
input[7:0]fk;              //反馈量
inputclk;                  //时钟信号
output[7:0]ctrl_out;       //总的控制输出量
reg[7:0] ctrl_out;
reg[8:0] ee;
reg[8:0] qk1,fk1;


always
begin
qk1<={1'b0,qk};
fk1<={1'b0,fk};
end


always @ (posedge clk)
begin
  if(fk1<='b001111111)                //电动机反转时
    begin
      if(fk1>qk1)                      //如果反馈量大于前馈量
        beginee<=fk1-qk1; end          //根据前馈算法,用反馈量减去前馈量,使电动机加速
      else
        beginee<='b000000000; end      //如果前馈量大于反馈量,则电动机全速反转
    end
  else
    beginee<=fk1+qk1; end     //电动机正转时,根据前馈算法,用反馈量加前馈量,使电动机加速
  if(ee>'b011111111)                   //如果正转控制量溢出(超出FF)
    beginee<='b011111111; end          //则电动机全速正转
end
always
begin
  ctrl_out<=ee[7:0];                   //将控制量送出
end
endmodule
```

图 14-5-9　前馈和反馈量求和
模块的电路符号

14.5.7　过电流控制模块

过电流控制模块电路符号如图 14-5-10 所示,其 Verilog HDL 代码如下。

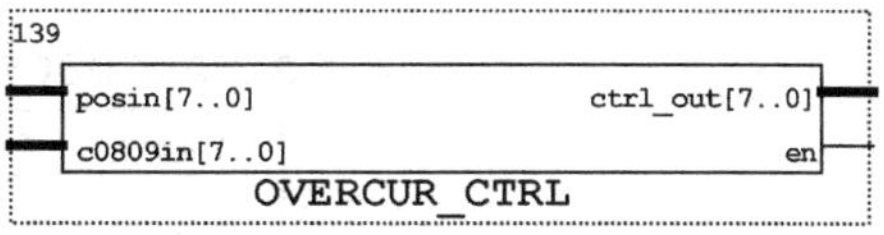

图 14-5-10　过电流控制模块的电路符号

```
moduleovercur_ctrl(c0809in,posin,en,ctrl_out);
input[7:0] c0809in;
input[7:0]posin;
outputen;
output[7:0]ctrl_out;
reg en;
reg[7:0] ctrl_out;
always @ (c0809in,posin)
begin
  if(c0809in>='b01001101&&c0809in<='b10110100)        //77～180
```

```
            beginctrl_out<=posin;en<=1; end            //en 为 PWM 波使能信号
        else
            beginen<=1;ctrl_out<=posin-'b00101111; end
    end
endmodule
```

14.5.8　PWM 波生成模块

PWM 波生成模块生成一路频率为 10 kHz、占空比 0 ～ 100%可调的 PWM 波。后续硬件电路根据此一路 PWM 信号，产生带有固定死区的 4 路 PWM 波信号。PWM 波生成模块的电路符号如图 14-5-11 所示，其 Verilog HDL 代码如下。

```
module bio_polor1(ctrl,clk,pwm);
input[7:0] ctrl;            //PWM 控制信号
inputclk;                   //10 kHz 时钟信号
outputpwm;                  //单路 PWM 波输出
reg pwm;
reg[7:0] cnt;               //计时变量
always @ (posedge clk)
begin
    if( cnt= ='b11111111)
        begincnt<='b00000000; end
    else if( cnt<=ctrl)         //如果计数值小于控制量
        beginpwm<=1;cnt<=cnt+1; end  //输出高电平,计数值加 1
    else
        beginpwm<=0;cnt<=cnt+1; end  //否则控制量输出低电平,计数值加 1
end                                   //如此不断循环,产生相应 PWM 波控制量
endmodule
```

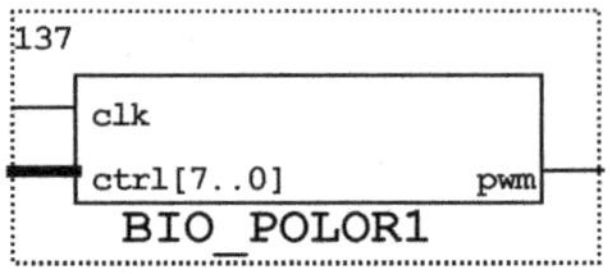

图 14-5-11　PWM 波生成
模块的电路符号

14.5.9　分频模块

由于 FPGA 系统采用单时钟作为全局时钟，根据各模块要求，分别产生所需频率。分频模块产生的频率为 500 kHz 和 10 kHz，分别作为 ADC0809 控制时钟和 PWM 波的控制时钟。分频模块的电路符号如图 14-5-12 所示。

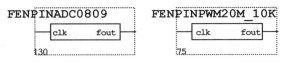

图 14-5-12　分频模块的电路符号

两个分频模块的 Verilog HDL 代码如下。

（1）FENPINPWM20M-10k 模块：

```
module fenpinpwm20M_10k(clk,fout);
inputclk;                   //时钟信号 20 MHz
outputfout;                 //频率信号输出 10 kHz
reg fout;
reg fout1;
reg count;
```

```
always @ ( posedge clk )
begin
   if( count = = 'd999 )
      begin fout1<=~fout1;count<=0; end
   else
      begin count<=count+1; end
end
always
begin
   fout<=fout1;
end
endmodule
```

（2） FENPINADC0809 模块：

```
module fenpinadc0809( clk,fout );
inputclk;                    //时钟信号 20 MHz
outputfout;                  //频率信号输出 500 kHz
reg fout;
reg fout1;
reg count;
always @ ( posedge clk )
begin
   if( count = = 'd19 )
      begin fout1<=~fout1;count<=0; end
   else
      begin count<=count+1; end
end
always
begin
   fout<=fout1;
end
endmodule
```

14.6　系统调试及结果分析

采用 Nicolet 公司的 Odyssey 数据采集系统作为测试仪器。以下数据均为使用数据采集系统所得。

14.6.1　硬件调试

1. A/D 转换器的调零

观察控制效果，发现控制曲线正负不对称。ADC1674 的输入为[−10 V，10 V]，由于芯片的零点未经调整，故使输入的模拟电压经转换后的数字信号不以 100000000000（0 电压对应的数字量）对称，所以后级控制不能实现对称。

将 ADC1674 的输入电压调整为−9. 996 V 以下，调整第 8 脚与第 10 脚之间的电位器，使输入发生 000000000000←—→000000000001 的跳变，即进行负满度调整；将 ADC1674 的输入电压调整为 9.996 V 以上，调节 AD1674 的第 8 脚与第 12 脚之间的电位器，使输出发生 111111111110←—→111111111111 的跳变，即进行正满度调整。

2. 驱动电路

经过各个阶段的调试和修改，最后系统确定采用双极可逆 PWM 波驱动，即对于同一支路采用 PWM 波驱动 NMOS 管，同时另一路的采用反向（加死区控制）PWM 波驱动 NMOS 管。经实际测试，效果良好。

3. 隔离技术

采用高速光耦隔离电路，有效隔离了驱动电路对控制电路的共地干扰。本系统采用 6N137 光耦合器作为隔离器件，经实验检测，可通过高达 500 kHz 的方波（基本不失真），解决了 PWM 波上升沿失真的问题。它的工作频率可达 500 kHz，工作温度为 -40 ~ 85℃。

4. 电流保护

采用霍尔电流传感器监测电机电流，防止电机及驱动电路损坏。霍尔传感器采用 CHB-25NP 型闭环电流传感器，额定输入电流为 25 A，最大输入电流为 36 A，输出为 25 mA，失调电流小于 0.3 A，响应时间小于 1 μS，从精度和响应速度上都满足系统要求。当发生过电流时，控制器根据霍尔传感器的输出信号，马上对输出 PWM 波进行控制，减小输出电流，从而起到保护作用。

5. 散热问题

采用机箱整体散热方式，将驱动电路产生的热量迅速散出，避免烧毁晶体管。

6. 前馈控制

系统算法中加入速度前馈和加速度前馈控制，提高了系统的响应速度。

7. 电磁兼容性问题

☺ 在系统的弱电部分，将模拟电路与数字电路分开，最后在一点将它们连接，避免模拟电路中的干扰信号窜入数字电路。

☺ 弱电部分与强电部分分开布置，中间使用高速光耦合器进行隔离。

☺ PCB 上的元器件按电路工作顺序排列，减小各级之间的电磁耦合，力求元器件安排紧凑、密集，以缩短引线。

☺ PCB 采用大面积铺地，提高抗干扰能力。

☺ 对于相互容易干扰的导线，尽量不平行布线。实在无法避免时，加大它们之间的距离，中间用地线隔离。

☺ 尽量使用无感元器件，避免产生谐波。

☺ 系统外壳采用铝板做成整体外壳，屏蔽外部电磁干扰信号对控制电路的影响。

☺ 在系统电源即每个芯片的电源处对地跨接一个大电容（10 μF）和若干小电容（0.1 μF）进行滤波。

14.6.2　可靠性、维修性、安全性分析

1. 可靠性分析

整个系统由数字电路、模拟电路构成，包含有强电、弱电电路元器件，结构比较复杂，而且该系统用于军品中，因此在系统的设计阶段就考虑了电磁干扰（EMI）抑制并进行了可靠性设计。在电机调速系统中，各种电磁干扰相当强烈，如果在研制系统的过程中事先缺乏

对电磁兼容性问题的考虑，可能会使控制在使用中受到强烈干扰，而不能正常工作。系统采用以上提到的各项措施来提高仪器的稳定性。

伺服驱动器在整个研制过程中经历了多次实验，经过不断调试，现阶段硬件电路工作稳定、可靠，系统软件内部设置各种保护措施，控制芯片自身抗干扰性强，产品在可靠性方面完全符合设计要求。

2. 维修性分析

由于高集成度芯片的采用，保证了整个电路所用外围元器件较少，同时系统体积也较小，这样既减少了电路出现问题时的排错时间，也降低了系统的安装难度，便于维修。

3. 安全性分析

本系统的元器件完全符合相关文件所规定的安全性要求，在安装时也考虑了元器件的抗振动等特性。按照操作规程进行操作时，伺服驱动器也可完全达到安全要求。

14.6.3　软件调试

采用模糊—比例控制，主要调整模糊控制和比例控制的临界点，以及比例控制的增益系数。同时，系统加入前馈控制，以提高系统带宽和系统响应速度，系统响应得到明显改善。当指令信号为 0.2 Hz、10 V 正弦波时，控制延时最大为 0.15 s；当指令信号为 1 Hz、1 V 正弦波时，控制延时最大为 56 ms。各种指令信号的跟踪波形如图 14-6-1 ～图 14-6-9 所示。以上各图是在负载力矩为 50 N·m，额定电压为 48 V 的条件下得到。从图 14-6-1 ～图 14-6-9 的实测跟踪中可以看到，伺服系统对于正弦波、三角波和方波系统都有较好的跟踪特性，过冲幅度小，调整时间短。其中，方波的过冲幅度及调整时间最大。0.5 Hz、5 V 方波的过冲为 0.2 V，调整时间为 36 ms；2 Hz、5 V 方波的过冲为 0.7 V，调整时间为 160 ms。经频谱分析仪测试，当指令信号幅度为 5 V 时，系统的 3 dB 带宽为 3 Hz。

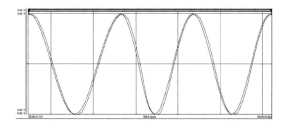

图 14-6-1　0.8 Hz、5 V 正弦波跟踪情况

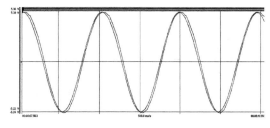

图 14-6-2　1 Hz、5 V 正弦波跟踪情况

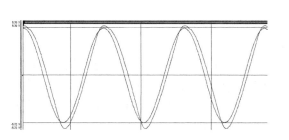

图 14-6-3　2 Hz、5 V 正弦波跟踪情况

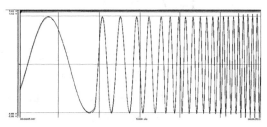

图 14-6-4　总体跟踪情况

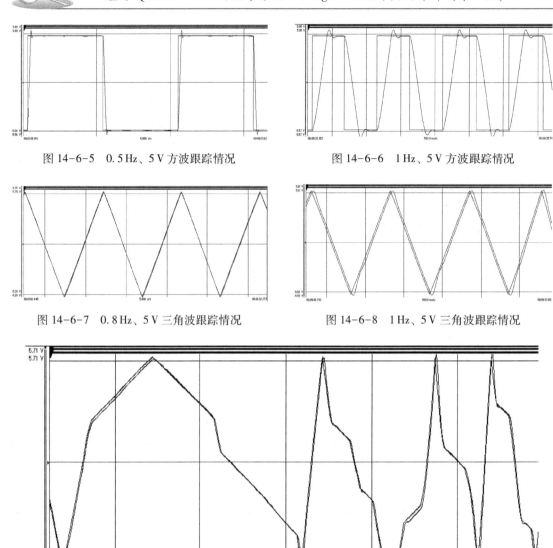

图 14-6-5　0.5 Hz、5 V 方波跟踪情况　　　　图 14-6-6　1 Hz、5 V 方波跟踪情况

图 14-6-7　0.8 Hz、5 V 三角波跟踪情况　　　图 14-6-8　1 Hz、5 V 三角波跟踪情况

图 14-6-9　任意波形跟踪情况

14.7　结论

　　经过实验测试，以 FPGA 作为控制器，系统响应时间主要取决于采样电路及执行电动机的运行时间，程序算法的执行时间仅为 50 ms。而且工作过程中，没有发生复位、死机等情况，充分验证了 FPGA 速度快、抗干扰性强的特点。在实施设计时，FPGA 还有程序修改方便、方案可靠、引脚重定义简便、集成度高、布局布线容易等特点。

反侵权盗版声明

    电子工业出版社依法对本作品享有专有出版权。任何未经权利人书面许可，复制、销售或通过信息网络传播本作品的行为；歪曲、篡改、剽窃本作品的行为，均违反《中华人民共和国著作权法》，其行为人应承担相应的民事责任和行政责任，构成犯罪的，将被依法追究刑事责任。

    为了维护市场秩序，保护权利人的合法权益，本社将依法查处和打击侵权盗版的单位和个人。欢迎社会各界人士积极举报侵权盗版行为，本社将奖励举报有功人员，并保证举报人的信息不被泄露。

举报电话：（010）88254396；（010）88258888

传　　真：（010）88254397

E-mail：dbqq@phei.com.cn

通信地址：北京市海淀区万寿路 173 信箱

　　　　　电子工业出版社总编办公室

邮　　编：100036